Alex's Adventures
In Numberland

数学王国的冒险之旅

[英] 亚历克斯·贝洛斯（Alex Bellos） 著
刘小鸥　吕同舟　译

中信出版集团 | 北京

图书在版编目（CIP）数据

数学王国的冒险之旅 /（英）亚历克斯 · 贝洛斯著；刘小鸥，吕同舟译 . —北京：中信出版社，2022.4
书名原文：Alex's Adventures In Numberland
ISBN 978-7-5217-3959-6

I. ①数… II. ①亚… ②刘… ③吕… III. ①数学－普及读物 IV. ① O1-49

中国版本图书馆 CIP 数据核字（2022）第 020753 号

数学王国的冒险之旅
著者：　[英] 亚历克斯 · 贝洛斯
译者：　刘小鸥　吕同舟
出版发行：中信出版集团股份有限公司
（北京市朝阳区惠新东街甲 4 号富盛大厦 2 座　邮编　100029）
承印者：中国电影出版社印刷厂

开本：880mm×1230mm 1/32　印张：16　字数：304 千字
版次：2022 年 4 月第 1 版　印次：2022 年 4 月第 1 次印刷
京权图字：01–2021–6544　书号：ISBN 978-7-5217-3959-6
定价：69.00 元

目录

前言

1992年夏天，我在布赖顿的《防卫晚报》当见习记者。我每天和经常出入地方法院的犯事青少年打交道，采访店主对经济衰退的看法，还要每周更新两次蓝铃花铁路的运行时间。如果你是一名小偷或一位店主，这可能不算一段美好的回忆；但对我来说，这却是我一生中非常快乐的时期。

那时，约翰·梅杰刚刚连任首相不久。沉浸在胜利的喜悦中的他提出了一项最令人难忘（也饱受嘲讽）的政策倡议。他以国家领导人的严肃态度宣布设立一条电话热线，为民众提供有关锥形交通路标的信息。虽然这是一个平庸的提议，但首相提出它的阵势却搞得好像世界未来都要依靠它了一样。

但在布赖顿，交通锥可是人们关注的焦点。你开车进城的路上一定会遇到施工路段。以伦敦为起点的主干道A23（M）像一条由带橙色条纹的交通锥围起的走廊，从克劳利延伸到普雷斯顿公园。《防卫晚报》煞有介事地给读者提出了挑战，让他们猜猜，在数十英里（1英里约为1.6千米）长的A23（M）公路上一共有多少交通锥。资深编辑颇为得意，认为自己想出了一个绝妙的主意：这道假日游园会风格的趣题不仅提供了背景信息，也取笑了中央政府，这简直是地方报纸的完美素材。

然而，比赛开始后才过几个小时，编辑部就收到了第一份答案，读者已经估算出了交通锥的正确数量。我记得那些资深编辑在办公室里垂头丧气，没有人说话，仿佛一位重要的地方议员刚刚去世。他们原本是想滑稽地模仿首相，但现在自己却被弄得像傻瓜一样。

编辑认为猜出20英里左右的高速公路上有多少交通锥是不可能完成的任务。显然事实并非如此，我想我是这栋大楼里唯一一个知道原因的人。假设交通锥以相同的间距放置，你只需要进行一步计算就可以得到结果：

交通锥数量＝道路长度÷交通锥间隔的距离

道路的长度可以通过开车记录行驶距离或者测量地图得出。要计算相邻交通锥的间距，你只需要一把卷尺。即使交通锥之间的间距可能会有一些变化，估计的道路长度也可能会有误差，但在很长的距离上，这种估算的准确性已经足够赢得地方报纸组织的竞猜活动了（而且交警向《防卫晚报》提供正确答案时所使用的计算方式可能与此并无二致）。

我一直清楚地记得这件事，这是在记者的职业生涯中，我第一次意识到数学思维的重要性的时刻。我也不安地意识到，大多数记者不懂数学。其实算出排在路边的交通锥的数量并不复杂，但对我的同事来说，计算并不简单。

在这件事发生的两年前，我刚拿到了数学和哲学学位，横跨文理两个领域。表面上看起来，进入新闻业标志着我放弃了理科，投身于文科。在“交通锥惨败事件”后不久，我离开了《防卫晚报》，到伦敦工作。最终，我成为一名驻里约热内卢的记者。我对数字的敏感性偶尔会有些用处，比如，我能发现近年被砍伐的亚马孙丛林的面积相当于哪一个欧洲国家，或者计算各种货币危机期间的汇率。但除此之外，我几乎已经把数学抛在了脑后。

几年前，我回到英国，不知道接下来要做什么。我卖过巴西足球运动员的短袖衫，开过博客，打过进口热带水果的主意，但差不多一事无成。在重新审视自己人生的过程中，我再次想起了数学这门耗费了我太多青春的学科，我正是在这里找到了灵感的火花，它引领我写成了这本书。

成年人进入数学世界的感受和孩子的感受完全不同。对孩子来说，学习数学代表着需要通过考试，这意味着，他们会错过很多真正引人入胜的东西。现在，我可以自由游走于其间，看到一个新奇又有趣的课题就去探索一番。我学习了民族数学，也就是研究不同文化如何对待数学，以及数学是如何被宗教塑造的学科。我对行为心理学和神经科学的前沿研究很感兴趣，这些研究渐渐弄清了大脑思考数字的原因和方式。

我意识到，这些探索也很像一位驻外记者，但不同的是，我访问的国家是一个抽象的国家，它叫“数学王国”。

我的旅程是一次真正意义上的旅行，因为我想通过现实世界体验数学。所以，我飞到印度，想弄清楚这个国家是如何发明“零”的，这是人类历史上最伟大的智力突破之一。我在里诺的一家大型赌场预订了房间，想用实际行动看看什么是概率。我还在日本见到了世界上最会算术的黑猩猩。

随着研究的深入，我发现自己处于一个奇怪的位置，我既是专家，也是一位业余爱好者。重新学习学校教过的数学知识，就像重新认识老朋友一样，但还有很多朋友的朋友是我从来没有见过的，我也见到了很多新来的孩子。举个例子，在我写这本书之前，我不知道几百年来一直有人提倡要在我们的十进制系统中再引入两个数字，我也不知道为什么英国是第一个铸造七边形硬币的国家，我对数独背后的数学更是一无所知（因为在我上学时，数独还没有被发明出来）。

我来到了一个意料之外的地方，这些地方包括布伦特里、埃塞克斯和美国亚利桑那州的斯科茨代尔，还读到了一些意想不到的书。为了理解毕达哥拉斯为什么对食物如此挑剔，我花了一整天读了一本关于植物仪式历史的书。

这本书从第0章开始，因为我想强调，这一章讨论的主题是“前数学”，讲述了数字是如何产生的。从第1章开始，数字已经出现，我们就正式开始了。从这里到第11章结束，这本书将涵盖尽可能多的领域，包括算术、代数、几何、统计学，等等。我将精简关于专业上的内容，但有时别无他法，我就只能写出方程和证明。如果你觉得头疼，可以跳到下一节的开头，内容就会变得容易起来。每一章都是独立的，也就是说，不必阅读前面的章节就可以理解下一章。你也可以按任意顺序阅读，但我还是希望你从头到尾阅读所有章节，因为它们大致按照时间顺序介绍了这些数字思想，偶尔也会回顾一下之前的要点。这本书的目标读者是非数学专业的读者，书中涵盖了从小学水平一直到本科快毕业时才会学到的概念。

因为数学也包括数学的历史，所以我还加入了一些历史资料。在人文学科中，总是有新的思想或风潮取代早先的观点；在应用科学中，理论会不断完善。但数学与它们不同：数学永不过时。毕达哥拉斯和欧几里得的定理现在仍然有效，因此，毕达哥拉斯和欧几里得是我们在学校里学到的最古老的名字。在英国普通中等教育证书（GCSE）的教学大纲中，几乎所有内容都是17世纪中期之前人们发现的数学知识；同样，英国中学高级水平考试（A-level）的范围也没有超过18世纪中期已知的数学知识。（我在大学里所学的最近的数学知识诞生于20世纪20年代。）

在写这本书的时候，与读者交流数学发现带来的兴奋和惊奇，一直是我的动力之源。（当然，也有一部分动力是为了证明数学家是很有趣的。我们是逻辑之王，对不合逻辑的东西有极强的辨别能力。）数学总是因枯燥和困难而广为人知。确实，数学往往很难，但数学也可以易于理解，并带来启发。最重要的是，它拥有非凡的创造力。抽象的数学思想是人类的伟大成就之一，它也可以说是人类进步的基础。

数学王国是一个了不起的地方，我建议你去那里看看。

亚历克斯·贝洛斯

2010年1月

>2

第 0 章

数字的起源

在这一章中，作者试图找出数字的来源，因为数字出现的时间并不长。他遇到了一群住在丛林里的人，和一只一直住在城市里的黑猩猩。

我走进皮埃尔·皮卡（Pierre Pica）在巴黎狭小的公寓，一股驱蚊剂的臭味扑面而来。皮卡刚从亚马孙雨林回来，他在那里的一个印第安人部落中待了5个月，此时他正在给带回来的礼物消毒。书房的墙壁上装饰着部落面具、羽毛头饰和编织的篮子，书架上堆满了学术书籍。窗台上是一个没有被还原的魔方。

我问皮卡他这趟旅途怎么样。

“很难。”他回答。

皮卡是一位语言学家，也许正因如此，他说话总是缓慢而谨慎，对每个单词都格外注意。他50多岁[①]了，但看起来有些孩子气。他有一双明亮的蓝眼睛，面色红润，一头银发柔软而蓬乱。他的声音很平静，动作却很紧张的样子。

皮卡是美国著名语言学家诺姆·乔姆斯基的学生，现在在法国国家科学研究中心工作。在过去的10年里，他一直在研究蒙杜鲁库人（Munduruku），这是巴西亚马孙地区一个包含约7 000位原住民的

---

① 本书英文版出版于2010年。后文中提到的年龄，均指原书出版时的年龄。——译者注

群体。蒙杜鲁库人是狩猎采集者，他们居住在雨林地区的小村庄中，分布的地盘面积大约是威尔士的两倍。皮卡的研究主要关注蒙杜鲁库人的语言：他们的语言没有时态，没有复数，也不存在大于5的数词。

为了进行田野调查，皮卡踏上了一段堪称伟大冒险家的旅程。离这群印第安人最近的大型机场位于圣塔伦，那是一个距大西洋500英里的小镇，位于亚马孙雨林中。从那里出发，他坐了15个小时的渡轮，沿着塔帕若斯河行驶近200英里，到达伊泰图巴，这是一个曾经历过淘金热的小镇，也是皮卡这一路能囤积食物和燃料的最后一站。在近期的一次旅行中，皮卡在伊泰图巴租了一辆吉普车，带上他的设备，包括电脑、太阳能电池板、电池、书和120加仑（约545升）汽油。然后，他沿着横贯亚马孙的高速公路行驶，这段公路是20世纪70年代在民族主义驱动下建成的，它现在已经变为一条破破烂烂的泥泞小路，常常无法通行。

皮卡的目的地是雅卡雷阿坎加，也就是位于伊泰图巴西南200英里的一个小型居住地。我问他开车到那里要花多长时间。“看情况。”他耸耸肩，“可能要一辈子，也可能两天就到。”

我重复了一遍问题，我想问的是这次他花了多长时间。

“你知道，你永远不知道要花多长时间，因为永远不会花相同的时间。雨季需要10到12个小时，这还是一切顺利的情况下。”

雅卡雷阿坎加位于蒙杜鲁库人领地的边缘。为了进入他们的领地，皮卡必须等人来和他们谈判，让他们用独木舟把自己带到那里。

“你等了多久？”我问。

“我等了很久。但我再说一次，别问我花了多长时间。”

“所以大概是一两天？”我试探性地问。

他皱起眉头想了几秒："大约两周吧。"

离开巴黎一个多月后，皮卡终于快到达目的地了。我还想知道，从雅卡雷阿坎加到村庄要花多长时间。

但到这会儿，皮卡明显对我的问题有些不耐烦了："我对所有事情的回答都一样——要看情况！"

我坚持问，那这次花了多长时间？

他结结巴巴地说："我不知道。我想……也许……两天……一天一夜……"

我越是追问皮卡有关事实和数字的问题，他就越是不愿意回答。我有些恼火。我还不确定，他的反应背后是法国人的固执，还是学术上的迂腐，或者就是一种普遍的抵触情绪。我没有继续追问，而是转而讨论其他话题。几个小时后，当我们谈到在一个偏僻的地方待了这么久之后再回到家的感觉时，他才吐露实情。"从亚马孙平原回来后，我失去了时间感和数字感，或许也失去了空间感。"他说。他会忘记自己约了人见面，会被简单的指示弄得晕头转向。"我很难再适应巴黎，很难适应这里的角度和直线。"皮卡之所以无法给出数据，就是因为他受到的这种文化的冲击。他和那些几乎不会数数的人相处了那么久，以至于他失去了用数字来描述世界的能力。

没有人确切地知道数字是什么时候诞生的，但数字的出现可能不超过10 000年。这里我指的是用单词和符号表示数字的有效系统。一种理论认为，这样的系统是与农业和贸易一同出现的，因为数字是一种必不可少的工具，它可以用来盘货，并保证你没有被人骗。蒙杜鲁库人一直以来都是自给自足的农民，直到最近，钱才开始在他们的村庄中流通，所以他们从来没有发展出计数的技能。有人认为巴布亚新几内亚的原住民部落中出现数字是由礼物交换的习俗引起的。相比之下，亚马孙没有这样的传统。

然而，在数万年前，早在数字未出现之时，我们的祖先肯定对数量有一定的敏感度。他们可以分辨出一只还是两只猛犸象，并且认识到一晚和两晚是不一样的。然而，从两个事物的具体概念，到发明一个符号或单词代表2，这种智力上的飞跃需要很多年才能实现。事实上，亚马孙的一些群体正在经历这种过程。有些部落的数词只包括1、2和很多。蒙杜鲁库人能一直数到5，他们这个群体的计数系统相对来说已经比较复杂了。

数字在我们的生活中太普遍了，因此我们很难想象没有数字的人是如何生存的。然而，皮埃尔·皮卡和蒙杜鲁库人待在一起一段时间后，他很容易就适应了没有数字的生活。他睡在吊床上，出门打猎，吃着貘、犰狳和野猪，通过太阳的位置判断时间。如果下雨，他就待在家里；如果是晴天，他就出去。生活根本不需要数数。

不过，我还是觉得奇怪，亚马孙人的日常生活中怎会完全没有出现大于5的数字？我问皮卡，印第安人会怎么表示“6条鱼”。比如，他正在为6个人准备一顿饭，想要保证每个人都分到一条鱼。

“这不可能。”他说，“‘我要6个人吃的鱼’这句话就不存在。”

如果你问一个有6个孩子的蒙杜鲁库人“你有几个孩子？”呢？

皮卡也给出了同样的回答：“他会说‘我不知道’。他没法表达。”

然而，皮卡补充道，这是一个文化问题。这个蒙杜鲁库人不会数了数他的第1个、第2个、第3个、第4个和第5个孩子，然后抓抓头，因为他数不下去了。对蒙杜鲁库人来说，数孩子这个想法就是荒谬的。事实上，对任何东西计数的想法都是荒唐的。

“为什么一个蒙杜鲁库的成年人会想数他的孩子呢？”皮卡问道。他说，孩子们由部落里的所有成年人照顾，没有人在意哪个孩子是谁家的。这就相当于法语中的“我来自一个大家庭”。“当我说我有一个大家庭时，我的意思是我不知道它有多少成员。从哪里开始是我的家庭，从哪里开始是别人的家庭？我都不知道，也从来没有人告诉我。”同样，如果你问一个蒙杜鲁库成年人他要照顾多少个孩子，也没有正确的答案。“他会回答‘我不知道’，事实就是这样。”

在历史的长河中，不只有蒙杜鲁库人不计算群体成员的人数。大卫王因为清点了自己的子民，被上帝以三天瘟疫作为惩罚，导致77 000人死亡。犹太人只能用间接的方法数人，因此在犹太教堂里，为了确保有10人（举行正式礼拜的规定人数）在场，他们要用一句包含10个词的祷告，让每个人说出一个词。犹太教认为，用数字来计算人数被认为是一种挑人的方法，这使得他们很容易受到邪恶的影响。如果请一位正统犹太教的拉比数他的孩子，你很有可能得到和蒙杜鲁库人一样的回答。

我曾经和一位巴西老师交流过，这位老师在原住民社区工作了很久。她说，印第安人认为，外人不断询问他们有多少孩子是一种强迫，尽管来访者只是礼貌地询问一下。数孩子的目的是什么？她说，这让印第安人非常怀疑。

对蒙杜鲁库人最早的书面记录是在1768年，当时一位居民在河岸上发现了蒙杜鲁库人。一个世纪后，方济会的传教士在蒙杜鲁库人的土地上建起了一个基地。19世纪晚期，在橡胶工业繁荣的时期，割胶工人深入这一地区，使得蒙杜鲁库人与外界有了更多接触。大多数蒙杜鲁库人仍然生活在相对孤立的环境中，但和其他许多与外界接触已久的印第安人群体一样，他们喜欢穿短袖衫和短裤这类西方服装。现代生活的其他特征最终不可避免地渗入了他们的世界，比如电和电视，还有数字。事实上，一些生活在领地边缘的蒙杜鲁库人已经学会了葡萄牙语，这是巴西的国语，他们可以用葡萄牙语数数。“他们可以数1、2、3，一直到几百。”皮卡说，“然后你问他们，‘5减3是多少？’”皮卡模仿他们耸耸肩的样子，他们仍不知道。

在雨林中，皮卡使用依靠太阳能电池供电的笔记本电脑进行研究。由于高温和潮湿，硬件维护极为困难，而有时最困难的还是召集研究的参与者。有一次，一个村庄的首领要求皮卡吃下一只巨大的红色沙巴蚂蚁，才肯让他采访一个孩子。这位一贯勤奋的语言学家咬碎昆虫并把它吞了下去，但还是露出了痛苦的表情。

之所以要研究只能数到5的人的数学能力，是为了探索我们的数字直觉的本质。皮卡想知道哪些能力对所有人类而言是普遍的，哪些则是由文化塑造的。在他最有趣的一项实验中，他测试了印第安人对数字的空间理解。当数字分散在一条直线上时，他们会如何想象数字排布？在现代社会，我们总是会把数排列在线上：比如卷尺和尺子上、图标里，还有沿街的房子上。由于蒙杜鲁库人不认识数字，皮卡只能用屏幕上的点来测试。每位志愿者都会看到一段没有标记的线，如图0–1所示。线的左边有1个点，右边有10个点。然后，皮卡为每位志愿者随机展示一组点，数量在1到10之间。志愿者必须在线段里指出他认为这组点应该在什么位置。皮卡将光标移到这一点并单击。通过反复点击，他可以准确地看到蒙杜鲁库人是如何分配从1到10之间的数字的。

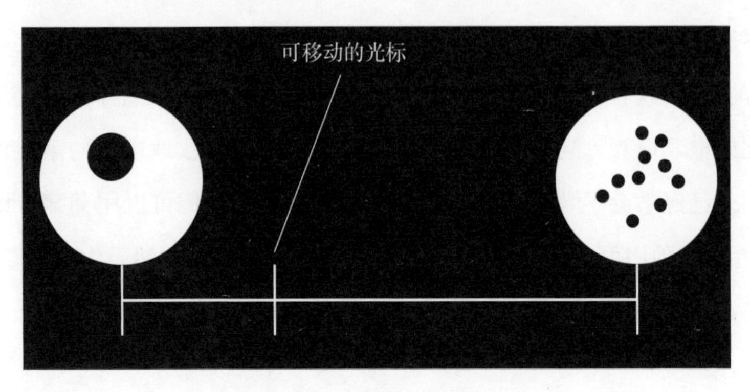

图0–1　对数字排布的测试

美国成年人接受这项测试时，会将数字在线段上等距离排列。它们重新构建出了我们在学校里学习过的数轴，在这样的数轴中，相邻数字之间的距离相同。然而，蒙杜鲁库人的结果却大不相同。他们认为数字之间的间隔一开始较大，随着数字的增加，间隔逐渐变小。例如，1个和2个点、2个和3个点的标记之间的距离，远大于7个和8个点、8个和9个点之间的距离，结果如图0–2所示。

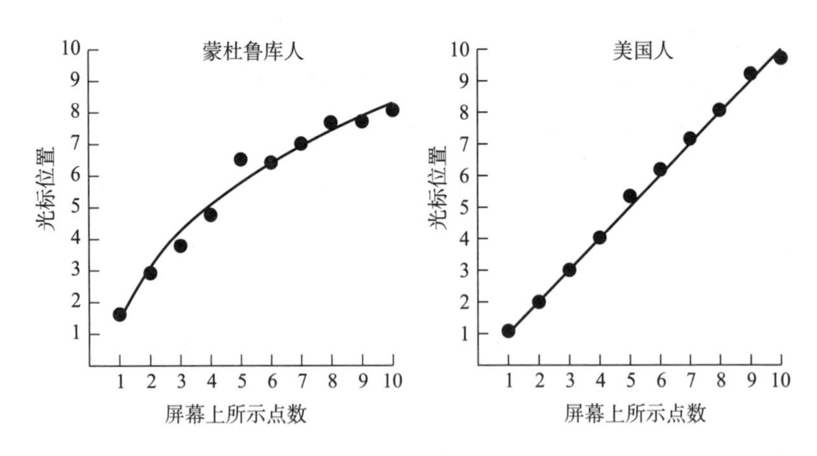

图0–2　蒙杜鲁库人和美国人对数字间间隔的理解

这项结果令人惊讶。人们通常理所应当地认为“数字是均匀分布的”。我们在学校里就是这样学的，而我们也就这样接受了。它是所有测量和科学的基础。然而，蒙杜鲁库人眼中的世界并不是这样。除了计数的语言和数词不同外，他们想象数量级的方式也与我们完全不同。

标尺上的数字均匀分布，被称为线性刻度。如果数字越大，彼此间越靠近，这种刻度就被称为对数刻度。[①]结果发现，对数的思维方式并不仅仅存在于亚马孙的印第安人中。所有人生来都是这样思考数字的。2004年，宾夕法尼亚州卡内基–梅隆大学的罗伯特·西格勒（Robert Siegler）和朱莉·布思（Julie Booth）对一群幼儿园的学生（平均年龄为5.8岁）、一年级的学生（6.9岁）和二年级的学生（7.8岁）做了类似的数轴实验。结果显示，随着我们对计数越来越熟悉，我们的直觉也逐渐被固化。对于没有受过正规的数学教育的幼儿园学生，他们会按对数绘制出数字。小学一年级的学生们因为开始学习数字和符号，所以他们的曲线变直了一些。而小学二年级的学生绘制出的数字终于沿着直线均匀分布了。

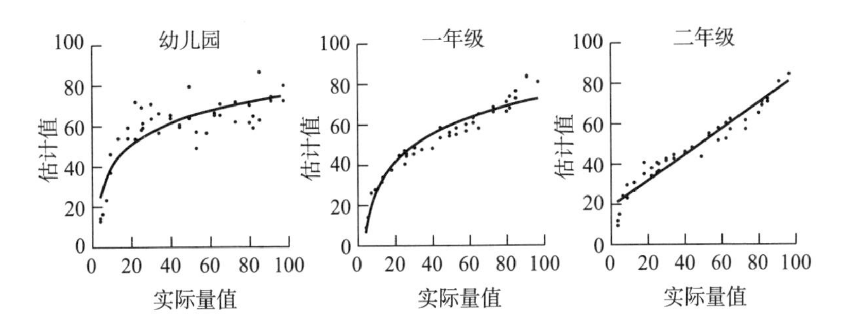

图0–3 不同年龄学生对数字量值的感知

① 事实上，对数比例要求数字以某种特定方式越来越近。对对数的详细介绍见第211页。

为什么印第安人和小孩子认为，更大的数字间的距离比更小的数字间的距离更近？有一种简单的解释。在实验中，研究者给志愿者展示了一组圆点，并询问这组圆点在一条直线上的位置，这条直线的左边有一个圆点，右边有10个圆点（在孩子们参与的实验中，右边有100个圆点）。假设一个蒙杜鲁库人看到了5个点，他会仔细研究，发现5个点是1个点的5倍，但10个点只是5个点的两倍。蒙杜鲁库人和孩子似乎是通过估计数量之间的比率来决定数字的位置的。在考虑比率时，5和1之间的距离远大于10和5之间的距离，这是合乎逻辑的。如果你用比率来判断数量，你就会得出对数刻度。

皮卡认为，通过估计比率近似地理解数量，是人类的普遍直觉。事实上，对于不认识数字的人类，比如印第安人和小孩子来说，这是他们看世界的唯一方式。相比之下，用精确的数字来理解数量并不是一种普遍的直觉，而是文化的产物。皮卡认为，近似值和比率之所以会先于确切数字产生，是因为对于野外生存来说，比率比计数能力重要得多。面对一群挥舞长矛的对手，我们需要立刻知道他们的人数是否比我们更多。看到两棵树，我们需要立刻知道哪棵树上的果实更多。在这两种情况下，都没有必要一一数出每一个敌人或者每一颗果实。最关键的是快速估计出相关数量，并进行比较。换言之，就是做出估计，并判断其比率。

对数刻度也反映了我们感知距离的方式，这可能就是它符合直觉的原因。它考虑到了视角。例如，如果我们看到一棵100米外的树，后面100米还有一棵，那么第二棵树与第一棵树之间的距离看起来比第一棵树到我的距离更短。对蒙杜鲁库人来说，说这两个100米代表的距离相同，就违背了他们对环境的感知。

精确的数字能为我们提供一个线性框架，这个框架与我们的对数性直觉相反。事实上，我们对精确数字的熟悉程度意味着，我们的对数性直觉在大多数情况下会被推翻。但它并没有完全消失。我们对数量的理解既是线性的，也是对数性的。例如，我们对时间流逝的理解往往是对数性的。我们年纪越大，往往觉得时间过得越快；但反过来也成立，比如昨天似乎比上周要长。这种根深蒂固的对数性的本能，在考虑非常大的数字时表现得最为明显。例如，我们都能理解1和10的分别，不太可能混淆1品脱（1品脱≈ 0.57升）啤酒和10品脱啤酒。但是10亿加仑（1加仑≈4.55升）水和100亿加仑水呢？尽管它们数量差距很大，但我们认为这两个水量很相近——都是很多很多水。同样，“百万富翁”和“亿万富翁”几乎也算同义词，就好像“非常富有”和“非常非常富有”之间没有太大区别一样。然而，亿万富翁的财富是百万富翁的100倍。数字越大，我们感觉它们之间离得越近。

皮卡在丛林中只待了几个月，就暂时忘却了如何使用数字，这说明，我们对数字的线性理解，并没有大脑的对数性理解来得深刻。我们对数字的理解十分脆弱，这就是为什么如果不经常使用数字，我们就失去了使用精确数字的能力，而转向了直觉，用近似值和比率来判断数量。

皮卡说，他们对数学直觉的研究，可能会对数学教育产生重要的影响，无论是在亚马孙还是在西方。只有理解了线性数轴，我们才能在现代社会中工作和生活，它是测量的基础，并能辅助计算。然而，也许我们过分依赖了线性思维，从而压抑了自己的对数性直觉。皮卡说，也许这就是这么多人觉得数学很难的原因。也许我们应该更加注重判断比率，而不是处理确切的数字。同样，也许我们不应教蒙杜鲁库人像我们一样数数，因为这可能会让他们失去对数学的直觉，也即他们生存所必需的知识。

在对没有数词或数学符号的群体进行数学能力的研究中，人们的兴趣此前一般集中在动物身上。最著名的研究对象之一是一匹名叫“聪明的汉斯”的快步马。20世纪初，人们经常聚集在柏林的一座庭院里，观看汉斯的主人、退休数学教师威廉·冯·奥斯滕（Wilhelm von Osten）给马出简单的算术题。汉斯会用蹄子在地上跺出的次数来回答。它的表演包括加减法、分数、平方根和因数分解。公众惊艳于汉斯的能力，但也有人怀疑这匹马所谓的智力其实是某种骗局。于是，一个由著名科学家组成的委员会对马的能力进行了调查。他们的结论是：哇！汉斯真的在做数学题。

但一位不太出名却更严谨的心理学家揭穿了其中的奥秘。奥斯卡·芬斯特（Oscar Pfungst）注意到，汉斯其实是在对冯·奥斯滕的身体语言的一些暗示做出反应。汉斯会一直跺脚，但当它感觉到冯·奥斯滕脸上累积或释放了紧张情绪后，它就会停下脚步，因为这表示已经得到了答案。马对微小的视觉信号很敏感，比如歪头、抬眉毛，甚至张鼻孔。冯·奥斯滕甚至没有意识到自己在做这些姿势。汉斯确实很会观察人，但它并不会算术。

在20世纪，人们还做了进一步的尝试，他们会教动物数数，目的不只是娱乐。1943年，德国科学家奥托·科勒（Otto Koehler）训练他的渡鸦雅各布从一系列罐子（盖子上标记着不同数量的点）中，选出某个特定的罐子。当盖子上的点在1到7之间时，这只鸟都能准确找到对应的罐子。近年来，鸟类的智力已经达到了惊人的高度。哈佛大学的艾琳·佩珀伯格（Irene Pepperberg）教会一只名叫亚历克斯的非洲灰鹦鹉从1数到6。例如，当亚历克斯看到各种各样的色块时，它可以大声用英语喊出蓝色的色块有几个。亚历克斯在科学家和爱鸟人士中享有盛誉，当它在2007年意外去世时，甚至《经济学人》杂志都刊登了讣告。

聪明的汉斯给我们带来的教训是，在教动物数数时，必须小心地排除人类无意识的影响。小爱是一只在20世纪70年代末从西非被带到日本的黑猩猩，在对它的数学教育中，研究者排除了暗示的所有可能性，因为它学会了使用触摸屏电脑。

小爱现在31岁[①]，居住在位于日本中部旅游小镇犬山市的灵长类研究所。它的额头很高，秃顶，下巴上的毛发是白色的，有一双深色、凹陷的眼睛，这是一只典型的中年黑猩猩的特征。它在研究所里被称为“学生”，而不是“研究对象”。小爱每天都去上课，在课堂上它会被分配一些任务。它晚上和一群黑猩猩睡在一个由木头、金属和绳子搭建的巨大人造树上，早上9点会准时出现。我见到小爱的那天，它正坐在电脑前，头凑近屏幕，敲击着屏幕上出现的数字序列。每当它正确地完成一项任务后，一个边长8毫米的苹果方块就从它右边的管子里滚下来。小爱抓起来，立刻狼吞虎咽地吃了下去。它那漫不经心的眼神，那台闪烁的、嘟嘟叫的计算机，还有源源不断的奖赏，都让我想起了角子机前赌博的老太太。

小爱从小就与众不同，它还是个孩子的时候，就成为第一个用

① 指作者写作时小爱的年龄。小爱生于1976年。——译者注

阿拉伯数字数数的非人类。（阿拉伯数字就是指1、2、3，等等，有意思的是，几乎所有国家都在使用这些数字符号，但阿拉伯世界除外。）为了让它能熟练地数数，灵长类研究所所长松泽哲郎教会了它人类理解数字的两个要素，那就是数量和顺序。

数字既能表示数量，也能表示位置。这两个概念互相关联，但又有所不同。例如，当我说“5根胡萝卜”时，我的意思是这些胡萝卜的数量是5。数学家称这样的数字为基数。另一方面，当我从1数到20时，我使用的则是数字的连续排序功能。我不是特指20个对象，而只是在背诵一个数列。数学家称这样的数字为序数。在学校里，我们会同时学习基数和序数的概念，毫不费力地在它们之间进行转换。然而，对黑猩猩来说，这种关联并没有那么明显。

松泽首先教导小爱，一支红色铅笔代表“1”，两支红色铅笔代表“2”。在1和2之后，小爱学习了3，然后一直到9。例如，当显示数字5时，小爱会点击一个包含5个物体的方框；当一个方框里有5个物体出现时，它会点击数字5。它的学习是由奖励驱动的，每当它正确完成一项计算机任务，电脑旁的一根管子就会分发一块食物。

在小爱掌握了从1到9的基数后，松泽开始教它如何排序。在测试中，屏幕上闪现出数字，小爱必须按升序轻敲这些数字。如果屏幕显示4和2，它必须先点击2，然后点击4，才能赢得苹果块。它很快就掌握了这种技巧。小爱掌握了基数和序数，这意味着松泽可以放心地说，他的学生已经学会了数数。这一成就使小爱成了日本的英雄，也使它成为一只全球知名的黑猩猩。

松泽随后介绍了零的概念。小爱很容易就学会了作为基数的0，每当屏幕上出现一个没有任何东西的方框时，它就会轻敲这个数字。

然后松泽想看看它是否能推断出0的序数特性。就像它在学习1到9的序数性时那样，屏幕上会随机为小爱展示两个数字，但现在其中一个数字是0。它会认为0位于数字序列中的哪个位置呢？

在第一堂课中，小爱认为0位于6和7之间。松泽分别计算了小爱放在0后面的数字和0之前的数字的平均值，得出了这个结果。在随后的几堂课中，小爱认为0小于6，然后小于5和4，经过几百次试验，0的位置下降到1左右。但是，对于0究竟是大于还是小于1，小爱仍然感到困惑。尽管小爱已经学会了熟练地操纵数字，但它还是达不到人类对数字理解的深度。

不过，它在这个过程中学到了一个习惯，那就是表演自己的技巧。它已经成为一位专业的表演者，在访客面前它会更好地执行电脑任务，尤其是在摄像人员面前。

对于动物掌握数字的能力，人们展开了很多研究。实验表明，蝾螈、大鼠和海豚等不同动物都具有出人意料的辨别数量的能力。尽管马可能无法计算出平方根，但现在科学家认为，动物的计数能力比人们以前想象的要复杂得多。所有具有大脑的生物似乎天生就有数学天赋。

数字能力对野外生存至关重要。如果一只黑猩猩只要抬头望着一棵树，就能算出它午餐能吃到的成熟水果的数量，它就不太可能挨饿。英国萨塞克斯大学的凯伦·麦库姆（Karen McComb）通过监测塞伦盖蒂的狮群，发现狮子会凭借对数字的感觉决定是否攻击其他狮子。在一次实验中，一只孤单的母狮在黄昏时正往狮群走。麦库姆用灌木丛中隐藏的扩音器播放了一只狮子咆哮的录音。母狮听到后，径直走回了家。在第二个实验中，有5只母狮在一起。麦库姆用隐藏的扩音器播放了3只母狮的吼声。5只狮子听到了3只狮子的吼声后，朝着吼声传来的方向看去。一只母狮开始咆哮，很快5只母狮都冲进了灌木丛，准备发起攻击。

麦库姆的结论是，母狮会在脑海里比较数量。一对一意味着攻击风险太大，但如果有5比3的优势，就可以发起进攻了。

并非所有关于动物数数的研究都像在塞伦盖蒂野营，或者教一只著名的黑猩猩做算术那样迷人。在德国乌尔姆大学，研究人员把一些二色箭蚁放在隧道的尽头，然后让它们进入隧道觅食。然而，当它们找到食物以后，研究者就会剪掉一些蚂蚁的腿，或者用猪鬃做成高跷使腿变长。（把蚂蚁的腿剪短的举动并没有听起来那样残忍，因为二色箭蚁的腿在撒哈拉的烈日的折磨下，经常会断掉。）腿变短的蚂蚁往回走的时候没有走到家，而腿变长的蚂蚁则走过了头，这表明蚂蚁不是用眼睛，而是用体内的计步器判断距离的。蚂蚁有一种高超的导航技巧，它们能游荡数小时，然后总能找到返回巢穴的路，这可能就是因为它们非常擅长计算步数。

对动物的数字能力的研究还得到了一些意想不到的结果。黑猩猩的数学能力可能有限，然而，在研究过程中，松泽发现黑猩猩其他方面的认知能力远胜过我们。

2000年，小爱生下了一只雄性黑猩猩，研究人员给它取名为小步。我参观灵长类动物研究所的那天，小步就在妈妈旁边上课。它体型比较小，脸上和手上的皮肤都更粉嫩，毛发也比较黑。小步坐在自己的电脑前，随着数字的闪现不断点击着屏幕。赢得苹果后，它会贪婪地吞下苹果块。它是个自信的小伙子，这非常符合它的特权地位，因为它是这个群体中占统治地位的雌性黑猩猩的儿子以及继承人。

从来没有人教过小步如何使用触摸屏显示器，但它小时候每天都会坐在妈妈旁边听课。有一天，松泽半掩着教室的门，门缝刚好够小步进来，但对小爱来说就太窄了，小爱无法和小步一起进来。小步径直走向显示器。工作人员急切地观察着，想看看它都学到了什么。它点击屏幕，实验开始了，数字1和2出现了。这是一个简单的排序任务。小步点击了2。错了。它继续按2。又错了。然后它试图同时按下1和2。还是错了。最终它做对了——它先按了1，然后按了2，一块苹果掉进了它的手里。不久之后，小步就比妈妈完成得更好了。

几年前，松泽设计出了一种新的数字任务。按下开始按钮后，屏幕上随机显示数字1到5。0.65秒后，数字变成白色的小方块。这个任务是记住哪个方块是哪个数字，然后按正确的顺序点击白色方块。

小步在大约80%的情况下能正确地完成这项任务，这与一组日本儿童的结果差不多。松泽随后将这些数字出现的时间缩短到0.43秒，小步几乎注意不到这种差异，但相应的儿童的成绩却明显下降了：儿童的成功率仅为约60%。当松泽将这些数字的显示时间缩短到0.21秒时，小步的正确率仍然保持在80%的水平上，但儿童的正确率已经下降到了40%。

这项实验表明，小步具有非凡的图像记忆能力。犬山市的其他黑猩猩也差不多是这样，但小步是其中最出色的。松泽在后续的实

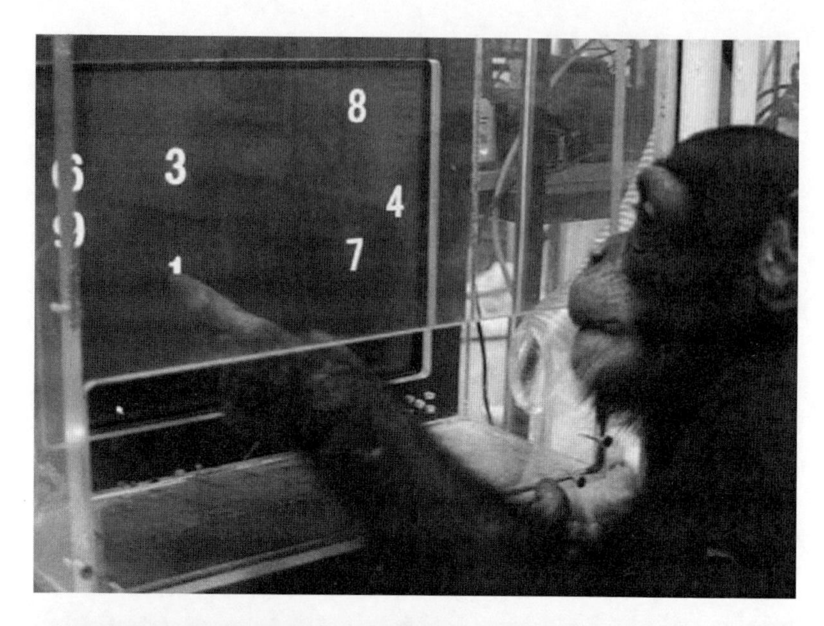

图0–4　小步操作电脑完成任务。在这个任务里，屏幕上先会闪现数字，然后变成白色方块。小步需要记住数字的位置，这样它就能点击正确的方块来赢得食物

验中增加了数字的数量，现在小步只需0.21秒就能记住8个数字的位置。松泽还缩短了时间间隔，让小步在0.09秒内记住5个数字的位置——在这么短的时间之内，人类甚至无法看清数字，更别说要记住数字了。黑猩猩之所以有这种惊人的瞬间记忆能力，很可能是因为快速做出决定在野外至关重要，比如需要快速辨别敌人的数量。

在研究了动物数字能力的极限后，我们自然而然地会想要对人类的先天能力做进一步研究。要想研究不受后天知识影响的大脑，就需要找到尽量年轻的研究对象。因此，现在研究者会对只有几个月大的婴儿进行数学技能的常规测试。这个年龄的婴儿不会说话，也无法控制四肢，因此，要测试他们的数字能力，只能观察他们的眼睛。理论上，他们会盯着感兴趣的图片看更长的时间。1980年，宾夕法尼亚大学的普伦蒂斯·斯塔基（Prentice Starkey）给16到30周大的婴儿看了带有两个点的屏幕图像，然后又给他们看了另一幅带有两个点的图像。婴儿们盯着第二幅图像的时间是1.9秒。然后，斯塔基重复了这个过程，但把第二幅图像换成带有三个点的，发现婴儿们盯着第二个屏幕的时间是2.5秒，这个时间比上一次长出了1/3。斯塔基认为，凝视时间的增加意味着，婴儿注意到了三个点与两个点的不同之处，也就是说他们对数字有一种初步的理解。这种通过注意时间的长度来判断数字认知的方法现在已经成了一种标准。哈佛大学的伊丽莎白·斯佩尔克（Elizabeth Spelke）在2000年发现，6个月大的婴儿可以分辨8个点和16个点之间的差别；而在2005年的研究中，他们发现婴儿可以分辨16个点和32个点。

一项与之相关的实验也表明，婴儿懂算术。1992年，亚利桑那大学的凯伦·温（Karen Wynn）让一个5个月大的婴儿坐在一个小舞台前。一位成年人把一只米老鼠玩偶放在舞台上，然后用幕布把它藏起来。接着，成年人在幕布后面又放了一只米老鼠玩偶，幕布被拉开，露出了两个玩偶。随后，温重复了这个过程，但这次幕布拉开时，玩偶数量变了，露出一只或三只玩偶（见图0–5）。当出现一只或三只玩偶时，婴儿盯着舞台看的时间比有两只玩偶的时间更长，这表明婴儿在算术错误时表现出了惊讶。温认为，婴儿能够理解一个玩偶加上一个玩偶等于两个玩偶。

研究者后来将米老鼠实验里的米老鼠玩偶换成了《芝麻街》里的玩偶艾莫和厄尼，又做了一次实验。艾莫被放在舞台上，幕布降了下来，然后另一只艾莫被放在幕布后面。移开幕布后，有时露出的是两只艾莫，有时是一只艾莫和一只厄尼，有时候是只有一只艾莫或只有一只厄尼。当婴儿发现只有一只玩偶时，他们注视的时间会更长，而发现两只错误的玩偶时则不会注视这么长时间。换句话说，1 + 1 = 1这种算术上不成立的事情，比艾莫变成了厄尼更令他们不安。婴儿对数学规律的认识，似乎比他们对物理规律的认识更根深蒂固。

瑞士心理学家让·皮亚热（Jean Piaget，1896—1980）认为，婴儿对数字的理解是通过经验慢慢地累积而成的，因此，教六七岁以下的儿童算术是没有意义的。这影响了一代又一代的教育工作者，他们让小学生在课堂上玩积木，而不是教他们数学。现在皮亚热的观点被认为已经过时了，小学生一上学就会马上学习阿拉伯数字和算术。

玩偶被放在舞台上

幕布放下，挡住玩偶

第二只玩偶被放在幕后

幕布挡住玩偶

幕布拉开，出现以上三种情况之一

图0–5　凯伦·温的实验检验了婴儿分辨幕布背后的玩偶数量是否正确的能力

圆点实验也是成人数字认知研究的基石。科学家做了一项经典的实验，在屏幕上向一个人展示一些圆点，然后询问他看到了多少个圆点。当有1个、2个或3个点时，人们会立刻反应过来。当出现了4个点时，人们的反应会明显慢一些；而当有5个点时，反应就会更慢一些。

你可能会说，那又怎么样？这可能解释了为什么在一些文化中，数字1、2和3会分别用1道、2道和3道线表示，而数字4并不是4道线。当线的数目在3道以内时，我们可以立刻说出线的数目，但当出现4道线时，我们的大脑很难一下子反应过来线的数目，因此必须有一种不同的符号来表示这个数字。数字1到4的汉字是一、二、三和四。在古印度数字中，它们分别是一、=、≡和+。（如果你把这些线连起来，就可以看到它们是如何变成现代的1、2、3和4的。）

事实上，对于我们能够立即掌握的线的数量是3还是4，仍存在一些争论。罗马人实际上有两种方式表示4，分别是IIII和IV。IV更容易识别，但也许是出于美学的原因，钟面更倾向于使用IIII。当然，我们可以快速而准确地识别的线、点或剑齿虎的数量不超过4。我们对1、2和3都有精确的感觉，但超过4时，我们的精确感觉会减弱，我们对数字的判断也会变得近似。例如，试着快速猜出图0–6有多少个点。

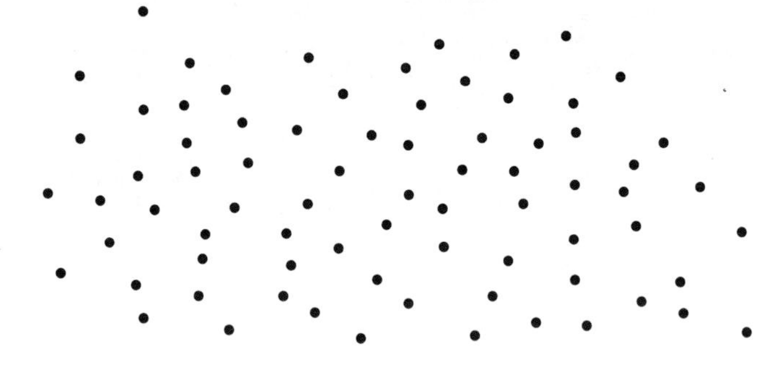

图0–6　试着猜出图中有多少个点

要一下猜准是不可能的。（除非你是一个自闭症天才，就像达斯汀·霍夫曼在《雨人》中扮演的角色一样，他能在极短的时间内就说出“76”。）我们唯一的策略是估计，而我们估计出的数值可能离答案很远。

研究人员给志愿者展示不同数量的点，并询问他们哪一组点更多，来测试人们对数量的直觉。结果发现，我们辨别点数的能力遵循着一些规律。例如，区分80个点和100个点之间的差别，比区分81个点和82个点之间的差别要容易得多。同样，区分20个点和40个点，比区分80个和100个点更容易。在图0–7的案例A和案例B中，左边一组图中的点都比右边的要多，但是在案例B中，我们明显需要更长的时间去处理信息。

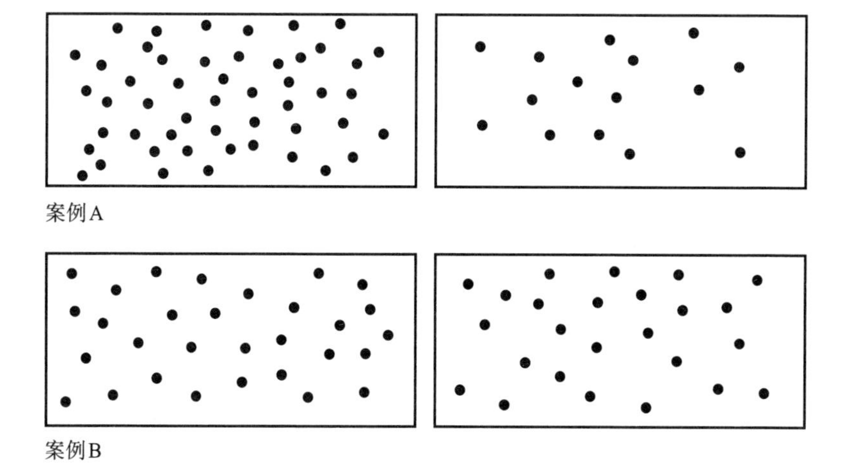

图0–7　区分左右哪组点数更多

我们的比较能力竟然如此严格地遵循数学定律，比如乘法原理，这让科学家十分惊讶。法国认知科学家斯坦尼斯拉斯·德阿纳（Stanislas Dehaene）在其著作《数字感觉》（*The Number Sense*）中举了一个例子。一个人能辨别出10个点和13个点的区别，其准确率可达90%。如果第一组翻倍变成了20个点，那么第二组需要包括多少个点，才能让这个人仍然保持90%的准确率？答案是26，正好也是两倍。

动物也能比较点的数量。虽然它们的准确度没有我们高，但它们的技能似乎受同样的数学定律支配。这太惊人了。人类拥有一套独一无二且精巧的计数系统，我们的生活中充满了数字。然而，我们所有的数学天赋也不过如此，当涉及感知和估计大量数字时，我们大脑的功能和我们那些长着羽毛或浑身毛茸茸的朋友没什么差别。

数百万年来，人类对数量的直觉促进了数字的产生。我们无法确切地了解这到底是如何发生的，但我们可以合理地推测，数字来源于我们对事物（比如月亮、山脉、捕食者或者鼓点）的追踪。起初，我们使用的可能是视觉符号，例如手指或木头上的刻痕，它们与我们追踪的对象一一对应。两道刻痕或两根手指表示两只猛犸象，三道刻痕或三根手指表示三只，以此类推。后来，我们就会想出一些词汇来表达“两道刻痕”或“三根手指”的概念。

随着要追踪的对象越来越多，我们的词汇和数字符号系统也在不断扩展，而且这种扩展越来越多。我们现在已经有了一套发展完备的精确的数字系统，让我们可以随心所欲地数数。看到图0–6，我们就能数出它正好有76个点，我们这种准确表达数字的能力，与大致理解这些数量的更基本的能力并驾齐驱。我们会根据情况选择使用哪种方法。例如，在超市里，我们在查看商品价格时使用的是对精确数字的理解，但在选择最短的结账队伍时，我们使用的是出自本能的近似感觉。我们并不会具体数出每一列中的人数，而是大致看看队伍，估计哪一队的人最少。

事实上，我们经常使用不精确的方法来处理数字，即使我们表达时用的是精确的术语。如果你问某人上班要花多长时间，你通常会得到一个范围，比如“大概35~40分钟”。事实上，我注意到，对于涉及数量的问题，我经常无法给出简单的答案。聚会上有多少人？“二三十。”你待了多久？“三个半到四个小时。”你喝了多少酒？“4、5……10……杯。”我以为我只是优柔寡断，但现在我说不准了。可能，我在利用对数字的本能感觉，那是一种来自直觉、像动物一样处理信息的能力。

由于近似概括数字的感觉对生存来说必不可少，所以或许可以认为，所有人在这方面都具有一定的能力。在2008年的一篇论文中，约翰斯·霍普金斯大学和肯尼迪·克里格研究所的心理学家调查了一组14岁的青少年拥有的数字感。这些青少年通过屏幕看到不同数量的黄点和蓝点，图像持续0.2秒，然后研究人员询问他们是蓝点更多，还是黄点更多。结果令研究人员感到惊讶，因为它显示出了巨大的差异。一些学生很容易分辨出9个蓝点和10个黄点之间的区别，但另一些学生的能力与婴儿相当，他们甚至比较不出来5个黄点和3个蓝点哪个更多。

把这些青少年在圆点测试中的分数和他们从幼儿园起的数学成绩进行比较后，研究人员得到了一个更惊人的发现。研究人员此前曾以为，学生直观辨别数量的能力，对他们解方程和画三角形等方面可能没有多大影响。然而，这项研究发现，估算能力与数学成绩有着紧密的联系。一个人的近似数感越强，他的数学成绩就越有可能比较好。这可能会对教育产生重大影响。如果估算的天赋可以提高数学能力，也许学校的数学课应该少花些时间讲乘法表，而多让学生练习比较哪个颜色的点的数量比较多。

斯坦尼斯拉斯·德阿纳或许是数字认知这一跨学科领域的领军人物。他原本是一名数学家，现在是一名神经科学家，在法兰西学院担任教授，也是巴黎附近的神经影像研究中心（NeuroSpin）的主任之一。1997年，在出版《数字感觉》后不久，他和哈佛大学发展心理学家伊丽莎白·斯佩尔克在巴黎科学博物馆的食堂共进午餐。他们碰巧坐在皮埃尔·皮卡旁边。皮卡向二人讲述了他与蒙杜鲁库人打交道的经历，在激烈的讨论后，他们三人决定合作。他们打算从研究不会计数的人群开始。

德阿纳帮助皮卡设计了要在亚马孙进行的实验，其中的一个非常简单：他想知道蒙杜鲁库人对数词的理解。回到雨林地区后，皮卡召集了一群志愿者，通过屏幕向他们展示不同数量的点，让他们说出自己看到的点的数量。

蒙杜鲁库语中的数字分别是：

1 *pũg*

2 *xep xep*

3 *ebapug*

4 *ebadipdip*

5 *pũg pogbi*

当屏幕上有一个点时，蒙杜鲁库人说*pũg*。当有两个点的时候，他们会说*xep xep*。但点数超过两个时，他们的回答变得不准确了。当三个点出现时，只有80%的情况下他们会说*ebapug*。而只有70%的情况下，他们对4个点的反应是*ebadipdip*。当屏幕显示5个点时，他们只在28%的情况下回答*pũg pogbi*，而会在15%的情况下回答*ebadipdip*。换言之，对于3及以上的数字，蒙杜鲁库人的数词只表示一种估计。他们其实是在说1，2，大约3，大约4，大约5。皮卡开始怀疑也许*pũg pogbi*根本就不是一个数字，可能只是表示“那么几个”。也许蒙杜鲁库人超过5就不会数了，他们只能数到“大约4”。

皮卡还注意到，蒙杜鲁库人的数词有一个有趣的语言特征。他告诉我，从1到4，每个词的音节数都等于这个数本身。这一现象让他非常兴奋。“这就好像把音节当作一种听觉上的计数方式。”他说。就像罗马人用I、II、III和IIII来计数，但到了5就变为V一样，蒙杜鲁库人用一个音节表示1，然后再加一个音节表示2，再加一个音节表示3，再加一个音节表示4，但他们并没有用5个音节表示5。尽管3和4的数词用法并不精确，但它们包含的音节数仍然是精确的。当音节的数量不再重要时，这个词可能根本就不是一个数词。“这很神奇，因为它似乎证实了这样一个观点，那就是，人类拥有的数字系统一次最多只能跟踪到4个物体。”皮卡说。

皮卡还测试了蒙杜鲁库人估计大量数字的能力。如图0–8所示，在一个测试中，实验对象看了一段电脑动画，动画中的两组圆点掉进了一个罐子里。圆点掉进去后就不会显示，然后第三组圆点会出现在屏幕上。实验对象被要求回答，这两组加在一起的数量是否超过了屏幕上第三组的数量。这个测试旨在检测他们是否能够以一种近似的方式做加法计算。结果表明他们可以，而且他们估计的准确率和一群接受同样测试的法国成年人一样。

同样如图0–8所示，在一个相关的实验中，皮卡用电脑屏幕播放了一段动画，有6个圆点掉进了罐子里，然后有4个点再掉出来。

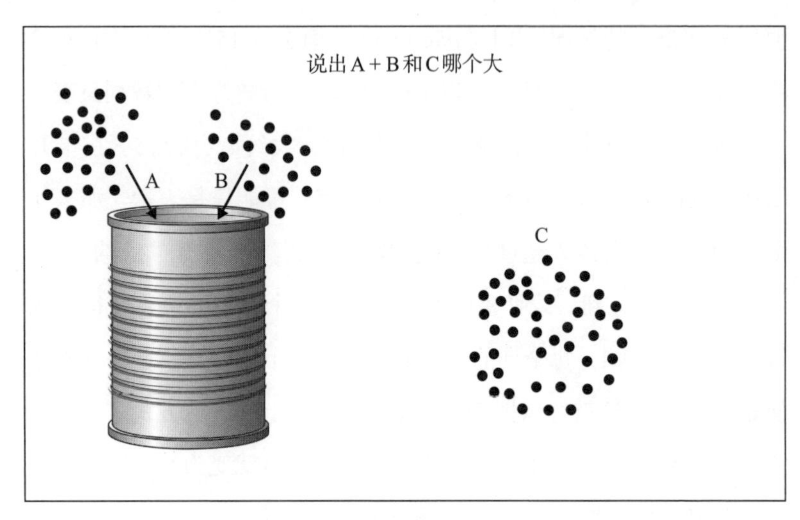

近似的加法和比较

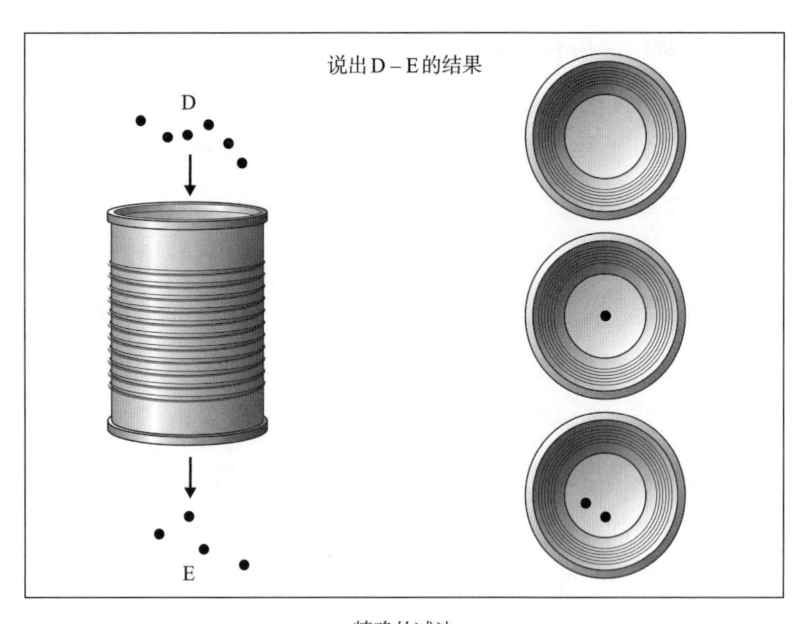

精确的减法

图0–8　对数字的近似和精确理解

随后，蒙杜鲁库人被要求回答罐子里还剩多少个圆点，换句话说就是，6减4等于多少，他们有三个选项可以选择。这项测试是想了解蒙杜鲁库人是否理解他们无法用词汇表达的确切数字。测试结果是他们无法完成这项任务。当动画中包含6、7或8个点的减法时，他们总是算不对正确答案。"即使是简单的情况，他们也计算不出来。"皮卡说。

圆点实验的结果表明，蒙杜鲁库人非常擅长处理概数，但处理5以上的确切数字的能力非常糟糕。皮卡很高兴看到蒙杜鲁库人和西方人之间的相似之处，两者都有一个功能完备的精确追踪小数字的系统和一个追踪大数字的近似系统。但两个群体的显著区别在于，蒙杜鲁库人无法在大于5的情况下将这两个独立的系统结合在一起。皮卡说，这一定是因为，对于蒙杜鲁库人来说保持系统独立更加有用。他认为，为了文化的多样性，保护蒙杜鲁库人的计数方式十分重要，但由于印第安人和巴西人之间不可避免地产生了更多接触，这一点无疑会受到威胁。

有一些蒙杜鲁库人实际上已经学会了用葡萄牙语数数，但他们仍然没有掌握基本的算术法则，这表明他们自己的数学系统非常根深蒂固，并且非常适应他们自身的需要。这也说明要想正确理解5以上的确切数字，需要概念上的飞跃。

那会不会是因为人类需要数词才能准确理解4以上的数字呢？伦敦大学学院的布莱恩·巴特沃思（Brian Butterworth）教授认为我们并不需要。他认为，大脑具有一种与生俱来的可以理解精确数字的能力，他称之为"精确数字模块"。根据他的解释，人类可以理解一小群个体的确切数量，而通过将个体逐一添加到这些小的群体中，我们就可以理解更大的数字的表现。他一直在研究亚马孙河流域以外唯一一个几乎没有数词的原住民群体，那就是生活在澳大利亚内陆地区的原住民。

瓦尔皮里人生活在爱丽丝泉附近，他们的数词只有3个，分别代表着1、2和多。卡奔塔利亚湾格鲁特岛的阿宁迪利亚克瓦人只有表示1、2、3（有时指的是4）和多的词语。在针对这两个群体的儿童的实验中，实验人员用棍子敲击木头（最多7下），然后把一个计数器放在垫子上。有时敲击的数量与计数器上的数一致，有时不一致。孩子们能够准确回答数字是否一致。巴特沃思认为，为了得到正确答案，孩子们产生了对精确数字的心理表征，这种抽象的表征可以表达听觉和视觉上的计数。这些孩子都没有用词语来表示4、5、6和7，但他们却能够把这些数记在脑子里。巴特沃斯总结道，词语有助于理解数字的精确性，但并不是必要的。

巴特沃思以及斯坦尼斯拉斯·德阿纳的另一个研究重点是计算困难，也叫数盲，有这种障碍的人对数的感觉有缺陷。据估计，有3%~6%的人患有此病。计算困难的人不能像大多数人那样“感知”数字。例如，以下这两个数哪一个更大？

65　　24

很简单，当然是65。几乎所有人不用半秒就能得到正确答案。但是，如果你患有计算困难，你可能需要3秒钟。患有计算困难的原因因人而异，但这样的人往往不能将一个数字符号（比如5）与这个符号代表的数量关联起来。他们在数数时也有困难。计算困难并不是说你不能数数，但患者往往缺乏对数字的基本直觉，只能依赖其他策略来处理日常生活中的数字，例如依赖手指。严重的计算困难患者甚至不会看表。

如果你在学校里所有科目都很优秀，但数学考试总不及格，你很可能就是计算困难患者。（当然，如果你数学总是不及格，你多半就不会翻开这本书了。）这种情况被认为是导致计算能力低下的主要原因。从社会的角度来说，我们需要更多地了解计算困难，因为计算能力低的成年人比同龄人更容易失业或抑郁。我们现在对计算困难的了解很少，它可以被认为是另一种形式的阅读障碍。两者具有可比性，因为它们影响的人口比例大致相同，而且似乎都与整体智力水平无关。然而，人们对阅读障碍的了解比对计算困难的了解要深入得多。事实上，据估计，关于阅读障碍的学术论文数量大约是关于计算困难的论文的10倍。对计算困难的研究远远落后，原因之一在于，导致一个人数学不好的原因可能有很多。这门学科在学校里的教学效果经常不尽如人意，如果你在老师引入关键概念时缺了几节课，就很容易跟不上。不擅长数字的人在社会上遇到的阻碍也远小于不擅长阅读的人。

布莱恩·巴特沃思经常为他诊断出的患有计算困难的人写推荐信，向患者的可能雇主解释，未能获得学校里的数学成绩认证并不是因为他们懒惰或者智力水平有问题。患有计算困难的人可以在所有不涉及数字的领域取得很高的成就。巴特沃思说，有时患有计算困难的人数学成绩也可能很好。数学有很多分支，比如逻辑和几何学，这些领域更注重的是演绎推理或空间意识，而不是对数字或方程的敏感度。但通常来讲，患有计算困难的人数学成绩很差。

对计算困难的研究大多是行为学研究，比如在电脑上给数万名学生做测试，让他们比较两个数字的大小，从而对他们进行筛查。有些神经学研究会对计算困难患者和非计算困难的人的大脑进行磁共振扫描，观察两者的通路有何不同。在认知科学中，人们通常通过对能力缺陷的研究来理解智力的进展。随着研究的逐渐深入，人们发现了计算困难的真相，以及大脑中的数字感如何发挥作用。

事实上，神经科学给数字认知领域带来了最令人振奋的新发现。现在，我们能够看到，当猴子想到精确数量的点时，猴子大脑中各个神经元是变化的。

德国南部蒂宾根大学的安德烈亚斯·尼德（Andreas Nieder）训练了恒河猴如何思考数字。他在电脑上给猴子看一组圆点，然后每隔一秒钟，换另一组圆点。他让猴子知道，如果第二组圆点的数量和第一组相等，就应按下一个控制杆，这样猴子就能获得一小口苹果汁的奖励。而如果第二组圆点的数量与第一组不同，按下控制杆就没有奖励。大约一年后，猴子都学会了，只有当屏幕上第一次和第二次出现的点数相等时才按下杆。尼德和同事认为，在屏幕间隔的一秒钟内，猴子思考的是它们刚刚看到的点的数量。

尼德想看看在猴子思考数字的时候，它们的大脑里发生了什么。因此，他将直径两微米的电极穿过猴子头骨上的一个孔，插入神经组织。别担心，猴子并不会受伤。这个尺寸的电极非常小，可以在大脑中移动而不会造成伤害或疼痛。（将电极插入人类大脑进行研究违反了科研伦理准则，但出于治疗目的是允许的，比如对癫痫的治疗。）尼德将电极放置在猴子的前额叶皮质上，然后开始实验。

这种电极非常灵敏，能捕捉到单个神经元的放电。尼德发现，当猴子思考数字时，某些神经元变得非常活跃，大脑中有一小块都在发光。

仔细分析后，尼德有了一个有趣的发现。他发现，猴子在思考不同数字的同时，脑内对数字敏感的神经元会产生不同的电荷。每个神经元都有一个“最喜欢”的数字，这个数字会让它最活跃。例如，有几千个神经元最喜欢数字1。当猴子想到1时，这些神经元就会发出明亮的光；当猴子想到2时，它们就没那么明亮；而当猴子想到3时，这些神经元就更暗了，以此类推。另一组神经元最喜欢数字2。当猴子想到2时，这些神经元发出的光最亮；当它想到1或3时，它们就没那么亮；而当猴子想到4时，这些神经元的光变得更暗了。还有一组神经元喜欢数字3，另一组则喜欢数字4。尼德对30个数字进行了实验，发现每一个数字都对应一个神经元。

这些结果解释了为什么我们的直觉倾向于近似理解数字。当猴子想到4时，最喜欢4的神经元是最活跃的。但是偏爱3和偏爱5的神经元也很活跃，尽管没有那么活跃，因为大脑也在思考4附近的数字。“这是一种嘈杂的数字感。”尼德解释说，“猴子只能用近似的方式表达基数。”

同样的情况也发生在人类的大脑中。这就引出了一个有趣的问题：如果我们的大脑只能近似地表示数字，那么我们最初是如何“发明”数字的呢？“‘精确数感’是一种人类（独有的）特性，它可能源于我们用符号非常精确地表达数字的能力。”尼德总结道。这一结论强调了数字是一种文化产物，一种人造结构，而不是我们与生俱来的东西。

11只盲眼小鼠
1 010个绿瓶子
11 000只乌鸦
被烤成派

第1章

珠算中的数字

在中世纪的林肯郡，一个*pimp*加上一个*dik*，你会得到一个*bumfit*[①]。这没什么不光彩的。在牧羊人数羊时使用的行话中，这些词仅代表数字5、10和15。完整的数列是：

1. *Yan*
2. *Tan*
3. *Tethera*
4. *Pethera*
5. *Pimp*
6. *Sethera*
7. *Lethera*
8. *Hovera*

① Pimp在英语中有“皮条客”的意思；dik音同dick（阴茎）；bumfit字面意思是“适合屁股”。因此后文才会说这句话并没有什么“不光彩”的。——译者注

9. *Covera*

10. *Dik*

11. *Yan-a-dik*

12. *Tan-a-dik*

13. *Tethera-dik*

14. *Pethera-dik*

15. *Bumfit*

16. *Yan-a-bumfit*

17. *Tan-a-bumfit*

18. *Tethera-bumfit*

19. *Pethera-bumfit*

20. *Figgit*

这与我们现在的数数方法不同，不仅仅是因为这些单词我们都不太熟悉。林肯郡的牧羊人把每20个数字分为一组，从*yan*（1）开始计数，到*figgit*（20）结束。如果一位牧羊人有20多只羊，且他没有因为数羊睡着的话，那么他会在口袋里放一块鹅卵石，或者在地上做个记号，或者在手杖上刮一条线，以此记下他数完了一个循环。然后他会从头再来："*Yan*，*tan*，*tethera*……"如果他有80只羊，他的口袋里最后会有4块鹅卵石，或者手杖上有4条线。这个系统对牧羊人来说非常有效，他用4个小物件代表了80个大物件。

在现代社会，我们把数字分为10个一组，所以我们的数字系统有10个数字，它们是0、1、2、3、4、5、6、7、8和9。用来计数的数字个数，通常也就是数字符号的个数，是一个数字系统的基数。

我们的十进制系统基数为10，而牧羊人所使用的系统的基数则是20。

没有合理的基数，处理起数字来就会很难。想象一下，如果牧羊人的系统是一进制的，这意味着他只有一个数词，*yan*代表1，那2就是*yan yan*，3是*yan yan yan*，80只羊就需要说80遍*yan*。这个系统对数3以上的东西简直完全没用。又或者，假设每个数字都用一个不同的单词表示，这样的话，想数到80就需要记住80个不同的单词。要是这样数到1 000，那可真是难以想象。

许多孤立的族群仍然使用非常规的数字系统。例如，亚马孙地区的阿拉拉人是成对计数的，他们从1到8的数字如下：*anane*、*adak*、*adak anane*、*adak adak*、*adak adak anane*、*adak adak adak*、*adak adak adak anane*、*adak adak adak adak*。他们两个两个地数数，并没有比一个一个地数有多大进步。要表示100，需要连续重复50次*adak*，可以想象市场上的讨价还价有多耗时。亚马孙地区也有3个数和4个数成一组的系统计数。

要构建一个好的计数系统，基数必须够大，这样在表示100这样的数字时才不会喘不过气，但基数也不能太大，这样就不需要我们记忆很多东西。历史上最常见的基数是5、10和20，原因显而易见：这些数字来自人体。我们一只手上有5根手指，所以从一开始数数时，数到5自然就到了换口气的时候。下一个自然的停顿出现在数完两只手，也就是10根手指的时候，之后是手加上脚，也就是20根手指和脚趾。（有些系统把这些基数结合在了一起。例如，林肯郡的绵羊计数词典包含基数5和10以及20：前10个数字单独列，后10个数字里每5个构成一组。）许多数词都反映出手指在计数中所起的作用，比如很多数字同时都有与手有关的意思。例如，俄语中的5是

piat，而“伸出的手”是*piast*。同样，梵文中的数词5是*pantcha*，它与波斯语中的“手”——*pentcha*有关。

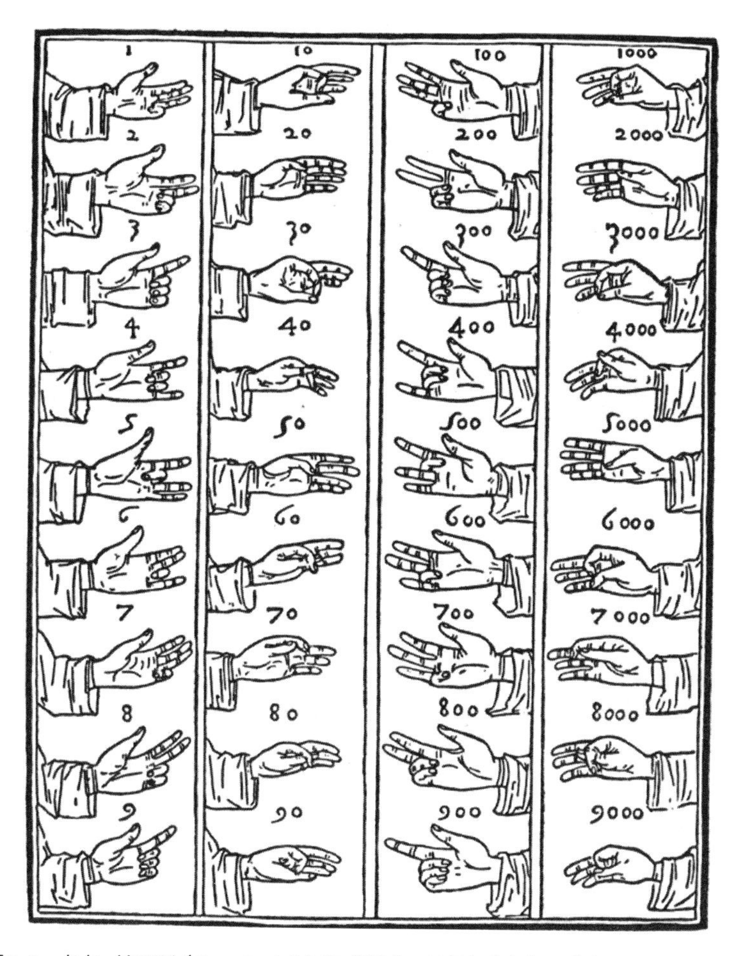

图1–1　卢卡·帕乔利（Luca Pacioli）在《算术、几何与比例概要》（1494）里记载的手指计数

从人类开始数数的那一刻起，人们就在用手指作为辅助，毫不夸张地说，我们大量的科学进步都要归功于我们灵活的手指。如果

人类在出生时四肢末端是扁平的残肢，可以合理推测，人类的智力进化或许不会超过石器时代的水平。在可以轻易写下数字的纸和笔被广泛使用之前，人们通常是通过精心设计的计数手语来交流的。在8世纪，诺森布里亚的神学家圣比德（Venerable Bede）提出了一个能数到100万的系统，这个系统将算术和双手都利用了起来。它用左手的手指表示个位和十位，右手表示百和千，更高的数量级通过手在身体上的上下移动来表达。比德写到，有一个不太体面的画面可以表示90 000："左手抓住腰部，拇指朝向生殖器。"更能唤起人们共鸣的是表示100万的姿势，那是一种取得成就和事情结束时的自我满足的姿态：双手合十，手指交叉。

几百年前的算术手册，几乎都包含手指计数的图像。现在，虽然这种做法基本上成了一种失传的艺术，但它在世界某些地区仍然延续着。印度的商人如果想对旁观者隐瞒交易，就会在斗篷或衣服后面触摸指关节。中国人有一种巧妙（尽管也过于复杂）的技巧，能让你数到9 999 999 999。如图1–2所示，假设每根手指上都有9个点，每个关节上有3个。右手小指上的点代表数字1到9，右手无名指上的点代表10到90，右中指上的点代表100到900，以此类推。你只需用手指就能数出地球上所有的人，这种方法可以把整个世界掌握在你的手中。

在一些文化中，人们更喜欢使用身体来计数，而非只用手指和脚趾。19世纪末，由英国人类学家组成的一支探险队到达了托雷斯海峡中的岛屿，托雷斯海峡位于澳大利亚和巴布亚新几内亚之间。在那里生活的一个群体用右手小指表示1，右手无名指表示2，以此类推，在右手手指用完后，他们用右手手腕表示6，右手肘表示7，接着是肩

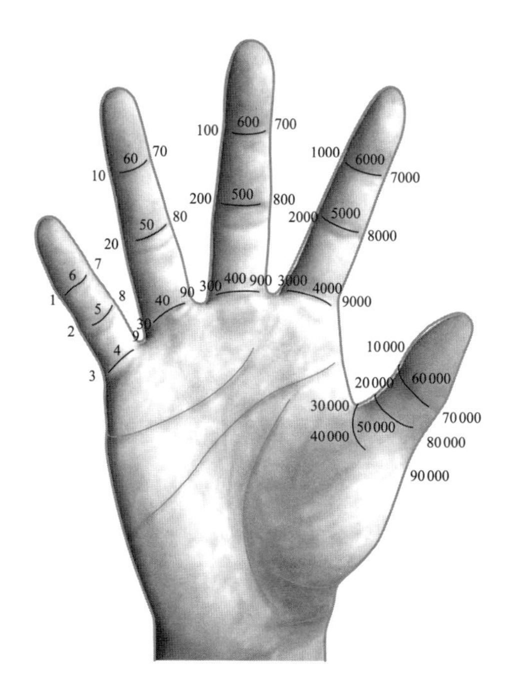

图1–2　在中国的这个手指计数系统中，每根手指上有9个点，代表不同数量级上的数字1到9，因此当另一只手碰到相应的点时，右手就可以表示（10^5-1）以内的任何一个数。换一只手，你就能继续表示（$10^{10}-1$）以内的数。0不需要手指上的位置来对应，因为当某根手指上没有对应数值时，另一只手只要放开就行

膀、胸骨、左手臂、左手、脚和腿，右脚小脚趾代表33。后续的探险和研究发现，该地区的许多群体都有着类似的“人体计数”系统。

最古怪的计数系统或许来自尤普诺人（Yupno），他们生活在巴布亚新几内亚，每个人都拥有属于自己的短旋律，就像一个名字，或者签名一样。他们还拥有一个计数系统，可以用鼻孔、眼睛、乳头、肚脐和指尖来表示数字，而左睾丸、右睾丸和阴茎分别表示31、32和33。虽然我们可以去思考33在三大宗教中的意义（耶稣去世时33岁，大卫王统治了33年，穆斯林赞主赞圣时所用的手串上有33颗

珠子），但这个数字对于尤普诺人的独特之处在于，他们实际上非常不喜欢谈及它。他们会委婉地用“男人的东西”这样的短语来指代数字33。研究人员无法确认该部落中的女性是否使用相同的词语，因为按照该部落的规矩她们不该知道数字系统，并且她们也拒绝回答问题。尤普诺人的数字上限是34，他们称之为“一个死人”。

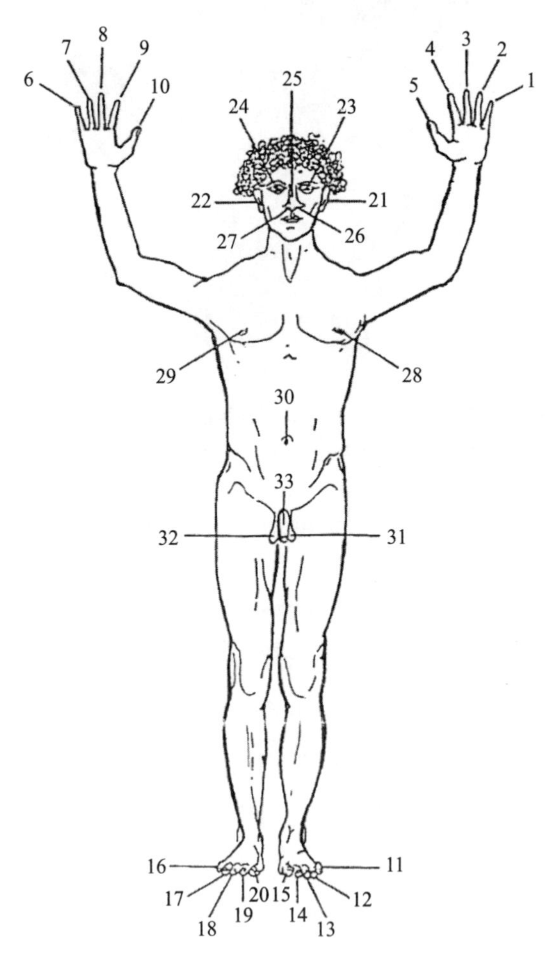

图1–3　一个死掉的尤普诺人

十进制系统在西方已经被使用了数千年。尽管它和我们的身体十分匹配，但许多人认为它并不是最聪明的计数基数。事实上，有些人认为，正是因为它基于身体，它才成了一种错误的选择。瑞典国王查尔斯十二世认为，十进制是“乡下的蠢人”用手指摸索出的产物。他认为，在现代斯堪的纳维亚半岛，人们需要一个“更方便、更有用”的基数。因此，1716年，他命令科学家伊曼纽尔·斯韦登堡（Emanuel Swedenborg）设计了一种以64为基数的新的计数系统。他之所以用了这个令人生畏的数字，是因为64来自4×4×4的立方体。查尔斯曾参加大北方战争，但他属于战败一方，他认为以立方数为基数的计数系统会有利于军事计算，例如测量一盒火药的体积。但伏尔泰写道，他突如其来的灵感“只能证明他是个喜爱非同寻常和困难的人”。六十四进制要求有64个独特的数字（和符号），这是一个极不方便的系统。斯韦登堡把这个系统简化为八进制，并想出了新的符号，其中0、1、2、3、4、5、6和7分别被重新用o、l、s、n、m、t、f和u表示。因此，在这个系统中，l+l=s，而m×m=so。（然而这些新数词相当不可思议。8的幂可被写成lo、loo、looo、loooo和looooo，它们读作，或者说“唱”作，*lu*、*lo*、*li*、*le*和*la*。）1718年，在斯韦登堡公布这一系统前不久，国王被一颗子弹射杀，他的八进制梦想也随之消亡。

但查尔斯十二世有一个观点是正确的。我们没有必要仅仅因为十进制是从我们的手指和脚趾的数量派生出来的就非要坚持十进制。例如，假设人类像迪士尼动画里的角色一样，每只手只有三根手指和一根拇指，那么几乎可以肯定的是，我们将生活在一个八进制的世界里：使用8分的评分系统，制作前8名的排行榜，规定8美分等于一角钱。数学不会因为分组方法的改变而改变。好战的瑞典人想寻找最适合我们的科学需要的基数，而不是选择一个适合我们的解剖学特征的基数，在这一点上他们是正确的。

下面这个场景发生在20世纪70年代末的芝加哥，迈克尔·德弗利格（Michael de Vlieger）正在周六的早晨看动画片。里面出现了一个片段，配乐十分令人不安，钢琴和弦跑调了，吉他发出“哇哇”声，夹杂着一个来势汹汹的低音。在满月的星空下出现了一个奇怪的人形。他戴着一顶蓝白条纹的礼帽，穿着燕尾服，有一头金色的头发和一个棒状的鼻子，相当符合那个时代华丽的摇滚时尚。他每只手有6根手指，每只脚上有6根脚趾。“有点儿怪，有点儿吓人。”迈克尔回忆道。这部动画片叫《小十二趾》（*Little Twelvetoes*），是一个关于十二进制的教育宣传片。“我想大多数美国人都不知道这个动画片在说什么，但我觉得很酷。”

迈克尔现在38岁了。我在他的办公室见到了他，那是密苏里州圣路易斯市一个商店上面的商务套房。他有一头浓密的黑发（里面夹着几缕白发），一张圆脸，深色的眼睛，皮肤有些发黄。他的母亲是菲律宾人，父亲是白人，在儿童时期，混血儿的身份使他成了别人嘲笑的对象。他是一个聪明而敏感的孩子，想象力丰富，他决定发明属于自己的语言，这样他的同学就看不懂他的笔记本了。《小十二趾》的故事则启发了他发明一个十二进制数字系统。

十二进制包含12个数字：除了0到9，还需要另外两个数字代表10和11。这两个“跨十进制”数字的标准写法是χ和ε。所以，在十二进制中从0数到12就是0，1，2，3，4，5，6，7，8，9，χ，ε，10（见图1–4）。

1 *one*	2 *two*	3 *three*	4 *four*	5 *five*	6 *six*	7 *seven*	8 *eight*	9 *nine*	χ *dek*	Ɛ *el*	10 *do*
11 *do* *one*	12 *do* *two*	13 *do* *three*	14 *do* *four*	15 *do* *five*	16 *do* *six*	17 *do* *seven*	18 *do* *eight*	19 *do* *nine*	1χ *do* *dek*	1Ɛ *do* *el*	20 *twodo*
21 *twodo* *one*	22 *twodo* *two*	23 *twodo* *three*	24 *twodo* *four*	25 *twodo* *five*	26 *twodo* *six*	27 *twodo* *seven*	28 *twodo* *eight*	29 *twodo* *nine*	2χ *twodo* *dek*	2Ɛ *twodo* *el*	30 *threedo*
31 *threedo* *one*	32 *threedo* *two*	33 *threedo* *three*	34 *threedo* *four*	35 *threedo* *five*	36 *threedo* *six*	37 *threedo* *seven*	38 *threedo* *eight*	39 *threedo* *nine*	3χ *threedo* *dek*	3Ɛ *threedo* *el*	40 *fourdo*
41 *fourdo* *one*	42 *fourdo* *two*	43 *fourdo* *three*	44 *fourdo* *four*	45 *fourdo* *five*	46 *fourdo* *six*	47 *fourdo* *seven*	48 *fourdo* *eight*	49 *fourdo* *nine*	4χ *fourdo* *dek*	4Ɛ *fourdo* *el*	50 *fivedo*
51 *fivedo* *one*	52 *fivedo* *two*	53 *fivedo* *three*	54 *fivedo* *four*	55 *fivedo* *five*	56 *fivedo* *six*	57 *fivedo* *seven*	58 *fivedo* *eight*	59 *fivedo* *nine*	5χ *fivedo* *dek*	5Ɛ *fivedo* *el*	60 *sixdo*
61 *sixdo* *one*	62 *sixdo* *two*	63 *sixdo* *three*	64 *sixdo* *four*	65 *sixdo* *five*	66 *sixdo* *six*	67 *sixdo* *seven*	68 *sixdo* *eight*	69 *sixdo* *nine*	6χ *sixdo* *dek*	6Ɛ *sixdo* *el*	70 *sevendo*
71 *sevendo* *one*	72 *sevendo* *two*	73 *sevendo* *three*	74 *sevendo* *four*	75 *sevendo* *five*	76 *sevendo* *six*	77 *sevendo* *seven*	78 *sevendo* *eight*	79 *sevendo* *nine*	7χ *sevendo* *dek*	7Ɛ *sevendo* *el*	80 *eightdo*
81 *eightdo* *one*	82 *eightdo* *two*	83 *eightdo* *three*	84 *eightdo* *four*	85 *eightdo* *five*	86 *eightdo* *six*	87 *eightdo* *seven*	88 *eightdo* *eight*	89 *eightdo* *nine*	8χ *eightdo* *dek*	8Ɛ *eightdo* *el*	90 *ninedo*
91 *ninedo* *one*	92 *ninedo* *two*	93 *ninedo* *three*	94 *ninedo* *four*	95 *ninedo* *five*	96 *ninedo* *six*	97 *ninedo* *seven*	98 *ninedo* *eight*	99 *ninedo* *nine*	9χ *ninedo* *dek*	9Ɛ *ninedo* *el*	χ0 *dekdo*
χ1 *dekdo* *one*	χ2 *dekdo* *two*	χ3 *dekdo* *three*	χ4 *dekdo* *four*	χ5 *dekdo* *five*	χ6 *dekdo* *six*	χ7 *dekdo* *seven*	χ8 *dekdo* *eight*	χ9 *dekdo* *nine*	χχ *dekdo* *dek*	χƐ *dekdo* *el*	Ɛ0 *eldo*
Ɛ1 *eldo* *one*	Ɛ2 *eldo* *two*	Ɛ3 *eldo* *three*	Ɛ4 *eldo* *four*	Ɛ5 *eldo* *five*	Ɛ6 *eldo* *six*	Ɛ7 *eldo* *seven*	Ɛ8 *eldo* *eight*	Ɛ9 *eldo* *nine*	Ɛχ *eldo* *dek*	ƐƐ *eldo* *el*	100 *gro*

图1–4　十二进制中的1到100

为了避免混淆，新的数字被赋予了新的名称，χ被称为*dek*，Ɛ叫作*el*。另外，我们给10取名为*do*，读成“多”，是“一打”的缩写，以免与十进制中的10混淆。从*do*开始数，*do one*代表十二进制的11，*do two*代表12，*do three*代表13，*twodo*是20。

迈克尔用十二进制编制了一个私人日历。在这个日历中，每个日期都是从他出生的那天算起，用十二进制计数。他还在使用这个日历，后来他告诉我，我是在他生命的第80Ɛ9天拜访的他。

迈克尔采用十二进制是出于个人安全考虑，但并非只有他一个人被十二进制的魅力吸引。许多思想家都认为，以12为基数的数字系统更好，因为这个数字比10的用途更广。事实上，十二进制不仅是一个数字系统，它还是一项政治策略。它最早的倡导者之一是约书亚·若尔丹（Joshua Jordaine），他在1687年出版了《十二进制算术》（*Duodecimal Arithmetick*）。他声称，“没有什么比用12个数字数数更加自然而真实的了”。19世纪的艾萨克·皮特曼（Isaac Pitman）也是著名的“十二进制爱好者”，他最著名的一项贡献就是发明了一种广为流传的速记系统。维多利亚时代的社会理论学家赫伯特·斯宾塞（Herbert Spencer）也推崇十二进制。斯宾塞代表了“劳动人民、低收入者和按需办事的小店主”，倡导对进制的改革。美国发明家兼工程师约翰·W. 尼斯特伦（John W. Nystrom）也是十二进制的追随者。他把十二进制描述为“十二指肠”，但这也许是科学史上最糟糕的双关。

12之所以被认为优于10，是因为它的整除性。12可以被2、3、4和6整除，而10只能被2和5整除。十二进制的支持者认为，在日常生活中，我们更有可能把一个数除以3或4，而不是除以5。以店主为例，如果你有12个苹果，你可以把它们平均分成两袋（每袋6个）、三袋（每袋4个）、四袋（每袋3个），或者六袋（每袋2个）。这要比10个方便得多，因为10只能被分为两袋（每袋5个）或者五袋（每袋2个）。事实上，grocer（杂货商）这个词就暗示了零售商对数字12的偏爱，它来自gross一词，意思是12打，也就是144。12可以被多个数字整除的特性也解释了英制度量衡的实用性，1英尺等于12英寸，它可以被2、3和4整除，这对木匠和裁缝来说是个非常不错的选择。

整除性也与乘法表有关。不管在哪个进制下，乘法表中最容易学习的总是与该基数的除数有关的那部分。因此，在基数为10的情况下，关于2和5的乘法表是最好背的，乘以2的结果都是偶数，而乘以5的结果都是以5或0结尾的数字。同样，在十二进制中，乘法表中最简单的也是与12的除数有关的部分，也就是与2、3、4和6对应的部分（见图1–5）。

2 × 1 = 2	3 × 1 = 3	4 × 1 = 4	6 × 1 = 6
2 × 2 = 4	3 × 2 = 6	4 × 2 = 8	6 × 2 = 10
2 × 3 = 6	3 × 3 = 9	4 × 3 = 10	6 × 3 = 16
2 × 4 = 8	3 × 4 = 10	4 × 4 = 14	6 × 4 = 20
2 × 5 = χ	3 × 5 = 13	4 × 5 = 18	6 × 5 = 26
2 × 6 = 10	3 × 6 = 16	4 × 6 = 20	6 × 6 = 30
2 × 7 = 12	3 × 7 = 19	4 × 7 = 24	6 × 7 = 36
2 × 8 = 14	3 × 8 = 20	4 × 8 = 28	6 × 8 = 40
2 × 9 = 16	3 × 9 = 23	4 × 9 = 30	6 × 9 = 46
2 × χ = 18	3 × χ = 26	4 × χ = 34	6 × χ = 50
2 × Ɛ = 1χ	3 × Ɛ = 29	4 × Ɛ = 38	6 × Ɛ = 56
2 × 10 = 20	3 × 10 = 30	4 × 10 = 40	6 × 10 = 60

图1–5　十二进制的乘法表

如果看每一列的最后一位数字，你会发现一个惊人的规律。2的倍数都是偶数，3的倍数都是以3、6、9和0结尾的数字，4的倍数是以4、8和0结尾的数字，而6的倍数都是以6或0结尾的数字。换句话说，在十二进制中，我们可以轻易记住乘法表中2、3、4和6的那几列。鉴于许多儿童很难记住乘法表，所以如果我们转换到十二进制，这可能将是一项伟大的人道主义行动。至少一些人是这样认为的。

但我们不应把推行十二进制的倡议与英制单位的追捧者对公制的讨伐混为一谈。喜欢英尺和英寸而不喜欢米和厘米的人，并不在意一英尺应该是12英寸，还是十二进制中的10英寸。但是，从历史上看，推行十二进制的倡议背后其实是一种极端的反法国情绪。这方面一个最好的例子或许是工程师、海军少将G. 埃尔布劳（G. Elbrow）于1913年编撰的一本小册子，他在这本小册子中称法国公制为一种“倒退”。他公布了一份用十二进制编写的英国国王的年代列表。他还注意到，英国在每个十进制的整千年后不久就会遭到入侵：公元43年被罗马人入侵，1066年被诺曼人入侵。他预言：“如果在第三个千年之初，这样的事情再次发生，而这一次两股势力联合在了一起，那会怎么样？”他认为，只要把1913年改写为1135年，也就是换成十二进制，就可以避免法国和意大利的入侵，从而将第三个千年的到来推迟几个世纪。

不过，最著名的十二进制推崇者的宣言是1934年10月作家F. 埃默森·安德鲁斯（F. Emerson Andrews）在《大西洋月刊》上发表的一篇文章，这篇文章促成了美国十二进制学会（Duodecimal Society of America，DSA）的成立。（后来它改名为Dozenal Society of America，因为人们认为duodecimal总是让人想起他们打算取而代之的十进制[①]。）安德鲁斯表示，采用十进制是“不可原谅的短视”，也许放弃它也算不上“做出巨大的牺牲”。DSA最初要求加入的成员要通过十二进制算术的4项测试，然而这一要求很快被取消。延续至今的《十二进制公报》（*Duodecimal Bulletin*）已成为一本优秀的出版物，也是医学文献之外唯一包含涉及六指畸形（出生时带有6根手指）的文章的出版物。（六指畸形或许比你想象的要普遍。大约每500人中就有一人出生时多了至少一根手指或脚趾。）1959年，它的姐妹组织——英国十二进制学会成立；一年后，首届国际十二进制会议在法国举行，但这也是最后一届。尽管如此，这两个学会仍在为十二进制的未来而战，这些被压迫的激进分子团结起来去反抗“十进制的暴政”。

现任DSA主席迈克尔·德弗利格从年轻时起就对十二进制十分迷恋，他并非一时兴起。事实上，他对这个系统感情如此之深，甚至在他作为数字建筑模型设计师的本职工作中也使用它。

虽然十二进制确实让乘法表变得更容易学，但它最大的优势其实是减少分数的出现。当你做除法的时候，十进制里的数通常会得到很乱的结果。例如，10的三分之一是3.33…，3无限循环下去。10的四分之一是2.5，它需要小数点。然而，在十二进制中，10的三分之一是4，10的四分之一是3，非常完美。如果以百分比表示，三分之一是40%，四分之一是30%。（当然，准确的说法不是“百分之”，现在应该是“144分之”。）事实上，如果你观察100除以数字1到12

① Duodecimal中的decimal是十进制的意思。——编者注

的结果，你就会发现十二进制中的数字更为简洁（见表1–1，注意，右栏中的分号代表十二进制的小数点）。

表1–1　十进制和十二进制中100的分数

100的分数	十进制	十二进制
1	100	100
1/2	50	60
1/3	33.333…	40
1/4	25	30
1/5	20	24;97…
1/6	16.666…	20
1/7	14.285…	18;6Χ35…
1/8	12.5	16
1/9	11.111…	14
1/10	10	12;497…
1/11	9.09…	11;11…
1/12	8.333…	10

正是这种精度的提高，使得十二进制更符合迈克尔的需要。尽管他的客户提供的尺寸是十进制的，但他还是喜欢把它们转换成十二进制。他说："这让我在划分数字时有了更多选择。"

图1–6　美国十二进制学会会徽

“避免使用（凌乱的）分数能保证一切都正好。有时，由于时间限制或者最后一刻的变更，我需要在一个不符合最初设置的网格中迅速进行大量修改。因此，获得简单的比率很重要。十二进制提供了更多、更明确的选择，而且速度也更快。”迈克尔甚至认为，磨刀不误砍柴工，使用十二进制会让他在工作中更有优势。

DSA曾经希望用十二进制取代十进制，而其“原教旨主义”的分支现在仍然如此，但是迈克尔并没有那样的雄心壮志。他只想向人们展示十进制之外的另一种选择，或许这个选择更适合他们的需要。他知道，让整个世界为了12而放弃10的概率几乎为零。这样的改变既会带来混乱，又代价巨大。十进制对大多数人来说已经足够了，尤其在计算机时代，对人们心算技能的要求总体来说更低了。“我觉得12是日常生活中普通计算的最佳基数。”他补充道，“但我并不想改变任何人。”

DSA的一个直接目标是将χ和Ɛ纳入统一字符标准（Unicode），统一字符标准是大多数计算机使用的文本字符集合。事实上，十二进制学会内部有一个主要争论主题就是符号的使用。DSA标准的χ和Ɛ是20世纪40年代由威廉·艾迪生·德威金斯（William Addison Dwiggins）设计的，他是美国最著名的字体设计师之一，也创造了喀里多尼亚（Caledonia）和伊莱克特拉（Electra）等字体。艾萨克·皮特曼更喜欢使用ϑ和Ɛ。法国的十二进制爱好者让·埃西（Jean Essig）更喜欢使用∠和ϑ。一些讲求实际的会员倾向于用*和#，因为它们已经存在于电话上的按键之中了。数词也是个问题。《十二进制手册》（于1960年编写，也就是十二进制的1174年）推荐使用*dek*、*el*和*do*（*gro*表示100，*mo*表示1000，*do-mo*、*gro-mo*、*bi-mo*和*tri-mo*

分别表示*do*的更高次幂）。另一个方法是保留ten（10）、eleven（11）和twelve（12），然后继续使用twel-one、twel-two等。这主要是出于对术语的敏感性，DSA小心翼翼地不推广任何系统，不把任何符号或术语的推崇者边缘化。

迈克尔对不同寻常的基数的热爱并没有止步于12。他尝试过八进制，在家里自己做手工的时候就会用到。“我把基数当作工具。”他说。他已经试到六十进制了。为此，他必须在我们已有的10个数字之外，再设计50个额外的符号。这个目的显然不切实际，他形容用六十进制工作就像爬一座高山一样。“我还不能住在上面。六十进制用到的数字太多了。十进制就像一座山谷，在那里我可以呼吸。但我可以去山上看看那里的风景是什么样子。”他写下了一张六十进制的因数表，并惊奇地看着它所揭示的规律。“那里绝对藏着一个美人。”他对我说。

六十进制似乎是一个想象力特别丰富的产物，但它其实有一段历史渊源。它实际上是我们已知的最古老的基数系统。

最简单的计数形式是记录法，世界各地的人们以不同形式使用这种方法计数。印加人通过在绳子上打结来计数，而穴居人则在岩石上画出标记。木制家具的床柱上有了刻痕（至少是象征意义上的）。最早发现的“数学手工艺品”据说是一根计数棒：人们在斯威士兰一座洞穴中发现了一根35 000年前的狒狒腓骨。这根骨头被称为“莱邦博骨”，上面有29条刮痕，可能代表着一个月相周期。

正如我们在前一章中看到的，人类可以立即分辨出1和2、2和3之间的区别，但超过4就变得困难了。刻痕也是如此。所有方便的数字记录系统都需要把数字分组。在英国，人们习惯用4根竖线当作记号，然后沿对角线画上第5根线，与前4根相交，这就是所谓的“五杆栅栏门”。南美洲的人会用4根线画一个正方形，然后给正方形画上一条对角线作为第5根线。中国人、日本人和韩国人会使用一种更复杂的方法，也就是画“正”字。（下次你吃寿司的时候，可以问问服务员，他是如何计算你吃了几盘的。）

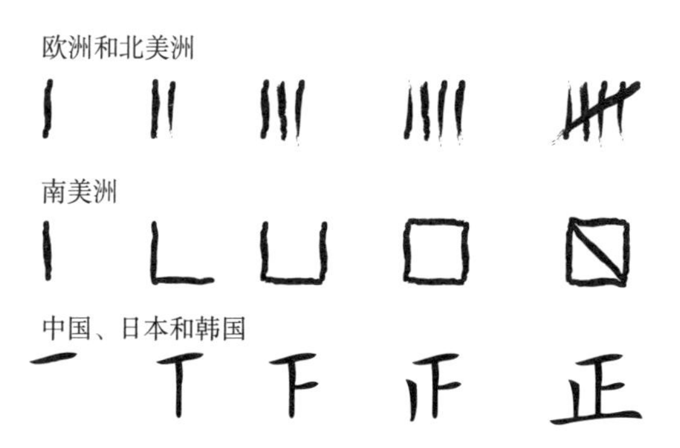

图1–7　世界各地的数字记录系统

大约在公元前8000年，出现了使用带标记的小陶片来代表物体的做法。这些代用币主要被用来记录交易的羊等物品的数量。不同陶片可以表示不同的物体或者物体数目。从那一刻起，人们可以在没有羊的情况下计算羊的数量，这让交易和牲畜饲养变得更加容易。这也标志着我们现在所理解的数字的诞生。

在公元前4000年的苏美尔（现位于伊拉克），这个代用币系统演变成了一个文字系统，通过把尖芦苇压进软黏土中的方式书写。起初，人们用圆或指甲形状表示数字。到了大约公元前2700年，用于书写的笔有了扁平的边缘，写出来的印记看起来很像鸟的脚印，人们用不同的印记表示不同的数字（见表1–2）。楔形文字标志着西方书写系统的漫长历史的开端。想想看，文学是美索不达米亚会计师发明的数字符号的副产品，这听起来是不是有些讽刺？

表1–2 古代苏美尔数字和楔形文字数字

	1	10	60	3 600
古代苏美尔数字 公元前40世纪				
楔形文字数字 公元前30世纪				

楔形文字中只包含代表1、10、60和3 600的符号，也就是说，这个系统既包含六十进制也包含十进制，因为楔形数字中的基数集可以转换为1、10、60和60×60。苏美尔人为何将他们的数字分为60个一组，被认为是算术史上最大的未解之谜之一。一些人认为，这是五进制和十二进制两个系统融合的结果，但还没确凿的证据来支持这种说法。

古巴比伦人在数学和天文学上取得了巨大的进步，他们接受了苏美尔人的六十进制，而后是古埃及人，接着是古希腊人，也都沿用了古巴比伦人计算时间的方式。正因如此，今天的每分钟有60秒，而每小时有60分钟。我们习惯以六十进制来计算时间，而从未对此产生怀疑，即使它没有任何解释。然而，法国大革命时期的革命者想解决时间系统与十进制系统不一致的问题。在1793年的全国大会上，当局引入了公制度量衡，试图将时间变为十进制。法国当局还颁布过一项法令，将每天分为10个小时，每小时有100分钟，每分钟有100秒。这是一个简洁的解决办法，它把一天的时间变成了100 000秒，而非原来的86 400（60×60×24）秒。因此，改革后的一秒比正常的一秒短了一点儿。1794年，十进制时间成了强制性的计时系统，那时生产的手表都只带有10个数字。但这种新的系统完全把民众搞晕了，在短短6个多月后它就被放弃了。100分钟一小时也不如60分钟一小时方便，因为100的除数没有60多。100只能被2、4、5、10、20、25和50整除，但是60可以被2、3、4、5、6、10、12、15、20和30整除。十进制时间的失败是十二进制取得的小小的胜利。12不仅可以整除60，它还可以整除24，而24就是一天中的小时数。

图1–8　同时带有改革后的十进制表盘和传统表盘的手表

更近的一次推行十进制时间的运动也失败了。1998年，瑞士的斯沃琪集团提出了斯沃琪互联网时间，将一天分成1 000份，一份被称为一“拍”（相当于1分26.4秒）。这款展现出了“革命性的时间观”

的手表销售了大约一年的时间，随后，制造商难为情地将它从商品目录中删掉了。

然而，法国和瑞士并不是仅有的在不远的过去采用过古怪计数程序的国家。当苏美尔人刻出了第一片楔形文字时，计数棒就已经过时了，但计数棒一直被英国当作一种货币形式，使用到1826年。英国中央银行曾发行过一些改装过的计数棒，这种计数棒根据标记距底部的距离来代表货币价值。1186年，财政大臣理查德·菲茨内尔（Richard Fitzneal）撰写了一份文件，其中规定：

£1 000 手掌的厚度

£100 拇指的宽度

£20 小指的宽度

£1 膨胀后的大麦的宽度

财政部采用的程序其实是一种“双重计数”系统。将一块木头从中间劈开，分成两部分，分别被称为符木（stock）和衬木（foil）。符木和衬木上各标了一个数值，衬木就像一张收据。如果我借给英国中央银行一些钱，我就会得到一块符木，上面有一个刻痕，标明了金额，而银行则保留了一个与之吻合的衬木。股东（stockholder）和股票经纪人（stockbroker）这两个英文单词就是由此而来。

这种做法直到两个世纪前才被废除。1834年，财政部决定在英国政府所在地威斯敏斯特宫的火炉中焚烧这些废弃的木头，但火势失控了。查尔斯·狄更斯写道：“炉子里堆满了这些荒谬的木棍，镶板被烧着了，镶板把下议院烧了，（政府的）两院都化为灰烬。”晦涩难懂的金融工具常常影响政府的工作，但只有计数棒让议会垮了台。重建后的威斯敏斯特宫包含一座崭新的钟楼，被称为大本钟，它很快成了伦敦最著名的地标。

支持英制而非公制的理由之一是，英制单位的词念起来更好听。能证明这一点的一个绝佳的例子就是葡萄酒的计量方法：

2吉耳[①] = 1肖邦

2肖邦 = 1品脱

2品脱 = 1夸脱

2夸脱 = 1半加仑

2半加仑 = 1加仑

2加仑 = 1配克

2配克 = 1半蒲式耳

2半蒲式耳 = 1蒲式耳 [或小木桶（firkin）]

2蒲式耳 = 1小桶（kilderkin）

2小桶 = 1桶（barrel）

2桶 = 1大桶（hogshead）

2大桶 = 1派普（pipe）

2派普 = 1大啤酒桶（tun）

这个系统以2为基数，也叫二进制，二进制数通常用数字0和1

① 以下均为度量体积的英制单位。1吉耳≈142毫升。——译者注

来表示。二进制只会用到十进制数字里的0和1。换句话说，它的数列是0，1，10，11，100，101，110，111，1000这样排列的。所以，10是2，100是4，1000是8，末尾每加一个0，就表示数字乘以2。（就像在十进制里，数字的末尾加一个0相当于乘以10。）在葡萄酒的计量中，最小的单位是吉耳。2吉耳等于1肖邦，4吉耳是1品脱，8吉耳是1夸脱，16吉耳是1半加仑，等等。这种计量方法完美地符合二进制。如果用1表示1吉耳，那么1肖邦是10，1品脱是100，一夸脱是1000，一大啤酒桶就是10000000000000。

二进制的支持者甚至包括一些伟大的数学家。戈特弗里德·莱布尼茨是17世纪末最重要的思想家之一，也是一位科学家、哲学家和政治家，他对这个非标准的进制情有独钟。他还担任汉诺威布伦瑞克公爵宫廷的图书管理员。因为对二进制非常感兴趣，他曾写信给公爵，敦促他铸造一枚刻有*Imago Creationis*（意为“世界的形象”）字样的银质徽章来向二进制致敬。对莱布尼茨来说，二进制既有现

图1–9　莱布尼茨设计的二进制徽章。除印有“世界的形象”之外，还刻有拉丁文：“从无到一，再到一切，一总是不可或缺的。”

实意义，也有精神意义。首先，他认为，二进制能用2的幂来描述每个数字，这给处理很多事情带来了便捷。他在1703年写道："它使得化验师只用少数几种砝码就可以称量各种重量，铸币时也可以使用更少种类的货币就能提供更多的面值组合。"但莱布尼茨也承认，二进制也有一些实际的缺点。用它写出来的数字更长，例如，十进制的1 000用二进制写就是1111101000。但他补充道："作为一种补偿，（二进制）对科学来说更为基本，并能提供新的发现。"他认为，通过观察二进制计数法中的对称性和规律，可以发现新的数学见解，数论因此会变得更为丰富，也能够承载更多功能。

其次，莱布尼茨发现二进制竟然与他的宗教观点一致。他认为宇宙是由存在（物质）和非存在（虚无）组成的，而数字1和0完美地象征着二元性。就像上帝从虚空中创造万物一样，所有的数字都可以用1和0来书写。莱布尼茨坚信，二进制代表了一个形而上的基本真理，而令他非常高兴的是，他晚年看到了《易经》这本中国古代的神秘著作，这本书更坚定了他的这种信念。《易经》是一本占卜书，它包含了64种不同的符号，每种符号都有一个对应的解释。读者（传统上是通过掷出蓍草棒）随机地选择一个符号，并解读相关的文本，有点儿像解读一张占卜图。《易经》中的符号都由6条线组成。这些线有的是断开的，有的没有断，分别对应阴和阳。《易经》中的64个六线形每6个一组，加在一起就是阴和阳的全套组合。

图1–10展示了一种特别简洁的排列六线形的方法。如果每个"阳"记作0，每个"阴"记作1，那么这个序列就能精确地匹配从0到63的二进制数字。

这种排序方式被称为伏羲序列。（严格地说，这是倒过来的伏羲序列，但它们在数学上是等价的。）当莱布尼茨意识到伏羲序列的二进制本质时，他对《易经》的深刻性有了极高评价。他认为二元系统反映出了“造物”，而他发现，这也是道教智慧的基础，这意味着，东方神秘主义与他的西方信仰是可以相融合的。“中国古代神学具有完备的体系，如果排除其他错误，它能揭示基督教的伟大真理。”他写道。

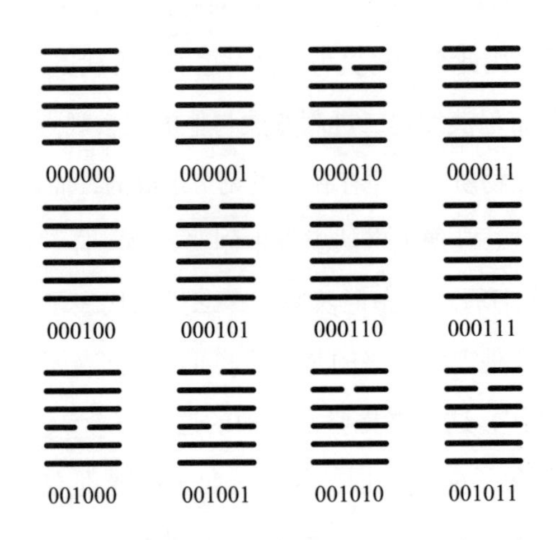

图1–10 《易经》中的部分伏羲序列及其对应的二进制数字

对他那个时代杰出的博学家来说，莱布尼茨对二进制的肯定是一个相当奇特的预言。但考虑到如今这一系统的重要性，他或许比自己以为的还要有先见之明。数字时代是以二进制为基础的，因为计算机技术在最根本的层面上依赖一种由0和1组成的语言。“唉！”数学家托比亚斯·丹齐格（Tobias Dantzig）写道，“曾经的一神论墓碑，最终来到了机器人的肚子里。”

“所谓自由，就是可以说二加二等于四。”乔治·奥威尔的小说《一九八四》的主人公温斯顿·史密斯如此说道。这里奥威尔除了指言论自由，也指数学。二加二等于四，没有人能告诉你它是错的。数学的真理不会受文化或意识形态的影响。

但另一方面，我们认识数学的方法又深受文化的影响。例如，选择十进制并不是出于数学上的原因，而是出于生理上的原因，也就是我们手指和脚趾的数量。语言同样以惊人的方式塑造了我们对数学的理解。例如，在西方，我们都受到了表达数字的词语的束缚。

在几乎所有西欧语言中，数词都不遵循一种规律的模式。在英语中，表示21的数词由20和1组合而成，22、23同理，但11、12、13却用专门的词来表示。表示11、12的两个词在英文中有独特的结构，但表示13的词（thirteen）是3和10的组合，而3在10之前，不像在23（twenty-three）里，3是在20之后。在10到20之间，英语的数词毫无规律可言。

然而，在中文、日语和韩语中，数词确实遵循一种规律。十一就是十和一，十二是十和二，以此类推，十三，十四，一直到十九。二十是二和十，二十一是二十和一。在任何情况下，数字怎么写就怎么读。这会有什么影响呢？其实，在年纪比较小的时候，这确实会造成一些差异。很多实验表明，亚洲孩子学数数比欧洲孩子更容易。一项针对中国和美国的四五岁儿童的研究表明，这两个国家的儿童在学习数到12时的表现相似，但对学习更大的数字来说，中国孩子比美国孩子提前了大约一年。有规律的计数系统也使算术更容易理解。一个简单的加法，比如25加32，一旦被表示为“二十五加三十二”，就很容易得到“五十七”的答案。

并非所有的欧洲语言都是没有规律的。例如，威尔士语的数词就和中文的很像。威尔士语中的11是*un deg un*（一十一），12是*un deg dau*（一十二），等等。牛津大学的安·道克（Ann Dowker）和德利思·劳埃德（Delyth Lloyd）测试了说威尔士语和说英语的儿童的数学能力，这些孩子都来自同一个威尔士村庄。亚洲儿童的表现比美国儿童好，可能是因为许多文化因素，例如花在练习上的时间或者对数学的态度，但如果所有儿童都来自同一个地方，文化因素就可以被排除。道克和劳埃德的结论是，虽然说威尔士语的儿童和说英语的儿童在算术方面的表现大致相同，但说威尔士语的儿童确实在特定领域表现出了更好的数学技能，例如阅读、比较和使用两位数。

德语甚至比英语更没有规律。在德语中，21是*einundzwanzig*，字面意思是“1和20”，22就是“2和20”，这种个位在十位数之前的计数一直持续到99。这意味着，当一个德国人说一个大于100的数字时，这些数字不是按顺序读出来的，345是，“300–5–40”，它以杂乱无章的“3–5–4”的形式列出了数字。一些德国人对此很担忧，认为这让数字变得更加混乱，因此他们成立了一个“20–1运动组织”，希望将德语的计数系统转变为更为规律的体系。

让说西欧语言的人相比于一些说亚洲语言的人在数学上处于劣势的，不仅仅是数词的位置，或者11到19的不规律形式。说西欧语言的人还因为说一个数字要花更多的时间而受到阻碍。在《数字感觉》中，斯坦尼斯拉斯·德阿纳写下了4、8、5、3、9、7、6这串数列，让我们花20秒记住。说英语的人有50%的概率能正确记住这7个数字。相比之下，说中文的人可以以同样的准确率记住9个数字。德阿纳认为，这是因为我们在任何一个时间内记住的数字的数量，是由我们在两秒内可以说出多少数字来决定的。中文中的1到9都由简练的单音节组成：一、二、三、四、五、六、七、八、九。每个数字的发音时间不到1/4秒，因此在两秒钟的时间内，一个说中文的人可以说出9个数字。相比之下，说一个英语数词需要至少1/3秒（由于烦琐的双音节“seven”，以及有长音的音节“three”），所以说英语的人在两秒钟内最多只能说出7个数字。不过，最高纪录来自广东话，广东话的数字发音更为简洁。说广东话的人能在两秒钟内记住10个数字。

西方语言似乎降低了数学的易懂程度，而日语起到的作用却正相反。日语的单词和短语会出现一些变化，让乘法表（日语中被称为*kuku*，即九九表）变得更容易学习。九九表的传统起源于中国古代，大约在8世纪传到日本。*Ku*是日语中的9，之所以叫“九九表”，是因为过去的乘法表是从最末尾开始的，也就是“九九八十一”。大约400年前，人们才将这一传统更正，所以九九表现在从“一一得一”开始。

九九表的语言很简单：

一一得一

一二得二

一三得三……

直到“一九得九”，然后二的乘法开始于：

二一得二

二二得四

直到“九九八十一”。

到目前为止，这似乎与英国人背诵乘法表的朴素风格非常相似。然而，在日本九九表中，每当一个数字有两种发音方式时，日本人都会选用更流畅的那种方式。例如，1可以是*in*或*ichi*，他们在九九表的开头使用的并不是*in in*或*ichi ichi*，而是更加响亮的*in ichi*组合。8是*ha*，“八八”应该是*ha ha*。然而，九九表中的8×8却是*happa*，因为这个发音更快。结果就是，九九表读起来更像一首诗或童谣。我曾参观东京的一所小学，看到一个班七八岁的学生在练习九九表时，我惊讶地发现它听起来很像饶舌歌曲，节奏明快，朗朗上口。这显然与我在学校里背诵的乘法表一点儿都不一样，我在学校背诵乘法表时使用的节奏，就像一列正在爬山的蒸汽火车发出的声音。近藤真纪子（Makiko Kondo，音译）老师说，她会用一种很快的节奏教学生们九九表，因为这样学习很有趣。“我们先让他们背下来，过一段时间他们才会明白它真正的意思。”九九表这首诗似乎把乘法表嵌入了日本人的大脑。一些成年人告诉我，他们知道7乘以7等于49，并不是因为他们算术很好，而是因为“七七四十九”的韵律听起来十分好记。

西方语言的数词没什么规律，这对于算术者的初学者来说可能有些不幸，但它们对数学史学者来说却极为有趣。法语中的80是*quatre-vingts*，意思是“4个20”，这表明法国人的祖先曾经使用过二十进制。在许多印欧语言中，“9”和“新”这两个词是一样的或者非常相似，比如法语（*neuf*，*neuf*）、西班牙语（*nueve*，*nuevo*）、德语（*neun*，*neu*）和挪威语（*ni*，*ny*），因为这是一个早已被遗忘的八进制系统遗留下的产物。在八进制中，第9个是新的“8个一组”中的第一个。（如果不算拇指，我们共有8根手指，这可能是这种进制诞生的原因，或者它也可能是通过数手指之间的间隙发展而来的。）数词也在提醒我们，我们与亚马孙和澳大利亚那些没有数字的部落有多么相近。在英语中，*thrice*可以同时表示三次和多次；在法语中，*trois*是三，而*tres*是非常。也许，这标志着，在遥远的过去，我们的数字模式也是“一，二，多”。

尽管数字的某些方面（比如基数、数字的写法或者所用词语的形式）在不同文化中千差万别，但早期文明的计数和计算机制却惊人地统一。他们使用的一般方法被称为位值，也就是使用不同的位置来表示不同的数量级。我们可以想一下，这对中世纪林肯郡的牧羊人意味着什么。我之前提到，他们有20个数字，从*yan*数到*figgit*。牧羊人每数20只羊，就把一块鹅卵石放在一边，再开始从*yan*数到*figgit*。如果他有400只羊，最后就会有20块鹅卵石，因为20 × 20 = 400。现在想象一下牧羊人有1 000只羊。如果他把所有羊都数完，就会有50块鹅卵石，因为50 × 20 = 1 000。然而，50块鹅卵石带来的问题是，他是没有办法数出这些鹅卵石的，因为他不会数20以上的数字！

为了解决这个问题，他们在地面上画出平行的犁沟，如图1–11所示。牧羊人数完20只羊后，就在第一道犁沟里放一块鹅卵石。当他再数完20只羊后，他就在第一道沟里又放一块鹅卵石。慢慢地，第一道犁沟里铺满了鹅卵石。然而，当犁沟里装满20块石头后，他就在第二道犁沟里放一块石头，并且把第一道沟里的所有石头都清理干净。换言之，第二道沟中的一块鹅卵石等于第一道沟中的20块鹅卵石，就像第一道沟中的一块鹅卵石等于20只羊一样。第二道沟中的一块鹅卵石代表400只羊。当一个牧羊人有1 000只羊时，他的第二道犁沟里会有两块鹅卵石，第一道犁沟里会有10块鹅卵石。通过使用这样的位值系统（赋予每道犁沟中的鹅卵石不同的值），他只用12块鹅卵石就可以数出1 000只羊，而不用原先所需的50块鹅卵石了。

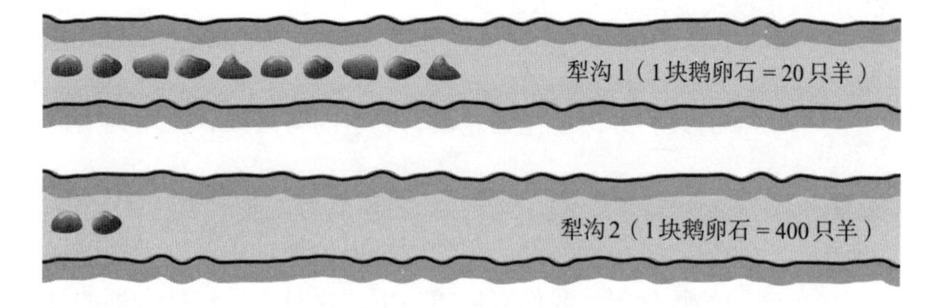

图1–11　羊的总数 =（10 × 20）+（2 × 400）= 1 000（只）

位值计数系统已经遍及世界各地。印加人用盘子里的豆子或玉米粒替代犁沟里的鹅卵石；北美的印第安人会把珍珠或贝壳串在不同颜色的绳子上；古希腊人和古罗马人在桌子上摆着用骨头、象牙或金属制成的计数器；古印度人在沙子上做标记。

古罗马人还制造了一种机械计数器，槽中的珠子可以自由滑动，也就是算盘。这些便携的计数器在文明世界传播开了，尽管不同的国家使用了不同的版本。俄罗斯的算盘“肖蒂”（schoty）每根杆上有10颗珠子（只有一排有4颗珠子，收银员用它来表示1/4卢布）。中国的算盘有7颗珠子，而日式算盘和罗马算盘一样，只有5颗珠子。

日本每年约有100万儿童学习算盘，课外算盘俱乐部共有两万家之多。在东京的一天晚上，我拜访了东京西郊的一家算盘俱乐部。它距离当地的一条火车线路很近，就在一片居民区的拐角。外面停着30辆色彩鲜艳的自行车。一面大橱窗里陈列着奖杯、算盘和一排木条，木条上用毛笔写着明星小学生的名字。

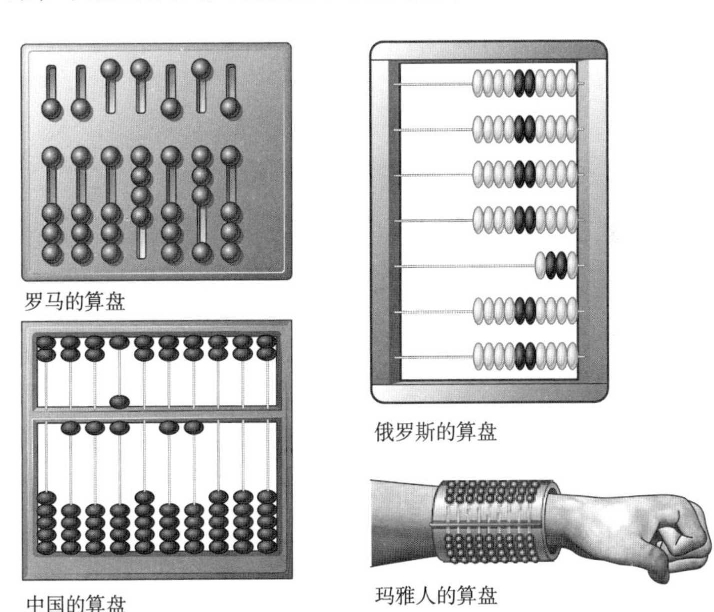

图1–12　不同地区的算盘

日语中的阅读、写作和算术分别念作*yomi*、*kaki*、*soroban*，也就是读、写和算盘。“读写算”这个短语可以追溯到17世纪到19世纪的历史时期，当时日本几乎完全与世界隔绝。一个新兴的商人阶层出现了，他们除了熟练掌握武士刀之外，还需要掌握其他技能。因此，一种教授语言和算术的私立社区学校应运而生，在这里算术就以珠算训练为主。

宫本裕司（Yuji Miyamoto，音译）的算盘俱乐部是这些古老的算盘机构的一种现代传承。当我走进俱乐部时，穿着深蓝色西装和白色衬衫的宫本站在一间小教室前，教室里有5位女孩和9位男孩。宫本以赛马解说员的节奏用日语朗读出数字。孩子们把数字加在一起，手中珠子的撞击声听起来就像一群蝉在鸣叫。

在日式算盘中，每列珠子可能的位置正好有10种，表示0到9这10个数字，如图1–13所示。

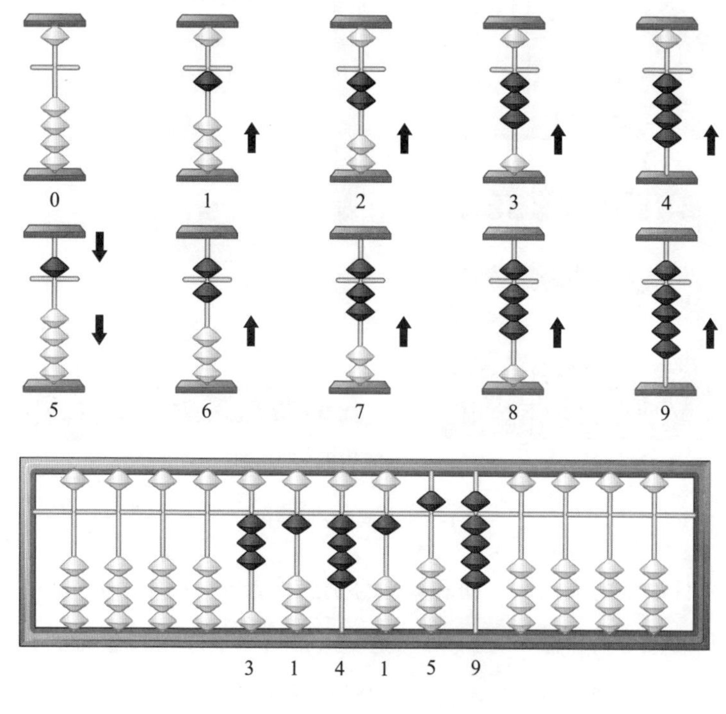

图1–13　日式算盘上的数字

当你在日式算盘上拨出一个数字时，这个数字的每一位数都表现为这10种位置中的一种，只是列不同。

算盘最初被发明是作为一种计数方法，但它确实也成了一种计算方法。有了可以轻轻拨动的珠子，算术变得容易多了。例如，如果计算3加1，你从3颗珠子开始，再移动1颗珠子，答案就出现在你的眼前——4颗珠子。再例如，要计算31加45，先用两列珠子分别表示3和1，再在左列上加4个珠子，在右列上加5个珠子。现在，这两列分别是7和6，答案就是76。如果熟加练习和应用，那么只要有足够多的列可以容纳数字，就很容易对任何长度的数字做加法运算。如果某一列上的两个数字加起来超过10，你就需要向左边一列进位。例如，有一列上出现了9加2，就要在左边列上加1，原始列上则变成1，表示答案11。减法、乘法和除法的运算稍微复杂一点儿，但一旦掌握技巧，就可以非常迅速地完成计算。

在20世纪80年代廉价的计算器问世之前，在从莫斯科到东京的商店柜台前，算盘都十分普遍。事实上，在手动时代向电子时代过渡的时期，日本市场出现了一种将计算器和算盘结合起来的产品。通常，用算盘计算加法更快，因为你输入数字后马上就能得到答案。对于乘法，电子计算器则会获得一些速度优势。（对于那些对电子产品持怀疑态度的算盘使用者来说，算盘也是用来检查计算器结果的一种方式，以免他们不相信。）

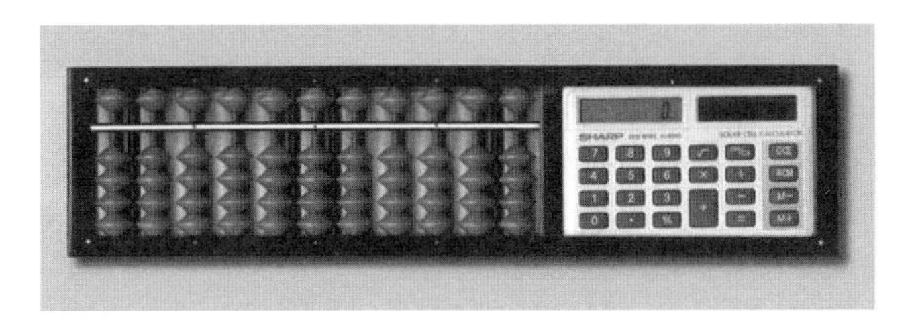

图1–14　夏普的算盘计算器

20世纪70年代，巅峰时期的日本每年有320万学生参加全国算盘水平考试，但自那之后，日本的算盘使用率持续下降。不过，算盘仍旧是孩子成长过程中的一个重要方面，就像游泳、小提琴或柔道一样，它是一项主要的课外活动。事实上，珠算训练就像武术一样。它的能力水平是用段位来衡量的，竞赛分为地方、省级和国家级等不同层级。有个周日，我去参观一个地方级的活动。近300名5到12岁的儿童坐在会议厅的桌子前，桌上摆着一系列日式算盘的配件，比如豪华的算盘包。一个播音员站在大厅前面，用不耐烦的宣礼语调说出要加、减或乘的数字。这是一场持续数小时的淘汰赛。最后，胜利者会被颁发奖杯，每个奖杯上都有一个高举算盘的长着翅膀的人像，背景音乐则是军乐铜管乐队的合奏。

在宫本的学校，他向我介绍了他最好的学生之一。19岁的古山直树（Naoki Furuyama，音译）是前全国算盘冠军。他穿着随意，黑色T恤衫外套着一件浅色格子衬衫，看上去是一个活泼而从容的青年，与刻板印象中不擅交际的怪才形象大相径庭。古山可以在大约4秒钟内算出两个6位数相乘的结果，4秒大约就是说出问题所需的时间。我问他能计算这么快有什么意义，因为在日常生活中或许并不需要这样的技能。他回答说这有助于他集中精力和自律。这时，站在我们身边的宫本打断了我们。他问我，跑26英里①有什么意义？或许从来没有跑26英里的必要，但人们这样做是为了突破人类的极限。他还说，同样，训练一个人的算术头脑也会带来一种高贵的品格。

---

① 马拉松赛跑全程的距离约为26英里（42千米）。——编者注

一些家长之所以把孩子送到算盘俱乐部，是因为它有助于提高孩子在学校里的数学成绩。但这并不能完全解释算盘的受欢迎程度。有其他的课外俱乐部能提供更有针对性的数学教学。例如，“公文式”是一种通过做练习题提高计算能力的方法，它始于20世纪50年代初的大阪，现在全世界有超过400万的孩子在用这个系统学习。算盘俱乐部很有趣，我从宫本学校里学生的脸上看到了这一点。很明显，他们很享受自己快速准确地拨珠子的那种感觉。日本的传统算盘赋予了他们民族自豪感，然而，我认为算盘的真正乐趣更为原始：它已经被使用了几千年，在某些情况下，算盘仍然是做算术的最快方法。

在使用了几年算盘之后，当你对珠子的位置已十分熟悉时，你只需要在头脑中想象算盘就可以进行计算。这叫心算，宫本学校里的尖子生都学过。心算的场景看起来十分令人惊叹——尽管你“看”不到什么。宫本在一个安静的教室里朗读数字，几秒钟内，学生们就会举起手来回答问题。古山直树告诉我，他把算盘想象成8列。换句话说，他想象的算盘可以显示从0到99 999 999的每个数字。

如果用学生的段位和他们在全国锦标赛中拿到的成绩来衡量，宫本的算盘俱乐部算是全国顶尖的俱乐部之一。不过，学校的专长其实是心算。几年前，宫本决定推出一种算术比赛，只可能用心算来回答问题。例如，当你给一位学生念出一道加法计算题时，他可以用很多不同的方式来回答，他可以用计算器、纸笔、算盘或心算。宫本想表明，在某些情况下，心算是唯一的方法。

他最后设计出了一种名为“飞速心算”（Flash Anzan）的电脑游戏，他给我演示了一下。他让全班同学做好准备，按下开始键，学生们盯着教室前面的电视屏幕。机器发出三声哔哔声，表示它即将开始，然后出现以下15个数字，一次一个。每一个数字只显示0.2秒，所以整个过程在3秒内就结束了：

164

597

320

872

913

450

568

370

619

482

749

123

310

809

561

这些数字飞快地闪过，我几乎没有时间记下它们。然而，随着最后一个数字一闪而过，古山直树笑着说，数字的总和是7 907。

用计算器或算盘是不可能完成“飞速心算”挑战的，因为根本没有时间记下闪现在你面前的数字，更不用说把它们输入机器或者排列在算盘上了。心算并不要求你记住数字。你所做的就是，每当你看到一个新的数字时，就把你脑子里的珠子拨动一下。从0开始，看到164时就立即想象出算盘上的164。当你看到597时，脑中的算盘重新排列成它们的和，也就是761。在15次加法后，你或许记不住出现的任何数字，或中间算出的和，但你脑海中的算盘会给出答案——7 907。

“飞速心算”很快成为一种全国潮流，任天堂游戏公司甚至发布了一款适配于其双屏便携游戏机（NDS）的“飞速心算”游戏。宫本给我看了一些“飞速心算”电视比赛节目的片段，在节目中，十几岁的心算明星在尖叫着的支持者面前奋力拼搏。宫本说，他的游戏帮助日本各地的算盘俱乐部招收到了许多新的学生。“之前人们没有意识到算盘的技巧有什么用，”他说，“但有了这么多报道，现在他们意识到了。”

神经成像扫描显示，算盘或心算激活的大脑部分与普通的算术计算和语言所激活的部分并不同。传统的“纸笔”算法依赖与语言处理相关的神经网络，而算盘依赖与视觉空间信息相关的网络。宫本将其简化为“算盘用右脑，普通数学用左脑”。还没有足够的科学研究能告诉我们这种区隔带来的好处，或者它与一般智力、专注力或其他技能的关系。然而，这确实解释了一个惊人的现象，那就是，算盘专家能够以最不可思议的方式进行多任务工作。

宫本的妻子曾是一位全国算盘冠军，他们在年轻时经常去同一家算盘俱乐部，并在那里认识了彼此。他们的女儿里花子（Rikako，音译）也是个算盘天才（如果她不是那就太可惜了）。她在8岁的时候就达到了顶级段位，每100 000人中只有一人能达到这样的水平。9岁的里花子正在上课，她穿着淡蓝色的上衣，刘海垂到眼镜边。她看上去非常警觉，在专注的时候会噘起嘴唇。

Shiritori（词语接龙）是一种日语单词游戏，从说*Shiritori*开始，然后每个人都必须说一个以前一个单词的最后一个音节开始的单词。所以，第二个词可能是*ringo*（苹果），因为它以“ri”开头。宫本让里花子和旁边的女孩在玩“飞速心算”游戏的同时玩词语接龙，30个三位数将在20秒内依次被显示出来。开场音乐响起来了，女孩们的对话开始了：

Ringo（苹果）

Gorira（大猩猩）

Rappa（喇叭）

Panda（大熊猫）

Dachou（鸵鸟）

Ushi（奶牛）

Shika（鹿）

Karasu（乌鸦）

Suzume（麻雀）

Medaka（鳉鱼）

Kame（龟）

Medama yaki（煎蛋）

20秒过去了，里花子回答说："17 602。"她能够在玩词语接龙游戏的同时，完成30个数的加法。

第 2 章

简单又迷人的折纸！

用我的出生日期开场可能没什么吸引力，不过，这可能是因为我和像杰罗姆·卡特（Jerome Carter）这样的人相处时间太少了。我和他还有他的妻子帕梅拉在他们位于亚利桑那州斯科茨代尔的家里吃午饭，我坐了下来，告诉他们我的生日是11月22日。

“哇！”现年57岁的前空中乘务员帕梅拉感叹道，她穿着漂亮的粉色上衣和牛仔裙。

杰罗姆看着我，用一种严肃的语气证实了妻子的热情：“你的生日里有一个很好的数字。”

53岁的杰罗姆看起来不像你想象中的那种神秘主义者。他穿着橙色的夏威夷衬衫和白色短裤，强壮的身躯展示出他以前曾是一名空手道冠军和国际保镖。“11月22日有什么好的？”我问。

“要知道，22是个卓越的数字，11也是。只有4个卓越的数字，分别是11、22、33和44。”

杰罗姆的面相与众不同，他的笑纹很明显，秃秃的头顶闪闪发光。他的嗓音悦耳动听，有点儿像体育评论员，也有点儿像说唱主持人。“你出生在22日。”他说，“我们的第一任总统就是在22日出生的，这绝非偶然。2加2等于几？ 4。我们什么时候选举总统？每4年。我们在第4个月交税。在美国一切都和4有关，一切。我们的第一支海军有13艘船，1加3等于4。我们曾经有13个殖民地，1加3等于4。独立宣言有13个签署者，加起来等于4。他们位于哪里？罗库斯特街1 300号，加起来还是4！”

“数字4控制着钱，你生下来就在它的控制之下。这是一个非常强大的数字。4是个平方数，所以它跟法律、结构、政府、组织、新闻和建筑都有关。”

他来了兴致，继续说：“我就是这样告诉O. J. [①]的，他就要获得自由了。我研究过他的律师，他所有律师的生日都和4有关。约翰尼·科克伦在22号出生，2加2等于4。F. 李·贝利在13号出生，1加3等于4。巴里·舍克是4号出生的。罗伯特·夏皮罗出生在31号，3加1等于4。他有4位律师都和4有关。判决什么时候出？是下午4点。这样一来，就算是希特勒都有可能获得自由了！”

“我给迈克·泰森占卜数字的时候他说，当遇到这些数字的时候，即使是你的错误也会变成好的结果。”

杰罗姆是一位专业的数字命理学家。他相信数字不仅仅代表数量，还代表质量。他说，他的天赋在于，他可以利用这种见解来理解人们的个性，甚至预测未来。演员、音乐家、运动员和公司为获得他的建议付了不少钱。“大多数的数字命理学家和灵媒都很穷，”他说，“这不合理。”但杰罗姆住在一栋豪华公寓里，他的车库里有

---

① O. J. 辛普森，前橄榄球运动员，曾被卷入轰动一时的“辛普森杀妻案”。——译者注

三辆价值25 000美元的摩托车。

出生日期是一个明显的数字来源，从中可以得出性格特征。名字也一样，因为单词可以被分解成字母，每个字母都代表一个数字。“吹牛老爹（Puff Daddy）[1]当时差点儿要坐牢。”他说，“吹牛老爹的感情不顺利，于是我把他的名字改成了P. Diddy。他想安定下来，所以我把他的名字改成了Diddy。他采纳了我的建议。杰斯（Jay-Z）想娶碧昂丝，我告诉他，他需要改回原名。于是，他又叫回肖恩·卡特（Shawn Carter）。”

我问杰罗姆，他有什么建议给我。

“你的全名是什么？”他说。

“亚历山大·贝洛斯（Alexander Bellos），但大家都叫我亚历克斯（Alex）。”

“真是个可怜虫。”他故弄玄虚地停顿了一下。

“亚历山大更好吗？”我问。

他爽朗地说：“我只能说，在地球上存在过的最伟大的人之一并不叫‘亚历克斯大帝’。”

“我跟你说，我以前和名叫亚历克斯的人谈过。简单地说，名字的第一个字母很重要。A是1，你叫‘亚历克斯’，也能得到这个字母。但是‘亚历山大’的结尾是r，r等于9。所以你名字的第一个和最后一个字母对应的数字分别是1和9，也是阿尔法和奥米伽，它们分别代表开始和结束。现在让我们来看看亚历克斯的第一个和最后一个字母。单说x的发音。”他用一种像要呕吐的表情发出

---

① 吹牛老爹是美国著名说唱歌手、制作人。——编者注

了“ekkss”的声音，“你想用这个吗？我不会的。我永远不会用亚历克斯。”

“神说，一个好名字比财富更值得选择，他可没说更值得选择的是绰号！”

“亚历克斯不是绰号。”我抗议道，“它只是个缩写。”

“亚历山大，你为什么要唱反调呢？”

然后，杰罗姆要来我的便笺簿，写下了下面这张表：

1	2	3	4	5	6	7	8	9
A	B	C	D	E	F	G	H	I
J	K	L	M	N	O	P	Q	R
S	T	U	V	W	X	Y	Z	

他解释说，这个表格显示了数字与字母的对应关系。他把手指放在第一栏：“代表1的字母是A、J和S，比如安拉（Allah）、耶和华（Jehovah）、耶稣（Jesus）、救世主（Saviour），还有救赎（Salvation）。2是外交官和大使的数字。2能给你很好的建议，如果你喜欢2，你一定擅长团队合作。这就是为什么你到汉堡王（Burger King）可以想怎么吃就怎么吃。数字3主宰着收音机、电视、娱乐和数字命理学，跟3对应的字母是C、L和U。当然，你在听广播和看电视的时候毫无线索（clue）。”他讽刺地眨了眨眼：“但如果你学习数字命理学，它会给你提供关于生命的线索。数字4对应着D、M和V。一辆车有几个轮子？你从哪里拿到驾照的？机动车辆管理局（DMV）。数字5位于1和10的中间，它对应着E、N和W。5是代表变化的数字。如果你把它对应的字母拼凑起来，就会得到单词‘NEW’（新的）。数字6代表金星、爱情、家庭和社区。当你

看到一个美丽的女子，你看到了什么？狐狸（FOX）。7是富有灵性的数字。耶稣在25日出生，2加5等于7。8是代表商业、金融、贸易和货币的数字。它对应H、Q、Z，你把钱存在哪里了？在总部（headquaters）[①]。数字9是唯一一个只对应两个字母的数字，I和R。你和牙买加人交流过吗？伙计，一切都很‘irie’（好）。”

最后，他放下笔，盯着我的脸，“这，”他说，“就是杰罗姆·卡特的毕达哥拉斯体系法。”

毕达哥拉斯之所以成为数学界最著名的名字，完全是因为他的三角形定理（我们后面会讲到）。不过，他也有其他贡献，比如发现了平方数。想象一下我们按照惯例用鹅卵石数数。[“鹅卵石”在拉丁语中是*calculus*，它就是英语中calculate（计算）一词的由来。] 假设你要排出一个正方形阵列，将鹅卵石等距摆放在行和列中，一个两行两列的正方形需要4块鹅卵石，而一个三行三列的正方形需要9块鹅卵石。换言之，将n与自身相乘，等于求出一个包含n行和n列的正方形阵列中的鹅卵石的数量。这个想法如此符合本能，以至于英语中用来描述自我相乘的单词与正方形是同一个词（square）。

毕达哥拉斯在他的正方形里观察到了一些完美的规律。他发现，在边长为2的正方形中，鹅卵石数量（4）是1和3的和，而边长为3的正方形中的鹅卵石数量（9）是1、3和5之和。边长是4的正方形中有16块鹅卵石，也可以表示成$1+3+5+7$。换句话说，n的平方是前n个奇数的和。可以通过观察构造鹅卵石正方形的过程来发现这个规律：

---

① H、Q、Z看起来像总部（headquaters）一词的缩写。——编者注

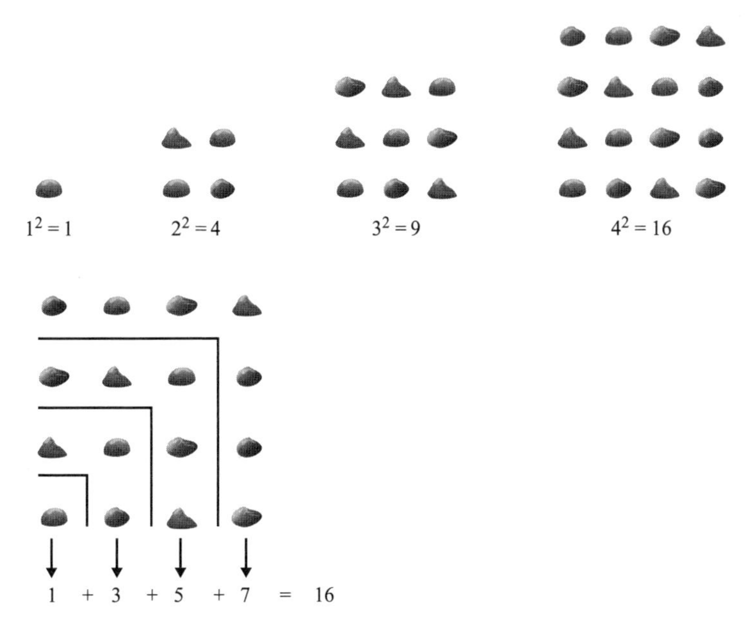

图2–1 鹅卵石正方形

毕达哥拉斯发现的另一条规律与音乐有关。据传，有一天，他路过一个铁匠铺，听到里面传来叮叮当当的打铁声，他注意到响声的音调随着铁砧的重量而改变，这让他开始研究振动的弦的音高与弦的长度之间的关系。他发现，如果弦长减半，音高就会升高八度。当弦按3∶2和4∶3的比例分段时，会形成其他和声，等等。

毕达哥拉斯被他在自然界中发现的数字规律迷住了，他相信只有通过数学才能理解宇宙的秘密。然而，他并没有仅仅把数学看作一种描述自然的工具，而是把它视为自然的本质，他还教导学生要尊敬数字。毕达哥拉斯不仅仅是个学者，他还是一个神秘教派的领袖，那就是毕达哥拉斯学派，这个组织痴迷于哲学和数学冥想。学派结合了健康农场、新兵训练营和道场的特征，门徒必须遵守严格的规矩，比如不朝着太阳撒尿、不娶戴金首饰的女人、不从躺在街上的驴身边经过。因此，选择加入学派的人必须经过5年的考察期，在考察期内，他们只能透过帘幕看到毕达哥拉斯。

在毕达哥拉斯的精神宇宙中，10是神圣的数字，但这不是因为手指或脚趾的总数是10，而是因为10是前4个数字的总和（$1+2+3+4=10$），而前4个数字象征着四大元素：火、气、水和土。数字2代表女性，3代表男性，5便是两者的结合。学派的徽章是一个五角星形。虽然崇拜数字的想法在现在看来很奇怪，但这或许反映了人们在发现早期抽象的数学知识时的惊奇程度。当你此前根本不知道自然界有这些规律，而突然发现了这些规律时，那种兴奋的感觉一定像是一种宗教般的觉醒。

毕达哥拉斯不仅教授数字命理学，还信仰转世。他可能是素食者。事实上，他的饮食要求在两千多年间广受争论。学派以禁止食用小而圆的黑蚕豆而闻名，有关毕达哥拉斯死亡的一种说法是，他为了躲避袭击者逃到一片蚕豆田里。故事说，他宁愿被抓住杀死，也不愿践踏蚕豆。根据一种古老的说法，豆子之所以神圣，是因为它们和人类一样，发于原始的淤泥中。毕达哥拉斯证明了这一点，他说如果你咀嚼豆子，用牙齿把它们碾碎，然后在阳光下晒一会儿，豆子就会产生精液的味道。而最近有人提出的一个假说认为，学派成员只是患有遗传性的蚕豆过敏。

毕达哥拉斯生活在前6世纪。他没有写过任何书，我们对他的了解都是根据他去世多年后后人的记载。尽管毕达哥拉斯学派在古代雅典的喜剧剧场里受到嘲讽，但从基督教时代起，毕达哥拉斯本人的形象相当正面，他被认为是一位独特的天才。他在数学方面的见解使他成为伟大的古希腊哲学的先驱。有人说他创造了奇迹，有些人还奇怪地认为毕达哥拉斯有一条黄金大腿。另一些人写道，他曾经走过一条河，河向他大声呼喊，喊得所有人都能听到："你好，毕达哥拉斯。"这种死后神话的形成与另一位地中海精神领袖的故事很相似，事实上，在某一段时间，毕达哥拉斯和耶稣还是宗教上的对头。2世纪，基督教在罗马扎根之际，尤利娅·多姆纳（Julia Domna）皇后鼓励她的百姓崇拜泰安那的阿波罗尼奥斯（Apollonius of Tyana），阿波罗尼奥斯声称他是毕达哥拉斯转世。

毕达哥拉斯留下了互相矛盾的两方面的遗产，那就是他的数学和反数学。事实上，也许正如一些学者现在所认为的，唯一可以确认的是他提出的思想正是那些充满神秘主义的思想。毕达哥拉斯的神秘主义自古以来就一直存在于西方思想中，在文艺复兴时期尤其盛行，那时人们重新发现了公元前4世纪左右的一首诗《毕达哥拉斯黄金诗篇》。毕达哥拉斯学派是许多神秘学秘密社团的典范，甚至影响了共济会的创立。这个有着精心设计的仪式的兄弟会组织，据传仅在英国就有近50万会员。毕达哥拉斯还启发了西方数字命理学的奠基人L.道·巴利埃特夫人（Mrs. L. Dow Balliett），她是美国大西洋城的一位家庭主妇，在1908年写了《数字的哲学》一书。"毕达哥拉斯说，天和地会随着一个数字或数字的位数而共振。"她写道。她还提出了一种算命方法，把字母表中的每个字母都与1到9中的一个数字对应。她认为，把一个人名字中字母对应的数字加起来，就能预测性格特征。我也试验过这个想法。亚历克斯是1 + 3 + 5 + 6 = 15，再把答案的两位数相加，1 + 5 = 6，整个过程就完成了。我的名字与数字6共振，这意味着我“应该始终小心地穿着，喜欢精致的效果和颜色，把你的特殊颜色——橙色、鲜红色和淡紫色调整到较浅的色调，但始终保持它们的真实色调”。我的宝石是黄玉、钻石、缟玛瑙和碧玉，我的矿物是硼砂，我的花是晚香玉、月桂和菊花。我的气味是山茶味。

当然，数字命理学是现代神秘主义自助餐上的一道经久不衰的菜，愿意就彩票号码向你提出建议或猜测未来某个日期的先兆的大师随处可见。这听起来像是一种无害的找乐子的方式。我很享受与杰罗姆·卡特的谈话，但是给数字赋予精神上的意义也可能产生恶劣的后果。例如，1987年，缅甸政府发行了面值为9的倍数的新钞票，唯一的原因是执政将军最喜欢数字9。新的钞票马上造成了一场经济危机，导致了1988年8月8日的暴动。（8是反独裁运动最喜欢的数字。）然而，抗议活动在9月18日被镇压，也就是在第9个月，一个能被9整除的日期。

毕达哥拉斯定理指出，对于任何直角三角形，斜边的平方等于两条直角边的平方之和。这句话像一首古老的童谣或圣诞歌曲一样，刻在我的脑海中。它带来一种怀旧而安宁的感觉，甚至已经超出了它原本的含义。

斜边是与直角相对的边，直角是一圈的1/4。这个定理是基础几何的一大突破，是我们在学校学的第一个真正有深刻意义的数学概念。让我觉得有趣的是，它揭示了数字和空间之间的深层联系。不是所有三角形都有直角，但是只要它是直角三角形，两直角边的平方和一定等于第三边的平方。这个定理反过来也适用：随机选取三个数字，如果其中两个的平方和等于第三个数的平方，那么你可以用以这些数字为长度的线段，构造出一个直角三角形。

一些关于毕达哥拉斯的评论提到，他在建立学派之前，曾前往埃及实地考察。如果他在埃及的建筑工地上待过一段时间，他就会看到工人们造直角的方法，这就是后来以他名字命名的定理的应用。一根绳子上被打了几个结，它们把绳长分为3、4和5个单位。由于 $3^2+4^2=5^2$，当绳子绕着三根柱子被拽紧，每根柱子上都有一个结时，就形成了一个直角三角形。

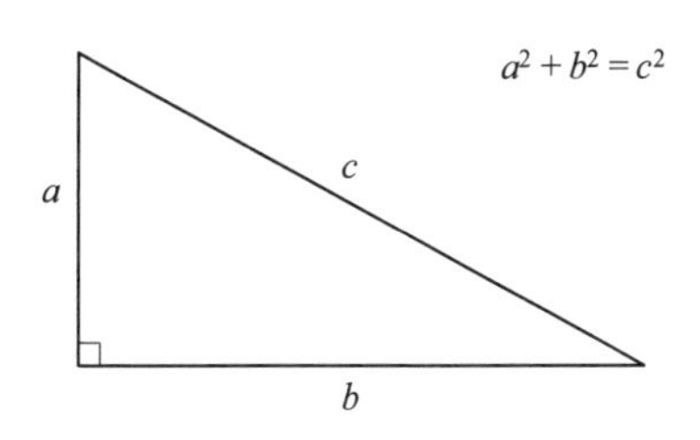

图2–2　毕达哥拉斯定理

拽紧绳子是形成直角最方便的方法，而直角是使砖块或巨石块（比如用来建造金字塔的砖块）能彼此挨紧、叠在一起所必需的。（斜边这个词来源于希腊语，意为“拽紧”。）埃及人可以用3、4和5之外的许多数字来得到直角。事实上，存在无限个 a、b 和 c，可以使 $a^2+b^2=c^2$ 成立。他们可以把绳子分成5、12和13份，因为25 + 144 = 169；也可以分成8、15和17份，因为64 + 225 = 289；甚至2 772、9 605和9 997份（7 683 984 + 92 256 025 = 99 940 009），尽管这很难实现。数字3、4、5最适合这个任务。它们不仅是三个最小的满足条件的数字组合，也是满足条件的唯一一组连续整数。由于这种拽紧绳子以获得直角的传统，边长比例是3∶4∶5的直角三角形也被称为埃及三角形。这个产生直角的仪器小到可以放进口袋里，是数学艺术品中的一颗明珠，也是一件优雅、简洁而强大的智力工艺品。

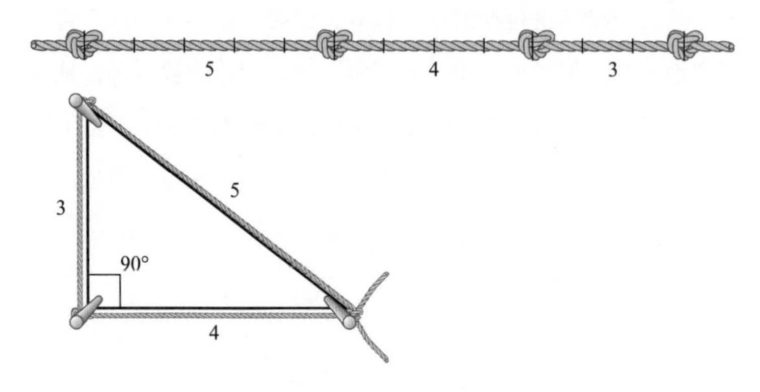

图2–3　埃及人的“三角板”是把一根绳子以3∶4∶5的比例划分，绑在三根柱子上形成直角

毕达哥拉斯定理中提到的平方既可以通过数字理解，也可以通过图片理解，也就是用三角形的边画出一个正方形。想象一下，图2–4中的正方形是由黄金制成的。你没有与毕达哥拉斯学派的成员订婚，所以拿走黄金是没问题的。你可以选择两个较小的正方形，也可以选择一个最大的正方形。你选哪个？

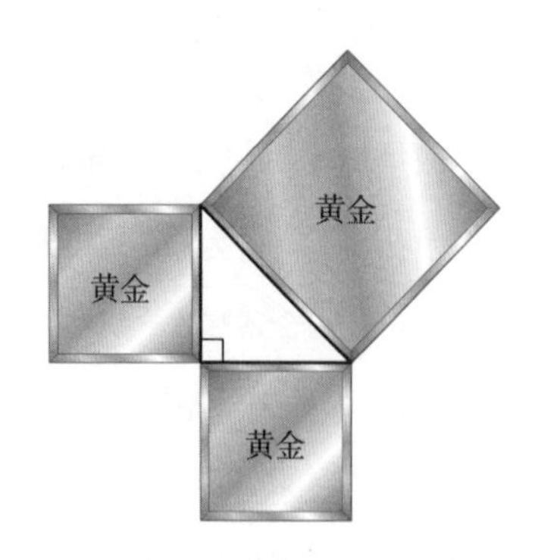

图2–4　选两个小的，还是一个大的？

数学家雷蒙德·斯穆利安（Raymond Smullyan）说，当他向他的学生提出这个问题时，一半学生想要一个大正方形，另一半想要另外两个小正方形。当他告诉学生这两个选择其实没什么区别时，学生们都惊呆了。

这是真的，因为按照毕达哥拉斯定理，两个小正方形的面积之和等于大正方形的面积。所有直角三角形都可以用这种方法扩展成三个正方形，大正方形的面积刚好等于两个小正方形的面积之和。并不存在斜边上的正方形面积不是另两边的正方形面积之和的情况。无论何时，它们都是完美契合的。

我们还不清楚毕达哥拉斯是否真的发现了这一定理，尽管他的名字从古典时代就和这个定理联系在了一起。无论他是否真的发现了这一定理，它都证明了他的世界观是正确的，数学中的宇宙充满着和谐。事实上，这个定理揭示的不仅仅是直角三角形边上的正方形之间的关系。例如，斜边上半圆的面积也等于另两边半圆的面积之和。斜边上的五边形面积等于另两边的五边形面积之和，这同样适用于六边形、八边形以及任何规则或不规则的形状。例如，如果在直角三角形上画三个蒙娜丽莎，那么大的蒙娜丽莎的面积等于两个小蒙娜丽莎的面积之和。

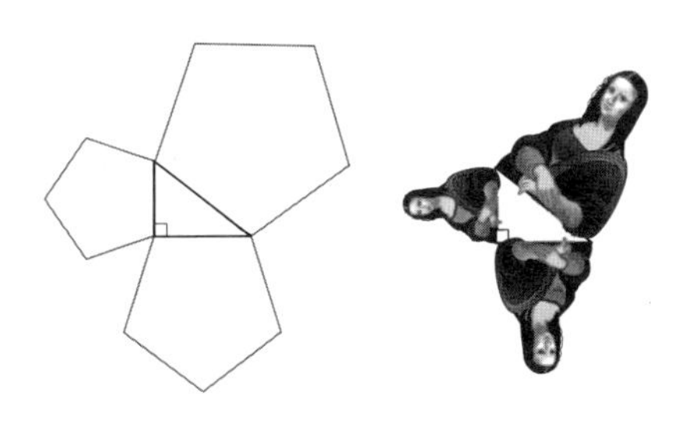

图2–5　毕达哥拉斯定理的推论

毕达哥拉斯定理给我的真正乐趣在于证明它成立的过程。最简单的证明见图2–6，这个证明可以追溯到中国，甚至可能在毕达哥拉斯出生之前就诞生了，这也是许多人怀疑最早提出这个定理的人并非毕达哥拉斯的原因之一。

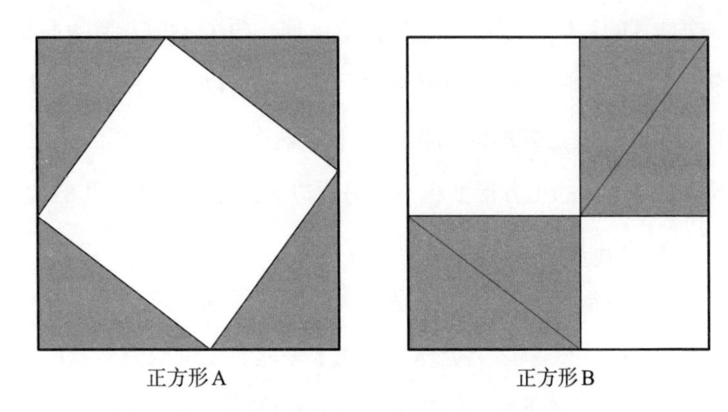

图2–6　毕达哥拉斯定理的一种证明

你可以先看一会儿这两个正方形，再往下读。正方形A与正方形B大小相同，正方形内所有直角三角形的大小也相同。因为正方形A和B的面积相等，它们内部的白色区域的面积同样相等。现在，请注意正方形A里的白色大正方形，它正是直角三角形斜边所延伸出的正方形。而正方形B内较小的两个白色正方形，则分别是三角形另两条直角边延伸出的正方形。换句话说，斜边的平方等于另两边的平方和。完美！

因为我们可以为任何形状或大小的直角三角形构造出类似的正方形，所以这个定理在所有情况下都一定成立。

类似这样的证明会带来令人惊喜的发现，让人瞬间感受到数学带来的快感，仿佛一切都说得通了。这令人感到非常满足，甚至会带来一种身体上的愉悦。印度数学家婆什伽罗被一个类似的对毕达哥拉斯定理的证明震惊到了，在他于12世纪创作的数学著作《莉拉瓦蒂》(*Lilavati*)中的一张图片下面，他只写了一个词：“看！”

毕达哥拉斯定理还有其他许多证明，在图2–7中有一个格外可爱的证明，它被认为是由阿拉伯数学家安纳里齐（Annairizi）在大约公元900年发现的。这个定理蕴含在图中的重复模式之中。你能认出它吗？（如果你看不出来，附录将提供一些帮助，详见第484页。）

图2–7　安纳里齐发现的一种证明毕达哥拉斯定理的方法

在1940年出版的图书《毕达哥拉斯命题》中，伊莱沙·斯科特·卢米斯（Elisha Scott Loomis）发表了对该定理的371个证明，这些证明是由不同的人提出来的。其中一个可追溯到1888年，据说是由盲眼女孩E. A. 克利奇提出的，另一个来自1938年一名16岁的高中生安·康迪特，列奥纳多·达·芬奇和美国总统詹姆斯·A. 加菲尔德也给出了证明。当加菲尔德还是共和党国会议员的时候，他在和同事做数学游戏时偶然得出了这个证明。他在1876年首次发表这一证明时说：“我们认为这是一个可以让两院议员撇开党派分歧团结起来的东西。”

不同的证明表现了数学强大的生命力。解决数学问题从来不是只有一种“正确”的方法，绘制出不同人的头脑在寻找解决方案时所走的不同路径是一件颇有趣味的事。图2–8是来自三个不同时代的三个证明，其中一个来自公元3世纪的中国数学家刘徽，第二个来自列奥纳多·达·芬奇（1452—1519），第三个来自约1917年的亨利·杜德尼（Henry Dudeney），他是英国最著名的趣味问题出题人。刘徽和杜德尼的方法都是“分割证明”，其中两个小正方形被分割成几个部分，把它们重组后就可以得到完美的正方形。达·芬奇的方法则需要多思考一会儿。（如果需要帮助，详见第484页的附录。）

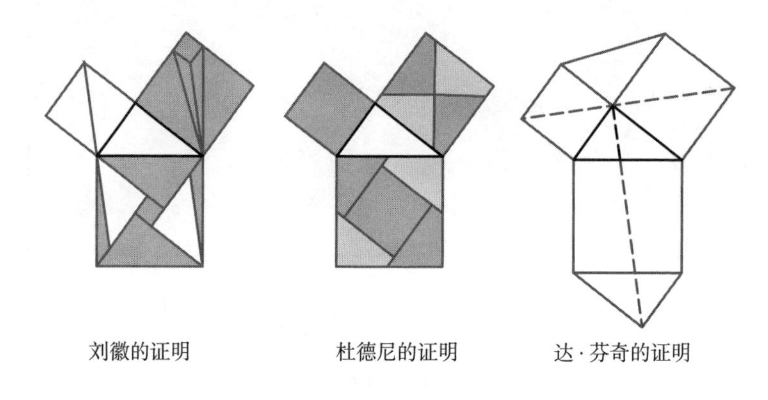

图2–8　毕达哥拉斯定理的其他几种证明

数学家赫尔曼·巴拉瓦莱（Hermann Baravalle）提供了一种动态的证明方式，如图2–9所示。这幅图十分生动，大正方形像变形虫一样，被分成了两个较小的正方形。在每个阶段，阴影区域的面积都是相同的。唯一不那么明显的是第4步。当一个平行四边形被“剪切”，或者说当它以一种底边长度和高都不变的方式移动时，它的面积保持不变。

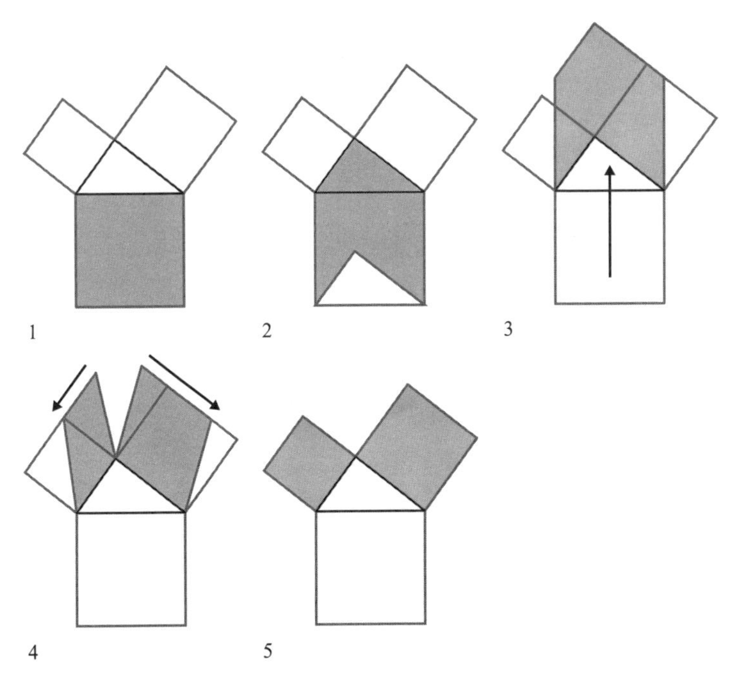

图2–9 巴拉瓦莱的证明

巴拉瓦莱的证明与欧几里得给出的最知名的证明十分类似，欧几里得是在前300年左右提出这一证明的。

欧几里得是毕达哥拉斯之后最著名的古希腊数学家，他生活在亚历山大港，这座城市由亚历山大大帝建立，他从不把自己的名字缩写成亚历克斯。欧几里得的传世著作《几何原本》中包含465个定理，这本书对当时古希腊的所有几何学知识进行了总结。古希腊数学几乎完全被几何学占据，这个词源于希腊语中的"地球"和"测量"，尽管《几何原本》与现实世界无关。欧几里得在一个由点和线构成的抽象世界中操作一切。他的工具箱里只有一支铅笔、一把尺子和一个圆规，因此这些东西几百年来一直是儿童铅笔盒的基本组成部分。

欧几里得的第一个任务（第一卷，命题1）是证明，给定任何线段，都可以用该线段作为一条边，画出一个等边三角形，也就是一个三条边长度相等的三角形：

第一步：把圆规的针尖放在给定线段的一个端点上，画一个圆弧与线段的另一端相交。

第二步：把圆规针尖移到线的另一个端点上，重复第一步。现在我们有了两条相交的圆弧。

第三步：通过圆弧的一个交点，画两条线段，与原始线段的两个端点连接。

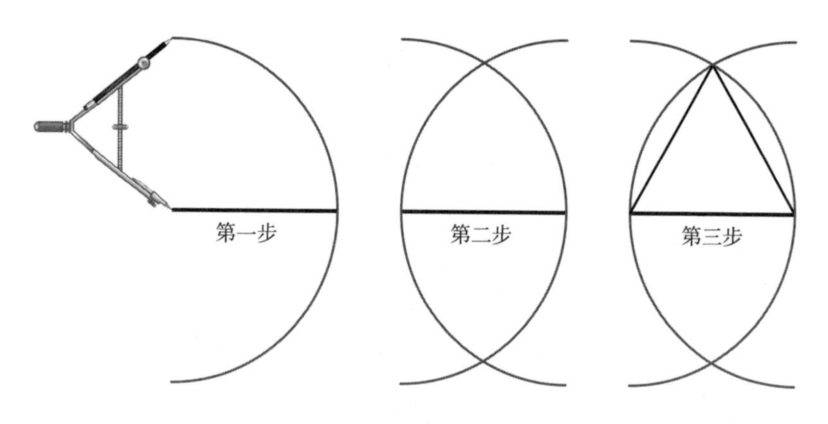

图2–10 《几何原本》，命题1

然后，他一丝不苟地提出了一个又一个命题，揭示了线、三角形和圆的一系列相等的性质。例如，命题9告诉你如何平分一个角，也就是将一个角划分成两个相等的角。命题32表示，三角形的内角和总是等于两个直角之和，也就是180度。《几何原本》是一部充满学究气的严谨巨著。里面没有任何内容是想当然地得出的，每一行在逻辑上都承接着前一行。欧几里得仅从几个基本公理出发，就获得了一系列令人信服的结果。

第一卷以命题47为最后的“大结局”。1570年，第一版英译本中的注释写道：“这条最优秀和最著名的定理，最早是由伟大的哲学家毕达哥拉斯提出的，根据希罗内、普洛克罗斯、吕修斯和维特鲁威的记载，他因发现这一定理而感受到超乎想象的愉悦，因而杀了一头公牛来献祭。后来那些粗俗的作者常把这条定理称为‘杜卡农’（Dulcarnon）。”杜卡农的意思是有两只角，或者“在智慧的尽头”，这可能是因为证明它的图示有两个角状的正方形，或者可能是因为它确实非常难于理解。

欧几里得对毕达哥拉斯定理的证明一点儿也不漂亮。他的证明很长，细致而迂回，还需要一个布满了线和叠加的三角形的图形。19世纪的德国哲学家亚瑟·叔本华说，这个证明如此复杂，且没有必要，是一个“典型的反常行为”。公平地说，欧几里得既不（像杜德尼一样）追求趣味，也不（像安纳里齐那样）追求美学，也不（像巴拉瓦莱那样）追求直觉。欧几里得最关心的是他的演绎系统是否严谨。

毕达哥拉斯看到了数字的奇迹，而欧几里得在《几何原本》里揭示了更深层次的美，那是一个由数学真理构成的严密体系。他证明，数学知识的秩序与其他事物的不同。《几何原本》的命题永远正确。它们并不会随着时间的推移变得越来越不确定，也不会与我们的生活渐行渐远（这就是为什么欧几里得的命题仍然在学校里被教授，而古希腊剧作家、诗人和历史学家的作品则没有再被教授）。欧几里得方法令人敬畏。据说，17世纪的英国博学家托马斯·霍布斯40岁时在图书馆中瞥到了一本打开的《几何原本》复本。他读了其中一个命题，惊呼道："天啊，这不可能！"他又读了前面的命题，然后读了更前面的那个命题，终于确信这一切都有理有据。在这个过程中，他爱上了几何学，因为它规定了一种确定性，而几何学的演绎方法也影响了霍布斯最著名的政治哲学著作。自从《几何原本》开始，逻辑推理就成了所有人类探索的金标准，直到现在。

欧几里得首先将二维空间分割成一系列形状，它们被称为多边形，这些形状仅由直线构成。他用圆规和直尺不仅能画出等边三角形，还能画出正方形、等边五边形和等边六边形。每条边长度都相同，且相邻两边之间的夹角角度都相等的多边形，被称为正多边形（见图2–11）。但有趣的是，欧几里得的方法并不能画出所有正多边形。例如，正七边形就不能用圆规和直尺来构造，正八边形是可以构造出来的，但正九边形又不能。同时，具有65 537条边的极复杂的正多边形也可以构造出来，事实上它也已经被构造出来了。（选择这个数字是因为它等于$2^{16}+1$。）1894年，德国数学家约翰·古斯塔夫·赫尔梅斯（Johann Gustav Hermes）花了10年时间才完成。

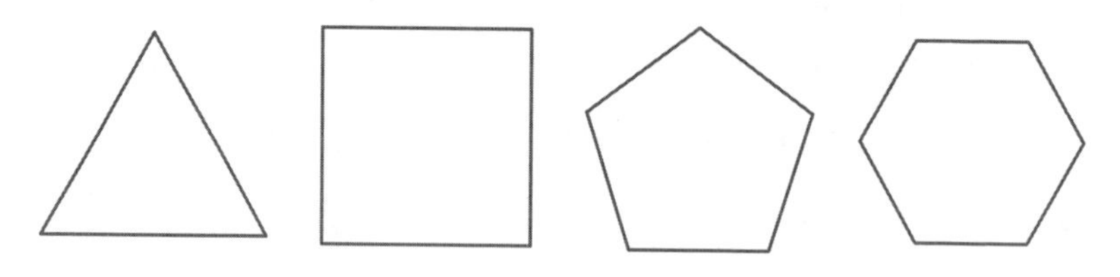

图2–11　正多边形

欧几里得还致力于研究相同的正多边形连接在一起所组成的三维形状。只有5种形状满足要求：正四面体、立方体、正八面体、正二十面体和正十二面体，这5种形状被称为柏拉图多面体（见图2–12），因为柏拉图在《蒂迈欧篇》中写过它们。柏拉图把它们看作宇宙的四个元素以及环绕的宇宙空间。正四面体是火，立方体是土，正八面体是空气，正二十面体是水，而正十二面体是环绕的穹顶。柏拉图多面体的一个特别有趣之处在于，它们是完全对称的。旋转、转动、倒转或翻转它们，它们都始终保持不变。

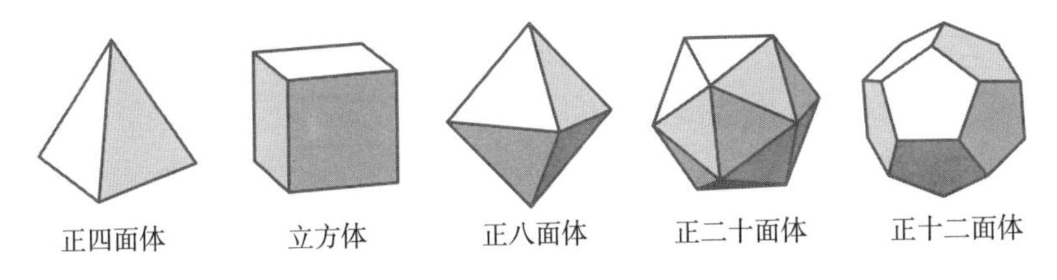

图2–12　柏拉图多面体

在《几何原本》的第13卷，也就是最后一卷中，欧几里得从等边三角形开始，然后到正方形、正五边形、正六边形等，计算出了所有可以由正多边形构成的可能的多面体，证明了为什么只存在5个柏拉图多面体。图2–13显示了他是如何得出这一结论的。要用多边形生成立体对象，一定要有三条边相交的点，形成一个角，或者叫顶点。例如，当你在一个顶点处连接3个等边三角形时，你会得到一个正四面体（A）。而如果在一个顶点连接4个等边三角形，则得到一个角锥体（B）。角锥体并不是一个柏拉图多面体，因为不是所有的面都一样，但是在底部再贴一个倒立的角锥体，你就得到了一个正八面体。将5个等边三角形连接在一起，就得到了正二十面体（C）的一部分。但是加入第6个，你会得到……一个平面（D）。用6个等边三角形无法构成一个立体角，所以没有其他方法可以创造一个由等边三角形组成的不同的柏拉图多面体了。用正方形继续这个过程，很明显只有一种方法可以在一个角处连接三个正方形（E），最后会变成一个立方体。如果用4个正方形，你就会得到……一个平面（F）。用正方形不能组成其他柏拉图多面体了。类似地，3个五边形合在一起能形成一个立体角，进而形成正十二面体（G）。4个五边形就不可能合在一起了。3个六边形在同一点会连成一个平面（H），所以不可能用它们制造出一个立体图形。因为在一个顶点上不可能连接3个超过6条边的正多边形，所以再之后就没有柏拉图多面体了。

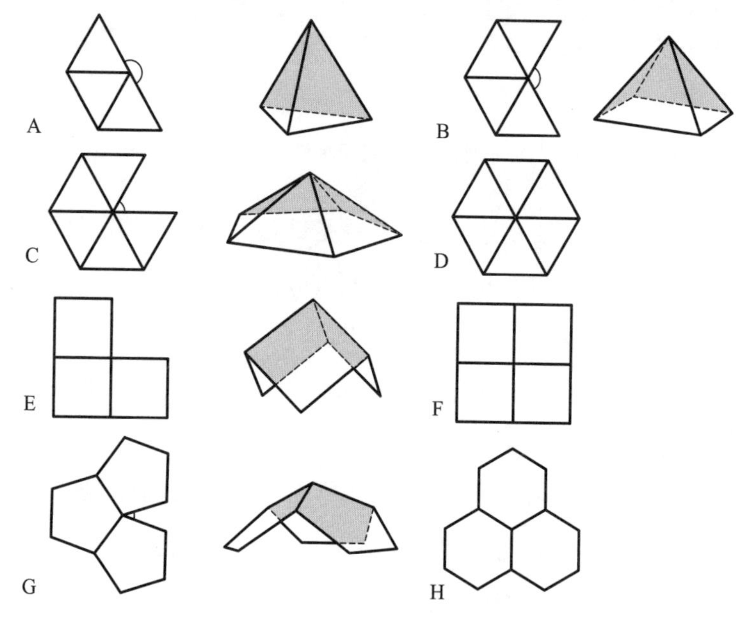

图2–13　只存在5个柏拉图多面体的证明

许多数学家使用欧几里得的方法提出了新的问题，并有了新的发现。例如，1471年，德国数学家雷乔蒙塔努斯（Regiomontanus）给朋友写了一封信，他在信中提出了以下问题："在地面上的哪个点上，会让竖直悬挂的杆子看起来最大？”这个问题也叫作“雕像问题”。想象一下，你面前的基座上有一尊雕像。当你离得太近时，你必须抬起头，以一个很窄的角度来仰望它。当你在很远的地方时，你必须瞪大眼睛，再次从一个很窄的角度看它。那么，哪里是观赏它的最佳地点呢？

假设我们从侧面观察，如图2–14所示。我们想在代表视平线的虚线上找到一点，从这个点到雕像的角度最大。解法来自《几何原

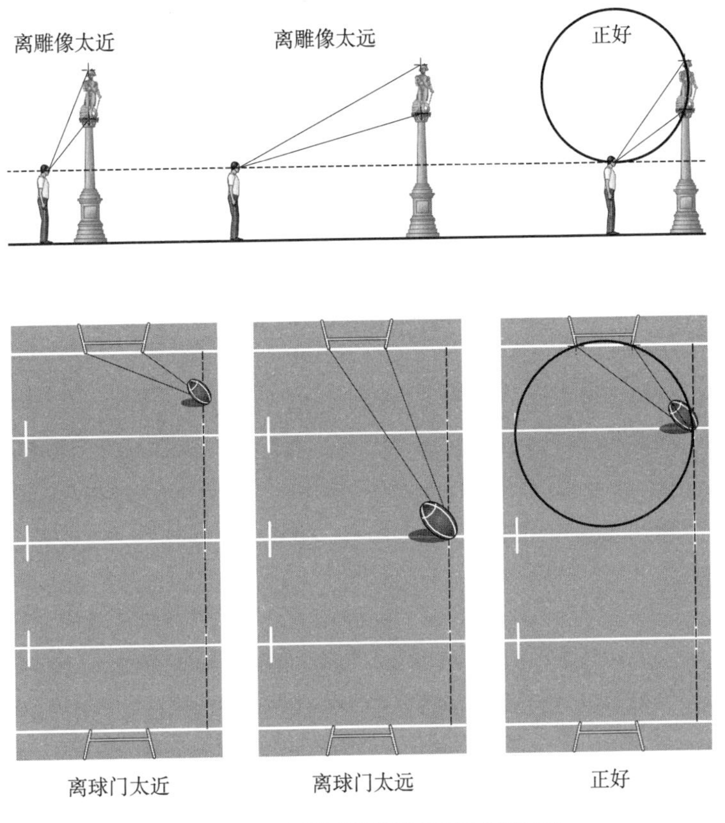

图2–14　雷乔蒙塔努斯的雕像和橄榄球问题

本》第三卷，这一卷与圆有关。当穿过雕像顶部和底部的圆与虚线相切时，角度最大。

这个问题等价于橄榄球运动员所面临的问题，他们想知道从球门线踢定位球的最佳距离。如果你离对方的球门线太近，角度就太小；但如果你离得太远，角度也会减小。最佳位置在哪里？这里我们需要在球场的鸟瞰图上面绘制一个类似的图。在踢球点的虚线上，与对向球门柱成最大角度的点正是通过两个门柱的圆与该线相切的点。

也许欧几里得几何中最惊人的结果是揭示了三角形的一个美妙特性。我们先想想三角形的中心在哪里。出人意料的是，这个问题并没有一个清晰的答案。实际上，有4种方法可以定义三角形的中心，但它们给出的是不同的点，见图2–15。（除非三角形是等边的，这种情况下这些点都重合。）第一个被称为垂心，是指通过每个顶点与其对边垂直的线（也就是高）的交点。对于任何一个三角形来说，所有高总是相交于同一点，这已经相当令人惊讶了。

第二个点是外心，它是经过边的中点的垂线的交点。同样，这样的三条线也永远交于一点，无论你选择何种三角形。

第三个是重心，即经过顶点和对边中点的直线的交点。它们也一定会相交于一点。最后，中心圆是一个圆，它穿过每条边的中点，也穿过边和高的交点。每个三角形都有一个中心圆，其圆心是三角形内的第四种中心点。

1767年，莱昂哈德·欧拉证明了所有三角形的垂心、外心、重心和中心圆的圆心始终在同一条直线上。这个结果令人震惊。不管三角形的形状如何，这4个点之间的关系都惊人地一致。和谐真是奇

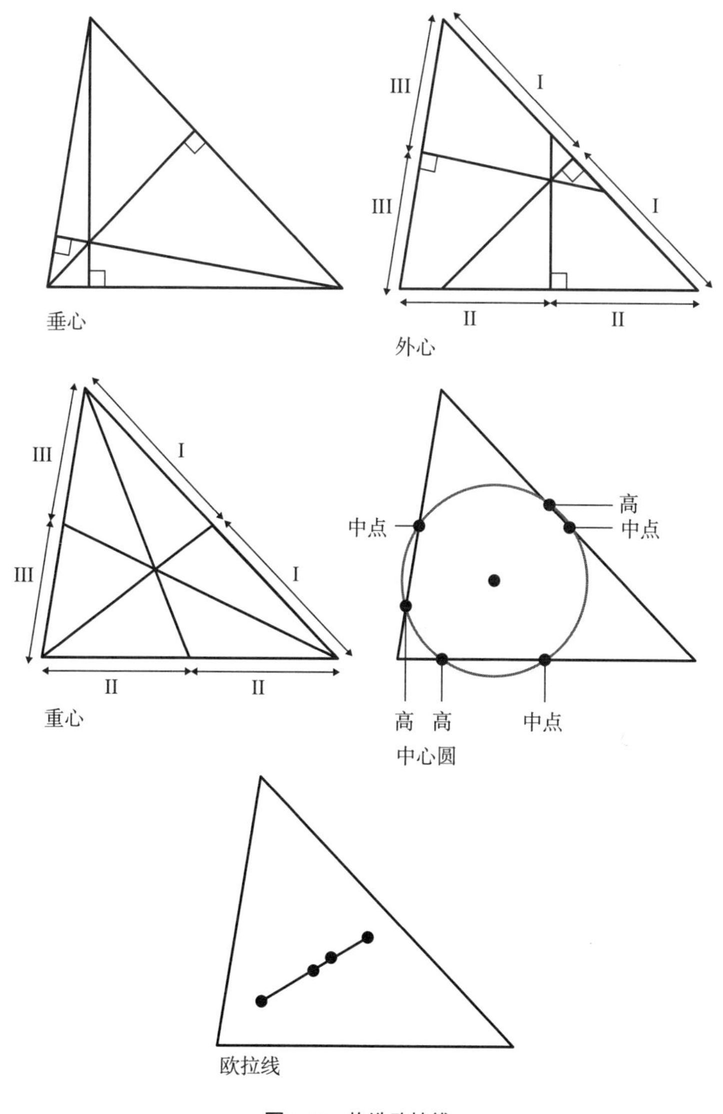

图2–15　构造欧拉线

妙。毕达哥拉斯也会对这个结果感到震惊的。

虽然现在听起来可能很难理解，但《几何原本》曾经也是“畅销书”。到20世纪为止，《几何原本》的印刷版本数据说仅次于《圣经》。考虑到《几何原本》并不易读，这就更加惊人了。然而，其中一个版本值得一提，因为它的非正统写法使文本变得更加易读。奥利弗·伯恩（Oliver Byrne）是马尔维纳斯群岛女王行宫的一名测量员，他用色彩重写了欧几里得几何。他没有用长长的证明，而是用红色、黄色、蓝色或黑色等几何色块画出图形，标出角度、线条和面积。他的《几何原本》“……用彩色的图表和符号代替字母，便于学习”，于1847年出版，被称为“整个19世纪最奇特、最美丽的书之一”。1851年，它代表英国参加万国博览会，成为会上展出的为数不多的几本英国图书之一，尽管公众没有感受到这种兴奋。实际上，伯恩的出版商在1853年破产了，超过75%的《几何原本》库存未能售出。这本书高昂的生产成本加速了破产。

伯恩的插图证明让欧几里得几何变得更为直观，比近年来的色彩教科书早得多。在美学上，它也领先于时代。其花哨的原色、不对称的布局、棱角、抽象的形状和充裕的留白空间，比20世纪的艺术家的绘画作品更早出现。伯恩的书看起来像是对彼埃·蒙德里安的致敬，而这本书出版比蒙德里安出生还要早25年。

尽管欧几里得的方法很成熟，但它无法解决所有问题。事实上，有些相当简单的问题仅仅用圆规和尺子是无法解决的。古希腊人为此还付出了代价。前430年，雅典城内伤寒大流行。雅典市民在提洛求得神谕，要他们把立方体的阿波罗圣坛的大小增加一倍。看到这样一个看似简单的任务就能拯救他们，他们稍稍安心了一些，于是建造了一个新的圣坛，把立方体的边长变为原来的两倍。然而，将立方体的边长翻倍后，立方体的体积增加到2的立方，也就是8倍。于是阿波罗十分震怒，让瘟疫恶化。神设定的挑战被称为德利安问题，也就是给定一个立方体，构造出一个体积是它两倍的立方体，它是欧几里得的工具无法解决的三个古代经典问题之一。另外两个分别是“化圆为方”问题，也就是构造一个与给定的圆面积相同的正方形，以及三等分角问题，也就是构造一个角，使其角度是原来的角的1/3。认识到为什么欧几里得几何不能解决这些问题，以及为什么其他方法可以解决这些问题，一直是数学研究关注的焦点。

古希腊人并不是唯一对几何图形的神奇之处感兴趣的人群。伊斯兰教最神圣的物体是一种柏拉图多面体：克尔白（Ka’ba），也就是立方体的意思，这是一座位于麦加大清真寺中心的黑色立方体建筑，朝圣者会逆时针围绕着它行走。（事实上，它的尺寸和一个完美的立方体只差一点儿。）无论你在世界的哪个角落，你在朝圣时都要面向这个点。数学在伊斯兰教中的作用比任何其他主要宗教都要大。在全球定位系统（GPS）技术出现1 000多年前，面朝麦加主要依赖于复杂的天文计算，这也是将近1 000年来伊斯兰科学一直繁盛的原因之一。

伊斯兰神圣建筑的墙壁、天花板和地板上巧妙的几何镶嵌图案都是其艺术的缩影，因为伊斯兰教的圣地禁止出现人和动物的形象。几何学被认为表达了超越人类的真理，这与毕达哥拉斯的立场非常一致，即数学可以揭示宇宙的奥秘。伊斯兰工匠在他们的图案中创造的对称和无限循环是一种寓言，也是对神圣数学秩序的表达。

重复的镶嵌图案与其说体现了复制图像的美感，不如说体现了瓷砖完美填充空间的不费力的美。几何形状设计得越好，艺术的美越引人注目。计算出什么形状的瓷砖会铺满墙，不会留下间隙，也不会重叠，这是一个很有挑战性的数学问题，可能任何用瓷砖铺过浴室地板的人对此都很熟悉。事实证明，只有三种正多边形能完成“镶嵌”，镶嵌是一个技术术语，表示完全覆盖一个平面而没有遗漏。这三种正多边形分别是等边三角形、正方形和正六边形。事实上，三角形不一定得是等边才能镶嵌，三条边可以是任何尺寸。对于任何一个三角形，只需将其与一个颠倒放置的相同三角形连接起来，如图2–16所示，组合成一个平行四边形就可以了。平行四边形可以和相同的平行四边形连接成一行，并排地放在一起。这种类型的镶嵌，也就是不断重复的相同模式，被称为周期性镶嵌。

一种方砖能铺满一个平坦的表面，这是很显然的。任何矩形也一样，这也是一个看似不值一提的观察（盯着砖墙看也是在观察长方形镶嵌规则）。然而，令人惊讶的是，任何四边形都可以创造出周期性的镶嵌图形。画出任意形状的四边形，再把它倒过来跟原来的四边形相连，像我们对上面的三角形所做的那样，你就可以构造一个六边形，它可能是一个不规则的六边形，但其中的对边都相等。由于对边是相等的，因此我们可以将这些六边形排成一行，使相邻的边彼此完美地契合。如图2–16所示，这种契合在每条边的方向上都有效，重复的六边形能完美地填充一个平面。

之前说过，周期性镶嵌是一种无限的重复。不过，周期性还有一个更实际的定义。想象一个平面向各个方向无限延伸，被图2–16所示的三角形镶嵌图形覆盖。现在想象在素描纸上复制一个相同的镶嵌图形，并将其放置在平面上。如果抬起副本将其移动到另一个位置，然后再将其放回平面上，可以使副本的图案与原始图案完美对齐，我们就说图案具有周期性。我们可以通过三角形镶嵌图形来实现这一点，将副本向左（或者向右、向上、向下）移动任意三角形的距离。当副本与新的位置对齐时，它就和下面的镶嵌图形完美吻合。这种周期性的定义很有帮助，因为有了它，我们就更容易解释非周期性的概念了。非周期性镶嵌就是当一个图案被复制后，平面上只有唯一的位置让副本与原图完全契合，也就是它的原始位置。

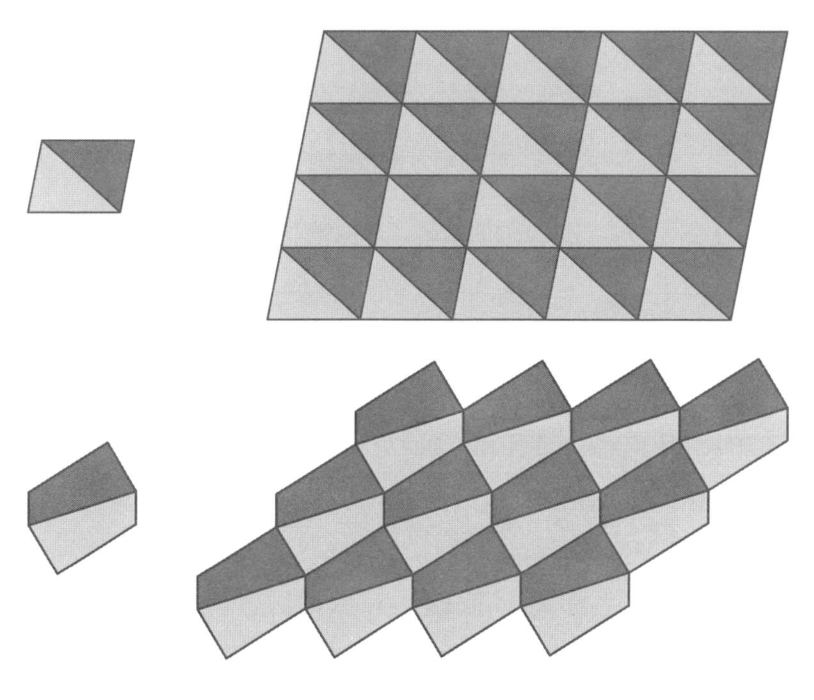

图2–16　三角形和四边形镶嵌

例如，图2–17的镶嵌就是非周期的。（想象一下，在不断变大的同心五边形中，镶嵌将永远进行下去。）如果你复制了它，这个副本只能在一个位置上与下方的镶嵌图形重合。

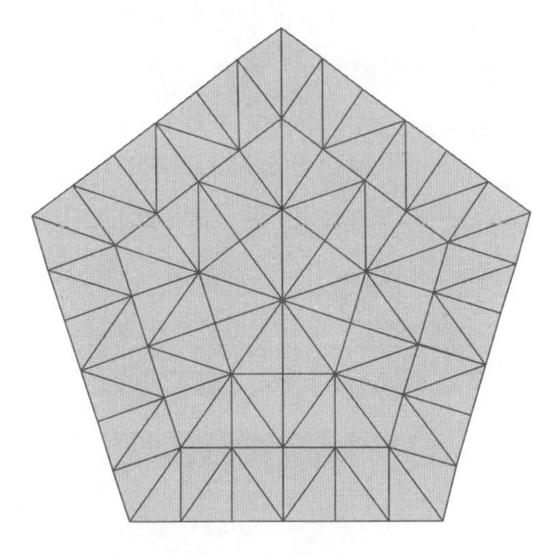

图2–17　非周期性镶嵌

许多可以周期性排列的地砖，也能被非周期性地排列。然而，在20世纪下半叶，一个困扰数学家的问题是，是否存在一组只能非周期性排列的地砖形状，它们可以覆盖一个平面，但无法创造重复的图案。这个想法是反直觉的——如果形状合适，可以在不留任何缝隙的情况下铺满一个平面，那么它们能够以一种常规且重复的方式平铺在一个平面上似乎是十分自然的事情。长期以来，人们认为不存在非周期性平铺。

接着，罗杰·彭罗斯（Roger Penrose）带着他的“风筝”和“飞镖”来了。20世纪70年代，宇宙学家彭罗斯发明了几种非周期平铺，令数学家们兴奋不已。最简单的方法是以一种特定的方式将菱形切成两部分，形成两种不同的形状，他称之为风筝和飞镖。由于任何四边形都可以形成周期性的镶嵌，彭罗斯必须制定一种规则，确定这些地砖该如何连接，从而将它们可以形成的图案限制成非周期性的。为了实现这一点，他在每个风筝和飞镖上画上两条弧线，并规定地砖的连接方式必须满足让相似的弧线总能相连。

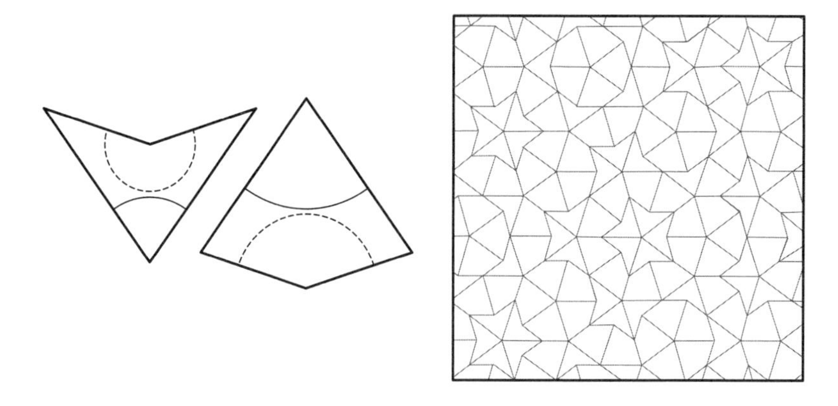

图2–18　彭罗斯的飞镖和风筝只能非周期性地平铺

非周期性平铺的发现对数学来说是一个令人兴奋的突破，但最大的惊喜来自后来的物理学和化学发现。20世纪80年代，研究人员惊奇地发现了一种此前认为不可能存在的晶体。这种晶体的微观结构呈非周期性排列模式，在三维空间中的表现就像彭罗斯的地砖在二维空间中的表现一样。这些被称为准晶的结构的存在，改变了科学家理解物质本质的方式，因为它与经典理论相悖。在经典理论中，所有晶体都必须具有柏拉图多面体的对称晶格。彭罗斯可能是为了好玩才发明了他的平铺方式，但它们对自然世界的预言远超预期。

5个世纪前，伊斯兰几何学家也可能对非周期性镶嵌有所了解。2007年，哈佛大学的陆述义（Peter J. Lu）和普林斯顿大学的保罗·J.斯坦哈特（Paul J. Steinhardt）表示，他们对乌兹别克斯坦、阿富汗、伊朗、伊拉克和土耳其的镶嵌图案进行的研究表明，工匠们比西方早5个世纪制作出了“近乎完美的准晶彭罗斯图案”。因此，伊斯兰数学可能比科学史学者传统上认为的还要先进。

印度教也用几何学来展示神的形象。曼荼罗（Mandala）是神和宇宙的代表性象征，其中最复杂的是“斯里具”（Sri Yantra，见图2–19），它是由5个向下的三角形和4个向上的三角形组成的图形，它们都重叠在一个中心点，也就是明点（bindu）上。据说这个图形代表了宇宙散发和再吸收的基本过程，是冥想和敬奉的焦点。它无法被精确地构建出来，一首长诗神秘地描述了它的结构，但是神圣的文本没有给出足够的细节。数学家至今仍然搞不清楚它究竟是如何被正确构造出来的。

另一种东方文化也早已享受到了几何图形的乐趣。折纸这种艺术起源于日本农场主的习俗，他们在收获季节会用一张纸盛放向神献祭的谷物。他们不会把谷物放在一张平的纸上，而是将纸沿对角线折叠。在过去的几百年里，折纸作为一种非正式的消遣在日本蓬勃发展，通常是父母和孩子一起玩耍。它完全符合日本人对艺术的审美、对细节的注重，形式也很经济。

名片折纸听起来像是日本的终极发明，融合了这个国家喜爱的两个事物。但事实上，日本人厌恶这种做法。日本人把名片看作是个人的延伸，所以玩弄名片被认为是一种严重的冒犯，即使是出于折纸的目的。当我在东京的一家餐馆尝试折叠一张名片时，我几乎

图2–19　斯里具

因为这个反社会行为而被驱逐出去。然而，在世界的其他地方，名片折纸是一种现代亚文化。它可以追溯到100多年前，原本只是一种（现在已经过时的）拜帖折纸。

一个简单的例子是把名片的右下角对准左上角折叠，再折叠不重叠的部分，如图2–20所示。用另一张名片重复此操作，但这次将左下角与右上角重叠。你现在有两张折过的名片，可以把它们插在一起，形成一个四面体。有人告诉我，在数学会议期间递出这样的名片将给人留下深刻的印象。

4张名片可以组成一个八面体，10张名片可以组成一个二十面体。制造第4个柏拉图多面体，也就是立方体，也不难。把两张名片像加号一样叠在一起，然后按图2–20所示的方式折叠襟翼，就形

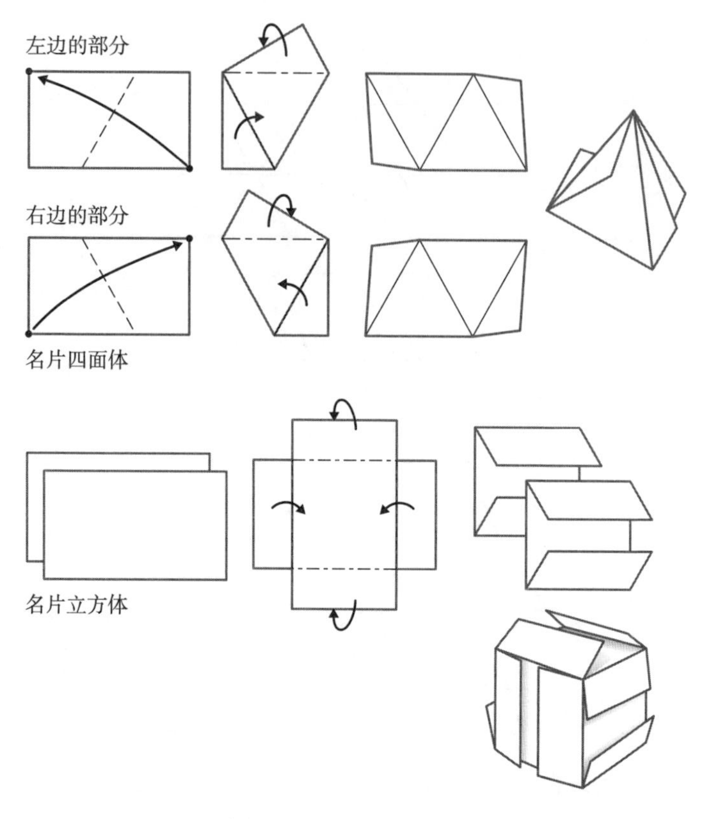

图2–20　名片立方体的折法

成了两个正方形。将6张名片都折叠成这种方式，就形成了一个立方体，但襟翼留在了外面。你需要将另外6张名片滑动到每个面上，才能使立方体的外表看起来平整。

让尼娜·莫斯利（Jeannine Mosely）是一位名片折纸的大师，她是马萨诸塞州的一名软件开发人员。几年前，她在自己的车库里找到10万张名片——她的同事给了她三批名片，第一次是公司改名，第二次是公司搬迁，后来又发现新名片上有错别字。你可以用10万张名片做出很多四面体，然而，莫斯利的野心远比柏拉图多面体要大得多。为什么把自己局限在古希腊人的水平上呢？发展了2 000年的几何学难道没有创造出更令人兴奋的三维形状吗？凭借她的资源，莫斯利觉得她足以应对这一领域的终极挑战，那就是门格尔海绵（Menger sponge）。

在说门格尔海绵之前，我要先介绍一下谢尔宾斯基地毯（Sierpinski carpet），这种奇异的图形是波兰数学家沃茨瓦夫·谢尔宾斯基（Wacław Sierpinski）在1916年发明的。我们先从一个黑色方块开始。想象它由9个相同的小正方形组成，移除中间的一个（图2–21 A）。现在对于剩下的每个小正方形，再重复这个操作。也就是说，想象它们都是由9个更小的正方形组成的，移除它们中心的正方形（B）。然后再次重复这个过程（C）。如果你无限地继续下去，你

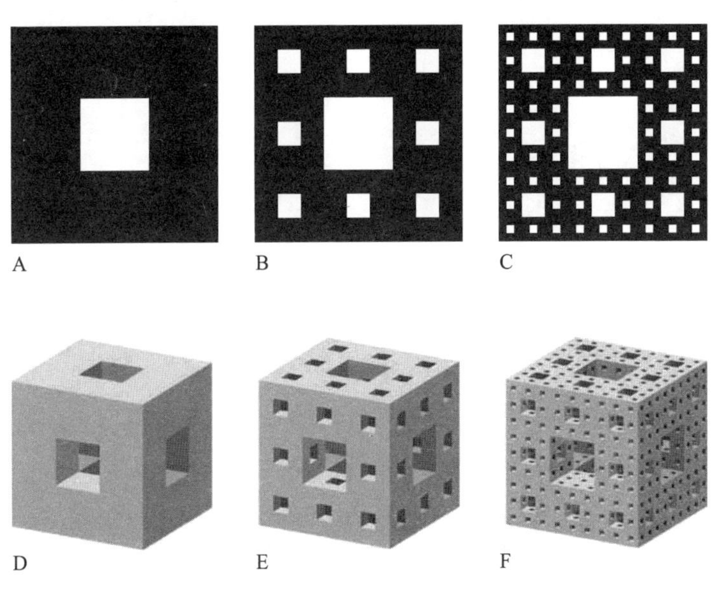

图2–21　谢尔宾斯基地毯与门格尔海绵

就会得到谢尔宾斯基地毯。

1926年，奥地利数学家卡尔·门格尔（Karl Menger）提出了一种三维的谢尔宾斯基地毯，现在它被称为门格尔海绵。我们先从立方体开始。想象它由27个相同的小立方体组成，移除位于中心的小立方体，以及位于原始立方体各面中心的6个小立方体。现在，剩下的立方体看起来像是被三个方孔穿过（图2–21 D）。将剩下的20个小立方体视为原始立方体，从它的27个小立方体中移除7个更小的立方体（E）。再重复一次这个过程（F），这个木块看起来就像被一群迷恋几何学的蛀虫蛀空了一样。

图2–22　在盒子里思考：让尼娜·莫斯利和她的门格尔海绵

门格尔海绵绝妙地展现了一个悖论。当你不断移除越来越小的立方体时，海绵的体积会越来越小，最终就渐渐看不见了，这就好像蛀虫已经吃掉了所有立方体一样。然而，每次挖去的立方体会使海绵的表面积增加。通过越来越多次的迭代，你可以使它的表面积大于你想要的任何面积，这意味着随着迭代次数接近无穷大，海绵的表面积也接近无穷大。在极限情况下，门格尔海绵是一个具有无限大的表面积的物体，但它却是看不见的。

莫斯利构建了一个三级的门格尔海绵，也就是说，这个海绵是移除了三轮立方体后得到的（F）。这个工程花了她10年时间。大约200个人帮助她完成了这一工程，总共用了66 048张名片。成品“海绵”的高、宽和深达4英尺8英寸（约1.4米）。

“很长一段时间以来，我一直在想，我是不是在做一件极其荒谬的事情。”她告诉我，“但当我完成后，我站在它旁边，意识到它有多么宏伟。一件特别美妙的事情是，你可以把你的头和肩膀伸进这个模型里，从一个前所未有的视角看这个令人惊叹的物品。”你会完全被它迷住，因为离得越近，看到的图案就越多。“你只要看一眼，就不需要任何解释了。看一眼就能明白一切。这是一个现实化了的想法，数学被视觉呈现了出来。”用名片建造的门格尔海绵是一件精心制作的艺术品，它激发了情感和智力的反应。它不仅是一种艺术上的创造，也是一种几何学的创造。

虽然折纸艺术最初是日本人的发明，但折纸的技术也在其他国家有所发展。欧洲折纸的先驱是德国教育家弗里德里希·弗勒贝尔（Friedrich Fröbel），他在19世纪中叶用折纸的方法来教幼儿几何。折纸的优点是让幼儿园的孩子能感觉到他们创造的物体，而不仅仅是在图画中看到它们。在弗勒贝尔的启发下，印度数学家T. 孙达拉·罗（T. Sundara Row）出版了《折纸几何练习》，他认为折纸是一种数学方法，在某些情况下比欧几里得的方法更强大。他写道：“用折纸表示几个重要的几何过程……比用圆规和尺子容易得多。”但即使是他，也没有预料到折纸到底有多强大。

1936年，费拉拉大学的意大利数学家玛格丽塔·P. 贝洛赫（Margherita P. Beloch）发表了一篇论文，她证明，用一张长度是L的纸，她可以折出L的立方根的长度。她当时可能还没有意识到，这意味着折纸可以解决古希腊人面对的那个难题，也就是神谕要求的把立方体的体积加倍。这个问题可以被重新表述为构建一个立方体，要求它的边是给定立方体的边的$\sqrt[3]{2}$，也就是2的三次方根。在折纸的情况下，提洛问题被简化为用长度1折叠出$\sqrt[3]{2}$的长度。因为我们可以把长度1对折，把1变成2，然后再按照贝洛赫的步骤找到这个新的长度的立方根，问题就解决了。按照贝洛赫的方法，还可以证明任何角度都可以通过折纸被三等分——这破解了古代无法解决的第二个问题。然而，贝洛赫的论文几十年来一直默默无闻，直到20世纪70年代，数学界才开始认真看待折纸。

1980年，一位日本数学家首次发表了通过折纸证明提洛问题的文章。1986年，一位美国数学家又发表了用折纸把角三等分的证明过程。数学家高涨的兴趣部分源于对有着2 000多年历史的欧几里得正统学说的失望。欧几里得把作图限定为只能使用尺子和圆规，缩小了数学研究的范围。事实证明，折纸的应用范围比尺子和圆规更广，例如构造正多边形等。欧几里得能够画出等边三角形、正方形、正五边形和正六边形，但前面也提到，尺规作图无法作出正七边形和正九边形。折纸可以相对容易地折叠出正七边形和正九边形，不过它对正十一边形就无能为力了。（严格来说，这是“一次一折”的结果。如果允许一次折多条褶皱，理论上可以构造任何边数的正多边形，但实际操作可能有些难度。）

折纸绝非儿戏，它现在已站在了数学的前沿。这是真的。在埃里克·德迈纳（Erik Demaine）17岁的时候，他和合作者证明通过折叠一张纸，并只剪一下，就可以创造出任何由直边构成的形状。一旦决定了你想要的形状，你就可以折叠纸张，剪一下以展开纸张，得到你要的形状。虽然看似只有制作越来越复杂的圣诞节装饰品的小学生对这种结果有兴趣，但德迈纳的研究已经在工业中找到了用途，特别是在汽车安全气囊的设计中。折纸与蛋白质的折叠也有关，它现在甚至还被应用到了最意想不到的领域，比如制造动脉支架、机器人和卫星的太阳能电池板。

罗伯特·朗（Robert Lang）是一位现代折纸大师，他不仅提出了折纸背后的理论，还把这种消遣变成了一种雕塑的艺术形式。朗曾是美国航空航天局（NASA）的物理学家，他开创性地利用计算机设计折叠图案，创造出越来越复杂的新图形。他创作的形象包括虫子、蝎子、恐龙和一个弹着三角钢琴的人。折叠图案几乎和成品一样漂亮。

美国现在的折纸研究已经能和日本并驾齐驱，部分原因在于在日本，折纸作为一种非正式的追求深深扎根于社会中，把它作为一门科学来认真对待反而有了更多障碍。不同组织之间滑稽的派系斗争也并没有改善这一状况，每个组织都声称可以触达折纸的灵魂。我惊讶地听到国际折纸协会主席小林一夫将罗伯特·朗的作品斥为精英主义。“他的研究是为自己做的。”他反对说，“我的折纸是帮助病人康复和教育孩子的。”

不过，还是有许多日本折纸爱好者在从事有趣的工作，我在位于东京以北的筑波现代大学城见到了其中一位。芳贺和夫是一位已退休的昆虫学家，主要研究昆虫卵的胚胎发育。他的小办公室里堆满了书籍和蝴蝶的陈列柜。74岁[①]的芳贺戴着一副黑色细边的大眼镜，让他的脸的轮廓更加分明。我立刻注意到他非常害羞，温柔又谦虚，对接受采访感到相当紧张。

但芳贺的胆怯只限于社交。在折纸时，他勇于打破常规。他主动远离折纸的主流，从来没有被任何习俗束缚。例如，按照日本传统折纸的规则，折第一下只能采取两种方法，都是对折：要么沿对角线折叠，将两个相对的角叠在一起，要么沿中线折叠，将相邻的角叠在一起。正方形的对角线和中线被称为“主折痕”。

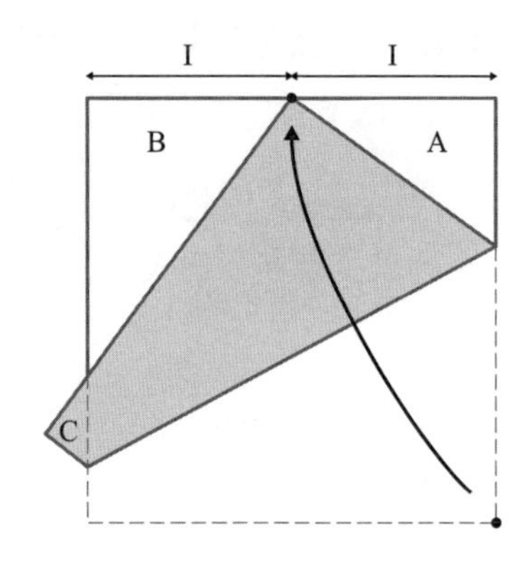

图2–23　芳贺定理：A、B和C都是埃及三角形

芳贺决定另辟蹊径。如果他把一个角折到一条边的中点，会怎么样？1978年，他第一次这样做了，这一简单的折叠打开了通往一个绝妙的新世界的大门。芳贺创造了三个直角三角形，但它们并不是普通的直角三角形，而都是三条边长比例为3∶4∶5的埃及三角

① 芳贺教授生于1934年，在作者写作时（2008年前后）74岁。——编者注

形，是最有历史意义和标志性的三角形。

他对自己的发现感到十分兴奋，但没有人可以分享，于是他给一位对折纸感兴趣的理论物理学家伏见康治教授写了一封关于折纸的信。“我一直没有得到答复。”芳贺说，“但突然他在一本叫作《数学研讨会》的杂志上写了一篇文章，提到了芳贺定理。那是他以另一种方式回复了我。”从那以后，芳贺又给他的另外两个折纸“定理”冠上了自己的名字，而他说他还有50个定理有待发现。他告诉我，这并不是傲慢自大，而是表明这个领域是多么丰富，还有许多内容尚未被开发。

在芳贺定理中，正方形纸的一个角被折到一条边的中点上。芳贺想知道，如果他把一个角折到一条边的一个任意点上，会不会得出有趣的结论。他拿出一张蓝色的正方形纸向我演示，用一支红笔在一条边上任意画了一点。他把另一个角对着这个点折叠，留下一道折痕，然后展开。随后，他将另一个相对的角折到这个点上，留下第二道折痕，正方形里现在有两条相交的线。

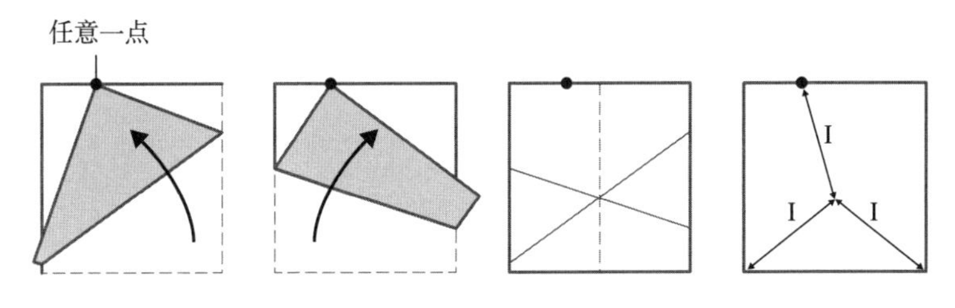

图2–24　芳贺的另一个定理

芳贺告诉我，这两条线的交点总是落在纸的中线上，且任意选择的这个点到交点的距离，总是等于交点到对角的距离。我发现芳贺的折叠太让人着迷了。这一点是随机选择的，它偏离中点，然而折叠的过程就像一个自我修正的机制，把它掰正了。

芳贺给我展示了最后一个图案。他给这一发现取了一个听起来很像俳句的名字：任意产生的“母线”有11个神奇的“孩子”。

> 第一步：在一张正方形的纸上任意折叠一次。
>
> 第二步：将每条边分别折叠到第一步产生的折痕上，随后展开，如图2–25中的A到E所示。

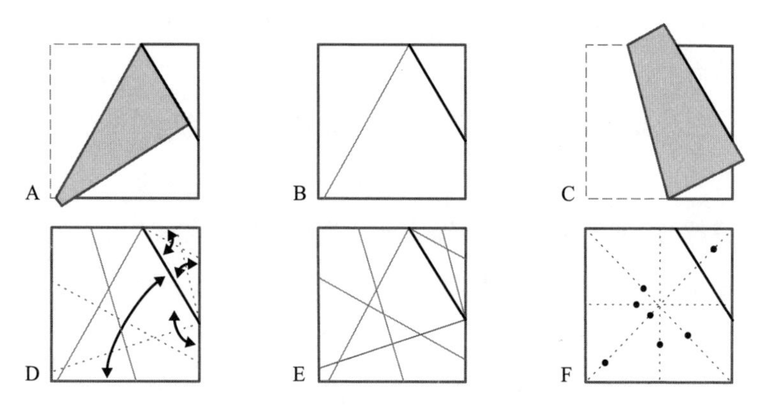

图2–25　母线带来了它11个“孩子”中的7个

这两个步骤做起来非常简单，却揭示了一个美丽的几何秩序。每个交点都在主折痕上，如图F所示。（图中显示了原始正方形内的7个交点，其他4个交点位于主折痕的延长线上。）第一次折叠是随机的，但所有折痕的交点都完美而规则地落在对角线和中线上。

我突然意识到，如果说有人能在现代世界中呈现毕达哥拉斯的灵魂，那一定是芳贺和夫。两人对数学发现的热情都出于对几何的和谐性的好奇心。发现的过程在精神上触动着芳贺，就像2 000年前的毕达哥拉斯一样。“大多数日本人都在尝试用折纸创造新的形状。”芳贺说，“而我的目的是摆脱必须创造出某种实体的想法，去发现数学创造的现象。所以我觉得这很有趣。你会发现，在这个极其简单的世界里，你仍然可以探索出迷人的东西。”

第3章

关于零的故事

每年，印度海滨城市普里都会聚集上百万的朝圣者，他们来到这里庆祝印度教中最重要的节日之一——乘车节。在这个节日里，三辆狂欢节花车般大小的巡游车会经过小镇。我来这里旅游的时候，街上都是敲钹、念咒的信徒，还有留着长胡子的赤脚圣人，以及穿着时尚T恤衫和鲜艳莎丽的印度中产游客。那是仲夏时节，季风刚刚到来，在倾盆大雨停歇的间隙，节日的工作人员会向路人的脸上喷水降温。在印度的其他地方也同时举行着乘车节游行，但普里是节日的焦点，这里的车是最大的。

当地的圣人——普里的商羯罗查尔雅会站在人群面前祝福他们，此时节日才算正式开始。商羯罗查尔雅是印度教中最重要的圣人之一，是具有1 000多年历史的僧侣组织的首领。他也是我去普里的原因。除了是一名精神领袖，商羯罗查尔雅也是一位数学家。而我也是一个寻求点化的朝圣者。

我注意到印度人对数字的使用有些不寻常。在酒店的接待处，我拿起一份《印度时报》。随着报纸的角被一阵阵的金属风扇吹得飘起来，头版头条的文字吸引了我的眼球：

> **比政府想象的**
> **多5千万（5 crore）印度人**

*Crore*是印度英语中的一个词，意思是“一千万”，所以文章是说，印度刚刚发现了新增的5 000万公民，这个数字与英国的人口大致相当。一个国家竟然可以忽略这么多人，这真令人吃惊，但它只占印度总人口的不到5%。但是我对*crore*这个词更困惑。印度英语中有一些表示大数量的数词，不同于英式或美式英语。例如，他们不使用million（百万）一词。100万被表示为*ten lakh*（10个十万），*lakh*就是十万。由于“百万”这个词在印度并不存在，奥斯卡获奖影片《贫民窟的百万富翁》（*Slumdog Millionaire*）在印度上映时叫作《贫民窟的千万富翁》（*Slumdog Crorepati*）。印度人会说一个非常富有的人拥有千万美元或卢比，而不是百万。英/美数词在印度的表示方法如下：

英/美	阿拉伯数字	印度英语	阿拉伯数字
Ten	10	Ten	10
Hundred	100	Hundred	100
Thousand	1,000	Thousand	1,000
Ten thousand	10,000	Ten thousand	10,000
Hundred thousand	100,000	Lakh	1,00,000
One million	1,000,000	Ten lakh	10,00,000
Ten million	10,000,000	Crore	1,00,00,000
Hundred million	100,000,000	Ten crore	10,00,00,000

可以注意到，超过1 000时，印度人在每两个数字后用一个逗号分隔，而在世界的其他地方，人们通常在每三个数字后用一个逗号分隔。

使用*lakh*和*crore*是古印度数学留下的惯例。这两个单词来自印地语的*lakh*和*karod*，而印地语的这两个词又来自梵语的*laksh*和*koti*。在古印度，赋予大数量一个新词不仅出于科学的需要，也出于宗教的需要。例如，在《普曜经》(*Lalitavistara Sutra*，一种至少可追溯到4世纪初的梵文文本）中，佛陀被要求表达大于100 *koti*的数字。他回答：

> 100 *koti*是*ayuta*，100 *ayuta*是*niyuta*，100 *niyuta*是*kankara*，100 *kankara*是*vivara*，100 *vivara*是*kshobhya*，100 *kshobhya*是*vivaha*，100 *vivaha*是*utsanga*，100 *utsanga*是*bahula*，100 *bahula*是*nagabala*，100 *nagabala*是*titilambha*，100 *titilambha*是*vyavasthanaprajnapati*，100 *vyavasthanaprajnapati*是*hetuhila*，100 *hetuhila*是*karahu*，100 *karahu*是*hetvindriya*，100 *hetvindriya*是*samaptalambha*，100 *samaptalambha*是*gananagati*，100 *gananagati*是*niravadya*，100 *niravadya*是*mudrabala*，100 *mudrabala*是*sarvabala*，100 *sarvabala*是*visamjnagati*，100 *visamjnagati*是*sarvajna*，100 *sarvajna*是*vibhutangama*，100 *vibhutangama*是*tallakshana*。

跟当代印度一样，佛陀以100为倍数向上数数。因为*koti*是1 000万，所以*tallakshana*的值是1 000万乘以23次100，算出来是10

后面加上52个零，即10^{53}。这是一个极大的数字，事实上，如果你以米为单位测量整个可观测宇宙的长度，然后把这个数平方，答案大概就在10^{53}左右。

但佛陀并没有就此止步，他才刚刚开始。他解释说，他只描述了*tallakshana*计数系统，在它上面还有另一个*dhvajgravati*系统，由相同数字体系组成。在此之上，还有一个*dhavjagranishamani*系统，它同样有24个数词。事实上，除此之外还有6个系统——当然，佛陀列出的都是完美的。最后一个系统中的最后一个数字等于10^{421}，也就是1后面跟着421个0。

让我们花些时间考虑一下这个数字有多大。宇宙中大约有10^{80}个原子。如果我们取最小的可测量的时间单位，也就是普朗克时间（它是一秒的10^{43}分之一），那么自大爆炸以来，大约也就过了10^{60}单位的普朗克时间。如果我们把宇宙中的原子数乘以大爆炸以来的普朗克时间，这个数字能让每个粒子从时间存在开始就获得一个独特的位置——我们仍然只到达了10^{140}的数量级，它仍然远远小于10^{421}。佛陀的巨大数字没有实际的应用，至少它不能用于计算存在的事物。

佛陀不仅能洞察难以想象的巨大数目，而且也很了解难以企及的微小领域。他解释了一个*yojana*中有多少原子。*Yojana*是一个古老的长度单位，大约为10千米。他说，1 *yojana*等于：

4 *krosha*，每*krosha*的长度是

1 000弧，每弧的长度是

4腕尺，每腕尺的长度是

2跨度，每跨度的长度是

12指骨，每指骨的长度是

7颗大麦，每颗大麦的长度是

7颗芥末种子，每颗芥末种子的长度是

7颗罂粟种子，每颗罂粟种子等于

1头牛搅起的7粒尘埃，每粒牛搅起的尘埃等于

1只公羊搅起的7粒尘埃，每粒公羊搅起的尘埃等于

1只野兔搅起的7粒尘埃，每粒野兔搅起的尘埃等于

7粒被风吹走的尘埃，每粒被风吹走的尘埃等于

7个微小的尘埃颗粒，每个微小的尘埃颗粒等于

7个极小的尘埃微粒，每个极小的尘埃微粒等于

7个初原子。

事实上，这个估算相当准确。一根手指大约4厘米长。因此，佛陀的“初原子”是4厘米除以7，重复10次，也就是0.04×7^{-10}米，即0.0 000 000 001 416米，这差不多就是一个碳原子的半径。

佛陀决不是唯一一个对极大尺度和极小尺度感兴趣的古印度人。梵文文献中充满了天文数字。印度教的姐妹宗教耆那教的信徒把*raju*定义为，“如果神每眨一次眼睛时移动100 000 *yojana*，那么他在6个月内能到达的距离”。*Palya*是一个时间单位，它的定义是“一个巨大的*yojana*大小的立方体，里面装满了羊毛，如果每个世纪移除一根，清空这个立方体所需要的时间”。对大的（和小的）数字的痴迷在本质上是形而上学的，它是一种探索无限的方式，也是一种处理生命的存在主义的方式。

在阿拉伯数字在国际上通用之前，人类使用过许多记录数字的方法。西方出现的第一批数字符号是刻痕、楔形鸟迹和象形文字。当各个语言发展出了自己的字母表后，人们就开始使用字母来表示数字。犹太人用希伯来语的第一个字母（א）代表1，用第二个字母（ב）表示2，等等。第10个字母（י）是10，之后每个字母都以10为单位递增，数到100后，又以百为单位递增。希伯来语第22个也是最后一个字母（ת）代表400。用字母来表示数字可能令人感到困惑，但它也促进了用数字命理学来计数的方法。例如，希伯来字母代码（gematria）就是把希伯来语单词中的字母所代表的数加起来，然后用这个数字来推测和占卜。

希腊人使用了类似的系统，第一个希腊字母（α）为1，第二个（β）是2，以此类推，他们的第27个字母（ϡ）代表900。古希腊的数学文化是古典世界中最先进的，不过它并没有像印度那样渴望巨大的数字。他们拥有的代表最大数值的数词是myriad（大量的），意思是10 000，他们用大写的M表达它。

罗马数字也是按字母顺序排列的，但与希腊人或犹太人的系统不同的是，罗马人的数字系统主要源于古代。代表一的符号是I，这可能来自计数棒上的一个刻痕。5是V，或许是因为它看起来像一只手。还有X、L、C、D和M，它们分别代表10、50、100、500和1 000。其他所有数字都是用这7个大写字母表示的。罗马数字系统起源于计数棒，这使它成为一种非常直观的数字书写方式。罗马数字系统的效率也很高，它只用了7个符号，而希伯来语需要22个，希腊语则有27个。罗马数字在长达1 000多年的时间内主导了欧洲的数字系统。

但罗马数字却不太适合做算术。我们来计算一下57 × 43。最好的方法是用一种被称为“埃及乘法”或“农民乘法”的方法，它至少可以追溯到古埃及。这个方法虽然慢，但十分巧妙。

我们首先把一个数拆解成2的幂（如1、2、4、8、16、32等）之和，然后再列出一个表，计算另一个数的倍数。比如，我们想计算57 × 43，我们可以拆解57，然后列出一张43的倍数表。我在这里先用阿拉伯数字来说明它的步骤，稍后再转换成罗马数字。

拆解：$57 = 32 + 16 + 8 + 1$

倍数表：

$1 \times 43 = 43$

$2 \times 43 = 86$

$4 \times 43 = 172$

$8 \times 43 = 344$

$16 \times 43 = 688$

$32 \times 43 = 1\ 376$

57 × 43等于倍数表中与拆解出的数所对应的数字的和。这听起来有点儿拗口，但相当直截了当。拆解出来的数是32、16、8和1。在表中，32对应1 376，16对应688，8对应344，1对应43。因此，我们可以将原来的乘法重写为1 376 + 688 + 344 + 43，等于2 451。

现在我们把它们换成罗马数字：57是LVII，43是XLIII。拆解过程和倍数表就变为：

LVII = XXXII + XVI + VIII + I

和

XLIII

LXXXVI

CLXXII

CCCXLIV

DCLXXXVIII

MCCCLXXVI

因此，

LVII × XLIII = MCCCLXXVI + DCLXXXVIII + CCCXLIV + XLIII = MMCDLI

通过将计算分解成“可消化”的小块，只使用翻倍和加法，就可以用罗马数字计算乘法了。不过，我们还是得做很多不必要的工作。我之前提到，罗马数字系统是直观而有效的，但现在，我要收回这句话。由于其数字的长度并不体现它的数值大小，罗马数字系统总是与直觉相悖。MMCDLI 比 DCLXXXVIII 大，但使用的数字符号却更少，这违背了常识。而只用 7 个符号所带来的效率，会因为使用它们的过程过于低效而失去意义。这就导致人们经常需要用长字符串来表示较小的数字：比如LXXXVI使用了6个符号，而等价的阿拉伯数字86只使用了两个符号。

下面我们将上述计算与我们在学校学到的乘法竖式进行比较：

$$
\begin{array}{r}
57 \\
\times 43 \\
\hline
0171 \\
\underline{2280} \\
\underline{2451}
\end{array}
$$

用我们的方法计算更容易、更快，这其中有个非常简单的原因：古代罗马人、希腊人或犹太人都没有代表零的符号。在算术方面，零让一切变得不同。

《吠陀》是印度教的经典著作，口口相传了好几代人，直到2 000年前，它被译成了梵文。在《吠陀》中有一段关于祭坛建造的经文，列出了如下数字：

Dasa（十）	10
Sata（百）	100
Sahasra（千）	1 000
Ayuta（万）	10 000
Niyuta（十万）	100 000
Prayuta（百万）	1 000 000

Arbuda（千万）	10 000 000
Nyarbuda（亿）	100 000 000
Samudra（十亿）	1 000 000 000
Madhya（百亿）	10 000 000 000
Anta（千亿）	100 000 000 000
Parârdha（万亿）	1 000 000 000 000

给10的幂命名可以非常有效地描述巨大的数字，这为天文学家和占星家（可能还有祭坛建造者）提供了合适的词汇，来描述他们在计算中用到的巨大数量。这就是印度天文学在那时领先的原因之一。想想数字422 396，印度人可以从右边最小的数字开始，从右向左依次写出"6，9个*dasa*，3个*sata*，2个*sahasra*，2个*ayuta*，4个*niyuta*"。在此基础上，很容易想到可以省略10的幂，因为数字所处的位置已经定义了它的值。换言之，上面的数字可以写成：6，9，3，2，2，4。

这种类型的枚举被称为位值系统，我们在前面讨论过。算盘珠子代表的值取决于它在哪一列，同样，上面一列中的每个数字都代表一个值，该值取决于它在列中的位置。然而，位值系统需要"补位数字"的概念。例如，如果一个数字由2和3个*sata*组成，没有*dasa*（即302），就不能写成"2，3"，因为它指的是32。需要一个占位符来让每位数字处在正确的位置上，以表明十位没有数字，印度人用*shunya*这个词（意思是"无"）来表示这个占位符。上述的数字会被写成"2，无，3"。

印度人并不是第一个引入占位符的。这项"荣誉"可能属于古巴比伦人，他们用六十进制的数字系统，将数字符号排列起来。第一列是个位，下一列是“60位”，再下一列是“3 600位”，等等。如果某个数字在该列上没有值，最初是留空。然而，这导致了混乱，所以他们最终引入了一个符号表示没有值。然而，这个符号只用作一种标记。

在采用*shunya*作为补位数字后，印度人接受了这个想法，并进一步使用它，将*shunya*变成一个完全独立的数字，也就是零。现在，我们不难理解零是一个数字，但这个想法在那时并不明显。以西方文明为例，即使经过几千年的数学探索，它也没有发展出这个数字。古代社会每天面对着零，但没有看见它，这样一个事实足见印度人实现这概念性飞跃有多伟大。算盘之所以包含了零的概念，是因为它基于位值。例如，当一个罗马人想要表达101时，他会在第一列中推一个珠子来表示100，第二列的珠子不动，表示这里没有十位，然后在第三列中推一个珠子来表示个位1。第二列保持不动，就表达了无的意思。在计算中，珠算师知道，就像他必须认真对待被移动的列一样，他也必须认真对待不动的列。但他从来没有用一个数字或符号表示不移动的列。

在婆罗摩笈多等印度数学家的推动下，零逐渐成为一个真正的数字。婆罗摩笈多在7世纪向我们展示了*shunya*是如何与其他数字相互作用的：

> 债务减去*shunya*仍然是债务
>
> 财富减去*shunya*仍然是财富
>
> *Shunya*减去*shunya*是*shunya*
>
> *Shunya*减去债务是财富

*Shunya*减去财富是债务

*Shunya*和债务或财富的乘积是*shunya*

*Shunya*和*shunya*的乘积是*shunya*

如果“财富”被视为正数a，“债务”被看作负数$-a$，婆罗摩笈多写出的内容就是：

$-a-0=-a$

$a-0=a$

$0-0=0$

$0-(-a)=a$

$0-a=-a$

$0\times a=0$，$0\times(-a)=0$

$0\times 0=0$

数字是作为计算工具和描述数量的抽象符号而出现的。但零不能用来计数，理解它需要抽象思维。然而，数学与实际事物的联系越少，它就越强大。

把零当作一个数字意味着，使算盘成为最佳计算方法的位值系统可以通过书面符号得到最大程度的利用。零还在其他方面促进了数字的发展，比如引导人们“发明”了负数和小数。负数和小数是我们在学校轻松学会的概念，也是我们日常生活中的内在需求，但绝不是不言自明的。古希腊人做出了惊人的数学发现，但他们没有发现零、负数和小数点，这是因为他们对数学的理解本质上是空间性的。对他们来说，“什么都没有”也可以是“某些东西”，这种想法太荒谬了。毕达哥拉斯无法想象出负数，就像他无法想象一个负三角形一样。

印度1世纪	一	二	三	[illegible]	[illegible]	[illegible]	[illegible]	[illegible]	[illegible]	
印度9世纪	[illegible]	2	[illegible]	[illegible]	[illegible]	[illegible]	[illegible]	[illegible]	[illegible]	o
北非14世纪	1	2	3	[illegible]	[illegible]	6	1	8	9	
西班牙10世纪	I	[illegible]	[illegible]	[illegible]	[illegible]	[illegible]	7	8	9	
英格兰14世纪	1	2	3	[illegible]	4	6	ʌ	8	9	0
法国16世纪	I	2	3	4	5	6	7	8	9	0

图3–1　现代数字的进化

在古印度所有的数字创新中，也许没有比描述从0到9的词汇更令人好奇的了。表示每个数字的名字还有其他丰富多彩的含义。例如，0是*shunya*，但它也表示“以太”、“点”、“穴”或“永恒之蛇”。1还表示“地球”、“月亮”、“北极星”或“凝乳”。2还表示“手臂”，3还表示“火”，4还有“外阴”的意思。名字的选择取决于上下文，并符合梵文诗体和韵律的严格规则。例如，下面这段表示数字运算的诗文取自一段古代占星文：

由迦中的月亮拱点

火。真空。骑手。婆薮[1]。蛇。海洋，

以及它的亏点

① 印度史诗《摩诃婆罗多》中的8位神。

婆薮。火。原始对。骑手。火。双胞胎。

翻译如下：

（在一个宇宙周期中，）月球的拱点（旋转次数是）

三。零。二。八。八。四，（也就是488 203）

以及它的亏点

八。三。二。二。三。二。（也就是232 238）

每个数字都有一个华丽的代称，一开始可能会让人感到困惑，但实际上这是完全有必要的。在手稿脆弱且容易损坏的历史时期，天文学家和占星学家需要一种备份方法来准确地记住重要的数字。用不同的名字组成诗句来描述一串数字，比重复使用相同的数字名称更容易让人记住。

数字被口口相传的另一个原因是，在印度不同地区出现的数字1到9（我稍后会讲到0）是不一样的。两个人就算不懂对方使用的数字符号，至少可以用文字交流数字。但是，到了公元500年，印度人在数字的使用上变得更加一致，印度已具备了现代十进制数字系统所需的三个元素：10个数字、位值和被广泛使用的零。

由于印度的记数方法易于使用，它被传播到中东，在那里，伊斯兰世界接纳了它，这解释了为什么这些数字符号被错误地称为阿拉伯数字。后来，一个伟大的意大利人莱昂纳多·斐波那契（Leonardo Fibonacci）将这些数字带到了欧洲。斐波那契的姓氏意思是“波那契之子”。斐波那契在贝贾亚（现位于阿尔及利亚）长大，他的父亲在那里担任比萨的海关官员。在那里，他最初接触到了印度数字。斐波那契意识到，印度数字比罗马数字好得多，于是他写了一本关于十进制位值系统的书，叫作《计算之书》(*Liber Abaci*)，这本书出版于1202年。它以一个喜讯开场：

> 9个印度数字是：
>
> 9 8 7 6 5 4 3 2 1
>
> 用这9个数字，还有阿拉伯人称为*zephyr*的符号0，就可以写出任何数字，之后会详细说明。

《计算之书》以前所未有的笔墨，向西方介绍了印度的数字系统。斐波那契在书中展示了一种比欧洲的方法更快、更容易、更优雅的算术方法。长乘法和长除法现在在我们看来似乎很无聊，但在13世纪初，它们可谓技术创新。

然而，并不是所有人都愿意立刻采用新的数字系统。专业的算盘计算员感觉更简单的记数方法威胁到了他们的地位。(他们本应该最早意识到，十进制本质上就是用书写符号表示的算盘。)除此之外，斐波那契的书恰好出现在十字军东征时期，神职人员对任何带有阿拉伯含义的东西都抱有怀疑的态度。有些人甚至认为，新的算术是如此巧妙，恰恰表明它是魔鬼的作品。一些现代单词的词源也能反映当时欧洲人对阿拉伯数字的恐惧。*Zephyr*一词演变出了*zero*(零)，但也衍生出了葡萄牙语单词*chifre*，意思是“(恶魔的)角”，还有英语单词*cipher*，意思是“密码”。有人认为，这是因为使用带有*zephyr*(零)的数字只能在暗处，它违背了教会的意愿。

1299年，佛罗伦萨禁止使用阿拉伯数字，因为当局认为这些线

图3–2　算术之神（Arithmetica）在使用阿拉伯数字的波伊提乌和使用计数板的毕达哥拉斯之间进行裁决。她敬慕的目光和裙子上的数字透露出了她的偏好。这幅木版画出自格里戈留斯·赖施（Gregorius Reisch）的《玛格丽塔哲学书》（*Margarita Philosophica*，1503）

条圆滑的符号比实心的罗马数字V和I更容易伪造。0很容易就变成6或9，而1可以不露声色地改成7。因此，直到15世纪末，罗马数字才最终被取代，而负数花了更长时间才在欧洲通用。它们直到17世纪才被接受，因为据说负数会被用于计算非法贷款，也就是高利贷，这是对神明的亵渎。然而，在一些不需要计算的地方，比如法律文件、书籍章节和BBC（英国广播公司）节目末尾出现的日期，罗马数字依旧存在。

随着人们开始采用阿拉伯数字，算术与几何一样，真正成了数学的一部分。以前算术更多只是商店老板使用的一种工具，而新的系统帮助人们打开了科学革命的大门。

印度对数字世界的更新的贡献是一套算术技巧，它被统称为吠陀数学。20世纪初，一位年轻的印度哲人巴拉蒂·克里希纳·第勒塔季（Bharati Krishna Tirthaji）在《吠陀》中发现了这套技巧，这相当于，一位牧师宣布他在《圣经》中找到了一种解二次方程的方法。吠陀数学基于以下16句格言，或者叫佛经。第勒塔季说，实际上它们并不来自《吠陀》中的某一段，而只能"根据直觉启示"感知到。

1. 比以前的1多了1

2. 全部从9开始，最后从10开始

3. 垂直和交叉

4. 转置和应用

5. 如果《集论》（*Samuccaya*）是相同的，它是零

6. 如果一个是成比例的，另一个是零

7. 通过加和减

8. 完成或未完成

9. 微分学

10. 通过亏空

11. 具体和普遍

12. 最后一位的余数

13. 最后一个和两次倒数第二

14. 比以前的1少了1

15. 和的乘积

16. 所有乘数

他是认真的吗？是的，他没有开玩笑。第勒塔季是他那个时代最受尊敬的圣人之一。他曾是一名天才儿童，20岁时就获得了梵文、哲学、英语、数学、历史和科学方面的学位，他也是一位颇具天赋的演说家，刚刚成年时就显示出了卓越的才华，他注定会在印度宗教生活中扮演重要的角色。1925年，第勒塔季确实成了商羯罗查尔雅（印度经院哲学家），这是传统印度教社会中一个高级职位，负责主持孟加拉湾奥里萨邦普里的一座全国性的重要寺院。我参观了这里，因为这正是乘车节的中心地点。我希望能够见到现任的商羯罗查尔雅，也就是现在的吠陀数学大使。

在20世纪三四十年代第勒塔季担任商羯罗查尔雅时，他经常周游印度，向数万人布道，布道的内容通常是提供精神指引，但也会推广他的新计算方式。他教授的16句格言被当作数学公式使用。虽然它们听起来可能模棱两可，像工程书籍中的章节标题或数字命理学中的咒语，但实际上它们讲述了特定的规则。其中最直接的是第二条，“全部从9开始，最后从10开始”。每当你计算10的幂，比如1 000减去一个数时，就会用到这一条。例如，如果我想计算1 000 – 456，那么我用9减去4，再用9减去5，最后用10减去6。换句话说，前两个数字从9开始，最后一个数字从10开始，答案就是544。（稍后我将介绍其他格言应用在其他情况下的例子。）

第勒塔季把吠陀数学作为礼物散布到全国，他认为，学童通常需要15年才能学会的数学，在格言的帮助下只要8个月就能学会。他还说，这个系统不仅覆盖算术，还可以扩展到代数、几何、微积分和天文学领域。第勒塔季作为一名演说家，具有道德权威和个人魅力，听众们很喜欢他。他写道，公众对吠陀数学“印象深刻，不，是激动不已、惊讶、目瞪口呆”。如果有人问吠陀数学的方法是数学还是魔法，他总是回答说：“两者都对。在你理解它之前，它是魔法；在你理解之后，它就是数学。”

1958年，82岁的第勒塔季访问了美国。由于印度精神领袖被禁止出国旅行，他的行为在印度国内引起了很大争议，这也是商羯罗查尔雅第一次离开印度。他的旅行在美国激起了极大的好奇。美国西海岸后来成了嬉皮文化、印度教精神领袖和冥想的中心，但在第勒塔季到达美国的时候，还没有人见过像他这样的人。当第勒塔季抵达加利福尼亚州时，《洛杉矶时报》称他为“世界上最重要却最不为人所知的人之一”。

第勒塔季的行程表被各类访谈和电视节目占满。他主要讲的是世界和平，但还是专门做了一次关于吠陀数学的演讲。演讲的地点位于加州理工学院，那是世界上最负盛名的科学机构之一。体重不超过7英石[①]的第勒塔季穿着传统长袍，坐在教室前面的椅子上。他的声音十分平静，但姿态威严，他对听众说："我从小就既喜欢形而上学，又喜欢数学。我一点儿也不觉得这有什么困难的。"

他接着解释了他是如何找到这些格言的，他说，《吠陀》经文中隐藏着丰富的知识，你可以从许多单词和短语的隐含意义中发现这些知识。他补充道，西方的印度学研究者完全无视这些神秘的"双关语"。"人们都说《吠陀》不包含数学内容。"他说，"但我轻而易举地找到了。"

第勒塔季开场就演示了如何在不使用乘法表的情况下算出9×8。这用到了格言"全部从9开始，最后从10开始"，尽管这么做的原因要到后面才清楚。

首先，他在黑板上写了一个9，然后是9和10的差，也就是–1。他在下面写了8，旁边是8和10的差，也就是–2。

$$
\begin{array}{ll}
9 & -1 \\
8 & -2
\end{array}
$$

答案的第一个数字可以用4种不同的方法得出。可以把第一列中的数字相加，然后减去10（$9+8-10=7$）。或者把第二列中的数字相加，再加上10（$-1-2+10=7$），或者把对角线上的数字相加（$9-2=7$，或$8-1=7$）。答案都是7。

---

① 英石是英制重量单位，1英石≈6.35千克。——译者注

$$\begin{array}{ll} 9 & -1 \\ 8 & -2 \\ \hline 7 & \\ \hline \end{array}$$

答案的第二部分通过将第二列中的两个数字相乘而得出［（–1）×（–2）= 2］。所以最后答案是72。

$$\begin{array}{ll} 9 & -1 \\ 8 & -2 \\ \hline 7 & 2 \\ \hline \end{array}$$

我发现这个技巧非常有用。写下一个一位数，再在它的旁边写下它与10的差，这就好像把它拆解开来，揭示出了它的内在个性，列出了自我和另一个自我。我们因此对数字的行为有了更深刻的理解。9×8计算的结果，就像它们出现的时候那样平凡，但只要划开表面，我们就会看到意想不到的优雅和秩序。这个方法不仅适用于9×8，而且适用于任意两个数。第勒塔季又在黑板上举了一个例子：8×7。

$$\begin{array}{ll} 8 & -2 \\ 7 & -3 \\ \hline 5 & 6 \\ \hline \end{array}$$

同样，第一个数字可以通过以下4种方式得出：8 + 7 – 10 = 5，或–2 – 3 + 10 = 5，或8 – 3 = 5或7 – 2 = 5。第二个数字是第二列数字的乘积，（–2）×（–3）= 6。

第勒塔季的技巧是将两个一位数的乘法简化为加法以及原始数

与10的差的乘积。换言之，它将两个大于5的一位数的乘法简化为加法和两个小于5的数的乘法。这意味着我们无须使用大于5的乘法表就能算出一个大于5的一位数与6、7、8、9的乘积。这对那些觉得学习乘法表有困难的人很有用。

事实上，第勒塔季所解释的技巧与文艺复兴时期就在使用的一种手指计算方法是一样的。直到20世纪50年代，法国和苏联部分地区的农场主仍在使用这种方法。两只手上的手指代表了数字6到10。要将两个数字相乘，例如8×7，就将代表8的手指与代表7的手指连在一起。用一侧的连接指上的数字，减去另一侧连接指上方的手指数量（也就是7－2或8－3），能得到5。再将两侧连接指上方的手指数量相乘，也就是2和3相乘，得到6。如上所述，答案就是56。

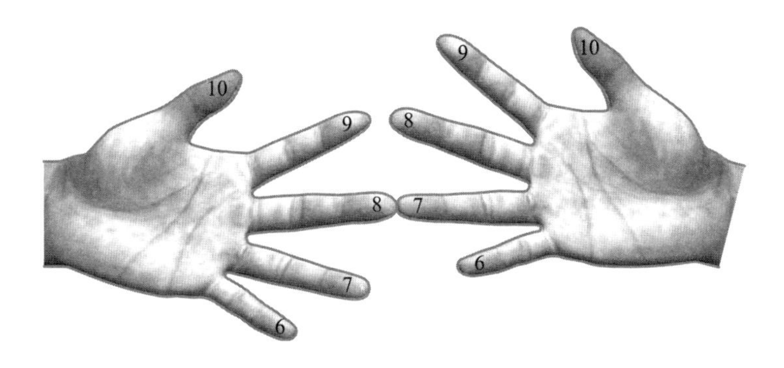

图3–3　如何用“农民手指乘法”计算8×7

第勒塔季在接下来的演讲中演示了这个方法同样适用于两位数相乘。这次他举的例子是77×97。他在黑板上写道：

77

97

然后，他没有写下77与10的差，而是写出了两个数字与100的差。（这里就用到了第二条格言。用100或更大的10的次方数减去一个数字时，只需用9减去所有位的数字，除了最后一位是用10来减，如第140页所示。）

$$\begin{array}{lr} 77 & -23 \\ 97 & -3 \end{array}$$

和之前一样，我们有4种方法得到第一部分的答案。他选择将两条对角线相加：$77-3=97-23=74$。

$$\begin{array}{lr} 77 & -23 \\ 97 & -3 \\ \hline 74 & \\ \hline \end{array}$$

第二部分是通过将右列中的两个数字相乘得到的：$(-23)\times(-3)=69$。

$$\begin{array}{lr} 77 & -23 \\ 97 & -3 \\ \hline 74 & 69 \\ \hline \end{array}$$

答案是7 469。

第勒塔季随后展示了一个三位数的例子：888×997。这次，我们要计算出它们与1 000的差。

888	–112
997	–003
885	336

通过对角线做加法得到885，这是答案的第一部分；右列相乘得到336，这是答案的第二部分。所以，最终答案是885 336。

“这些公式使求解方程变得容易得多。”第勒塔季评论道。学生们自发地发出由衷的笑声。或许这些笑声是因为这位82岁大师的举动很荒谬，他穿着长袍，教那群数学最好的学生一些基本的算术。又或者他们是出于欣赏第勒塔季的算术技巧的趣味性。阿拉伯数字中蕴藏着极为丰富的内容，即使在两个一位数相乘这样简单的水平上也是如此。然后，第勒塔季继续着他的演讲，介绍了平方、除法和代数的技巧。从讲座记录的内容判断，大家的反应似乎很热烈：“演示结束后，一个学生问他旁边的朋友：‘你觉得怎么样？’他的朋友回答说：‘太棒了！’”

回到印度后，第勒塔季被传唤到瓦拉纳西圣城。在那里，一个由印度教长老组成的特别委员会讨论了他违规离开印度的问题。讨论决定，他的这次旅行将是商羯罗查尔雅第一次也是最后一次被允许出国，而第勒塔季也接受了一个净化仪式，以防他在旅行中食用了“非印度教”的食物。两年后，第勒塔季去世。

在普里，我在所住的酒店里见到了两位吠陀数学的主要支持者，以进一步了解吠陀数学。肯尼思·威廉斯（Kenneth Williams）来自苏格兰南部，当时62岁，曾是一位数学教师，他写过几本关于这种方法的书。“这是一个设计完美的统一系统。”他对我说，“我最初发现它时，认为它就是数学应有的方式。”威廉斯是一个谦逊温和的人，他有牧师一样的前额，黑白相间的胡子被精心修剪过，松弛的眼皮下是一双蓝色的眼睛。和他在一起的是更健谈的高拉夫·特克里瓦尔（Gaurav Tekriwal），一位来自加尔各答的股票经纪人，他29岁，穿着清爽的白衬衫，戴着阿玛尼牌墨镜。特克里瓦尔是印度吠陀数学论坛的主席，这个组织运营着一个网站，会组织讲座，也销售视频光碟。

特克里瓦尔帮助我争取到了见商羯罗查尔雅的机会，他和威廉斯也陪着我。我们招呼了一辆人力车，然后出发去戈瓦尔丹寺（Govardhan Math），这个名字似乎预示了一场精彩的数学之旅，但令人失望的是，它与数学无关，它就是一座寺院。我们走过海滨和小街，街两旁摆着卖食品和带有图案花纹的丝绸的小摊。这座寺院是一座简单的砖混建筑，大小相当于一座乡村小教堂，周围有棕榈树和一个沙园，里面种着罗勒、芦荟和芒果。院子里有一棵榕树，树干上装饰着赭色的布，据说，建立这套哲学体系的8世纪印度圣人商羯罗就曾坐在那里冥想。唯一的现代风格来自一楼一个闪亮的黑色墙面，在寺庙受到穆斯林恐怖分子的威胁后，这堵防弹墙用来保护商羯罗查尔雅的房间。

普里目前的商羯罗查尔雅名叫尼查拉南达·萨拉斯瓦蒂（Nischalananda Sarasvati），他从第勒塔季的继任者那里继承了这个职位。他为第勒塔季的数学遗产感到自豪，写了5本用吠陀数学方法处理数字和计算的书。一进到寺庙，我们就来到了商羯罗查尔雅为听众准备的房间。这里唯一的家具就是一张复古的沙发，上面有深红色的座套，前面是一张矮椅子，上面有一个很大的坐垫，木制的椅背上盖着一条红色的布：这是商羯罗查尔雅的座位。我们面对着它，盘腿坐在地板上，等待圣人的到来。

萨拉斯瓦蒂穿着一件褪色的粉红色长袍走进房间。他的高级弟子站起来背诵了一段宗教经文，然后萨拉斯瓦蒂双手合十祈祷，触摸后墙上商羯罗的形象。他长着一双蓝眼睛，胡子花白，皮肤颜色很浅，秃顶。他以半莲花坐姿坐在座位上，脸上流露出一种介于安详和忧郁之间的神情。会议即将开始时，一个身穿蓝色长袍的人在我面前伸开双手拜倒在萨拉斯瓦蒂前。他像一位恼怒的祖父一样叹息，冷漠地赶走了这个人。

宗教程序要求商羯罗查尔雅说印地语，所以我请他的高级弟子当翻译。我的第一个问题是："数学如何与灵性联系在一起？"过了几分钟，我得到了这样的回答："在我看来，整个宇宙的创造、存在和毁灭都是以一种数学形式发生的。我们并不区分数学和灵性，我们认为数学是印度哲学的源泉。"

萨拉斯瓦蒂接着讲述了两位国王在森林中相遇的故事。一位国王告诉另一位，只要看一眼，他就能数出树上的叶子有多少。另一位国王十分怀疑，于是扯下树叶，一片一片地数起来。数完后他得到的数字刚好与第一位国王给出的数字相同。萨拉斯瓦蒂说，这个故事证明，古印度人有能力通过整体观察，而不是逐个列举，数出大量物体的数目。他补充说，这种技能连同那个时代的其他许多技能，都已经丧失。"借助静观、冥想和努力，所有这些失去的科学都可以重新获得。"他说。他还补充说，学习古代经文以拯救古代知识的过程，正是第勒塔季通过数学做到的。

在采访中，房间里坐了大约20个人，他们安静地坐在那里听商羯罗查尔雅讲话。会议接近尾声时，班加罗尔的一位中年软件顾问提到了数字10^{62}的重要性。他说，《吠陀》提到了这个数字，所以它一定有其意义。商羯罗查尔雅表示同意：是的，它在《吠陀》里，所以它一定有意义。这引发了关于印度政府忽视国家遗产的讨论，商羯罗查尔雅感叹，他把大部分精力都花在了保护传统文化上，因此他没有更多的时间花在数学上。今年他只挤出了15天时间用来研究数学。

第二天早饭时，我询问了那位软件顾问，为什么对数字10^{62}产生了兴趣，他于是谈到了古印度的科学成就。他说，数千年前，印度人对世界的了解比现在我们了解的还多。他提到他们会开飞机。当我问是否有证据证明时，他回答说，已经发现了几千年前就存在的关于飞机的石刻。这些飞机使用喷气发动机吗？他说，不，它们是用地球磁场驱动的。这些飞机由一种复合材料制成，以每小时100至150千米的低速飞行。然后，他对我的问题越来越生气，认为我渴望得到正确的科学解释是对印度传统的侮辱。最后，他不再和我说话。

虽然吠陀科学是幻想出来的，它神秘而几乎不可信，但吠陀数学是经得起推敲的，即使格言大多十分含糊而毫无意义，且接受它的故事起源于《吠陀》也需要抛开怀疑。吠陀数学中的一些技巧非常特殊，可能只能满足好奇，比如计算分数1/19对应的小数的技巧。但是有些确实很简便。

以前面的57×43为例。将这些数字相乘的标准方法是分别计算两个乘积，然后将它们相加：

$$
\begin{array}{r}
57 \\
\times 43 \\
\hline
0171 \\
2280 \\
\hline
2451 \\
\hline
\end{array}
$$

利用第三句格言“垂直和交叉”，我们可以用如下方法更容易地算出答案。

步骤1：分两行写下两个数字：

$$
\begin{array}{cc}
5 & 7 \\
4 & 3
\end{array}
$$

步骤2：将右列的数字相乘：$7 \times 3 = 21$。这个数字的最后一位数字也是答案的最后一位。把它写在右列的下面，2写在下方。

$$
\begin{array}{cc}
5 & 7 \\
 & | \\
4 & 3 \\
\hline
 & {}_{2}1
\end{array}
$$

步骤3：交叉求积再相加：$(5 \times 3) + (7 \times 4) = 15 + 28 = 43$。再加上上一步中的2，得到45。这个数字的最后一位是5，写在左列下面，4写在下方。

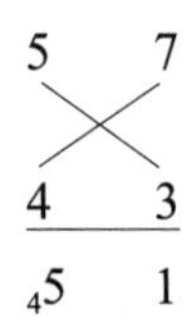

步骤4：将左列中的数字相乘，$5\times4=20$。加上4，得到24，于是得出了最终答案：

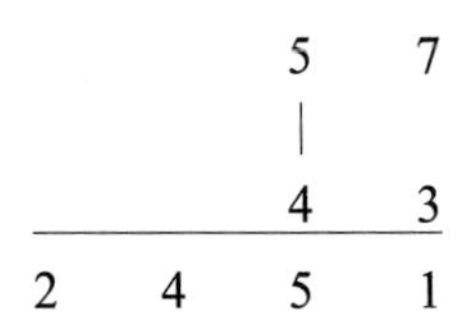

正如格言所说，数字是垂直和交叉相乘的。这种方法可以推广到任何数字的乘法运算。位数增加带来的改变仅仅是使垂直和交叉相乘的数字更多了。

例如，376×852：

3 7 6

8 5 2

步骤1：从右列开始：$6\times2=12$

3 7 6

|

8 5 2

$_{1}2$

步骤2：计算个位和十位的交叉积之和，$(7\times2)+(6\times5)=44$，加上之前的1，得到45。

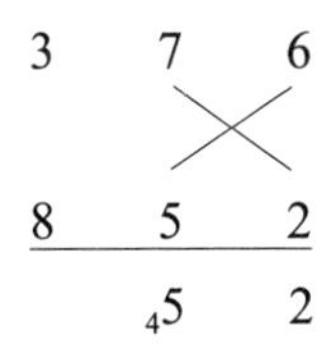

步骤3：现在我们计算个位和百位的交叉积之和，再加上十位的垂直乘积，（3×2）+（8×6）+（7×5）=89，加上前面的4，就是93。

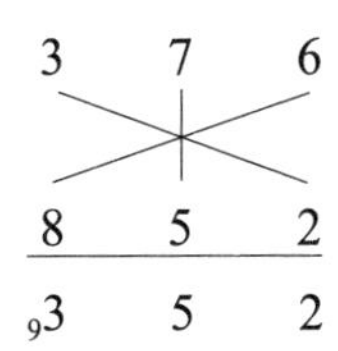

步骤4：向左移，我们现在交叉相乘前两列的数：（3×5）+（7×8）=71，加上之前的9，得到80。

3　7　6

8　5　2

$_8$0　3　5　2

步骤5：最后，我们计算左列的垂直乘积，3×8=24，加上8，得到32。最后的答案是：320 352。

3　7　6

8　5　2

3　2　0　3　5　2

“垂直和交叉”也叫交叉相乘，它比长乘法更快，占用的空间更少，也更省力。肯尼思·威廉斯告诉我，每当他向学生解释吠陀方法时，学生们都觉得很容易理解。“他们不敢相信以前从来没人这么教过他们。”他说。学校喜欢教长乘法，因为它展示了计算的每个阶段。“垂直和交叉”则隐藏了一部分机制。威廉斯认为这不是坏事，甚至可能会帮助没那么聪明的学生。“我们必须为他们引领一条路，而不是总要求孩子们知道一切。有些孩子需要知道（乘法）是如何运作的，但有些孩子不想知道它怎么运作，他们只想知道怎么做乘法。”他说，如果因为老师坚持要教孩子一个他无法掌握的一般规则，而导致孩子最终学不会乘法，那么这个孩子就没有得到应有的教育。威廉斯补充说，对于聪明的孩子来说，吠陀数学也让算术变得更生动。“数学是一门具有创造性的学科。一旦你有了各种各样的方法，孩子们就会意识到自己也可以发明新的方法，他们也会变得有创造力。数学是一门非常有趣的学科，（吠陀数学）提出了一种教授数学的方法。”

我在第一次聆听商羯罗查尔雅的讲授时并没有听到所有预定的讨论主题，所以我有了第二次机会。在课程开始时，高级弟子说有一个公告要宣布：“我们想谈论一些关于零的事情。”他这么说道。商羯罗查尔雅用印地语以一种生动的方式讲了大约10分钟，然后弟子翻译道：“现在的数学系统认为零是不存在的实体。”他宣布：“我们想纠正这种反常。零不能被视为不存在的实体。同一个实体不可能在一个地方存在，而在其他地方不存在。”我认为，商羯罗查尔雅想说的主旨是：人们认为零在10中存在，但零本身并不存在。这是矛盾的：一个东西要么存在，要么不存在。所以零是存在的。“在吠陀文献中，零被认为是永恒的数字。”他说，“零不能被湮灭或毁灭。它是坚不可摧的基础，是一切的基础。”

到这会儿，我已经习惯了商羯罗查尔雅将数学和形而上学结合的习惯。我不再请他解释某些问题，因为我的评论要被翻译成印地语，讨论后再被翻译回英语，答案不可避免地会让我更困惑。我决定不再把注意力放在他演讲的细节上，只是从大体上去理解翻译出来的词。我仔细地端详了商羯罗查尔雅。他今天穿着一件橘色的长袍，脖子后面系了一个大结，前额涂了米黄色的颜料。我想知道像他那样生活是一种怎样的体验。我听说他的卧室没有一件家具，每天只吃清淡的咖喱，他不需要也不想拥有任何东西。的确，在会议开始的时候，一位朝圣者走近他，给了他一碗水果，他马上把水果分给了其他人。我得到了一个芒果，放在了脚边。

我试着用另一种方法体验商羯罗查尔雅的智慧，我想着“零是存在的实体”这句话，它像咒语一样在我的脑中重复着。我任凭思绪驰骋，突然间陷入了思考。一切都说得通了。“零是存在的实体”不仅仅是商羯罗查尔雅的数学观点，它也是一个简单的自我描述。坐在我面前的是“零先生”本人，血肉之中是零的化身。

这一瞬间我明白了，甚至可以说是顿悟了。在印度教思想中，“无”并不是什么都没有，“无”其实是一切。自我克制、有点儿典型的僧侣作风的商羯罗查尔雅是这种“无”的完美化身。我想到了东方灵性和数学之间的深层联系。印度哲学信奉“无”的概念，正如印度数学欣然接受零的概念一样。在一个将宇宙的本质视作虚无的文化中，产生零的概念这样一种飞跃，是再合适不过的了。

在古印度出现的零的符号完美地概括了商羯罗查尔雅传达的最主要的信息，那就是，数学与灵性是分不开的。之所以选择用圆圈代表零，是因为它描绘了天空的周期性运动。零意味着无，也意味着永恒。

印度人对发明了零十分自豪，这让擅长数学成为印度的一个国家标签。学生们必须学习20以内的乘法表，这是在英国长大的我所学的两倍。在过去的几十年里，印度人曾经被要求学习30以内的乘法表。印度一位顶级（非吠陀）数学家S. G. 达尼（S. G. Dani）证实了这一点："小时候，我就有一种印象，学好数学是极其重要的。"他告诉我，老年人给孩子们出一些数学难题是很常见的，如果孩子们算出了正确的答案，老人会非常满意。"在印度，不管它是否有用，数学在同龄人和朋友中都很受重视。"

达尼是孟买塔塔基础研究所的资深数学教授。他留着学者式的遮秃卷发，戴着一副玳瑁有框眼镜，上唇留着小胡子。他不喜欢吠陀数学，他既不相信在《吠陀》中可以找到第勒塔季的算术方法，也不认为这些方法如他们所说的特别有用。"有很多更好的方法可以让数学变得有趣，而不是把它们代入古代的经文中。"他说，"我不相信它们让数学变得更有趣了。这些算法的优点在于快速计算，而不是让计算变得有趣，它们也没有让你理解正在发生的事情。乐趣在于结果，而不是过程。"他也不相信这种方法真的能让计算更快，因为在现实生活中，并不会出现像计算1/19的小数点后的数字是什么这样完美的问题。最后，他补充说，传统的方法方便得多。

因此我很惊讶达尼会充满感情地讲起第勒塔季关于吠陀数学的使命。在情感层面上，达尼与第勒塔季感同身受。"我对他的主要感觉是，他有一种自卑的复杂情结，他试图克服这种情结。小时候我也有。在（独立不久后的）那些日子里，印度人有一种强烈的感觉，我们要（从英国人那里）收回我们失去的东西，主要指英国人可能抢走了的手工艺品。因为我们失去了那么多，我想我们应该得到等量的回报。”

“吠陀数学是一种错误的尝试，它想要把算术归为印度所有。”

吠陀数学的一些技巧非常简单，所以我想知道，我是否可能在其他算术文献中看到过它们。我认为斐波那契的《计算之书》是个好的开始。回到伦敦后，我到图书馆找到了一本《计算之书》，翻到了里面关于乘法的章节，发现斐波那契建议的第一个方法就是“垂直和交叉”。我进行了更多研究，发现在16世纪欧洲的几本书中，使用“全部从9开始，最后从10开始”来做乘法是一种常用的技巧。（事实上，有人认为，这两种方法可能促进了人们用 × 作为乘法的符号。在1631年首次有人将 × 作为乘法符号之前，已有一些书解释了这两种方法，并画出了大大的 × 作为交叉线。）

第勒塔季的吠陀数学，至少在一定程度上，重新发现了文艺复兴时期一些非常常见的算术技巧。它们最初可能来自印度，也可能不是，但无论它们来自哪里，对我来说，吠陀数学的魅力在于，它通过发掘数字以及其规律和对称性，带来了纯粹的快乐。算术在日常生活中必不可少，得出正确结果很重要，这就是为什么我们会在学校里系统地学习它。然而，我们对实用性的关注让我们忽略了印度数字系统的惊人之处。这是一个巨大的进步，在此前的1 000年里，所有的记数方法都没有提高到这个水平。我们想当然地使用十进制的位值系统，却没有意识到，它是多么普适、简洁而高效。

√2

第 4 章

π的一生

19世纪初，德文郡一位石匠有一个神童儿子名叫乔治·帕克·比德（George Parker Bidder），这个消息传到了夏洛特女王的耳朵里。她问了他一个问题：

“从康沃尔到苏格兰的法雷特的距离是838英里，蜗牛以每天8英尺[①]的速度爬行，它需要多久才能爬完？”

当时的一本畅销书提及了这次交谈和得到的答案（553 080天），这本书叫《著名心算师乔治·比德的简传：他用惊人的速度解决了英国主要城镇的人们向他提出的各种最难的问题！》，书中列出了这位神童给出的最伟大的计算，包括经典的“119 550 669 121的平方根是多少？”（345 761，他用了半分钟回答出来），以及“232个大桶，每桶重$12\frac{1}{4}$英担22磅[②]，一共有多少磅糖？”（323 408磅，他也只用了半分钟就回答出来了。）

---

① 1英里＝5 280英尺。——译者注

② 英担、磅均为英制重量单位，1英担＝112磅。——译者注

阿拉伯数字让每个人都能更容易地做算术，但一个意想不到的结果是，一些人也被发现具有惊人的算术技能。通常，这些神童只在数字方面具有超常的能力，在其他方面则可能平平无奇。比如，德比郡的农场工人杰迪代亚·巴克斯顿（Jedediah Buxton）尽管几乎不识字，但他在乘法方面的计算能力却让当地人惊叹不已。例如，他可以计算出1法寻[①]翻倍140次之后是多少。（答案是一个长39位的数字，再加上2先令[②]8便士。）1754年，许多人对巴克斯顿的天赋感到好奇，他因此受邀访问伦敦，在那里他接受了英国皇家学会成员的测试。他似乎有些高功能自闭症的症状，因为当他被带去看莎士比亚的《理查三世》时，他对剧情表示非常困惑，但他告诉邀请他来看戏的人说，演员们走了5 202步，说了14 445个词。

19世纪，“神速计算者”可以成为闪耀在国际舞台上的明星。有些人在很小的时候就表现出了天赋。来自美国佛蒙特州的齐拉·科尔伯恩（Zerah Colburn）第一次公开表演时，年仅5岁。8岁时，他怀抱着成功的梦想前往英国。（科尔伯恩生来有六个指头，但不知道他多出来的手指是否给他学习计数带来了优势。）与科尔伯恩同时代的神童还有德文郡的小伙子乔治·帕克·比德。1818年，科尔伯恩14岁，比德12岁，两位神童在伦敦的一家酒吧里相遇，一场数学决斗不可避免地发生了。

科尔伯恩被问到，如果一个气球以每分钟3 878英尺的速度飞行，而地球的周长是24 912英里，那么该气球绕地球飞行一圈需要多长时间。为了选出“地球上最聪明的男孩”这个非正式头衔，这

① 英国旧时钱币，1法寻 = 1/4便士。——译者注

② 英国旧时钱币。1先令 = 12便士。——译者注

个国际化问题再恰当不过了。但经过9分钟的思考，科尔伯恩还是没有给出答案。另一方面，伦敦一家报纸则夸张地赞扬了他的对手，说他的对手只用了两分钟就给出了正确答案，“23天13小时18分钟，大家对此报以热烈的掌声。有人接着向这位美国男孩提出了许多其他问题，但他都拒绝回答。而年轻的比德则答出了所有问题。”然而，在他的自传《由齐拉·科尔伯恩本人撰写的回忆录》中，这个美国男孩给出了关于比赛的另一个版本的叙述。“（比德）在算术的高级分支中表现出了强大的能力和思维能力。”他说，随后加上了一些不屑一顾的情绪，“但他算不出平方根，也算不出数字的因数。”这次比赛并没能决出冠军。爱丁堡大学随后接收比德成为学生。比德后来成了一名重要的工程师，他最初在铁路工作，后来负责监督伦敦维多利亚码头的建设。而科尔伯恩则回到了美国，成为一名传教士，于35岁时去世。

速算的能力与数学洞察力和创造力之间没有很大关系。只有少数几位伟大的数学家展现出了“神速计算”的技巧，而许多数学家的算术却极其差。亚历山大·克雷格·艾特肯（Alexander Craig Aitken）是20世纪上半叶一位著名的速算大师，他还是爱丁堡大学的数学教授。1954年，艾特肯在伦敦工程师学会进行了一场演讲，他在演讲中解释了他在表演中常用的一些方法，比如一些代数的捷径，以及记忆力的重要性。为了证明自己的观点，他飞快说出了1/97化成小数是多少，这些数字在96位之后将重复出现。

艾特肯以一段懊悔的评论结束了他的演讲，他说，当他得到了第一台台式计算器后，他的能力就开始衰退。“心算可能像塔斯马尼亚人或莫里奥里人一样，注定会灭绝。”他说道，“你可能会去调查一个奇怪的标本，对此产生一种兴趣。在场的某些听众可能会在公元2000年说：‘是的，我知道有这样一个人。’”

但是，这次，艾特肯算错了。

“神经元！准备好了！开始！”

随着一阵仿佛不耐烦的“嗖嗖”声，在心算世界杯的乘法回合上，选手们翻开了试卷。莱比锡大学的教室里一片寂静，17名男选手和2名女选手在思考第一个问题：29 513 736 × 92 842 033。

算术又开始流行了。30年前，第一台廉价的电子计算器导致了心算技能的广泛消失，但现在，这种技能重新引起了强烈反响。报纸每天都刊登数学脑筋急转弯，带有算术谜题的流行电脑游戏让我们的头脑更加敏锐，在更高端的层面上，速算者还会去参加国际比赛。心算世界杯由德国计算机科学家拉尔夫·劳厄（Ralf Laue）于2004年创办，每两年举办一次。这个比赛结合了劳厄的两个爱好：心算和不断创造不寻常的纪录［比如，一分钟内用嘴接住15英尺（约4.57米）外扔过来的葡萄，最高纪录是55颗］。互联网帮助了他，使他能够遇到志同道合的人，因为通常心算家并不外向。在这项于莱比锡举行的赛事中，来自秘鲁、伊朗、阿尔及利亚和澳大利亚等国的选手参加了比赛，他们也被称作“数学运动员”。

如何衡量计算能力？劳厄采用了吉尼斯世界纪录所选定的类别：两个八位数的乘法、10个十位数的加法、六位数的平方根（精确到8个有效数字），以及指出1600到2100年中任意日期是星期几。最后一项被称为日历计算，这种计算在速算的黄金时代就有，当时表演者会问观众的出生日期，然后立即说出它是星期几。

规则和竞争精神是以牺牲戏剧效果为代价的。世界杯上最年轻的参赛者是一个来自印度的11岁男孩，他表演了“空气算盘”。他的手疯狂地抽搐着，重新排列脑中想象中的珠子，而其他参赛者则十分安静，只是偶尔写下答案。（根据规定，只能写最终答案。）8分25秒后，西班牙的阿尔韦托·科托（Alberto Coto）像一名兴奋的学生一样举起手来。这名38岁的男子在那段时间内完成了10道两个八位数相乘的运算题，打破了世界纪录。这显然是一个了不起的成就，但看着他完成速算，就像监考一场考试一样无聊。

然而，在莱比锡的赛程中，世界上最著名的心算师，法国学生亚历克西·勒迈尔（Alexis Lemaire）缺席了，他更喜欢用另一种标准来衡量计算能力。2007年，27岁的勒迈尔在伦敦科学博物馆完成了一项壮举，当时他只用了70.2秒就计算出了以下数字的13次方根：

85 877 066 894 718 045 602 549 144 850 158 599 202 771 247 748 960 878 023 151 390 314 284 284 465 842 798 373 290 242 826 571 823 153 045 030 300 932 591 615 405 929 429 773 640 895 967 991 430 381 763 526 613 357 308 674 592 650 724 521 841 103 664 923 661 204 223

这个数字有200位，在70.2秒内连读都读不完。但是，这是否正如他所宣称的，他的壮举意味着他是有史以来最伟大的速算者？这个问题在计算领域中有着深刻的争议，齐拉·科尔伯恩和乔治·比德在近200年前的争论也可以被归结到这个问题上，两人在各自的计算领域上都是杰出的。

术语“a的13次方根”是指与自身相乘12次后等于a的数字。与自身相乘12次后得到一个200位的数字，这样的数字是有固定数目的。（这个固定的数量很大。大约有400万亿种可能性，它们全部都是16位长，以2开头。）因为13是素数，被认为是不吉利的，所以勒迈尔的计算被赋予了神秘的光环。但事实上，13也带来了一些优势。例如，13个2相乘的答案以2结尾，13个3的答案以3结尾，4、5、6、7、8和9也都是如此。换言之，数字13次方根的最后一位与原始数字的最后一位相同。我们可以不费吹灰之力就得到这个数字，不用进行任何计算。

勒迈尔没有透露的是，他已经想到了计算其他14位数字的方法。纯粹主义者可能会说，这是不公平的，他的技巧算不上一种计算上的成功，而更多是一种对大量数字串的记忆技巧。他们指出，勒迈尔无法算出任意一个200位数的13次方根。在伦敦科学博物馆里，他是从给定的几百个数字中自己选择了一个他想要计算的数字。

不过，勒迈尔的表演更符合旧式舞台计算的传统。观众想感受震撼的体验，而并不想理解过程。相比之下，在心算世界杯上，科托无法选择要解决的问题，他在计算29 513 736 × 92 842 033时，也没法使用隐藏的技巧，他只能用1到9的乘法表。八位数乘八位数的最快方法是《吠陀》格言中的“垂直与交叉”，它将结果分解成64个一位数的乘法。他平均只用51秒就能找到正确的答案。知道他是怎么算的可能使结果没那么耀眼，但这显然仍是一个惊人的壮举。

我和莱比锡的参赛选手聊过之后，发现他们中的许多人都是因为维姆·克莱因（Wim Klein）爱上了速算，他是一位荷兰速算家，20世纪70年代曾名噪一时。克莱因在1958年时已经是马戏团和音乐厅的“老手”了，那时他在欧洲顶级物理研究所——位于日内瓦的欧洲核子研究组织（CERN）得到了一份工作，为物理学家提供计算。他可能是最后一位被当作计算器的人。随着计算机的发展，他的技能变得多余，退休后他又回到娱乐界，经常出现在电视上。（事实上，克莱因是最早推动13次方根计算的人之一。）

比克莱因早一个世纪的另一位“人类计算器”是约翰·扎哈里亚斯·达斯（Johann Zacharias Dase），他也被科学机构雇来做计算。达斯出生在汉堡，青少年时期就开始进行速算，当时他受两位杰出数学家的庇护。在电子或机械计算器出现之前，科学家依赖对数表来进行复杂的乘法和除法运算。每个数字都有自己的对数，对数可以通过一个复杂的分数相加的过程来计算，我稍后会更详细地解释。达斯计算出了前1 005 000个数的自然对数，每个数精确到小数点后7位。他花了三年时间，但他说自己很喜欢这项工作。之后，在数学家卡尔·弗里德里希·高斯的建议下，达斯开始了另一个宏大的项目：编制7 000 000到10 000 000之间所有数字的因数表。这意味着，他要检查这个范围内的每一个数字，并计算出其因数，也就是所有可以整除它的数。例如，7 877 433只有两个因数：3和2 625 811。达斯在37岁不幸去世，当时他已经完成了大部分工作。

然而，达斯还有另一项让他名留青史的计算。他在青少年时期计算出了π的小数点后200位，创下了当时的纪录。

自然界中的圆无处不在，无论是在满月、人类和动物的眼睛，还是鸡蛋的横截面上，你都能看到圆形。把狗拴在一根柱子上，当绳子被拉紧时，它行走的路径是一个圆。圆是最简单的二维几何形状。古埃及农民在一片圆形的田地里计算要种多少庄稼，或者古罗马机械师在测量制作轮子所需的木头的长度时，都需要用圆来计算。

早在古代文明时期，人们就意识到，无论你画的圆有多大，圆的周长与直径之比都一样。（周长是围着圆走一圈的距离，直径是穿过它的距离，见图4–1。）这个比率被称为π，也叫圆周率，它的计算结果比3大一点儿。所以，如果你取一条长度等于圆的直径的线，把它弯曲起来叠在圆周上，你会发现圆的周长刚好是直径的3倍多。

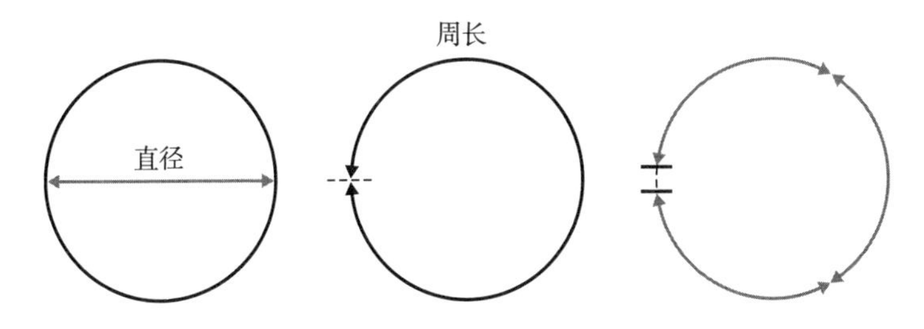

图4–1　圆的周长是其直径的3倍多

虽然π是圆的基本参数之间的简单比率，但要算出它的确切值却并非易事。这种难以捉摸的特性，使π几千年来一直成为人们着迷的对象。它是唯一一个既成为凯特·布什（Kate Bush）的歌名，又成为纪梵希的香水名字的数。纪梵希的公关部门发布了以下内容：

π

超越无限

四千年过去，谜题依旧。虽然每个小学生都在学习π，但这个熟悉的符号背后仍然隐藏着极复杂的内涵。

为什么选择π来象征永恒的阳刚？

它关乎标志和方向。如果说π是一个长期求而不得的故事，那也是一幅传说中寻求知识的征服者的肖像。

π与男人有关，所有男人，包括他们的科学天赋，他们对冒险的爱好，他们的行动力，还有他们对极限的热情。

最早得到π的近似值的是古巴比伦人，他们取用了$3\frac{1}{8}$这个值，埃及人使用的值是$4(\frac{8}{9})^2$，它们转换成小数分别是3.125和3.160。《圣经》上有一句话揭示了π为何被取为3："他又铸了一个铜海，样式是圆的，高五肘[①]，径十肘，围三十肘。"（《列王纪》7:23）

如果铜海是圆形的，周长30肘，直径10肘，那么π就是30/10，也就是3。对于《圣经》中这个不准确的值，人们提出了许多理由，例如铜海是在一个有着厚厚边缘的圆形容器中。在这种情况下，原文中10肘的直径包括了海洋和边缘（也就是说，海洋的真实直径略小于10肘），而海洋的周长则取的是边缘的内侧长。还有一个更为神秘的解释：由于希伯来语发音和拼写的特殊性，"线"这个词，即*qwh*的发音是*qw*。我们把这些字母在数字命理学中的值加起来，*qwh*等于111，*qw*等于106，用3乘以111/106会得到3.141 5，精确到了5个有效数字。

历史上第一位对发现π怀揣极大热情的天才，就是科学史上洗过澡的那位。浴缸中的阿基米德注意到他排出的水的体积等于他自己的身体浸在水下部分的体积。他立刻意识到，他可以通过浸没物体来确认任何物体的体积，比如锡拉丘兹国王的王冠。他可以通过

① 古代长度单位，1肘≈0.45米。——译者注

计算王冠的密度来确定这件王室珍宝是不是由纯金制成的（事实证明，不是）。想到这里，他抑制不住激动，赤身裸体地跑到街上大喊"尤里卡（我发现了）！"（至少对锡拉丘兹的市民来说，）他展现了一种永恒的男子气概。阿基米德喜欢解决现实世界中的问题，不像欧几里得，欧几里得只处理抽象问题。阿基米德有许多发明，其中据说还包括一个巨大的弹弓和一组大型反射镜系统，这个系统把太阳光集中反射到一处，可引起火灾，锡拉丘兹被围困时罗马船只就是这样被烧毁的。阿基米德也是第一个发明计算π的方法的人。

他首先画了一个圆，然后构建了两个六边形，一个是圆的内接六边形，另一个是圆的外切六边形，如图4–2所示。通过计算六边形的周长，我们知道π一定在3到3.46之间。如果我们认为圆的直径等于1，那么内部六边形的周长是3，它小于圆的周长π，而π小于外部六边形的周长$2\sqrt{3}$，精确到小数点后两位就是3.46。（阿基米德计算这个值的方法本质上以微妙的方式预示着三角学的诞生，但它太复杂了，我们没法在这里深入探讨。）

因此，$3 < \pi < 3.46$。

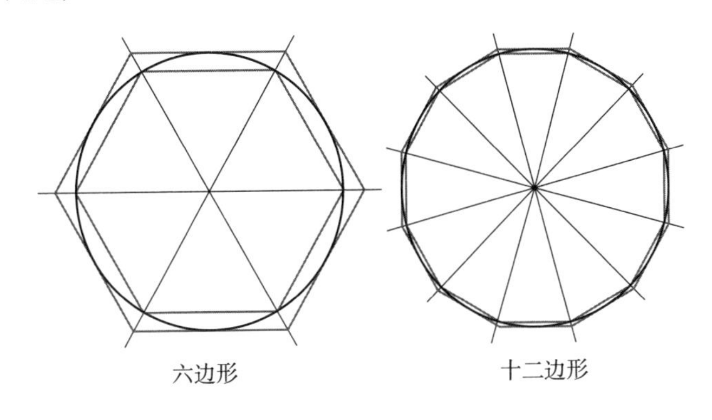

图4–2　用多边形周长来近似计算圆周长

如果你用两个包含更多条边的正多边形重复计算，你会得到一个更窄的π的范围。因为多边形的边越多，它们的周长就越接近圆周长，我们在图4–2中也能看到，图中使用了十二边形。多边形就像不断向π靠近的两堵墙，从上面和下面“挤压”，把π的范围变得越来越窄。阿基米德从六边形开始，最终构建了九十六边形，得到π的范围是：$3\frac{10}{71} < \pi < 3\frac{1}{7}$。

这可以转换为$3.140\,84 < \pi < 3.142\,86$，精确到小数点后两位。

但是“π的猎手”不会就此止步。为了更接近真实的数值，需要构造有更多条边的多边形。在3世纪的中国，刘徽采用了一种类似的方法，用具有3 072条边的多边形，将π的值精确到小数点后五位：3.141 59。两个世纪后，祖冲之和他的儿子祖暅又进了一位，用具有12 288条边的多边形，让精确度达到了3.141 592。

烦琐的符号限制了古希腊人和中国人的计算能力。当数学家最终可以使用阿拉伯数字时，π的计算迅速有了新的进展。1596年，荷兰击剑大师鲁道夫·范科伊伦（Ludolph van Ceulen）用一个有60×2^{29}条边的改良多边形，计算出了π小数点后的20位。记录他的计算结果的小册子最后写着：“只要你想，你就能离目标更近一点点。”在计算π的值方面，没有人的冲动比他更强烈。他继续计算，后来将π精确到小数点后32位，然后是35位，这些数字都刻在他的墓碑上。在德国，π也叫作“鲁道夫的数”。

在长达两千年的时间里，精确计算π的唯一方法就是使用多边形。但在17世纪，戈特弗里德·莱布尼茨和约翰·格雷戈里（John

Gregory）用以下算式开创了计算π的新时代：

$$\frac{\pi}{4}=1-\frac{1}{3}+\frac{1}{5}-\frac{1}{7}+\frac{1}{9}\cdots$$

换句话说，π的四分之一等于一减去三分之一，加五分之一，减去七分之一，加九分之一，以此类推，交替加减以奇数为分母的分数，直到分母趋于无穷大。在此之前，科学家只知道π的小数是随机分布的。而这是数学中最优雅、最简洁的公式之一。事实证明，π虽然是“无序”的，但它的基因里仍然存在某种秩序。

莱布尼茨用微积分设计出了π的算式，微积分是他发现的一个强大的数学分支，在这个分支中，人们可以用无穷小的量来计算面积、曲线和斜率。艾萨克·牛顿也独立地提出了微积分，两人争论了很久是谁先提出的。[多年来，人们根据牛顿未发表的手稿的日期，认为牛顿是最早的提出者；但现在看来，微积分的一个版本实际上是在14世纪由印度数学家马达瓦（Madhava）首次提出的。]

莱布尼茨为π找到的算式就是所谓的无穷级数，它是一组无限多的数字的和，无穷级数提供了一种计算π的方法。首先，我们需要将公式的两边乘以4，得到：

$$\pi=4-\frac{4}{3}+\frac{4}{5}-\frac{4}{7}+\frac{4}{9}\cdots$$

从第一项开始，然后逐个添加后面的项，产生以下数列（已被转换为小数）：

$$4\rightarrow 2.667\rightarrow 3.467\rightarrow 2.896\rightarrow 3.340\rightarrow\cdots$$

计算的项数越多，结果的差距越小，也越来越接近π。但这种方法需要300多项才能将π的值精确到小数点后两位，因此，使用这种方法以达到获得小数点后更多数字的目的是不现实的。

最终，微积分为π提供了其他无穷级数，这些级数虽然没有那么漂亮，但会使数字运算十分高效。1705年，天文学家亚伯拉罕·夏普（Abraham Sharp）算出了π的小数点后72位，刷新了范科伊伦百年前35位的纪录。这是一个相当大的成就，但也是个无用的成就。将π值精确到小数点后72位或者35位没有什么实际价值。对于精密仪器工程师来说，小数点后4位就足够了。以精确到小数点后10位的π值算出的地球周长误差不超过一厘米。以精确到小数点后39位的π值算出的环绕已知宇宙一圈的圆的周长，误差不超过一个氢原子的半径。但实用性并不是重点。在启蒙运动中计算π值的人并不关心应用，“数字狩猎”本身就是一种目的，也是一种浪漫的挑战。在夏普得到这个数值一年后，约翰·梅钦（John Machin）算到了100位；1717年，法国人托马斯·德拉尼（Thomas de Lagny）又增加了27位。18世纪末，斯洛文尼亚的尤里·维加（Jurij Vega）以140位暂时领先。

德国速算师扎哈里亚斯·达斯在1844年用两个月的时间将π的值推进到小数点后200位。达斯使用了以下级数，它看起来比之前的π的公式更复杂，但实际上更方便。这是因为，首先，它能以更快的速度逼近π。在9项后，精度就能达到小数点后两位。其次，反复出现的1/2、1/5和1/8非常便于操控。如果把1/5改写成2/10，1/8改写成1/2 × 1/2 × 1/2，所有涉及这些项的乘法，都可以简化为翻倍和减半的组合。达斯写出一个翻倍的参考表来帮助计算，他从2、4、8、16、32开始，根据需要一直写下去，因为他要计算π的小数点后200位，所以最后的翻倍得有200位长。这发生在连续667次翻倍计算之后。

达斯用了这个级数：

$$
\begin{aligned}
\frac{\pi}{4} = \quad & \frac{1}{2} - \frac{(^1/_2)^3}{3} + \frac{(^1/_2)^5}{5} - \cdots \\
& + \frac{1}{5} - \frac{(^1/_5)^3}{3} + \frac{(^1/_5)^5}{5} - \cdots \\
& + \frac{1}{8} - \frac{(^1/_8)^3}{3} + \frac{(^1/_8)^5}{5} - \cdots \\
= & \frac{1}{2} + \frac{1}{5} + \frac{1}{8} - \left[\frac{(^1/_2)^3}{3} + \frac{(^1/_5)^3}{3} + \frac{(^1/_8)^3}{3} \right] \\
& + \left[\frac{(^1/_2)^5}{5} + \frac{(^1/_5)^5}{5} + \frac{(^1/_8)^5}{5} \right] - \cdots
\end{aligned}
$$

所以 $\pi = 4\ (0.825 - 0.044\ 984\ 2 + 0.006\ 32 - \cdots)$

一项之后是3.3

两项之后是3.120 0

三项之后是3.145 2

达斯还没来得及庆祝自己的成就，英国人就开始觊觎他的成果了。不到10年后，威廉·拉瑟福德（William Rutherford）计算出π小数点后440位。他鼓励自己的门徒、业余数学家威廉·尚克斯（William Shanks）继续下去，尚克斯在达勒姆郡办了一所寄宿学校。1853年，尚克斯算到了607位；1874年，他已经进展到707位。他的纪录保持了70年，直到切斯特皇家海军学院的D. F. 弗格森（D. F. Ferguson）发现尚克斯的计算有误。他在第527位犯了一个错误，所以后面所有的数字都是错的。在第二次世界大战的最后一年，弗格森一直在计算π，我们只能假设他认为战争已经胜利了。1945年5月，他算到了530位；1946年7月，他算到了620位。之后，再也没有人用纸和笔来计算π了。

弗格森是最后一位手动的数字猎人，也是第一位“机械”猎人。在使用台式计算器之后，他在一年多的时间里，又推进了近200位。1947年9月，已知的π已达到808位小数。随后，计算机的出现改变了这场比赛。第一台与π战斗的计算机是“电子数字积分器和计算机”（ENIAC），它是第二次世界大战的最后几年里在美国马里兰州的美国陆军弹道研究实验室里诞生的，大小相当于一座小房子。1949年9月，ENIAC花了70个小时，计算出了π的小数点后2 037位，以1 000多个小数位的优势打破了之前的纪录。

随着π的越来越多位的数字被发现，一件事似乎变得很清楚：这些数字并不遵循明显的规律。然而直到1767年，数学家才得以证明这一毫无规律的数列永远不会重复。这一发现是在思考π可能是什么类型的数之后得出的。

最常见的数字类型是自然数。它们从1开始[①]：

1，2，3，4，5，6，…

然而，自然数的范围是有限的，因为它们只向一个方向扩展。更有用的是整数，它是自然数加上零和自然数的相反数：

…−4，−3，−2，−1，0，1，2，3，4，…

① 我国数学教材规定自然数包括0，即为0，1，2，3，…。——编者注

整数涵盖了从负无穷到正无穷的所有正整数和负整数。如果有一家酒店有无限层楼和无限层地下室，电梯里的按钮就是整数。

另一种基本类型的数是分数，当a和b是整数且b不等于0时，$\frac{a}{b}$（也写作a/b）就表示分数。分数上面的数叫分子，下面的数叫分母。

如果我们有几个分数，那么它们的最小公分母就是可以被所有分母整除的最小数。所以，1/2和3/10的最小公分母是10，因为2和10都能整除10。那么1/3、3/4、2/9和7/13的最小公分母是多少呢？换句话说，也就是能让3、4、9和13整除的最小的数字是多少？答案出人意料地大：468！我举这个例子是为了解释“最小公分母”虽然名里有“最小”，但通常并不小。最小公分母这个词通常被用来描述一些基本而简单的事物。这听起来有道理，但却与它算术上的意义背道而驰。最小公分母通常很大，而且并不常规：468是一个相当大的数！一个更具算术意义的概念是最大公约数，它是指可以整除几个数的最大数字。例如，3、4、9和13的最大公约数是1，你不可能得到比这更小或更简单的结果了。

因为分数是整数的比率，所以它们也被称为有理数，有理数有无穷多个。事实上，在0到1之间就有无穷多个有理数。例如，让我们取分子为1，分母为大于等于2的自然数，就得到了这样一组分数：

$$\frac{1}{2}, \frac{1}{3}, \frac{1}{4}, \frac{1}{5}, \frac{1}{6}, \cdots$$

我们可以进一步证明，任意两个有理数之间存在无穷多个有理数。假设c和d是任意两个有理数，其中c小于d。在c和d的正中间是一个有理数，（$c+d$）/ 2。我们把这个点的数叫作e。我们现在可以在c和e的正中间找到一个数，它是（$c+e$）/2。它也是有理数，同样存在于c和d之间。我们可以无限地进行这样的步骤，把c和d之间分成距离越来越小的片段。不管c和d之间的距离有多小，它们之间总存在无限多个有理数。

有人认为，既然我们总能在任意两个有理数之间找到无穷多个有理数，所以可以认为有理数涵盖了所有的数。当然，这是毕达哥拉斯希望的。他的形而上学是基于这样一种想法：世界由数字和它们之间的和谐比例构成。一个不能用比率来描述的数字的存在，虽然不与他的构想完全矛盾，但也削弱了他的地位。然而对毕达哥拉斯来说不幸的是，有些数字确实不能用分数表示，而且让他尴尬的是，他自己的定理就能帮我们找到这样的数。假设一个正方形每条边的长度都为1，那么对角线的长度就是2的平方根，这个数字就不能写成分数。（我在附录中附上了一份证明，详见第485页。）

不能写成分数的数叫作无理数。据传，无理数的存在首先被毕达哥拉斯的信徒希帕索斯（Hippasus）证明了，这让他在学派里很不受欢迎：他被划为异教徒，扔到海里淹死了。

当一个有理数以小数形式写出来时，它要么包含有限的位数，比如1/2可以被写成0.5，要么可以循环，就像1/3等于0.333 3…，其中3永远重复下去。有时这个循环不止一个数字，例如1/11，它等于0.090 909…，其中数字09是循环的；1/19也是一个例子，它等于0.052 631 578 947 368 421 0…，其中052631578947368421是循环的。相反，当一个数字是无理数时，它以小数的形式展开后将永远不会重复，这是区分有理数和无理数的一个关键。

1767年，瑞士数学家约翰·海因里希·兰伯特（Johann Heinrich Lambert）证明π是一个无理数。早期的π研究者或许希望在3.141 59…的最初混乱后，噪声会平静下来，形成一种规律。兰伯特证实这是不可能的。π的小数展开会以一种毫无规律的方式走向无限。

对无理数感兴趣的数学家想把它们进一步分类。18世纪，他们开始构想一种特殊的无理数，被称为超越数。这些数字十分神秘而隐秘，用有限的数学是无法捕捉到它们的。例如，2的平方根$\sqrt{2}$虽然是无理数，但它也是方程$x^2 = 2$的解。但是超越数这种无理数是不能用一个包含有限多个项的方程来描述的。当超越数的概念被首次提出时，没有人知道它们是否存在。

但它们确实存在。约100年后，法国数学家约瑟夫·利乌维尔（Joseph Liouville）终于想出了几个例子，但不包括π。又过了40年，德国的费迪南德·冯·林德曼（Ferdinand von Lindemann）终于证明π是一个超越数。这个数不在有限代数的领域之内。

林德曼的发现是数论中的一个里程碑。它也解决了数学中最著名的未解问题："化圆为方"是否可能。为了解释它是如何做到这一点的，我需要引入一个公式：圆的面积是πr^2，其中r是圆的半径（半径是从圆的中心到边缘的距离，是直径的一半）。有一个直观的例子可以证明这一点，我们用馅饼来举例，馅饼是π的最佳比喻[①]。假如你有两块同样大小的圆形馅饼，一块是白色的，另一块是灰色的，如图4–3中的A所示。每块馅饼的周长是π乘以直径，也就是π

① 在英语里，π和馅饼（pie）同音。——编者注

乘以两倍半径，也就是$2\pi r$。当两块馅饼以同样方式被切成几部分时，这些部分可以被重新排列，图B是被切成4份并重新排列的形状，图C则是被切成10个部分并重新排列的形状。在这两种情况下，边的长度都是$2\pi r$。如果我们继续切成更小的部分，那么这个形状最终会变成一个矩形，如D所示，矩形的边长分别为r和$2\pi r$。矩形的面积（也就是两块馅饼的面积之和）就是$2\pi r^2$，因此一块饼的面积就是πr^2。

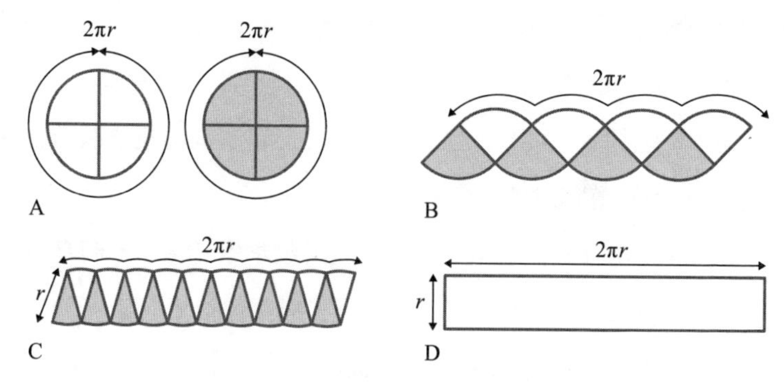

图4–3　圆的面积等于πr^2的证明过程

要使圆形变成正方形，我们必须（仅用圆规和直尺）构造一个与给定的圆面积相同的正方形。现在我们已知一个半径为r的圆，面积为πr^2，我们还知道，一个面积为πr^2的正方形的边长一定是$r\sqrt{\pi}$［因为$(r\sqrt{\pi})^2 = r^2(\sqrt{\pi})^2 = r^2\pi = \pi r^2$］。因此，把圆变成正方形，可以被简化为，用长度$r$构造长度$r\sqrt{\pi}$的问题。或者为了方便，将$r$取为1，就变成用1的长度来构造长度$\sqrt{\pi}$。

我将在后面介绍，在坐标几何中，可以用代数的方法将一条直线表示为一个有限方程。只要x是一个有限方程的解，我们就可以用长度为1的线段开始构造一条长度为x的线。但如果x不是一个有限方程的解，换句话说，如果x是超越数，就不可能构建出一条长度为x的线。现在，π是超越数，意味着$\sqrt{\pi}$也是超越数（这一点你必须相信我）。所以我们不可能构建$\sqrt{\pi}$的长度。π是超越数的事实证明，圆是无法变成正方形的。

林德曼对π的超越性的证明，打破了无数数学家长久以来的梦想。很多人曾宣称自己已经将圆变成了正方形，其中最著名的或许是托马斯·霍布斯。他是17世纪的英国思想家，他的著作《利维坦》标志着政治哲学的建立。霍布斯在晚年痴迷于几何学，在67岁时发表了他的解法。尽管在当时，化圆为方仍然是一个悬而未决的问题，但科学界对他的证明感到很困惑。牛津大学教授、艾萨克·牛顿之前最优秀的英国数学家约翰·沃利斯（John Wallis）在一本小册子中指出了霍布斯的错误，由此引发了英国思想历史上最有趣（也是最无意义）的一场纷争。霍布斯在其著作《给数学教授的6堂课》中增加了一个附录，回应了沃利斯的评论。沃利斯用《对霍布斯先生的必要纠正，或学校纪律，鉴于他的课没有讲正确》来反驳。霍布斯在《约翰·沃利斯的荒谬的几何学、农村语言、苏格兰教会政治和野蛮的标志》中继续回击，促使沃利斯又写出了《霍布斯先生的观点被推翻》。争论持续了将近25年，直到1679年霍布斯去世。沃利斯很享受这种针锋相对的争论，借此他可以诋毁霍布斯的政治和宗教观点。当然，在几何学问题上，他是对的。在许多争端中，双方都有理，但霍布斯和沃利斯这次却不是这样。霍布斯无法化圆为方，因为这是不可能的。

证明不出化圆为方，并没有让人们放弃。1897年，印第安纳州立法机构曾考虑过一项法案，在这项法案中，乡村医生E. J. 古德温（E. J. Goodwin）提出了一种化圆为方的证明，他将该法案作为“送给印第安纳州的礼物”。当然，他搞错了。自从1882年费迪南德·冯·林德曼证明了化圆为方不可能以后，“化圆为方的人”这个词在数学领域就成为怪人的代名词。

在18世纪和19世纪，人们不仅从古代几何问题中揭示了π的神秘特性，而且在新的科学领域也发现了它们，这些领域有时与圆没有明显的联系。“这个神秘的3.141 592…从每一扇门和窗中进来，从每一个烟囱里钻进来。”英国数学家奥古斯都·德摩根（Augustus De Morgan）如此写道。例如，钟摆摆动所需的时间与π有关。死亡人口的分布是一个关于π的函数。如果你掷硬币2n次，当n很大的时候，得到50%正面和50%反面的概率是1/（$\sqrt{n\pi}$）。

与不同寻常的π有紧密关联的人还包括法国博学者布丰伯爵（原名乔治-路易·勒克莱尔，1707—1788）。在布丰的众多各式各样的科学尝试中，最雄心勃勃的也许就是建造能正常工作的阿基米德的镜子，据说阿基米德用它们点燃了船只。布丰用168块平面镜制作了这样一个装置，每面镜子宽6英寸（约15厘米），长8英寸（约20厘米），整个装置能够点燃150英尺（约46米）远的一块木板，这是一次成功的试验，尽管这样的规模并不能点燃一支罗马舰队。

布丰提出了一个关于π的等式，该等式提供了一种计算π的新方法，尽管布丰本人并没有建立这种联系。布丰是在研究一款名为“干净瓷砖”的18世纪赌博游戏时得出了这个方程，在这个游戏中，你要把一枚硬币扔到瓷砖表面，就它是否会碰到瓷砖之间的接缝下注。布丰想出了下面的替代方案：想象地板上有一系列间隔均匀的平行线，在上面扔一根针。然后，他计算出，如果针的长度是l，线之间的距离是d，那么就可以得到下面的等式：

$$\text{针碰到线的概率}=\frac{2l}{\pi d}$$

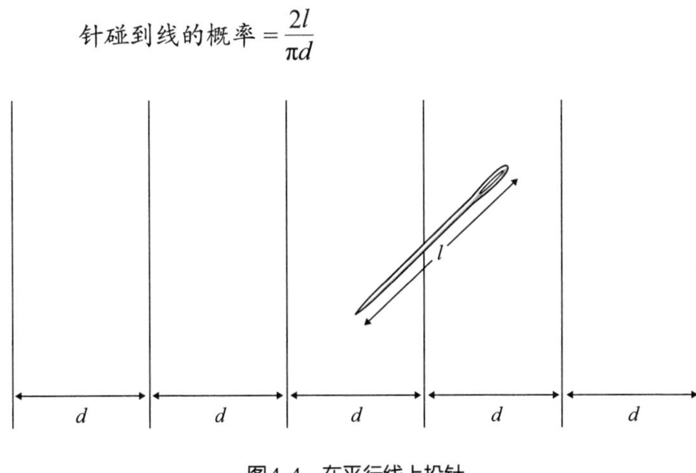

图4–4 在平行线上投针

布丰死后几年，皮埃尔·西蒙·拉普拉斯发现这个等式可以被用来估计π的值。如果你往地板上扔很多根针，那么针碰到线的次数与投掷的次数的比率，将大约等于针碰到线的概率。换句话说，在多次投掷之后，

$$\text{针碰到线的次数}/\text{投掷次数}\approx\frac{2l}{\pi d}$$

也就是说，

$$\pi\approx\frac{2l\times\text{投掷次数}}{d\times\text{针碰到线的次数}}$$

虽然拉普拉斯是第一个用这种方法来估算π的人，但是由于他

使用了布丰提出的方程，所以人们将这一功劳记在了布丰的头上。他因此位列找到计算π的新方法的数学家中的一员，与阿基米德和莱布尼茨等人齐名。

投掷针的次数越多，得到的结果就越接近π的真实值，而当数学家无法想出更具创造性的方法来打发时间时，将针对准棋盘就成为一种标准的消遣方式。然而，你需要投掷很多次，才能得到有趣的结果。据说，早期的尝试者包括曾参加美国内战的一位名叫福克斯的上尉，他在养伤时，将一小段电线往一块带有平行线的板子上扔了1 100次，并成功地将π推进到小数点后两位。

π的数学特性使它成为数字界的“名人”，同时也成为一个普遍的文化标志。因为π的数字模式永远不会重复，所以它们非常适合用来展示记忆力。如果你很擅长记数字，那么你的最高挑战就是π包含的数字。至少从1838年以来，背诵π的数字就成了一种消遣，当时《苏格兰人报》报道，一个12岁的荷兰男孩在科学家和王室人员面前背诵了当时所有已知的155位数字。现年60岁的退休工程师原口证（Akira Haraguchi）保持着目前的世界纪录。2006年，他在东京附近的一个大会堂背诵了圆周率小数点后10万位，全程被拍摄下来。演出耗时16小时28分钟，其中每隔两小时休息5分钟，在此期间他会吃饭团补充体力。他向一名记者解释，π象征生命，因为它的数位从不重复，也不遵循任何规律。他说，记住π是“宇宙的宗教”。

背诵π看起来有些无聊，但是后来产生了一种竞争性的运动：一边背诵π一边表演杂耍！这项纪录由50多岁的瑞典精算师马茨·贝里斯滕（Mats Bergsten）保持，他在抛接三个球的同时背诵了9 778

位数字。然而，他告诉我，他最引以为豪的是在“珠穆朗玛峰测试”中取得的成就。在这次测试中，π的前10 000位数字被分成了2 000组，每组5个，从“14159”开始。测试时，主持人将随机读出其中一组数字，参赛者须根据记忆说出它们之前和之后的5个数字。马茨·贝里斯滕是世界上仅有的能准确无误地做到这一点的4个人之一，而且贝里斯滕的用时是最短的，只有17分39秒。他告诉我，随机回忆10 000个数字，比按顺序记忆它们更让人精神紧张。

原口证在记忆这10万位小数时，用了一种记忆技巧，给从0到9的每个数字都分配音节，然后将π的小数翻译成单词，再组成句子。前15个数字听起来像是：“妻子和孩子出国了，丈夫不害怕。”在世界各地的文化中，学生都会利用单词来记住π的数字，但这通常不是通过分配音节来完成的，而是创造一个短语，每个单词中包含的字母数目表示连续的小数。据说天体物理学家詹姆斯·金斯（James Jeans）爵士发明了一段文本：“How I need a drink, alcoholic in nature, after the heavy lectures involving quantum mechanics. All of thy geometry, Herr Planck, is fairly hard.”（我多么需要喝一杯，自然中的酒精，在关于量子力学的艰深讲座之后。你所有的几何学，普朗克先生，都相当难。）How有3个字母，I有一个，need有4个，以此类推。

在所有数中，只有π激发了这种狂热。没有人想记住2的平方根，虽然它同样具有挑战性。π也是唯一一个启发了一个文学亚流派的数字。限制性写作是一种技巧，它要求写作者在文本中加入某种模式或禁止出现某种情况。有一类诗叫作“π诗”（piem），其中每个单词的字母数都由π决定，整首诗都是在这样的约束下写成。通常情况下，0用一个包含10个字母的单词来表示。最雄心勃勃的“π诗”是迈克·基思（Mike Keith）的《卡代伊华彩乐段》（*Cadaeic Cadenza*），它表示出了π的3 835位数字。π诗始于埃德加·爱伦·坡的一个模仿作品：

One; A poem

A Raven

Midnights so dreary, tired and weary,

Silently pondering volumes extolling all by-now obsolete lore.

During my rather long nap — the weirdest tap!

An ominous vibrating sound disturbing my chamber's andetoor.

'This,' I whispered quietly, 'I ignore.'

一；一首诗

一只乌鸦

午夜如此沉闷，疲惫，令人厌倦，

默默思索着赞颂所有已过时的传说的书。

在我长时间的小睡中，最奇怪的踢踏！

一种不祥的震动声扰乱了我房间的前门。

“这个，”我轻声说，“我不理睬。”

基思说，有难度的限制性写作既是一种训练，也是一种发现。他说，由于π中的数字是随机的，所以使用它作为限制条件来写作“就像从混沌中恢复秩序一样”。当我问他“为什么偏偏选择了π？”时，他回答，π“象征着一切无限、神秘、不可预测或充满无限惊奇的事物”。

1706年，自从威尔士人威廉·琼斯（William Jones）在他的书《新数学入门，供一些没有闲暇或便利，可能也没有耐心去搜索不同的作者、翻阅乏味的书，但不可避免地需要在数学上取得进步的朋友使用》中引入π这个符号后，π才开始代表圆周率。这一希腊字母当时可能是“外围”一词的缩写，但它没有立即流行开来，30年后，当莱昂哈德·欧拉采用它时，π才成为圆周率的标准符号。

欧拉是有史以来最高产的数学家（他出版了886本书），他可能是对人们理解π贡献最大的人。正是他改进了计算π的公式，使18世纪和19世纪的数字猎人得以确认π的越来越多的小数位数。20世纪初，印度数学家斯里尼瓦萨·拉马努金（Srinivasa Ramanujan）进一步发展了π的欧拉式无穷级数。

拉马努金是一位自学成才的数学家，在给剑桥大学教授G. H. 哈代（G. H. Hardy）写信之前，拉马努金在马德拉斯做文员。哈代看到拉马努金重新发现了前人用几个世纪才取得的成果，十分惊讶，并邀请他到英国。在拉马努金32岁去世前，他们一直在英国进行合作。拉马努金的工作显示了他对包括π在内的数字性质的非凡直觉，他最著名的公式如下：

$$\frac{1}{\pi}=\frac{2\sqrt{2}}{9\,801}\sum_{n=0}^{\infty}\frac{(4n)!(1\,103+26\,390n)}{(n!)^{4}396^{4n}}$$

$\sum_{n=0}^{\infty}$ 这个符号表示一系列的值相加，从n等于0时的结果开始，加上n等于1时，以此类推，直到无穷大。然而，即使不理解符号，我们同样可以欣赏这样一个方程的戏剧性。拉马努金的公式逼近π的速度可谓惊人。一开始，当$n = 0$时，公式只有一项，就给出了精确到小数点后6位的π值。n每增加1，这个公式就增加8位数字。它仿佛是一台π的工业计算机。

在拉马努金的启发下，20世纪80年代出生于乌克兰的数学物理学家格雷戈里·丘德诺夫斯基（Gregory Chudnovsky）和戴维·丘德诺夫斯基（David Chudnovsky）设计了一个更惊人的公式，每项可以增加约15位数字。

$$\frac{1}{\pi} = \sum_{n=0}^{\infty} (-1)^n \times \frac{(6n)!}{(3n)!\,n!^3} \frac{163\,096\,908 + 6\,541\,681\,608n}{(262\,537\,412\,640\,768\,000)^{n+1/2}}$$

我第一次看到丘德诺夫斯基的公式的时候，我就站在它上面。格雷戈里和戴维是兄弟，他们在布鲁克林的纽约理工大学共用一间办公室。办公室包括一个开放的空间，角落里有一个沙发，房间里还有几把椅子，以及用几十个π的公式装饰着的蓝色的地板。“我们想在地板上装饰一些东西，除了与数学有关的东西，你还能把什么东西放在地板上呢？”格雷戈里解释道。

实际上，圆周率地板只是他们的次佳选择。他们最初的计划是放上一幅阿尔布雷希特·丢勒的《忧郁Ⅰ》（*Melencolia I*）的复制品（见第251页）。这幅16世纪的版画深受数学家的喜爱，因为它充满了对数字、几何和透视的有趣的引用。

“地面上起初什么都没有，一天晚上，我们印了2 000多份《忧郁Ⅰ》，然后把它铺在地板上。”戴维说，“但如果你绕着它走，你就想吐！因为你的视角发生了非常突然的变化。”于是，戴维开始研究欧洲大教堂和城堡的地板，想要弄清要如何装饰办公室，才不会让走过的人感到恶心。“我发现它们大多是放一个……”

“简单的几何样式。”格雷戈里插话。

“黑、白、黑、白的方块……”戴维说。

“你想想，如果真的有一张复杂的照片，你试着走在它上面，角度变化太突然，你的眼睛就会不喜欢它。”格雷戈里补充，“所以你唯一能做的就是……”

“吊在天花板上！”戴维在我的左耳边叫道，然后他们两人都开始大笑。

和丘德诺夫斯基兄弟对话，就像戴着立体声耳机，两只耳朵的声音不规律地交替。他们让我坐在沙发上，然后两人坐在我的两边。他们不停地打断对方，接上对方的句子，操着浓重的斯拉夫口音说英语。这对兄弟出生在苏联时期的乌克兰基辅，不过他们从20世纪70年代末就一直生活在美国，也是美国公民。他们合作撰写了很多论文和书籍，而且希望被当成一个数学家，而不是两个。

然而，尽管他们的基因相似，交谈方式和职业都相同，但他们的外表却大有不同。这主要是因为56岁的格雷戈里患有重症肌无力，这是一种肌肉的自身免疫紊乱。他消瘦而孱弱，大部分时间都躺着。我从没见过他从沙发上起来。不过，他缺乏力量的四肢被一张表情鲜明的脸所弥补，他一谈起数学，表情就立刻活跃起来。他的五官尖锐，有一双棕色的大眼睛，白胡子，头发蓬乱。戴维有一双蓝眼睛，比弟弟年长5岁，身体更圆，脸更丰满。他剃光了胡子，短发藏在橄榄绿的棒球帽下面。

丘德诺夫斯基兄弟可以说是近年来在普及π方面做出贡献最多的数学家。20世纪90年代初，他们在曼哈顿的格雷戈里的公寓里，用邮购的零件制造了一台超级计算机，他们使用这台计算机计算出了π的超过20亿位小数，这创下了当时的纪录。

这一惊人的成就被记录在《纽约客》的一篇文章中，这篇文章又启发了1998年的电影《圆周率》(*Pi*)。电影主角是一个头发乱蓬蓬的数学天才，他用一台自制的超级计算机，寻找股市数据中隐藏的规律。我很想知道丘德诺夫斯基兄弟是否看过这部电影，这部电影获得了好评，成了低成本的心理数学惊悚片的典范。“没有，没有，我们没看过。”格雷戈里说。

“你要知道，电影制作人通常在电影里会重述他们的内心状态。”戴维讽刺地说。

我告诉他们，我以为他们会因为受到关注而感到高兴。

“完全没有。”格雷戈里咧着嘴笑了。

“我再告诉你一件事。”戴维插嘴说，“两年前，我从法国回来。在我离开的前几天，有一个大型书展。我在一个摊位驻足，摊位上有本书里有一篇侦探小说。故事是一位工程师写的。这是个谋杀悬疑故事，你知道的。很多尸体接连被发现，大多是旅馆里的情妇，而决定凶手所做的一切的源头，就是π。”

格雷戈里笑得合不拢嘴，低声说：“好吧，我肯定不会读这本书的，一定不会。”

戴维接着说：“所以我和那个人聊了聊。他是一个受过良好教育的人。”他停顿了一下，耸了耸肩，把音调提高了八度：“正如我所说，我不承担任何责任！”

戴维说，他第一次看到纪梵希香水的广告牌时惊呆了。“一路上都是π……π……π……”他高声抱怨道，“π…… π…… π！我对此有责任吗？”

格雷戈里瞥了我一眼，说：“出于某种原因，公众对π这个数很着迷，但他们的印象是错误的。”他说，有很多专业数学家研究π。他还挖苦道：“这些人通常是不会被看到的。”

在20世纪50年代和60年代，由于计算机技术的进步，人们发现了π的更多小数位。到20世纪70年代末，这一纪录已被打破9次，到达小数点后100多万位。然而，在20世纪80年代，更快的计算机和全新算法的结合，开启了一个数字狩猎的疯狂新时代。在日本和美国之间的π竞赛中，东京大学的年轻计算机科学家金田康正抢得先机。1981年，他用一台NEC（日本电气公司）计算机在137小时内计算出π的200万位小数。三年后，他的结果达到了1 600万位。美国加利福尼亚州数学家威廉·戈斯珀（William Gosper）随后以1 750万位的成绩领先，随后，NASA的戴维·H. 贝利（David H. Bailey）以2 900万位的成绩又战胜了他。1986年，金田以3 300万位的成绩再度实现超越，并在接下来的两年里，又三次打破自己的纪录，用一台新的机器S–820达到了2.01亿位，而这台机器只用了不到6个小时就完成了计算。

虽然远离数字狩猎的聚光灯，但丘德诺夫斯基兄弟也开始关注π。格雷戈里使用了一种互联网的新通信方法，将他床边的计算机连接到位于美国不同地点的两台IBM（美国国际商用机器公司）超级计算机上。然后兄弟两人根据他们此前发现的超高速计算公式设计了一个程序。只有在晚上和周末没有人使用电脑时，他们才被允许使用电脑。

“这是一个伟大的事业。”格雷戈里回忆道。在那些日子里，没有哪个计算机的容量能存储他们正在计算的数字。“他们把π记录在磁带上。”他说。

“迷你磁带。你得打电话给那个人去问他……”戴维补充。

“说磁带号码是多少多少。”格雷戈里接着说，“有时，如果别人的事情更重要，你的磁带会在计算过程中被卸下。”他的眼睛转了一下，就好像在空中挥了一下手。

尽管障碍重重，丘德诺夫斯基兄弟仍在继续计算，他们突破了10亿位数。随后，金田又把数位向前推进了一小段距离，然后丘德诺夫斯基兄弟又以11.3亿位数重新回到领先位置。戴维和格雷戈里决定，如果要认真地计算π，他们需要拥有自己的机器。

丘德诺夫斯基超级计算机就位于格雷戈里公寓的一个房间里。这台机器由通过电缆连接的处理器组成，据估计，整台机器的成本约为7万美元。考虑到要买到一台有类似性能的机器需要数百万美元，这个价格很便宜了。但它有自身的复杂之处，与他们的生活方式有关。他们称为m0（m zero）的这台电脑一直处于开机状态，以防关机造成不可逆的影响，房间里需要支起25个风扇才能保持它凉爽。兄弟俩很小心，不能在公寓里开太多灯，防止破坏了线路。

1991年，戴维和格雷戈里用自制的装置计算出了π后面超过20亿位小数，随后，他们把研究重心转移到其他问题上。1995年，金田再次取得领先；2002年，他达到了1.2万亿位数字，但这一纪录只保持到2008年，当时筑波大学的同人算到了2.6万亿位。2009年12月，法国人法布里斯·贝拉尔（Fabrice Bellard）用丘德诺夫斯基公式创造了一项新的纪录：将近2.7万亿位。他用自己的台式电脑花了131天计算出这一结果。

如果你用很小的字体写下一万亿位数字，它们连起来的距离可以通往太阳。如果你在一页纸上放下5 000位数字（这种字号很小了），然后把每一页纸叠在一起，最上面的纸将达10千米高。将π计算到如此荒谬的长度有什么意义呢？其中一个原因与人有关：纪录就是用来打破的。

但还有另一个更重要的动机。寻找越来越精确的π值是测试计算机处理能力和可靠性的一种理想方法。“我对拓展π的已知值没有兴趣。”金田曾说，“但我对提高计算性能很感兴趣。”计算π现在对测试超级计算机的性能很重要，因为它是一项“高负荷工作，需要占用大量的主内存，进行大量的数字运算，并提供检查答案是否正确的简单方法。数学常数，比如2的平方根、e①、γ，都可以用来测试，但π是最有效的”。

π的故事很有循环性。它是数学中最简单、最古老的比率，而如今又被改造为计算机技术前沿的一个极其重要的工具。

事实上，丘德诺夫斯基兄弟对π的兴趣主要来自他们建造超级计算机的愿望，这一愿望如今仍然强烈。兄弟二人目前正在设计一种芯片，并声称这将是世界上速度最快的芯片，它只有2.7厘米宽，但包含16万个更小的芯片和1.75千米长的电线。

在讨论他们的新芯片时，格雷戈里变得非常兴奋。“计算机的性能每18个月就增加一倍，不是因为它们速度变快了，而是因为它们可以装入更多的东西。但还有一个棘手的问题。”他说。如何把芯片

---

① 数学常数e是一个无理数，开头几位小数是2.718 281 828，格雷戈里·丘德诺夫斯基把它叫作“两倍托尔斯泰”，因为这位俄国小说家生于1828年。它和爱因斯坦的等式$E = mc^2$无关，这个公式里的E代表能量。

分割成更小的部分，以便它们能够以最高效的方式相互交流，是一个数学上的难题。他在笔记本电脑上展示了芯片的电路。“我认为这个芯片的问题在于，它是个‘资本主义芯片’！”他叫道。“问题是，这里的大多数元件都没有在做任何事情。这里的无产者并没有很多。”他指着一个部分。“这只是如何管理芯片内部空间的问题。”他感慨道，“大多数元件只是用来储存和计算。太可怕了！谁来负责制造呢？”

在卡尔·萨根的畅销书《接触》(*Contact*)中，一个外星人告诉地球上的一位女士，虽然π中的数字是随机的，但后面包含了一些用0和1组成的部分。这个部分出现在10^{20}（也就是1后面带20个零）位小数之后。因为我们现在只把π算到了2.7万亿位（27后面跟着11个零），所以我们还要再努力一段时间，才能知道他是否在编造故事。实际上，我们还有更进一步的工作要做，因为这段数字显然是用十一进制写成的。

π可能有规律可循这个想法很令人兴奋。随着π被计算得越来越精确，数学家一直在寻找π的小数的特征。π的无理性意味着，这些数字会不停地毫无规律地喷涌而出，但这并不能排除出现有规律片段的可能性，比如包含0和1的消息。然而，到目前为止，还没有人发现任何有意义的部分。不过，这个数字确实有它的奇怪之处。第一个0出现在第32个位置，这比随机分布情况下的预期要晚得多。第一次出现连续重复六次是小数点后762位起的999999。如果是随机出现，那么6个9出现得如此早的可能性小于0.1%。这个序列被称为费曼点，因为物理学家理查德·费曼曾经说过，他只想记住在那个点之前的数字，最后说“9，9，9，9，9，9，等等”。下一次出现连续6个相同的数字是在它的193 034位，也是连续的6个9。这是来自远方的消息吗？如果是，那是什么意思？

如果一个数展开后，0到9出现的频率相等，则认为该数是正规（normal）的。π正规吗？金田查看了π的前2 000亿个数字，发现这些数字出现的频率如下：

0	20 000 030 841	5	19 999 917 053
1	19 999 914 711	6	19 999 881 515
2	20 000 136 978	7	19 999 967 594
3	20 000 069 393	8	20 000 291 044
4	19 999 921 691	9	19 999 869 180

只有数字8似乎出现得最多，但差距并没有达到统计学上显著的标准。π似乎是正规的，但没有办法能够证明。然而，也没有人能证明，这样的证明是不可能的。因此，π也有可能是不正规的。也许10^{20}位后真的就只有0和1了呢？

另一个不同但相关的问题是数字的位置。它们是随机分布的吗？斯坦·瓦贡（Stan Wagon）用“扑克牌测试”分析了π的前1 000万位：取连续5位数字，把它们当作一手牌。

牌型	实际出现	预期出现
所有数都不同	604 976	604 800
一个对和三张不同	1 007 151	1 008 000
两个对	216 520	216 000
三张相同	144 375	144 000
三张相同加一个对	17 891	18 000
四张相同	8 887	9 000
五张都相同	200	200

右列表示，如果π是正规的，并且每个小数位被占据的机会相等，那么我们预期会看到的牌型出现的次数。结果完全在我们预期的范围之内。每个数字出现的频率似乎都与随机产生小数的频率一样。

有一些网站提供了你生日的数字第一次出现在π中的位置。数列0123456789第一次出现在第17 387 594 880位，这是在1997年金田算到这一位置时才发现的。

我问格雷戈里，他是否相信在圆周率中能找到一种规律性。“没有什么规律。”他轻蔑地回答，“如果有规律的话，那就很奇怪了，而且也不对。所以在这里浪费时间是没有意义的。”

有些人并不关注π的规律，而是把它的随机性看作是数学之美的主要表现。π是一个早已确定的数字，但它似乎非常好地模拟了随机性。

“它是一个很好的随机数。”格雷戈里赞同道。

丘德诺夫斯基兄弟开始计算π之后不久，接到了美国政府的电话。戴维模仿电话那头的长而尖的声音说：“你们能发来π吗？”

工业界和商业界都需要随机数。比如，一家市场调查公司需要对100万人口中的1 000人进行抽样调查。公司要使用随机数生成器来选择样本组。生成器在提供随机数方面的能力越强，样本的代表性就越强，调查结果也就越准确。同样，在测试计算机模型时，也需要随机数流来模拟不可预测的场景。数字越随机，测试就越可靠。事实上，如果用于测试项目的随机数不够随机，项目可能会失败。“你的随机数决定了你的优秀程度。”戴维说。“如果你使用的随机数很糟糕，你最终也会陷入糟糕的境地。”格雷戈里总结道。在所有可用的随机数集合中，π的小数是最好的。

然而，这里也存在一个哲学悖论。π显然不是随机的。它或许表现得像一个随机数，但它的数字是固定不变的。例如，如果π中的数字是随机的，那么小数点后的第一个数字是1的可能性只有10%，然而我们知道它已经确定是1。π表现出了非随机性的随机性——这很有趣，也很奇怪。

π是一个被研究了几千年的数学概念，但它还有许多秘密未被解开。从一个半世纪前，它的超越性被证明后，数学家在理解π的本质方面并没有取得重大进展。

“实际上，我们对它的大部分事情一无所知。”格雷戈里说。

我问，在理解π方面是否会有新的进展。

“当然，当然，”格雷戈里说，“进步总会有的。数学会一直向前发展。”

“它会更神奇，但不会很好。”戴维说。

1968年是全世界反主流文化兴起的一年，英国也未能幸免于这种代际的剧变。5月，财政部宣布推出一种革命性的新硬币。

推出50便士的硬币是为了取代以前的10先令纸币，这是一种从英制货币向十进制货币的转换。然而，这枚硬币最与众不同之处不是它的面值，而是它独特的形状。

“这不是普通的硬币。”《每日镜报》的报道说，“为什么呢？十进制货币委员会称它是‘多边曲线七边形’。”以前从来没有一个国家推出过七边形的硬币，也从来没有一个国家表达过对几何图形的美学的如此强烈的愤怒。领导这场战争的是德比郡罗塞特的退役陆军上校埃塞克斯·莫尔克罗夫特（Essex Moorcroft），他成立了“反七边形”组织。“我们的座右铭来自克伦威尔由衷的呐喊：‘拿走这个小玩意儿’。我成立这个协会，因为我认为我们的女王会因这种七边形的畸形受到侮辱。”他说，“这是一枚丑陋的硬币，上面有君主的形象，它是对我们君主的侮辱。”

尽管如此，50便士硬币仍在1969年10月开始流通，莫尔克罗夫特上校没能阻止得了它。事实上，1970年1月的《泰晤士报》报道称，“曲线优美的七边形似乎赢得了一些人的喜爱”。如今，50便士硬币被认为是英国文化遗产中一个独特而珍贵的部分。1982年推出的20便士硬币也是七边形的。

50便士和20便士实际上堪称设计上的经典。它们七边形的形状意味着，很容易把它们与圆形硬币区分开来，特别是对于盲人和视力有障碍的人而言。它们也是流通中的硬币中最有深意的：它表明，圆并不是数学中唯一有趣的曲边形。

圆可以被定义为一条曲线，其上的每一点都与一个固定的点（圆心）等距。它的这种性质有许多实际应用。人类的第一个伟大发明——轮子就是一个最明显的例子。当车轮沿地面平稳旋转时，连接在车轮中心的车轴将保持在地面之上的固定高度，这就是手推车、汽车和火车能运行平稳而不会上下颠簸的原因。

然而，如果要运输非常重的货物，轮轴可能无法承担重量。另一种方法是用滚筒。滚筒是一种长管，截面是圆形的，躺倒在地面上。如果一个底部平坦的重物（例如建造金字塔的巨大的长方体石头）被放在几个滚筒上，它就可以在滚筒上被平稳地推行，随着重物不断向前移动，新的滚筒会被挪到前面。

滚筒的关键特征是，地面和滚筒顶部的距离始终保持不变。显然，圆形截面满足这种情况，因为圆形的宽度（直径）总是相同的。

滚筒的截面只能是圆形吗？还有其他形状可以用吗？一个看起来反直觉的事实是，有很多形状都能形成完美的滚筒。一个例子就是50便士硬币。

如果你把很多枚硬币焊接在一起，变成一个横截面为50便士硬币的滚筒，然后把这本书放在这些滚筒上，当你推动它时，这本书不会上下摇晃，它会像在圆柱上一样平稳地往前走。

之所以会发生这种情况，是因为50便士硬币的边缘是一条定宽曲线。在它边缘的任何地方测量，50便士硬币的宽度都是一样的。所以，当一枚50便士硬币沿地面滚动时，从地面到硬币顶部的距离总是相等的。因此，把一本书放在一组50便士组成的滚筒上时，它的高度会保持不变。

令人惊讶的是，定宽曲线有很多。最简单的是勒洛三角形，它由一个等边三角形构成，把圆规的针尖放在每个顶点上，连接另两个顶点画出弧。在图4–5中，将圆规放在A处，将铅笔从B移动到

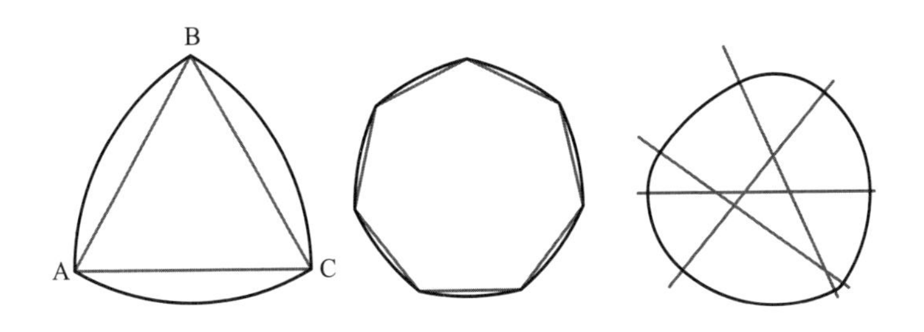

图4–5 定宽曲线包括勒洛三角形（左）和多边曲线七边形（中），它因为50便士硬币的形状而广为人知

C，然后对其他顶点重复这个过程，就画出了勒洛三角形。多边曲线七边形的构造方法相同。定宽曲线不要求对称。可以通过任意数量的交叉线来构造它们，如图4–5右边所示。以顶点为圆心的圆弧构成了周长。

曲线三角形得名于德国工程师弗朗茨·勒洛（Franz Reuleaux），他在1876年出版的《机械运动学》中，首次阐述了曲线三角形的应用。多年后，曾任机械工程师学会主席的H. G. 康韦（H. G. Conway）读到了这一点，当时他是英国财政部十进制货币委员会的一员。康韦建议50便士硬币采用定宽的非圆曲线形状，因为这一特性使它更适合投币的机器。这些机器通过测量直径来区分硬币，而50便士硬币无论处于什么位置，宽度都相同。（一枚正方形的硬币，即使换成弧形的边，也不可能宽度不变，这就是为什么没有四边形的硬币。）最终，委员会选择了七条边的形状，因为他们认为它是最美观的。

虽然勒洛三角重新发明了滚筒，但它并没有重新发明轮子。车轮不能由勒洛三角制成，因为等宽的非圆曲线没有“中心”，也就是一个与周长上的每个点距离都相等的固定点。如果你让一个轴穿过勒洛三角形并滚动它，形状的高度将保持不变，但轴会上下移动。

勒洛三角的一个实用特性是，它可以在正方形内旋转，而始终接触正方形内的四条边。1914年，生活在美国宾夕法尼亚州的英国工程师哈里·詹姆斯·沃茨（Harry James Watts）利用了这个特性，设计了一种奇特的工具：一种可以钻方孔的钻头。（钻出的孔的角是圆的，不是尖的，所以严格地说，这个孔是一个修正过的正方形。）

沃茨发明的钻头的横截面是一个勒洛三角形，但去掉了三部分，形成三个尖端。它配有一个特殊的夹盘，来补偿钻头旋转时中心的摆动。沃茨方孔钻至今仍在使用。

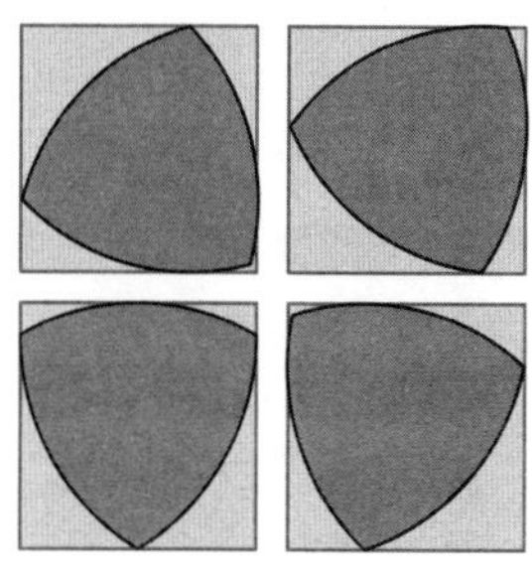

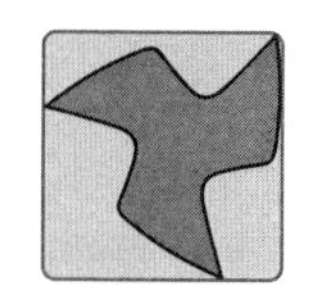

沃茨的方形钻头的横截面

在正方形内旋转的勒洛三角

图4–6　勒洛三角与能钻方孔的钻头

5663.17715

第5章

魔术中的数学

数学家大多喜欢魔术。魔术很有趣，常常也隐藏着有趣的理论。这里介绍一个经典的把戏，从中你也能欣赏代数的优点。首先选择任意三位数，第一位和最后一位应至少相差2，例如753。现在，把这个数字倒过来，我们得到357。用较大的一个数减去较小的一个数：753 – 357 = 396。最后，把这个数字和它自身倒过来之后的数相加：396 + 693，得到的和是1 089。

再试一次，换个数，比如421。

$$421 - 124 = 297$$

$$297 + 792 = 1\,089$$

答案总是一样的。事实上，无论你以哪三位数开始，总会得到1 089。这简直就是魔法，凭空变出来一个1 089，好像随机选择数字的流沙中坚定屹立的一块石头。仅仅经过几次简单的运算，就可以从任何一个起点得到相同的结果，这有些令人费解，但也不是无法解释，我们很快就会说到。当问题是用符号而不是用数字写出的时候，反复出现的1 089之谜几乎立刻被解开了。

虽然娱乐是数学发现的永恒主题，但只有当它作为解决实际问题的工具，数学才真正有了开端。莱因德数学纸草书可以追溯到约前1600年，是古埃及现存最全面的数学文献。它包含了84个问题，涉及测量、会计、如何将一定数量的面包分给一定数量的人等。

古埃及人会用修辞的方式来陈述他们的问题。纸莎草的第30题是，“如果抄写员说，是什么‘堆’让2/3 + 1/10等于10，让他听听”。“堆”是古埃及人表示未知量的术语，我们如今通常用x来表示，它是现代代数的基本符号。翻译成现在我们习惯的语言，上面这个问题是：x的值是多少，使2/3与1/10的和乘以x等于10。简而言之就是，$(2/3 + 1/10)x = 10$，x等于多少？

因为古埃及人没有我们现在的符号工具，如括号、等号或x，他们通过反复试验解决了这个问题。他们估计了堆的大小，然后得到了答案。这种方法被称为试位法，很像打高尔夫球。只要你在果岭上，就更容易把球打进洞。同样，一旦你有了一个答案，即使是一个错误的答案，你也知道了如何接近正确答案。相比之下，现代的求解方法则是将方程中的分数与变量x结合起来，也就是：

$$(2/3 + 1/10)x = 10$$

即

$$(20/30 + 3/30)x = 10$$

进一步有

（23/30）$x = 10$

简化得到

$x = 10$（30/23）

最终，

$x = 300/23$

可见，符号让生活变得更简单了。

古埃及象形文字中的加号是⩘，像两条从右向左行走的腿。减号是⩘，也就是从左向右走的两条腿。随着数字符号从计数槽演变为数字，用于算术运算的符号也随之演变。

尽管如此，古埃及人没有发明代表未知量的符号，毕达哥拉斯和欧几里得也没有。对他们来说，数学的本质是几何，与可以构建出的东西有关。未知量需要进一步的抽象思维。第一位引入未知量符号的古希腊数学家是丢番图，他使用了希腊字母ς。对于未知数的平方，他用了Δ^Y来表示；对于三次方，他用K^Y表示。他的符号在那个时代是一种突破，这意味着问题可以被更简洁地表达出来，但这些符号也令人困惑，因为和x、x^2和x^3不一样，ς、Δ^Y和K^Y之间看起来没有任何明显的联系。虽然他的符号有缺点，但他仍然作为“代数之父”而被人铭记。

丢番图生活在1世纪到3世纪间，住在亚历山大港。关于他的个人生活，除了下面的谜语外，没有其他记录。这个谜语出现在一个古希腊谜语集里，据说被刻在丢番图的坟墓上：

> 神允诺，他一生的六分之一时间是一个男孩；然后过了十二分之一时，他的面颊上就长了胡须；七分之一以后，他的婚姻之光被点燃；五年之后，又给了他一个儿子。唉！晚生的可怜的孩子，当他到了他父亲年龄的一半时，冰冷的坟墓就把孩子带走了。在用数字的科学安抚了他的悲痛四年后，他走到了生命的尽头。

这段话没有准确描述丢番图的家庭环境，只是赞扬了他所创造的符号带来的解决问题的新方法。这种新方法使人们可以清晰地表达数学句子，避免混乱的措辞，从而为新技术打开了大门。在我展示如何解决墓志铭上的问题之前，让我们先来看看这些新方法中的一些。

代数指关于方程的数学。在方程中，人们用各种符号表示数字和运算。“代数”（algebra）这个词本身有一段奇特的历史。在中世纪的西班牙，理发店的招牌上面会写着*Algebrista y Sangrador*，这个短语的意思是“接骨术和放血术”，这两项也曾是理发师的技能。（这就是为什么理发店的杆子上有红白相间的条纹，红色代表血液，白色代表绷带。）

*Algebrista*这个词的词根来自阿拉伯语的*al-jabr*，它除了指粗糙的外科技术外，还有修复或重新结合的意思。在9世纪的巴格达，穆罕默德·伊本·穆萨·花拉子米（Muhammad ibn Musa al-Khwarizmi）写了一本数学入门书，名为*Hisab al-jabr w'al-muqabala*，也就是

《关于复原和削减的计算》。在书中，他解释了两种解决算术问题的技巧。花拉子米描述问题的原文使用了一些修辞方法，但为了便于理解，我们这里用现代符号和术语来表述这些问题。

考虑方程 $A = B - C$。

花拉子米将*al-jabr*（复原）描述为让方程变为 $A + C = B$ 的过程。换句话说，负项可以通过在等号的另一侧重置而变为正项。

现在，考虑方程 $A = B + C$。

削减是指将方程变为 $A - C = B$ 的过程。

在现代符号的帮助下，我们可以看到，复原和削减这两个过程其实是同一个一般规则的两个例子。这个一般规则是：不管你对方程的一边做什么，必须对另一边做相同的事情。在第一个方程中，我们把C加到两边。在第二个方程中，我们在两边减去C。因为根据定义，方程两边是相等的，当两边同时加上或减去一个额外的项时，两边依旧相等。因此，如果我们将一边乘以一个量，也必须在另一边乘以相同的量，这个规则同样适用于除法和其他运算。

等号就像一个篱笆，把两个激烈竞争的家庭的花园隔开。无论琼斯一家对他们的花园做了什么，隔壁的史密斯家都要做完全一样的事情。

花拉子米并不是第一个使用复原和削减方法的人，丢番图也用过。当花拉子米的书被译成拉丁文时，书名中的*al-jabr*变成了*algebra*（代数）。花拉子米的代数书，连同他写的另一本关于印度十进制的书，在欧洲被广泛传播，于是，他的名字和一个科学术语永远连在了一起：Al-Khwarizmi后来成了Alchoarismi、Algorismi，并最终成为algorithm（算法）。

从15世纪到17世纪，数学语言从修辞性表达转变为符号性表达。慢慢地，字母代替了单词。丢番图可能是从ς起，使用字母符号代替数量的第一人，但首个有效推广这一做法的是16世纪的法国人弗朗索瓦·维埃特（François Viète）。维埃特建议用大写的元音字母A、E、I、O、U和Y表示未知量，用辅音字母B、C、D等来表示已知量。

在维埃特死后的几十年里，勒内·笛卡儿出版了他的《谈谈方法》。在书中，他把数学推理应用到人类的思维中。他起初怀疑自己所有的信念，在把一切剥离后，只剩下他存在的确定性。一个人不能怀疑自己的存在，因为思考的过程需要一个思想者的存在，这一论点在论述中被总结成“我思故我在”。这句话成为一句著名的格言，这本书也被认为是西方哲学的基石。但笛卡儿原本是打算把它作为其他三本科学著作的附录的引言的。其中一本著作是《几何学》，它也是数学史上的一个里程碑。

笛卡儿在《几何学》中介绍了标准代数的表示方法。这是第一本与现代数学书高度相似的书，里面有a、b和c以及x、y和z。笛卡儿决定用字母表开头的小写字母表示已知量，用字母表结尾的小写字母表示未知量。然而，在印刷时，印刷厂的字母不够用了。于是印刷厂问他，x、y或z用哪一个是否要紧。笛卡儿回答不要紧，所以印刷者选择只用x，因为它在法语中的使用频率低于y或z。结果，x成了数学和更广泛的文化中表示未知量的符号。这就是为什么超自然事件被归类在X档案中，以及为什么威廉·伦琴提出了“X射线”这个术语。如果不是因为印刷字母有限，“Y-factor”[1]可能会成为描

---

① X-factor（《英国偶像》）是英国一档选秀节目。——译者注

述无形的明星气质的短语，而美国非裔政治领袖可能名叫“马尔科姆·Z”[①]。

借助笛卡儿发明的符号，一切修辞的痕迹都被抹去了。

1494年，卢卡·帕乔利（Luca Pacioli）表述的方程是：

4 Census p 3 de 5 rebus ae 0

而到了1591年，维埃特会写成：

4 in A quad – 5 in A plano + 3 aequatur 0

1637年，笛卡儿把它变成：

$$4x^2 - 5x + 3 = 0$$

用字母和符号代替单词比速记更方便。符号x最初可能是未知量的缩写，但它被发明后，就成了有力的思考工具。单词或缩写都不能像x这样，直接被用作数学运算。数字使计数成为可能，但字母符号把数学带入了一个远超语言的领域中。

当问题以修辞方式被表述出来时，比如在埃及，数学家会用巧妙但随意的方法来解决它们。这些早期的问题解决者就像被困在雾中的探险家，几乎没有什么工具可用。然而，用符号来表达问题后，雾气就消散了，出现了一个被准确定义的世界。

代数的奇妙之处在于，一旦使用符号重新表述一个问题，往往它就离被解决非常近了。

① 马尔科姆·埃克斯（Malcolm X）是一位美国非裔领袖。——译者注

例如，让我们重新看一看丢番图的墓志铭。他死的时候几岁？我们用字母D代表他去世时的年龄，再来翻译这段话。墓志铭上说的是，他在$D/6$岁时还是个男孩，又过了$D/12$年才长出面部的毛发，又过了$D/7$年才结婚。5年后，他有了个儿子，儿子活了$D/2$年。4年后，丢番图本人去世。所有这些时间间隔加起来就是D，因为D是丢番图活过的年数。所以：

$$D/6 + D/12 + D/7 + 5 + D/2 + 4 = D$$

这些分数的最小公分母是84，因此方程变成：

$$14D/84 + 7D/84 + 12D/84 + 5 + 42D/84 + 4 = \mathrm{D}$$

它可以被改写成

$$D（14 + 7 + 12 + 42）/84 + 9 = D$$

即

$$D（75/84）+ 9 = D$$

也就是

$$D（25/28）+ 9 = D$$

将D移到等式的同一边，

$$D - D（25/28）= 9$$

$$D（28/28）- D（25/28）= 9$$

$$D（3/28）= 9$$

最后得出，

$$D = 9 \times 28/3 = 84$$

也就是说，代数之父死于84岁。

我们现在可以回到本章开头的魔术了。我让你说出一个三位数，其中第一位和最后一位数至少相差2。然后我让你把这个数字倒过来，得到第二个数字。之后，用大数减去小数。所以，如果你选择的是614，倒过来就是416。然后，614 – 416 = 198。然后我让你把这个中间结果和它倒过来的数相加。在上面的例子中，也就是198 + 891。

和之前一样，答案是1 089。它永远是1 089，代数会告诉你这是为什么。不过，首先，我们需要找到一种方法来描述我们的主角，也就是一个三位数，其中第一位和最后一位的数字至少相差2。

想想614，它等于600 + 10 + 4。事实上，任何一个三位数abc都可以写成$100a + 10b + c$（注意：这里的abc不是$a \times b \times c$）。所以，我们假设初始数字为abc，其中a、b和c都是一位数。为了方便起见，假设a比c大。

abc倒过来就是cba，它可以写成$100c + 10b + a$。

我们要用abc减去cba，得出一个中间结果。所以$abc - cba$是：

$$(100a + 10b + c) - (100c + 10b + a)$$

两个带有b的项抵消了，结果是：

$99a-99c$，也就是

$99(a-c)$

在基本层面上，代数不涉及任何特殊的见解，只是对某些规则的应用，目的是应用这些规则，让表达式尽可能地简单。

$99(a-c)$这种写法已经简化到极致了。

因为abc中的第一位和最后一位数字至少相差2，所以$(a-c)$可以等于2、3、4、5、6、7或8。

所以，$99(a-c)$就是以下数字中的一个：198、297、396、495、594、693或792。我们不管选择哪一个数，只要我们用它减去它倒过来的数字，我们得到的中间结果就一定是上面7个数中的一个。

最后一步是把这个中间数加上它倒过来的数。

让我们重复一下刚才做过的事情，并把它应用到中间结果上。我们将中间结果命名成def，也就是$100d+10e+f$。我们要将def和把它倒过来写的数fed相加。仔细看看上面可能的中间结果，我们发现中央的数字e始终是9。另外，第一位和第三位数字加起来总是9，换句话说，$d+f=9$。所以，$def+fed$等于：

$$100d+10e+f+100f+10e+d$$

即

$$100(d+f)+20e+d+f$$

也就是

$$(100\times 9)+(20\times 9)+9$$

即

$$900 + 180 + 9$$

说变就变！和是1 089，谜底揭开了。

这个魔术的惊人之处在于，从随机选择的数字中，总能产生一个固定的数字。代数让我们看到了变戏法之外的东西，提供了一种从具体到抽象的方法，从追踪特定数字的行为转到追踪任意数字的行为。代数不仅在数学上是一个必不可少的工具，也给其他科学提供了不可或缺的方程语言。

1621年，丢番图的巨著《算术》的拉丁文译本在法国出版。新版重新点燃了人们对古代解题技巧的兴趣，这些技巧与更好的数字和符号相结合，开创了数学思想的新时代。令人困惑的表示更少了以后，问题被描述得更加清晰。生活在图卢兹的法官皮埃尔·德·费马是一位狂热的业余数学家，他在那本《算术》里讲述了自己的数字思考。费马在关于毕达哥拉斯三元数（任何一组能使$a^2 + b^2 = c^2$成立的三个自然数a、b和c，例如3、4和5）的旁边，用页边的空白处潦草地写下了一些注释。他注意到，找不到a、b和c，能满足$a^3 + b^3 = c^3$成立，也找不到a、b和c，使得$a^4 + b^4 = c^4$成立。费马在他的《算术》中说，对任何大于2的数字n，不可能存在a、b和c，满足方程$a^n + b^n = c^n$。“我有一个绝妙的方法，可以证明这一点，但这里的空白太小了，写不下。”他写道。

即使在没有页边距限制的情况下，费马也从未给出任何证明，无论是绝妙的还是不绝妙的。他在《算术》中写下的笔记可能表明他证明过，或者他相信自己能证明，又或者他只是在挑衅。无论如何，他那“厚脸皮”的句子对一代又一代的数学家来说都是极好的诱饵。这一命题后来被称为费马大定理，它一直是数学界最著名的未解问题，直到1995年英国人安德鲁·怀尔斯（Andrew Wiles）破解了它。代数在这方面可以说非常谦逊，陈述问题的难易程度与解决问题的难易程度没有任何关系。怀尔斯的证明非常复杂，只有不到几百人能理解。

数学符号的改进使人们能够发现新的概念。对数是17世纪早期的一项极其重要的发明，它由苏格兰数学家、默奇斯顿城堡主人约翰·纳皮尔（John Napier）提出。事实上，他在神学上的工作更为著名。纳皮尔为新教写了一份辩护文章，他声称教皇是反基督者，并预言审判日将在1688年至1700年之间到来。晚上，他喜欢穿着长袍在城堡外踱步，以至于很多人都认为他是个巫师。他还在爱丁堡附近自家的大片土地上试验肥料，并提出了一些建造军事装备的想法，例如一辆“有可移动的勇气之嘴”的战车，可以“在各个方向上造成破坏”，还有一台“在水下航行”的机器，“装备有潜水员和其他攻击敌人的战略”——坦克和潜艇的前身。作为一名数学家，他推广了小数点的使用，并提出了对数（logarithm）的概念，用希腊语的logos（比率）和arithmos（数字）创造了这个术语。

对数的定义看起来令人望而生畏：一个数的常用对数（log）是该数被表示为10的幂时的指数。不要被这个定义吓到，其实对数的概念用代数的方式表示更容易理解：如果$a = 10^b$，则a的对数为b。

所以，$\log 10 = 1$（因为$10 = 10^1$）

$\log 100 = 2$（因为$100 = 10^2$）

$\log 1\,000 = 3$（因为$1\,000 = 10^3$）

$\log 10\,000 = 4$（因为$10\,000 = 10^4$）

如果一个数是10的幂，它的对数就非常明显。但是，如果这个数不是10的幂呢？例如，6的对数是多少？假设6的对数是a，就是说当a个10相乘时，会得到6。然而，把10与自身相乘一定的次数后得到6，这似乎非常荒谬。你怎么能把10与自身相乘一个分数的次数？当然，想象在现实世界中这个概念意味着什么，可能是十分荒谬的，但是数学的力量和美在于，我们不需要在意代数之外的任何意义。

6的常用对数精确到小数点后三位是0.778。换句话说，当我们把0.778个10相乘后，就可以得到6。

以下是从1到10的对数列表，每个数精确到小数点后三位。

$\log 1 = 0$

$\log 2 = 0.301$

$\log 3 = 0.477$

$\log 4 = 0.602$

$\log 5 = 0.699$

$\log 6 = 0.778$

$\log 7 = 0.845$

$\log 8 = 0.903$

$\log 9 = 0.954$

$\log 10 = 1$

那么，对数的意义是什么？对数把较为困难的乘法运算，变成了较为简单的加法。更准确地说，两个数相乘等于把它们的对数相加。如果$X \times Y = Z$，则$\log X + \log Y = \log Z$。

我们可以用上面的表格来检查这个等式。

$3 \times 3 = 9$

$\log 3 + \log 3 = \log 9$

$0.447 + 0.447 = 0.954$

还有，

$2 \times 4 = 8$

$\log 2 + \log 4 = \log 8$

$0.301 + 0.602 = 0.903$

因此，可以用以下方法算出两个数字的乘积：将它们转换为对数，相加得到第三个对数，然后将此对数转换成对应的数字。例如，2×3等于多少？我们找到2和3的对数，分别是0.301和0.477，把它们相加，就是0.778。从上面的列表中看到，0.778就是log 6。所以，2×3的答案是6。

现在，让我们算出89乘以62。

首先，我们需要找到它们的对数。如今我们可以把数字输入计算器或搜索引擎来找到对数，然而，20世纪末之前，人们唯一的方法就是查阅对数表。89的对数是1.949（精确到小数点后三位），62的对数是1.792。

所以，两个对数之和是$1.949 + 1.792 = 3.741$。

对数为3.741的数字是5 518，这是再次查对数表找到的。

所以，$89 \times 62 = 5\,518$。

值得注意的是，我们为了计算乘法所做的唯一运算是一个相当简单的加法。

纳皮尔写道，对数可以帮助数学家避免“冗长的时间投入”和“大量乘、除、平方和立方运算”所造成的“失误”。纳皮尔的发明不仅可以把乘法变成对数的加法，还可以把除法变成对数的减法，把计算平方根变成对数除以2，把计算立方根变成对数除以3。

对数带来的便利使它成为纳皮尔那个时代最重要的数学发明，科学、商业和工业也受益匪浅。例如，德国天文学家约翰内斯·开普勒很快就用对数计算出了火星的轨道。最近有人提出，如果没有纳皮尔的新数字提供方便的计算，开普勒可能不会发现天体力学的三条定律。

在纳皮尔于1614年出版的《对重要的对数表的介绍》中，他使用的对数与现代数学中的略有不同。对数可以表示为任意数的幂，这个数被称为底数。纳皮尔的系统使用了一个十分复杂的底数$1 - 10^{-7}$（然后他把它乘以10^7）。纳皮尔同时代的英国顶尖数学家亨利·布里格斯（Henry Briggs）曾访问爱丁堡，祝贺纳皮尔的发现。布里格斯接着用以10为底数的对数来简化了系统，这也被称为布里格斯对数，或称常用对数，因为10一直是最受欢迎的底数。1617年，布里格斯出版了一份从1到1 000的所有数字的对数表，精确到小数点后8位。1628年，布里格斯和荷兰数学家阿德里安·弗拉克（Adriaan Vlacq）将对数表扩展到100 000，并进一步精确到小数点后10位。他们的计算涉及繁重的数字运算，不过，一旦得到正确的结果，就再也不需要这样的计算了。

Chilias tertia.

Num. absolu	Logarithmi.	Num. absolu	Logarithmi.	Num. absolu	Logarithmi.
2601	3,41514,03521,9587	2634	3,42061,57706,2575	2667	3,42602,30156,8987
	16,69400,2969		16,48489,2280		16,28095,5464
2602	3,41530,72922,2556	2635	3,42078,06195,4855	2668	3,42618,58252,4451
	16,68758,8367		16,47863,7341		16,27485,4300
2603	3,41547,41681,0923	2636	3,42094,54059,2196	2669	3,42634,85737,8751
	16,68117,8692		16,47238,7147		16,26875,7707
2604	3,41564,09798,9615	2637	3,42111,01297,9343	2670	3,42651,12613,6458
	16,67477,3939		16,46614,1691		16,26266,5680
2605	3,41580,77276,3554	2638	3,42127,47912,1034	2671	3,42667,38880,2138
	16,66837,4103		16,45990,0970		16,25657,8213
2606	3,41597,44113,7657	2639	3,42143,93902,2004	2672	3,42683,64538,0351
	16,66197,9176		16,45366,4978		16,25049,5303
2607	3,41614,10311,6833	2640	3,42160,39268,6983	2673	3,42699,89587,5654
	16,65558,9155		16,44743,3710		16,24441,6943
2608	3,41630,75870,5988	2641	3,42176,84012,0693	2674	3,42716,14029,2597
	16,64920,4034		16,44120,7158		16,23834,3128
2609	3,41647,40791,0022	2642	3,42193,28132,7851	2675	3,42732,37863,5725
	16,64282,3806		16,43498,5320		16,23227,3854
2610	3,41664,05073,3828	2643	3,42209,71631,3171	2676	3,42748,61090,9579
	16,63644,8467		16,42876,8189		16,22620,9114

图5–1 1624年布里格斯出版的对数表中的一页

1792年，年轻的法兰西共和国雄心勃勃地决定制作新表格，其中包含100 000以内每个数的对数，精确到小数点后19位，以及100 000到200 000每个数的对数，精确到小数点后24位。该项目负责人加斯帕尔·德普罗尼（Gaspard de Prony）声称，他可以“像制造别针一样轻松地制造对数”。他的团队有近90位计算师，其中许多是从前的佣人或假发造型师，他们在革命前的技能在新政权中已经用不上了（如果没有叛国的话）。大多数计算都是在1796年完成的，但那时政府对新的对数表已经失去了兴趣，德普罗尼宏大的手稿从未出版过。今天，它被保存在巴黎天文台。

布里格斯和弗拉克的对数表在300年间一直是所有对数表的基础，直到1924年英国人亚历山大·J. 汤普森（Alexander J. Thompson）开始手动计算一份精确到20位的新版本。然而，汤普森的作品在1949年完成时已经过时了，并没能给这个古老的概念带来现代的光泽，因为那时的计算机可以很容易地生成对数表。

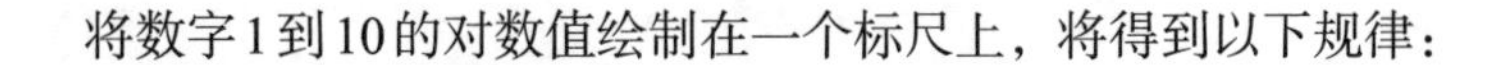

将数字1到10的对数值绘制在一个标尺上，将得到以下规律：

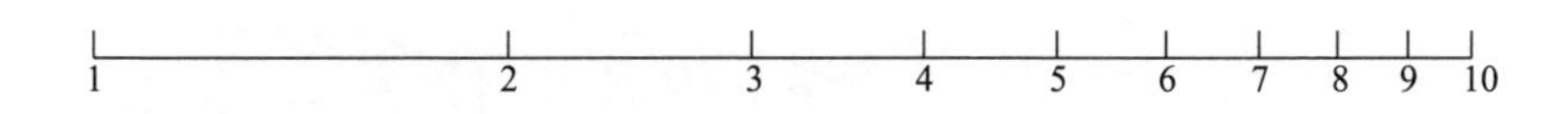

我们可以这样继续下去，比如到100。

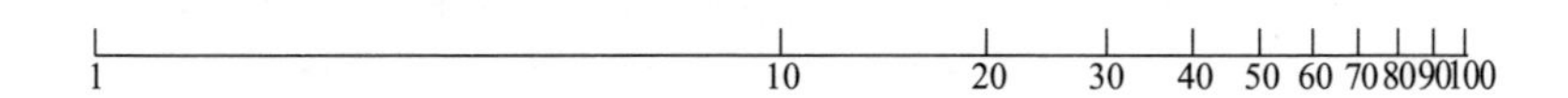

这就是对数刻度。在对数刻度上，数字越大，它们之间的距离就越近。

对于一些含有对数刻度的标尺，你在尺上每走一个单位，它所测量的量就会发生10倍的变化。（在上面的第二条标尺上，1到10之间的距离和10到100之间的距离是一样的。）例如，里氏震级是最常用的对数刻度，它测量的是地震仪记录的波的振幅。里氏7级地震触发的振幅是里氏6级地震的振幅的10倍。

1620年，英国数学家埃德蒙·冈特（Edmund Gunter）成为第一个在尺子上标出对数的人。他注意到，他可以通过延长这把尺子的长度来进行乘法计算。如果将圆规左边的针对准1，右边的针对准a，则当左边移动到b时，右边就会指向$a \times b$。图5–2中表示，圆规被设置为2，然后左边移至3时，右边就对准了$2 \times 3 = 6$。

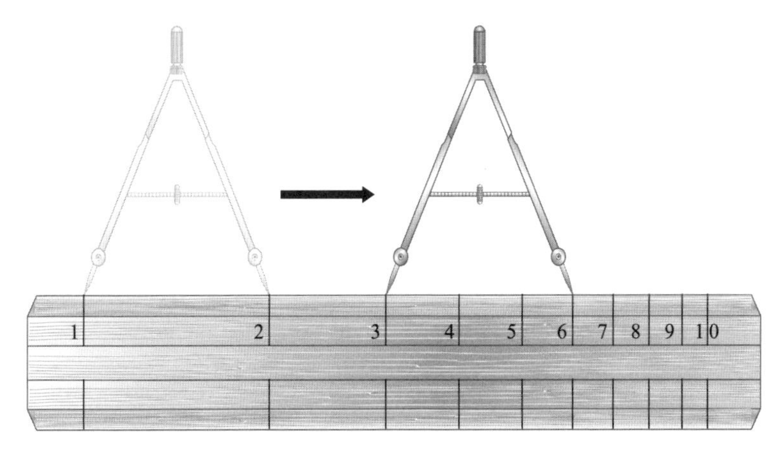

图5–2　冈特乘法

英国国教会牧师威廉·奥特雷德（William Oughtred）在不久后改进了冈特的想法。他没有使用圆规，而是把两个木制的对数尺放在一起，制造出了一种计算尺。奥特雷德设计了两种类型的计算尺，其中一种使用两把直尺，另一种使用带有两个游标的圆盘。不知出于什么原因，奥特雷德没有公布他的新发明。但是到了1630年，他的一位学生理查德·德拉曼（Richard Delamain）却抢先公布了。奥特雷德愤怒至极，指责德拉曼是个“小偷”，关于计算尺的起源之争一直持续到德拉曼去世。奥特雷德临终时抱怨道：“这件丑事给我带来了许多偏见和不利。”

计算尺是一种非常巧妙的计算机器，虽然它现在可能已经过时了，但仍然有人狂热崇拜着它。我拜访了其中一位——来自埃塞克斯布伦特里的彼得·霍普（Peter Hopp）。“从17世纪到1975年，每一项技术创新都是用计算尺发明的。”他在车站接我时这样说。霍普是一位退休的电气工程师，非常和蔼可亲，他的眉毛纤细，长着一双蓝色的眼睛，面颊饱满。他要带我去看他的收藏室，那是世界上最大的计算尺收藏室之一，其中包括1 000多个被遗忘的英雄。在开车去他家的路上，我们聊了他的收藏。霍普说，最好的东西会直接在互联网上被拍卖，竞争不可避免地推高了价格。他说，为一把罕见的计算尺花上几百英镑很常见。

我们到他家后，他的妻子给我们沏了茶，然后我们来到他的书房。在书房里，他向我展示了一把20世纪70年代辉柏嘉牌的木制计算尺，上面有一层浅桃红色的塑料饰面。这把尺的大小和一把常规的30厘米尺差不多，但中间可以滑动。上面用很小的字标出了几个不同的刻度。它还有一个透明的可移动游标，上面标有一条细线。它的外形和感觉让人总是联想到一种出现在战后、计算机时代来临前的书呆子的形象——当时的极客们穿着衬衫、打着领带，口袋里插着笔夹子，不像今天的极客们穿着T恤、运动鞋，听着苹果随身听。

我在20世纪80年代上中学，那时的学生已经不再使用计算尺，所以霍普给我快速上了一课。他建议我，作为初学者，应该使用主尺上1到100的对数刻度，以及相邻的中间滑动部分的1到100的对数刻度。

使用计算尺（在美国也被称为滑尺）计算两个数的乘积，就是将标在一个刻度上的第一个数与标在另一个刻度上的第二个数对齐。你不需要了解对数是什么，只需要把中间的尺子滑动到正确的位置上，然后读出刻度就行。

例如，假设我想计算4.5乘以6.2。我需要将一把尺子上的长度设成4.5，而将另一把尺子上的长度设成6.2。将中间的尺上的1滑动到主尺上的4.5，那么中间尺6.2所对应的主尺上的点就是结果。图5–3展示了这一过程。

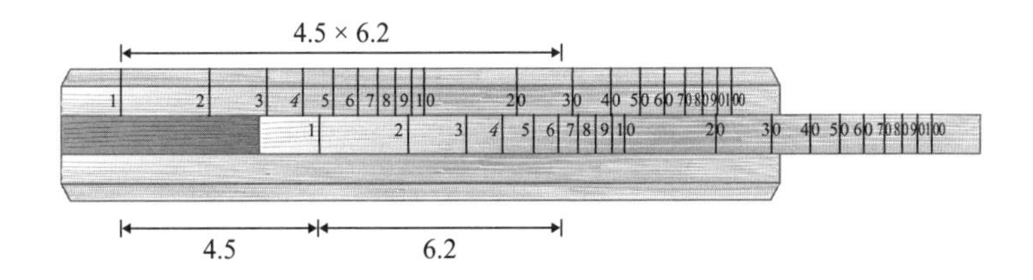

图5–3　如何用计算尺做乘法

使用这种细线游标，可以很容易地看到两个刻度相交的位置。顺着中间标尺上的6.2处，我可以看到它刚好位于略低于主尺28的位置，这就是正确答案。计算尺不是精密的机器。或者更确切地说，我们使用它们不是为了得到精确的结果。在计算尺上读数时，我们是在估算一个数字在模拟的刻度上约为多少，而不是找到一个清晰的结果。然而，尽管它们具有固有的不精确性，霍普说，至少在他做工程师时，计算尺对于大多数用途来说都已经足够了。

我用的计算尺上的对数刻度是从1到100的。也有从1到10的刻度，数字之间有更多空间，可以获得更高的精度。因此，使用计算尺时，最好通过移动小数点将原始数字转换为1到10之间的数字。例如，为了计算4 576乘以6 231，我要把它变成4.576乘以6.231。找到答案后，再把小数点向右移回6位。当我输入4.576，并与6.231对齐时，得到的数值为28.5左右，这意味着4 576 × 6 231的答案约为28 500 000。用上面的对数表计算出的准确答案是28 513 056。这是个不错的估计。通常，一把像辉柏嘉这样的计算尺能让你获得三位有效数字的精度，这也是通常需要的精度。我失去了准确度，但获得了速度，得出这个答案只花了不到5秒的时间，使用对数表要花上十倍的时间。

彼得·霍普最古老的藏品是一把18世纪早期的木制计算尺，税务人员用它来计算酒精的体积。在见到霍普之前，我一直不相信收集计算尺是一种有趣的消遣。邮票和化石至少可以很好看，但计算尺只是一种实用的工具。不过，霍普的古董计算尺很漂亮，精致的木头上精心雕刻着数字。

霍普的大量收藏反映了几个世纪以来人们取得的微小进步。19世纪，出现了新的比例尺。彼得·罗格（Peter Roget）为缓解自己的精神疾病，制作了永恒、经典且权威的同义词词典，他发明了重对数尺，可以计算$3^{2.5}$等分数幂以及平方根。随着制造技术的进步，人们设计出了新颖、精密、美观的新设备。例如，撒切尔的计算仪器看起来像金属底座上的擀面杖，富勒教授的计算器（见图5–4）由三个同心的空心黄铜圆柱体和一个红木手柄组成。一条长41英尺（约12.5米）的螺旋线绕着圆柱，能提供5个有效数字的精度。霍尔登计算器看起来像一块怀表，由玻璃和铬钢制成。由此可见，计算尺确实具有惊人的吸引力。

我还在霍普的架子上发现了一个古怪的装置，它看起来像胡椒粉碎器，我问他这是什么。他说是库尔塔（Curta）。这是一个手掌大小的黑色圆柱体，顶部有一个手摇曲柄，这个独特的发明是人类制造出的唯一一台便携式机械计算器。霍普演示了它的使用方法，他

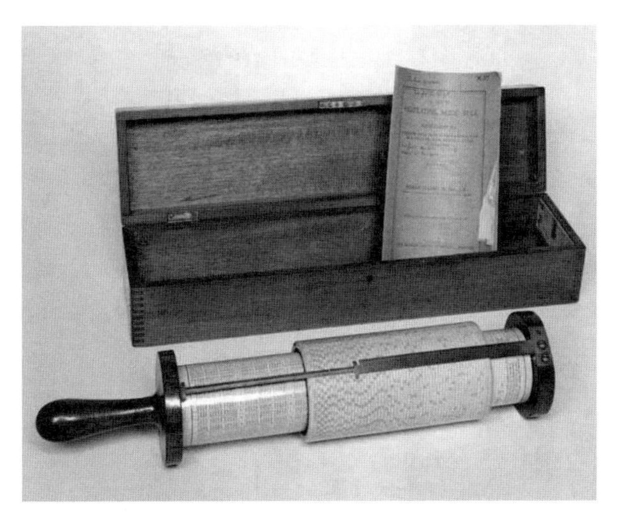

图5–4　富勒教授的计算器

转动手柄一圈，使机器复位到零。你可以通过调整库尔塔一侧的旋钮输入数字。霍普把数字设为346，转动手柄一次，然后他将旋钮重新设置到217。当他再次转动手柄时，机器的顶部就显示出了两个数字的总和563。霍普说，库尔塔还可以进行减法、乘法、除法和其他数学运算。他补充说，库尔塔过去很受跑车爱好者的欢迎。领航员可以通过转动手柄来计算驾驶时间，而不耽误盯着道路。它比计算尺更易于阅读，也不容易受到路上颠簸的影响。

尽管库尔塔不是一把计算尺，但它在计算上的独到之处使它受到数学仪器收藏家的喜爱。在使用它之后，它立即成为我最喜欢的霍普的藏品。这个工具可谓名副其实地“捣弄数字”——数字被输入，随着手柄的转动，结果就会出现。然而，对于一个由600个机械零件组成、能像瑞士手表一样精确移动的小器械来说，“研磨”出答案的说法太粗糙了。

图5–5　1971年库尔塔的广告

更耐人寻味的是，库尔塔有一段特别戏剧性的历史。它的发明者库尔特·赫尔茨施塔克（Curt Herzstark）当时是布痕瓦尔德集中营里的一名囚犯，他在第二次世界大战的最后几年设计了这个装置的原型。赫尔茨施塔克是奥地利人，他的父亲是犹太人，作为一名众所周知的工程天才，他被特许制造计算器。赫尔茨施塔克被告知，如果他成功的话，这台计算器将作为礼物被送给阿道夫·希特勒。他也将被宣布是雅利安人，他的命也能保住。战争结束后，赫尔茨施塔克重获自由，他把完成的图纸折在口袋里，离开了集中营。在几次尝试寻找投资者未果之后，他最终说服了列支敦士登亲王。1948年，列支敦士登制造了第一台库尔塔。从那时起到20世纪70年代初，列支敦士登一共生产了大约15 000台。赫尔茨施塔克一直住在列支敦士登的一间公寓里，1988年去世，享年86岁。

在整个20世纪50年代和60年代，库尔塔是唯一能够计算出精确答案的便携计算器。但是，库尔塔和计算尺几乎都因计算工具史上的一个事件而消失了，这个事件就像传说中灭绝了恐龙的陨石一样彻底清除了之前的计算器——电子便携计算器诞生了。

很难想到有其他东西像计算尺一样，在统治了如此长时间之后，又消失得如此之快。它统治了300年，直到1972年，惠普公司推出了HP–35。这台设备被称为“高精度便携式电子计算尺”，但它根本不像计算尺。它的大小相当于一本小书，有一个红色的LED（发光二极管）显示屏、35个按钮和一个开关。几年之后，除了二手的计算尺，已经买不到供日常使用的计算尺了，唯一买家就是收藏家。

尽管电子计算器“杀死”了他心爱的计算尺，但彼得·霍普并没有怨言。他也喜欢收集早期的电子计算器。当我们把话题转到电子计算器上面时，他向我展示了他的HP–35，并开始回忆他在20世纪70年代初第一次看到HP–35时的情景。当时，霍普刚刚开始在电子通信公司马可尼工作。他的一个同事买了一台HP–35，花了365英镑，这大约是当时一名初级工程师的一半年薪。“它很值钱，他把它锁在书桌里，从不让任何人使用。”霍普说。不过，这位同事还有另外一个要保密的原因。他相信自己找到了一种使用计算器的方法，可以节省公司1%的开支。“他与老板进行了绝密会谈。会上全是‘安静，安静’。”霍普说。但事实上，他的同事犯了个错。计算器并不是完美的工具，如果输入10除以3，你会得到3.333 333 3。但是，将结果乘以3后，你并不会回到开始的数，而是会得到9.999 999 9。霍普的同事利用数字计算器中的反常，凭空得出了一些结论。霍普笑着回忆起这件事：“同行用计算尺评审时，发现这些结论根本就不对。”

这个故事说明了霍普为什么会惋惜计算尺的消亡。计算尺为用户提供了对数字的直观理解，这意味着，在他读出答案之前，他就对答案有了大致的了解。霍普说，现在人们只需把数字输入计算器，对答案是否正确已没有任何感觉。

然而，数字电子计算器在很多方面改进了计算尺的不足。便携计算器更易使用，能给出更精确的答案。1978年时，它的价格已经跌到5英镑以内，这使它可以被大众所接受。

现在，计算尺已经消失了几十年，如果我告诉你现代世界事实上还有一种情况仍然普遍使用计算尺，你一定会感到十分惊讶。飞行员还在使用计算尺来驾驶飞机。飞行员的计算尺是圆形的，叫作领航计算尺，它可以测量速度、距离、时间、油耗、温度和空气密度。为了成为一名飞行员，你必须精通领航计算尺，这似乎非常奇怪，要知道现在驾驶舱使用的都是高端计算机技术。之所以要求掌握计算尺，是因为飞行员必须具备在没有机载计算机的情况下驾驶小型飞机的能力。驾驶最现代喷气式飞机的飞行员往往更喜欢使用领航计算尺。手边有一把计算尺意味着你可以很快算出估值，也可以更直观地了解飞行的数值参数。飞行员熟练使用17世纪早期的计算机器可以使得驾驶喷气式飞机更安全，这真是件有趣的事。

早期电子计算器的天文数字一样的价格使它们成为奢侈品。发明家克莱夫·辛克莱（Clive Sinclair）称他的第一件产品为“执行官”（Executive）。这种产品的一个营销理念是用艺妓来瞄准日本的高收入商人。经过一晚的娱乐后，艺妓会从她的和服下抽出一台辛克莱的执行官计算器，客户可以用它来计算账单。这样一来，客户就会觉得有必要买下它了。

随着价格的下降，计算器不仅被视为算术助手，而且成为一种玩法多样的玩具。1975年出版的《便携计算器游戏书》介绍了许多在这种高科技电子产品上可以进行的娱乐活动。“便携计算器对我们的生活来说是新鲜事物。5年前，它们还不为人所知，现在它们变得和电视机或高保真音响一样受欢迎。”书里说，“然而，便携计算器的不同之处在于，它们不是被动的娱乐设备，而是需要巧妙的输入和明确的使用目的。我们对便携计算器能做什么并不感兴趣，我们感兴趣的是，你用便携计算器能做什么。”1977年，畅销书《用你的电子计算器玩游戏》中介绍了一本字典，里面的单词只由字母O、I、Z、E、h、S、g、L和B构成，它们恰好是LED数字0、1、2、3、4、5、6、7和8倒过来的样子。其中最长的单词包括：

7个字母：

OBELIZE	gLOBOSE	BIggISh
ELEgIZE	SESSILE	LOOBIES
LIBELEE	LEgIBLE	LEgLESS
OBLIgEE	BESIEgE	ZOOgEOg

8个字母：	9个字母：
ISOgLOSS	gEOLOgIZE
hEELLESS	ILLEgIBLE
EggShELL	EISEgESIS

令人惊讶的是，这份列表里没有BOOBLESS这个词，这个词被十几岁的男孩用来形容平胸的女同学，可能是导致一代女孩放弃数学的原因。不过，《用你的电子计算器玩游戏》可能是唯一一本相比算术更能提高英语水平的书。

随着市场上出现更有趣的电子游戏，人们对玩计算器很快失去了热情。很快人们就明白，计算器不会激发人们对数字的热爱，倒是会产生反效果，导致心算能力的下降。

对数是由符号的进步而产生的一个全新发明，而二次方程则是一个被新符号装扮一新的古老数学主题。在现代符号中，我们所说的二次方程是这样的：

$ax^2 + bx + c = 0$，其中x是未知数，a、b和c是常数。

例如，$3x^2 + 2x - 4 = 0$。

“二次”的意思是方程带有x和x^2，主要涉及关于面积的计算。考虑古巴比伦泥板中的以下这个问题：一个面积为60个单位的矩形场地，它的一边比另一边大7个单位，场地的两边分别有多长？为了找到答案，我们需要画出问题的草图，如图5–6所示。问题简化为求解二次方程$x^2 + 7x - 60 = 0$。

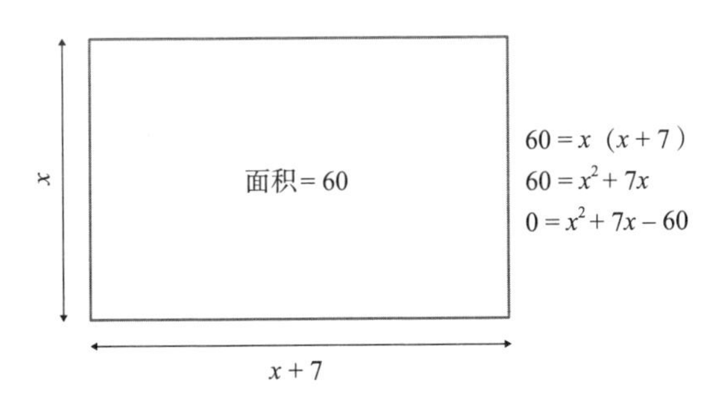

图5–6　场地的两边分别有多长？

二次方程的一个简便的特点是，它们可以用下面这个通用公式，代入a、b和c的值直接求解：

$$x = \frac{-b \pm \sqrt{b^2 - 4ac}}{2a}$$

±表示有两个解，一个是来自取 + 的公式，另一个是来自取 – 的。在古巴比伦泥板的问题中，$a = 1$，$b = 7$和$c = -60$，两个解分别是5和–12。由于负解在描述面积时没有意义，所以答案是5。

除了分析面积外，二次方程也被用在其他计算中。物理学本质上诞生于伽利略·伽利雷关于物体下落的理论。据说，伽利略是通过从比萨斜塔上投掷铁球而发现的这个理论。他推导出，描述物体下落距离的公式是一个二次方程。从那时起，二次方程对于理解世界就变得非常重要，毫不夸张地说，它们是现代科学的基础。

即便如此，也并不是所有问题都可以归结为带有x^2的方程。有些需要x的更高一级的幂，也就是x^3。这些方程被称为三次方程，其形式为：

$ax^3+bx^2+cx+d=0$，其中x是未知数，a、b、c和d是常数。例如，$2x^3-x^2+5x+1=0$。

三次方程经常出现在涉及体积的计算中，其中可能需要将固体的三个维度的大小相乘。尽管它们比二次方程只高出一级，但三次方程的求解要困难得多。二次方程在几千年前就被破解了，比如古巴比伦人在代数被发明之前就能够解出二次方程，但是在16世纪初，三次方程仍然超出了数学家的能力。所有这一切都在1535年发生了变化。

在文艺复兴时期的意大利，未知量，或者说x，被称为*cosa*，也就是“东西”。关于方程的学问被称为“东西的艺术”（cossick art），解决它们的专业人士是cossist，字面意思是“东西家”。他们不仅包括象牙塔中的学生，还有商人，他们用自己的数学技能开创了一个快速发展的商业阶层，这个阶层需要算术的帮助。进行有关未知量的计算充满着竞争性，和手工艺大师一样，“东西家”把他们最好的技术藏了起来。

尽管他们一直保密，但在1535年，一个谣言在博洛尼亚流传开，有人说两位“东西家”发现了如何解三次方程。对于解未知量的群体来说，这个消息非常令人兴奋。征服三次方程会使一个方程专家压过他的同行，让他可以收取更高的费用。

在现代学术界，如果你解决了一个著名的问题，你可以通过发表一篇论文公布，也可能在新闻发布会上公布。但在文艺复兴时期，“东西家”的方法是进行一场公开的数学决斗。

2月13日，博洛尼亚大学聚集了很多人，他们都前来观看尼科洛·塔尔塔利亚（Niccolò Tartaglia）和安东尼奥·菲奥雷（Antonio Fiore）的数学决斗。比赛的规则是，每人给对方出30个三次方程。每正确求解一个方程，解题者都会赢得一场由对手支付的宴会。

比赛以塔尔塔利亚的压倒性胜利告终。（他的名字的字面意思是“口吃者”，这是他因刀伤而获得的一个绰号，刀伤让他毁了容，并有了严重的语言障碍。）塔尔塔利亚在两小时内解出了菲奥雷提出的所有问题，而菲奥雷连一题都解不出来。作为第一位发现三次方程解法的人，塔尔塔利亚是欧洲所有数学家羡慕的对象，但他不愿告诉任何人他是怎么做到的。他也拒绝了吉罗拉莫·卡尔达诺（Girolamo Cardano）的请求，卡尔达诺可能是历史上最有故事的著名数学家之一。

卡尔达诺的本职是一名医生，以医术精湛闻名，他曾前往苏格兰治疗大主教的哮喘。他也是一位多产的作家。在他的自传中，他列出了131本印刷书籍、111本未印刷的书籍，以及170份他认为不够好而不愿出版的手稿。《安慰》汇编了他对悲伤之人的忠告，畅销整个欧洲，文学学者认为这本书就是哈姆雷特说出“生存还是毁灭”那段独白时手里拿着的书。卡尔达诺也是一位专业的占星学家，他声称发明了“相面术”，也就是根据面部的不规则特征解读性格。在数学方面，卡尔达诺的主要贡献是发明了概率理论，之后我会再讲到。

卡尔达诺急切地想知道，塔尔塔利亚是如何解出三次方程的，于是写了一封信给他，问他能否把他的三次解法加入卡尔达诺正在写的一本书中。塔尔塔利亚拒绝了，卡尔达诺再次询问，这次他保证不会告诉别人。塔尔塔利亚又一次拒绝了。

卡尔达诺不惜一切代价想要知道塔尔塔利亚求解三次方程的方法。他最终想出了一条诡计，他以介绍一位潜在的捐助人——伦巴第总督为借口，邀请塔尔塔利亚去米兰。塔尔塔利亚接受了邀请，但到了那里后，他发现总督不在城里，只看到了卡尔达诺。在卡尔达诺的“死缠烂打”下，塔尔塔利亚终于松了口，对卡尔达诺说，如果卡尔达诺不把公式告诉别人，就把公式告诉他。机灵的塔尔塔利亚故意用一种隐晦的方式写下了答案：一首奇特的25行诗。

尽管多了这层障碍，智慧的卡尔达诺还是破译了这个方法，他也几乎信守了自己的诺言。他只告诉了一个人这个解法，那就是他的私人秘书，一个叫洛多维科·费拉里（Lodovico Ferrari）的年轻男孩。结果证明，这带来了一个麻烦，不是因为费拉里轻率地说了出去，而是因为他改进了塔尔塔利亚的方法，从而找到了一种解四次方程，也就是包含x^4的方程（例如，$5x^4-2x^3-8x^2+6x+3=0$）的解法。当一个二次方程与另一个二次方程相乘时，就可能会出现一个四次方程。

卡尔达诺陷入了两难境地——他无法在不违背与塔尔塔利亚的约定的情况下，发表费拉里的发现，但他也不能否认费拉里的功劳。最后，卡尔达诺想到了一条聪明的办法。他后来发现，在与塔尔塔利亚的决斗中落败的安东尼奥·菲奥雷是知道如何解三次方程的，菲奥雷从一位年长的数学家希皮奥内·德尔费罗（Scipione del Ferro）那里学到了这个方法，德尔费罗在临终前告诉了菲奥雷。卡尔达诺在接近德尔费罗的家人，并浏览了这位已故数学家未发表的笔记后，发现了这一点。因此，卡尔达诺认为公布结果在道德上是正当的，他认为德尔费罗才是最初的发明者，而塔尔塔利亚是再发明者。这一方法被收录在卡尔达诺的《伟大的艺术》（*Ars Magna*）中，这本书是16世纪最重要的代数著作。

塔尔塔利亚没有原谅卡尔达诺，在愤怒和痛苦中死去。然而，卡尔达诺活到了近75岁。他于1576年9月21日去世，他在数年前曾通过占星预测自己会在这天死去。一些数学史学家认为卡尔达诺当时的健康状况很好，他为了确保自己的预言成真，服毒自杀。

除了把方程中的x的幂越升越高，我们也可以通过添加第二个未知数y来增加复杂性。在学校学习的代数中最常见的就是联立方程，它通常是求解两个方程，每个方程都有两个变量。例如：

$$y = x$$

$$y = 3x - 2$$

为了解这两个方程，我们用一个方程中变量的值，来代替另一个方程中的值。在这种情况下，由于$y = x$，那么：

$$x = 3x - 2$$

这可以简化为$2x = 2$

所以$x = 1$，且$y = 1$

我们也可以通过观察来理解任何带有两个变量的方程。画一条水平线和一条与之相交的竖直线。将水平线定义为x轴，将竖直线定义为y轴。两轴的交点在x轴和y轴上对应的数值都设为0。平面中任何点的位置都可以通过参考两个轴上的点来确定。位置（a，b）定义为，通过x轴上a点的竖直线与通过y轴上b点的水平线的交点，见图5–7。

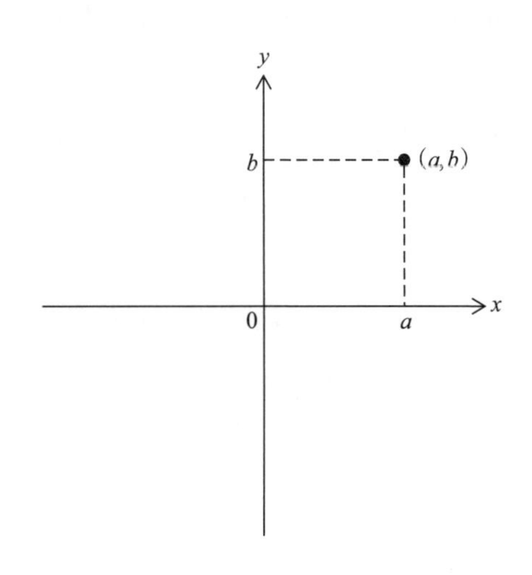

图5–7　用两个数来表示二维平面上的点

对于任何带有x和y的方程，满足该方程的x值和y值形成的点（x，y）在图上会形成一条线。例如，点（0，0）、（1，1）、（2，2）和（3，3）都满足上面的第一个方程$y = x$。如果我们在图上标记下（或者说画出）这些点，就能很清楚地看到，方程$y = x$产生了一条直线，如图5–8（左）所示。同样，我们可以画出第二个方程$y = 3x - 2$。通过为x赋值，然后计算出对应的y，我们可以得到点（0，–2）、（1，1）、（2，4）和（3，7）都在方程所描述的这条线上。这也是一条直线，与y轴在–2处相交，如图5–8（右）所示：

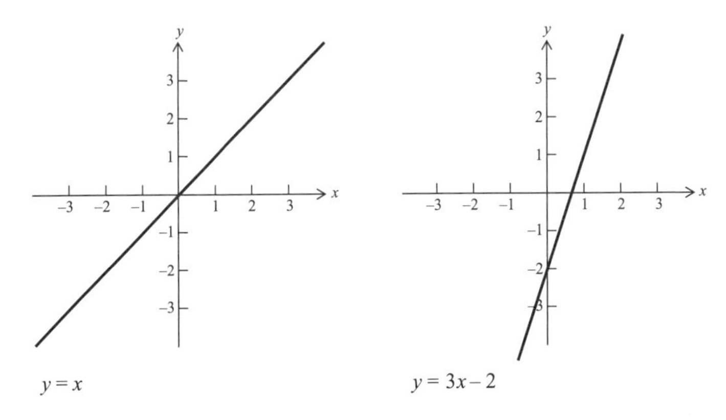

图5–8 表示直线的方程

如果我们将一条线叠加在另一条线上，会看到它们在点（1，1）处相交。因此，我们可以看到，联立方程的解就是这两个方程描述的两条直线的交点的坐标。

线可以表示方程的想法是笛卡儿《几何学》的主要创新。笛卡儿坐标系具有革命性的意义，因为它在代数和几何学之间开辟了一条此前尚未有人探索的路。他首次揭示出两个独立而不同的研究领域不仅相互联系，而且彼此都可以用对方表示出来。笛卡儿的动机之一是让代数和几何学更容易理解，因为正如他所说，两者可以独立地“延伸到非常抽象的事物，似乎没有实际的用途，（几何）总是与观察图像联系在一起，它严重依赖想象力才能理解，而……（代数）受某些规则和数字的支配，已成为一门压抑思维的混乱而晦涩的艺术，而不是一门培养思维的科学”。笛卡儿不喜欢用力过度。他是历史上著名的晚起者之一，只要没别的事情都会在床上躺到中午。

笛卡儿将代数和几何结合了起来，这也是抽象思维和空间图像相互作用的一个有力例子，这一相互作用是数学中反复出现的主题。代数中许多最令人印象深刻的证明，例如费马大定理的证明，都依赖于几何。同样，2 000年前的几何问题在用代数的方法描述之后，又获得了重生。数学最令人兴奋的一个特点是，看似不同的主题以独特的方式相互关联，而这本身又引导出充满活力的新发现。

1649年，笛卡儿搬到了斯德哥尔摩，成为瑞典女王克里斯蒂娜的私人家教。女王是个爱早起的人。笛卡儿既不习惯斯堪的纳维亚的冬天，也无法适应早上5点起床，他到那里后不久就患上肺炎去世了。

笛卡儿关于x和y的方程可以写成直线的见解，最明显的推论之一是，不同类型的方程会产生不同类型的线。我们可以分类如下：

像$y = x$和$y = 3x - 2$这样的方程，其中仅有x和y，它们表示的都是直线。

相比之下，带有二次项（包括x^2或y^2）的方程，总是产生以下4种曲线：圆、椭圆、抛物线、双曲线。

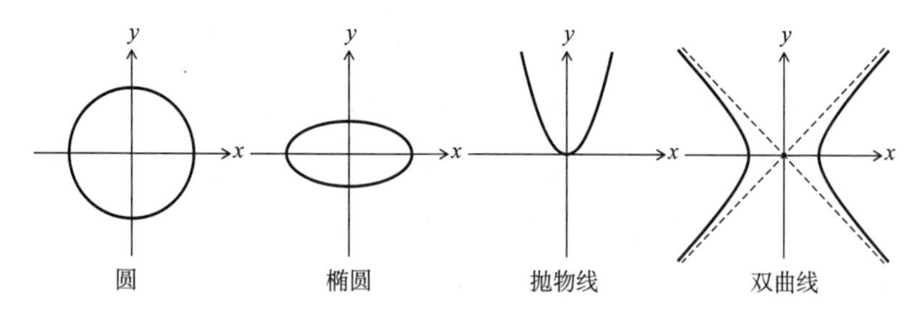

图5–9　带有二次项的方程表示的图形

圆、椭圆、抛物线和双曲线都可以用带有x和y的二次方程来描述，这对科学很有帮助，因为所有这些曲线都是在现实世界中被发现的。抛物线是描述物体在空气中飞行轨迹的形状（在忽略空气阻力、假设重力场均匀的情况下）。例如，当足球运动员踢出一个球时，它会沿着抛物线运动。椭圆是描述行星绕太阳公转的曲线的形状，而一天中日晷顶端的阴影所遵循的路径是双曲线。

想象以下二次方程，它就像一台描绘圆和椭圆的机器：

$$x^2/a^2 + y^2/b^2 = 1\text{，其中 }a\text{ 和 }b\text{ 是常数}$$

这台机器有两个旋钮，一个是a，一个是b。通过调整a和b的值，我们可以创建任何以原点为中心的圆或椭圆。

例如，当a与b相同时，方程表示一个半径为a的圆。当$a = b = 1$时，方程为$x^2 + y^2 = 1$，它表示一个半径为1的圆，也被称为单位圆，如图5–10（左）所示。当$a = b = 4$时，方程就是$x^2/16 + y^2/16 = 1$，这时圆的半径是4。另一方面，如果a和b不同，则方程表示在a处与x轴相交、在b处与y轴相交的椭圆。例如，图5–10（右）的曲线就是当$a = 3$、$b = 2$时方程所表示的椭圆。

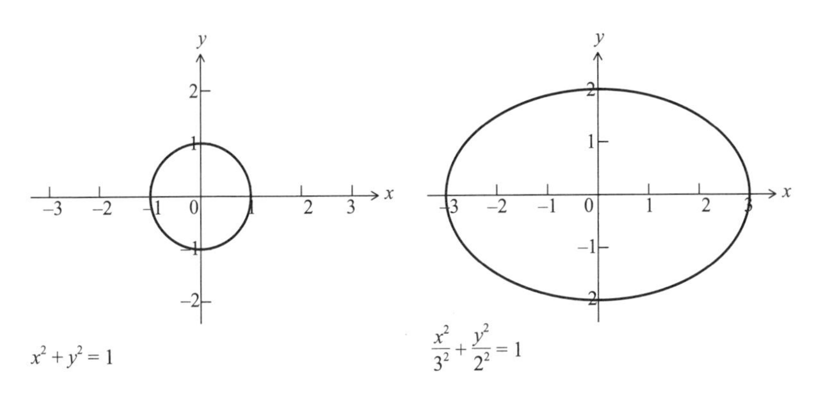

图5–10　圆和椭圆方程

1818年，法国数学家加布里埃尔·拉梅（Gabriel Lame）开始研究圆和椭圆的公式。他想知道，如果他调整的是指数或幂，而不是a和b的值，会怎么样。

这种调整的效果很有趣。例如，对于方程$x^n + y^n = 1$，当$n = 2$时，它就是单位圆。图5–11是当$n = 2$、$n = 4$和$n = 8$时分别产生的曲线：

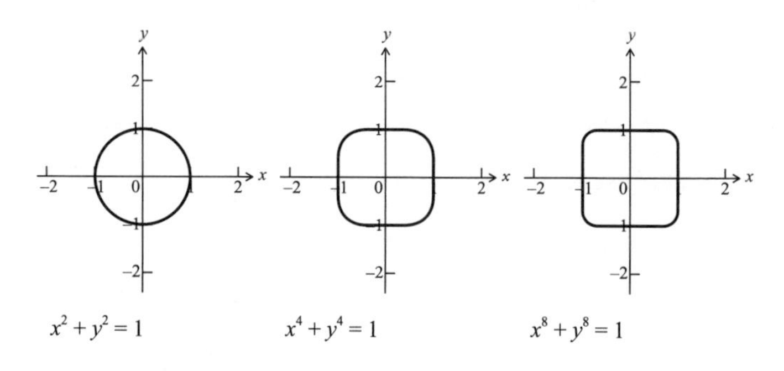

图5–11　调整指数，化圆为方

当n等于4时，曲线看起来像是被塞进方形盒子的法国牛奶软干酪的俯视图。它的侧面变平了，有四个圆角，就好像圆要变成正方形。当n等于8时，曲线变得更像一个正方形了。

事实上，你把n设置得越大，曲线就越接近正方形。在极限条件下，当$x^\infty + y^\infty = 1$时，方程对应的图形就是一个正方形。（如果有什么东西可以被称为化圆为方，那肯定就是它了。）

同样的情况也发生在椭圆上。由（$x/3$）^{n}+（$y/2$）^{n}= 1描述的椭圆，通过增加n的值，最终将变成一个长方形。

在斯德哥尔摩市中心有一个重要的公共广场，叫塞格尔广场。这是一个很大的长方形空间，下面一层是人行道，上面一层是环形

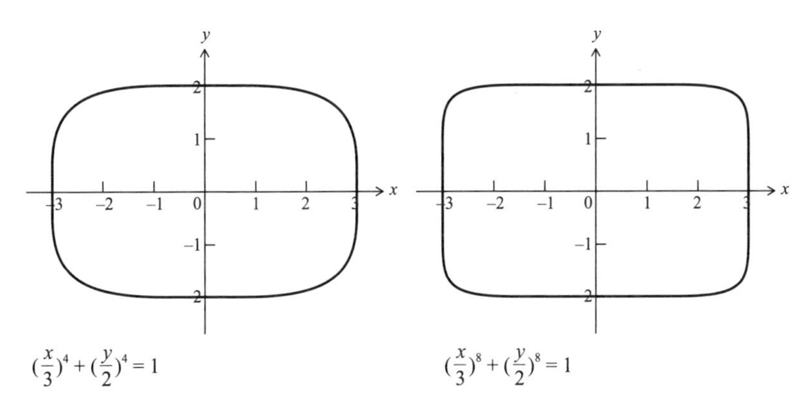

图5–12　调整指数，把椭圆变为长方形

交通枢纽。激进分子举行政治集会时会选这个地方，瑞典国家队赢得重大赛事时体育迷也会聚集在这里。广场的主要特点是，中心部分有一座20世纪60年代建造的坚固的雕塑，当地人对它又爱又恨，这座37米高、由玻璃和钢制成的方尖碑在晚上会亮起来。

20世纪50年代末，城市规划师在设计塞格尔广场时，遇到了一个几何问题。他们想知道，矩形空间中的环岛的最佳形状是什么。他们不想用圆形，因为这样就不能充分利用矩形空间。但他们也不想使用卵形或椭圆形，因为尽管这两种形状充分利用了空间，但它们的尖端都会阻碍交通的顺畅。为了寻找答案，项目的建筑师放眼海外，咨询了皮特·海因（Piet Hein），海因曾被视为丹麦的第三大名人（仅次于物理学家尼尔斯·玻尔和作家凯伦·布利克森）。皮特·海因是“格罗克”（grook）的发明者。格罗克这种格言短诗的风格，在第二次世界大战期间在丹麦出现，是一种对纳粹占领的消极抵抗。他也是一位画家和数学家，因此很好地结合了艺术情感、横向思维和科学理解，为斯堪的纳维亚的规划问题提供了新的思路。

皮特·海因的解决方案是用简单的数学方法，找到一个介于椭圆和矩形之间的形状。为了达到这个目的，他利用了前文描述的方法。他调整了椭圆方程中的指数，得到了一个适合塞格尔广场的形状。用代数术语来说，他做了和拉梅一样的事情，在椭圆方程中尝试不同大小的n：

$$(x/a)^n+(y/b)^n=1$$

如前面所说，把n从2增加到无穷大，就可以让一个圆变成正方形，或者让一个椭圆变成矩形。皮特·海因判断，让曲线在圆和直角之间达到最具美感的平衡的n值应当是$n=2.5$。他本可以把他创作的新形状称为“方圆形”（squircle），但他没有，而是称之为超椭圆（superellipse）。

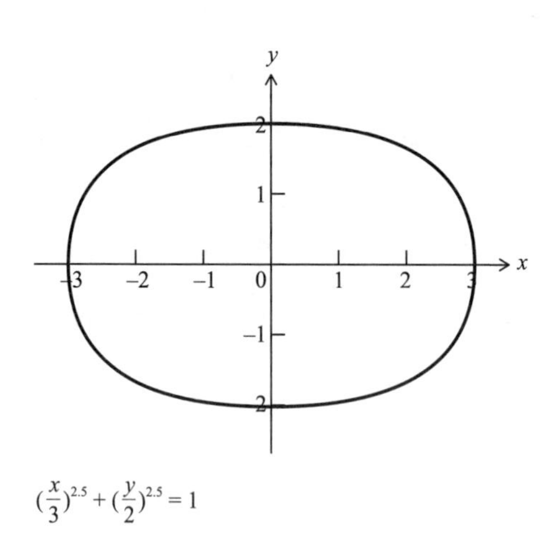

图5–13　超椭圆

皮特·海因的超椭圆不仅是一个优雅的数学作品，还触及了一个更深层次的人类主题，就是在我们周围始终存在的圆与直线之间的冲突。正如他所写，“整个文明模式中有两种倾向，一种倾向于直线和矩形，一种倾向于圆形线”。他在文章中接着说：“这两种倾向都有机械上和心理上的原因。用直线做出的东西很服帖，也节省空间。而用圆形线做的东西则很方便我们在周围移动（不管是在身体上还是精神上）。但是，如果我们不得不选择其中的一种，则通常中间形式会更好。超椭圆就解决了这个问题。它既不是圆形，也不是矩形，而是介于两者之间。但它是固定的，也是确定的，它有一种统一性。”

斯德哥尔摩的超椭圆环岛被其他建筑师仿效，最引人注目的是墨西哥城阿兹特克体育场的设计，这是1970年和1986年的世界杯决赛的举办地。皮特·海因的曲线还蔓延到了时尚界，成为20世纪70年代斯堪的纳维亚家具设计的特征之一。现在，你仍然可以从皮特·海因的儿子经营的公司购买到超椭圆形的盘子、托盘和门把手。

然而，皮特·海因灵活的头脑并没有止于超椭圆。他的下一步，是想知道超椭圆对应的三维形状会是什么样子，他得出的结果介于一个球体和一个盒子中间。他本可以称之为“球盒”（sphox），不过，他还是称它为“超级蛋”（superegg）。

超级蛋的一个意想不到的特点是，它可以竖着立起来，且不会倒下。20世纪70年代，皮特·海因把不锈钢制成的超级蛋作为一种“雕塑、创新或魅力”的象征。这是一种美丽而奇特的东西。我的壁

图5–14　超级蛋：尤里·盖勒

炉架上有一个，尤里·盖勒（Uri Geller）[1]也有一个，是约翰·列侬给他的，列侬解释说外星人拜访了他在纽约的公寓，并寄来了这个蛋。“你拿着吧，”列侬对盖勒说，“这对我来说太奇怪了。如果这是去另一个星球的票，我不想去那里。”

① 尤里·盖勒是以色列传奇魔术师，最著名的表演是不借助外力把勺子变弯。——编者注

第 6 章

数学的休闲时光

锻治真起（Maki Kaji）经营着一家日本杂志，专门研究数字谜题。锻治认为自己是一个用数字娱乐别人的人。“我觉得自己更像是一名电影或戏剧导演，而不是数学家。”他解释道。我在他东京的办公室见到了他。他既不是怪人，也不普通，并不符合人们对一个凭数字发家的成功商人的印象。锻治穿着一件流行的米色开襟羊毛衫，里面是一件黑色的T恤，戴着一副约翰·列侬样式的眼镜。57岁的他留着整齐的白色山羊胡和鬓角，经常开怀大笑。锻治很愿意告诉我他除了数字谜题以外的其他爱好。例如，他喜欢收集橡皮筋，在最近的一次伦敦之行中，他发现了一个对他来说相当不错的藏品——一包25克的WH史密斯（WH Smith）牌橡皮筋和一包100克的独立文具商品牌橡皮筋。他还会拍摄那些在算术上有着有趣特征的汽车牌照，作为自娱自乐。在日本，车牌由前后两个两位数组成。锻治总是带着一台小型相机，拍下他看到的前一个两位数的所有数字相乘结果等于后一个两位数的牌照（如图6–1所示）。

假设第二对数字不可能是00，那么锻治照下的每个牌照都是1

到9的乘法表中的一行。例如，11 01可以被认为是$1 \times 1 = 1$。同样，12 02是$1 \times 2 = 2$。我们可以继续下去，共得出81种可能的组合。锻治已经收集了50多个。他打算集齐全套的乘法表后，在画廊中展出。

图6–1　锻治在东京一个停车场拍下的$3 \times 5 = 15$

从数学诞生那天开始，人们就用数字来娱乐身心了。例如，古埃及的莱因德纸草书就包含了如下列表，它是第79个问题的答案的一部分。与纸草书中的其他问题不同，这个问题没有明显的实际应用价值。

房子	7
猫	49
老鼠	343

斯佩尔特小麦	2 401[①]
赫卡特（Hekat）[②]	16 807
总计	19 607

清单上列出了7栋房子的存货清单，每栋房子有7只猫，每只猫吃7只老鼠，每只老鼠吃7粒斯佩尔特小麦，每粒小麦都占了7个赫卡特。这些数字形成一个等比数列，等比数列中的每一项是通过将前一项乘以一个固定的数字计算出的，在这个数列中，固定的数字是7。猫的数量是房子的7倍，老鼠的数量是猫的7倍，斯佩尔特小麦的颗粒数量是老鼠的7倍，赫卡特的数量是斯佩尔特小麦的颗粒的7倍。我们可以把总数重写成$7 + 7^2 + 7^3 + 7^4 + 7^5$。

不过，发现这样一个数列极具吸引力的不止古埃及人。19世纪初，在《鹅妈妈童谣集》的一首童谣中，几乎出现了同样的句子：

当我去圣艾夫斯的时候，
我遇见一个男人，
他有七个妻子，
每个妻子有七个袋子，
每个袋子里有七只猫，
每只猫都有七只幼崽。
幼崽、猫、袋子、妻子，
要去圣艾夫斯的一共有多少？

① 起初，斯佩尔特小麦的数字被错写成了2 301。

② 一种埃及的体积单位。

这首诗是英国文学中最著名的陷阱问题，因为据推测，这名男子和他的妻子以及那些被带在身上的猫科动物，都来自圣艾夫斯，而不是去圣艾夫斯。然而，不管旅行方向如何，幼崽、猫、袋子和妻子的总个数是$7+7^2+7^3+7^4$，也就是2 800。

另一个没那么有名的谜语出现在13世纪莱昂纳多·斐波那契的《计算之书》中。这一版本里有7名妇女在前往罗马的路上，她们带着的骡子、袋子、面包、刀和刀鞘的数目依次增多，刀鞘数目达到了7^6，使该数列的和达到了137 256。

为什么在如此不同的时代和背景下，都出现了关于7的幂增长的趣题？它的魅力究竟是什么？每个例子都展示了等比数列的“涡轮加速”。童谣用一种诗意的方式，来表达小的数字能以多快的速度变成很大的数字。第一次听说时，你可能认为会有不少的幼崽、猫、袋子和妻子，但绝没想到会有将近3 000个！纸草书和《计算之书》中描述的有趣问题也表达了同样的数学见解。虽然数字7看起来应该有一些特殊的性质，使它在这些问题上如此普遍，但实际上这和7一点儿关系也没有。把任何一个数与自身相乘几次后，它们的总和都很快会达到一个反直觉的极大的数字。

即使2与自身相乘，乘积的总和也会以令人眩晕的速度旋转升高。把一粒小麦放在棋盘的角上，在相邻的棋盘格里放两粒谷物，然后在相邻的每个格子里都把小麦颗粒数加倍，你需要多少小麦才能填满最后的棋盘格？也许是几卡车，或者一个集装箱？棋盘上一共有64个格子，所以最后一个数字是2与自身相乘63次，即2^{63}。对谷物来说，这个数字大约是目前全世界小麦年产量的100倍。或者，换种方式考虑，如果你从130多亿年前大爆炸的那一刻开始，每秒数一粒小麦，那么到现在你还没数到2^{63}的1/10。

数学谜语、儿歌和游戏现在统称为休闲数学。这是一个分布广泛而充满活力的领域，它的一个基本特征是，尽管其主题可能涉及极复杂的理论，但这些主题都是外行人也能够理解的。或者它们甚至可能根本不涉及理论，只是激发了人们去欣赏数字的神奇，比如收集车牌照片带来的兴奋。

休闲数学史上一个里程碑式的事件据说发生在前2000年的中国黄河沿岸。传说，禹看见一只乌龟从水中爬出来。它是一只神龟，腹部有黑白斑点。这些表示前9个数字的点在龟的腹部形成了一个网格，如果转换成阿拉伯数字，看起来就像图6–2中的A：

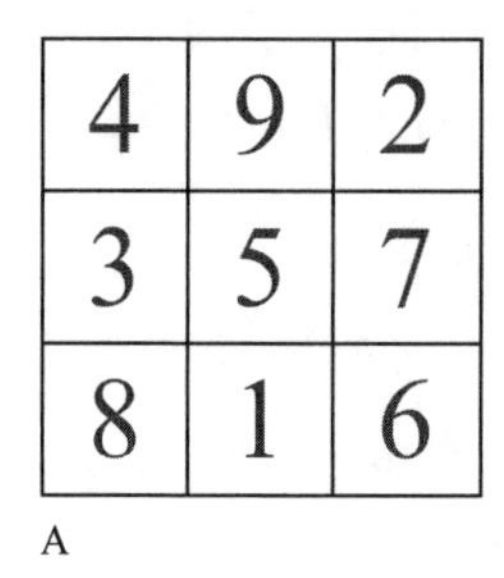

A

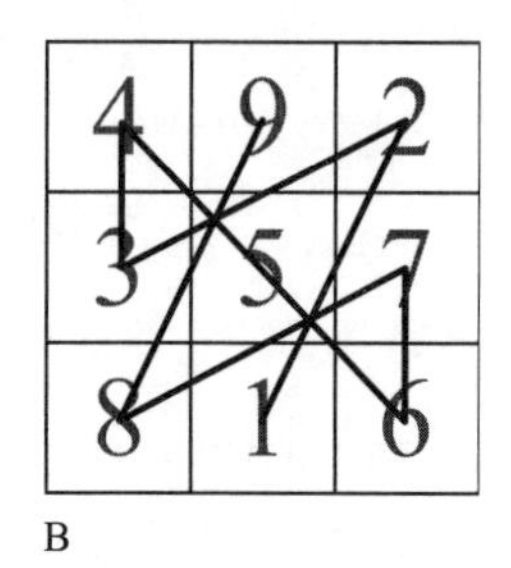

B

图6–2　神龟腹部的网格

这个正方形包含了1到9的数字，所有行、列和对角线上数字的总和都相等，这样的正方形被称为幻方。中国人把这样的正方形叫作洛书（图中每行、每列及对角线上的数字和都为15）。中国人认为洛书象征着宇宙的内在和谐，并用它来占卜和祭祀。例如，如果你从1开始，按顺序在正方形的数字之间连线，你就画出了图6–2 B以及图6–3所示的图形，道士在道观中就是按此图示移动。这种被称为“禹步”的图案，也是中国美学哲学“风水”里的一些法则的基础。

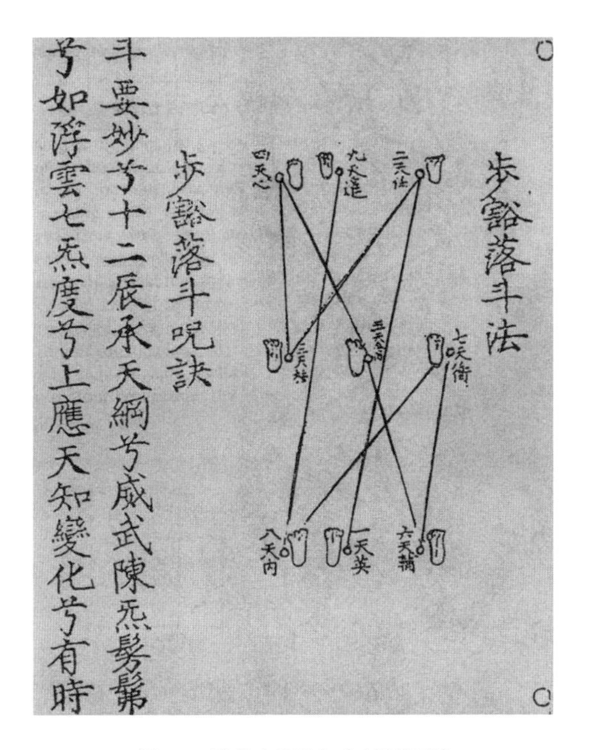

图6–3　道教中的禹步（木版印刷）

并不只有中国人看到了洛书神秘的一面。在印度教、伊斯兰教、犹太教和基督教的教徒眼中，幻方都有重要的宗教意义。伊斯兰文化发现了最具创造性的用途。在土耳其和印度，处女被要求在战士的衬衫上绣上幻方。人们相信，如果在分娩的妇女子宫上放一个幻方，分娩会更轻松。印度教教徒用带有幻方的护身符护身，文艺复兴时期的占星学家把幻方与太阳系的行星联系在一起。现代人对我们祖先的神秘倾向可能会嗤之以鼻，但这种对幻方的迷恋是可以理解的。幻方既简单又精巧复杂，就像一个数字咒语，也像一个带给你无限畅想的沉思对象，并深度体现了无序世界中的秩序。

幻方的乐趣之一是，它们不受3×3格的限制。一个著名的4×4幻方来自阿尔布雷希特·丢勒的作品。在《忧郁Ⅰ》中，丢勒画了一个4×4的幻方，这个最著名的幻方包含了他创作的年份：1514年。

事实上，丢勒的正方形胜过了一般的幻方。它不仅行、列和对角线的和都是34，在图6–4中这些正方形中，用点标记并连接起来的四个数字之和也都是34。

丢勒正方形的规律令人惊叹，你看得越多，发现的就越多。例如，第一行和第二行数字的平方相加是748。将第三行和第四行中的数字平方相加，或者将第一行和第三行中的数字平方相加，或者将第二行和第四行中的数字平方相加，或将两条对角线中的数字平方相加，都能得到相同的和。太神奇了！

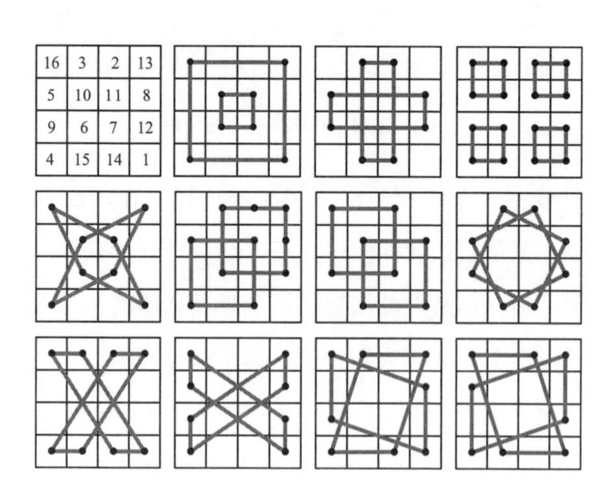

图6–4　丢勒正方形中的奇妙规律

图6–5 《忧郁 I》：丢勒这幅著名的版画描绘了一位沉浸在思考中的天使，被与数学和科学相关的物体包围着，有罗盘、球体、天平、沙漏和幻方等。艺术史学家，尤其是具有神秘主义倾向的艺术史学家，长期以来一直在思考图像中间靠左的几何物体的象征意义，它被称为“丢勒多面体”。数学家则一直在思考如何制造这种多面体

如果将丢勒的幻方旋转180度，然后将11、12、15和16减去1，结果就会得到图6–6所示的正方形。

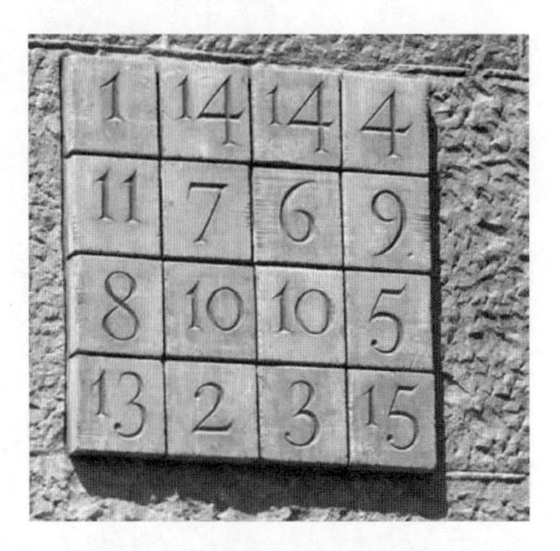

图6–6　圣家族大教堂侧面的数字正方形

这张图来自巴塞罗那圣家族大教堂的侧面，由安东尼·高迪设计。高迪的正方形不是幻方，因为有两个数字是重复的，但它仍然相当特别。每一列、行和对角线加起来都是33，也就是耶稣去世时的年龄。

我们可以花上数小时研究幻方，并惊叹于它的规律和和谐。事实上，没有哪个非实用的数学领域，能在这么长的一段时间里，引起业余数学家如此多的关注。在18世纪和19世纪，有关幻方的文献如雨后春笋般涌现。美国开国元勋之一本杰明·富兰克林也是著名的幻方发烧友，他年轻时作为宾夕法尼亚州议会的一名年轻书记员，在辩论中感到非常无聊，便开始自己构建幻方。他最著名的正方形是图6–7这个8×8的幻方变体，据说是他在孩童时期发明的。富兰克林在这个图形中加入了他对幻方理论的一个改进——“断对角线”，

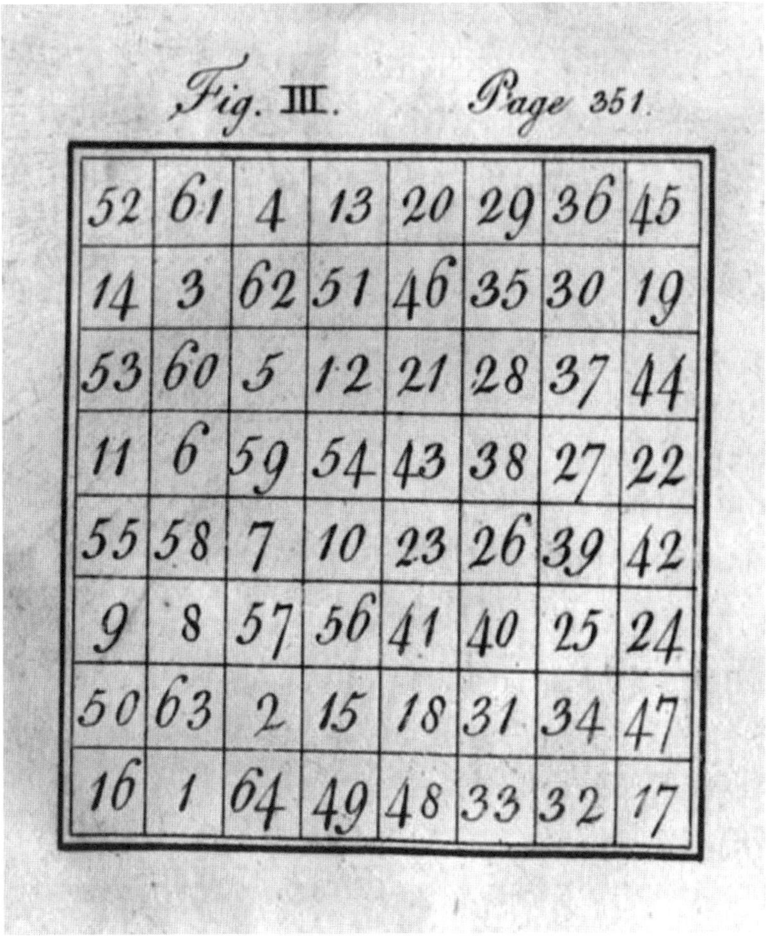

Fig. III. Page 351.

52	61	4	13	20	29	36	45
14	3	62	51	46	35	30	19
53	60	5	12	21	28	37	44
11	6	59	54	43	38	27	22
55	58	7	10	23	26	39	42
9	8	57	56	41	40	25	24
50	63	2	15	18	31	34	47
16	1	64	49	48	33	32	17

图6–7　在1769年发表的一封信中，本杰明·富兰克林这样评论一本关于幻方的书："在我年轻的时候……我通过构建这种幻方来自娱自乐，终于学会了诀窍，我可以用一系列数字快速地填满任何正常大小的幻方，这些数字的排列方式是，每一行（水平、竖直或对角线）的和应当相等；但由于不满足于这些普通而容易的事情，我给自己设立了更困难的任务，并成功地构建出其他具有各种特征也更加有趣的幻方。"然后，他介绍了上面的正方形，出自他于1769年发表的《在美国费城进行的关于电的实验和观察》中。

也就是如图6–8 A和B中所示的黑色方格和灰色方格中的数字。虽然他的正方形不是一个真正的幻方，因为完整的对角线上的数加起来不等于260，但他新发明的断对角线的数字和仍是260。C、D和E图中所有黑色的方格和E图中的灰色方格的和，当然还有每一行及每一列的和，也都是260。

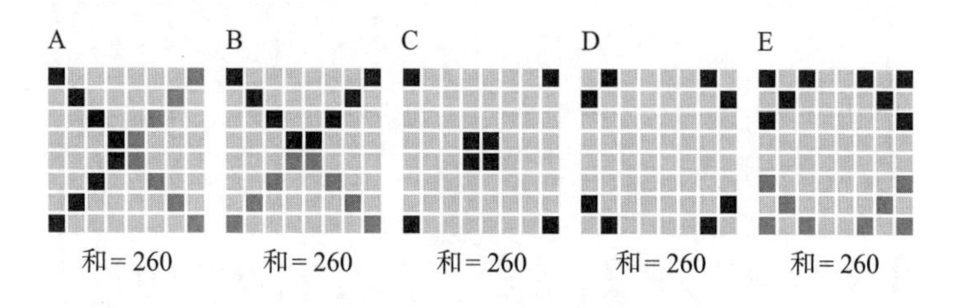

图6–8　富兰克林正方形中的规律

富兰克林的正方形还包含了更迷人的对称。每个2×2的子正方形中的数字之和都为130，与中心距离相等的任意4个数字之和也都等于130。据说富兰克林在40多岁时又发明了一个正方形。一个晚上，他创作了一个令人难以置信的16×16的正方形，这是“所有魔术师构建的所有幻方中最神奇的一个”（见附录，第486页）。

之所以一直有人沉迷于设计幻方，其中一个原因是幻方的数量多到惊人。让我们从最小的开始数：在1×1网格中只有一个幻方，也就是数字1。由4个数字组成的2×2网格中不存在幻方。排列数字1到9能得到的3×3幻方有8个，但这8个幻方其实是同一个幻方旋转或翻转后的结果，所以通常说只有一个真正的3×3幻方。图6–9显示了从洛书产生的每一种可能性。

令人惊讶的是，在3阶之后，可以产生的幻方数量以惊人的速

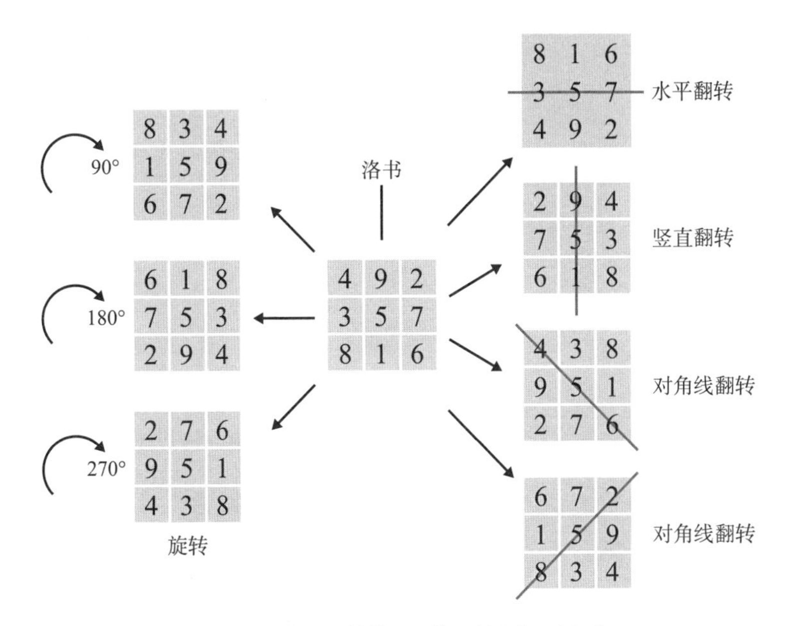

图6–9　洛书通过旋转和翻转可以产生7种幻方

度增长。即使去掉旋转和翻转造成的重复数量，4×4的网格中也可以生成880个幻方。5×5的网格可生成的幻方数量是275 305 224，这是1973年计算出的结果，这个结果只能通过计算机才能得出。虽然这个数字似乎是个天文数字，但实际上，它与在一个5×5的正方形中排列1到25的所有可能性的数目相比是很小的。这个排列的总数是25乘以24再乘以23，以此类推，直到1，这个数目大约是15后面跟着24个零。

6×6的幻方数目究竟有多少还不知道，但有人猜测它可能是1后面接19个零的数量级。这个数字如此之大，甚至超过了棋盘上的小麦粒总数（见第247页）。

幻方不仅是业余爱好者的领域。18世纪的瑞士数学家莱昂哈德·欧拉在他一生的最后时间里，对幻方产生了好奇。（考虑到此时他已几乎完全失明，这使得他对数字的空间应用的基本研究变得格外令人惊叹。）他关于幻方的工作还包括开发了一种修改版幻方，其中网格中的每个数字或符号在每行和每列中恰好出现一次。他称之为拉丁方。

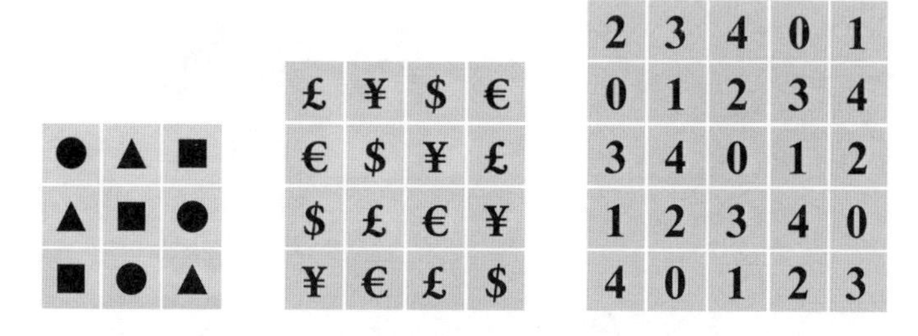

图6–10　拉丁方

与幻方不同，拉丁方有几个实际应用。它们可以用来在体育循环赛中计算出对手组合（循环赛指每队必须与其他所有队都比赛的赛制）。在农业中，它们也能形成一种方便的网格，比如，让农民能够在一片土地上测试几种不同的肥料，看哪种效果最好。假设农民有6种肥料要测试，他可以把土地分成6×6的正方形，按拉丁方的规律分配每种产品，确保土壤条件的变化会平等地影响每块土地。

本章开头介绍的日本益智题制作人锻治真起，开创了幻方风潮的新纪元。他在浏览一本美国益智杂志时想到了这个主意。他不懂英语，因此只能草草浏览着一页页他无法理解的文字游戏。突然，他被一个有趣的数字网格吸引，然后停了下来。这个叫“数字拼图”

的谜题是一个未完成的9×9的拉丁方，使用了数字1到9。根据数字在每行和每列只允许出现一次的规则，解题者需要用一系列逻辑推导，找出如何填补缺失的空格。题目还给出了另一个条件：正方形被分成9个3×3的子正方形，每个正方形都用粗线标记。数字1到9只允许在每个子正方形中出现一次。锻治解出了这道数字拼图问题，他很兴奋，这正是他想在新杂志上刊登的一类谜题。

1979年首次亮相的数字拼图出自印第安纳州的退休建筑师和智力游戏爱好者霍华德·加恩斯（Howard Garns）。尽管锻治很喜欢解决加恩斯的难题，但他决定重新设计，让已知数字在整个网格上以对称的模式分布，和纵横填字游戏使用的格式相匹配。他称自己的版本叫数独（Sudoku），这个词在日语中的意思就是“数字只能出现一次”。

<table>
<tr><td></td><td>1</td><td>5</td><td></td><td>4</td><td></td><td>8</td><td></td><td></td></tr>
<tr><td></td><td>8</td><td></td><td>3</td><td></td><td></td><td></td><td>5</td><td></td></tr>
<tr><td>6</td><td></td><td></td><td></td><td></td><td>5</td><td></td><td>2</td><td></td></tr>
<tr><td>8</td><td></td><td></td><td></td><td>6</td><td></td><td>5</td><td></td><td></td></tr>
<tr><td></td><td></td><td>4</td><td>8</td><td></td><td>3</td><td>6</td><td></td><td></td></tr>
<tr><td></td><td></td><td>6</td><td></td><td>9</td><td></td><td></td><td></td><td>1</td></tr>
<tr><td></td><td>2</td><td></td><td>1</td><td></td><td></td><td></td><td></td><td>8</td></tr>
<tr><td></td><td>9</td><td></td><td></td><td></td><td>8</td><td></td><td>7</td><td></td></tr>
<tr><td></td><td></td><td>8</td><td></td><td>7</td><td></td><td>2</td><td>1</td><td></td></tr>
</table>

图6–11 数独

锻治在1980年推出了他的谜题杂志，数独从最早几期就刊登在上面，但锻治说它起初并没有引起人们的注意。直到这种谜题流传到国外后，它才像野火一样蔓延开来。

就像不会英语的日本人也能理解数字拼图一样，不会日语的英语母语者也能理解数独。1997年，一位名叫韦恩·古尔德（Wayne Gould）的新西兰人走进东京的一家书店。虽然他最初因为满眼的日语书而晕头转向，但他的眼睛最终落在了一些熟悉的东西上。有一本书的封面看起来像填字游戏的格子，里面还有数字。虽然这张图片显然属于某种智力游戏，但他并没有立刻理解规则。不过他还是买了这本书，认为自己以后会弄明白。在意大利南部度假时，他努力解出了其中的谜题。古尔德曾在香港当法官，当时刚退休，正在自学计算机编程，所以他决定尝试把数独编写成一个程序。一个优秀的程序员可能只需要几天时间就能完成这个任务，而古尔德花了6年。

但努力是值得的。2004年9月，他说服新罕布什尔州的《康韦每日太阳报》（*Conway Daily Sun*）刊印了他的一个谜题，立刻获得了成功。接下来的一个月，他决定与英国国家媒体接洽。古尔德认为，推销他的想法最有效的方法是展示一个"仿真模型"，模拟当天的报纸上已刊出数独游戏的样子。他从在香港的审判经验中了解到了伪造印刷品的知识，因而制造了一份逼真的《泰晤士报》第二版的仿品，并把它拿到了报纸的总部。在接待处等待几个小时后，古尔德给报社人员看了自己做的仿真报纸，他们似乎很喜欢。事实上，就在他离开后，《泰晤士报》的一位主管给古尔德发了一封电子邮件，要求他不要向任何人展示数独游戏。两周后，数独首次出现，三天后，《每日邮报》推出了它自己的版本。2005年1月，英国《每日电讯报》加入了，不久之后，英国每一家报纸都不得不推出每日数独来跟上竞争的步伐。同年，《独立报》报道了英国铅笔销量增长700%，并将其归因于这股数独热潮。到了夏天，书店、报刊亭和机场上到处都是摆放数独书籍的书架，不仅在英国，这股风潮也蔓延到了世界各地。2005年，在《今日美国》（*USA Today*）公布的畅销书排行榜前50名中，有6本是关于数独游戏的。到那年年底，这一谜题已经蔓延到30个国家，《时代》（*Time*）杂志将韦恩·古尔德与比尔·盖茨、奥普拉·温弗瑞和乔治·克鲁尼一起评为当年塑造世界的100位人物之一。2006年年底，数独已在60个国家出版。2007年年底，这个数字达到了90个国家。据锻治真起说，现在常玩数独的玩家数量已经超过1亿人。

解开任何谜题都会给人带来愉悦感，但除此之外，完成数独还另有一层魅力，即其完美的拉丁方所展示的内在美和平衡。数独的成功展现了一种对幻方的跨越文化的崇拜。与其他许多谜题不同的是，它的成功对数学来说也是一个巨大的胜利。这个谜题的内核其实是数学。尽管数独不包含算术，但它确实需要抽象思维、模式识别、逻辑推理和算法生成。这个谜题还鼓励了一种努力解题的积极态度，并培养了人们对数学之美的欣赏。

例如，一旦你理解了数独规则，你就清晰理解了唯一解的概念。对于题面中的每一种数字模式，都只有唯一一种可能的最终排列。然而，并不是每个未完整填写的网格都有唯一解。一个填写了部分数字的9×9的正方形可能没有解，或者可能有许多解。天空电视台在一档数独节目中，在英国农村的一个白垩山坡上画出了一个275×275英尺（约84×84米）的网格，声称这是世界上最大的数独。然而，对于给定的数字排列，共有1 905种正确的填法。这个所谓的最大的数独并没有一个唯一解，因此它其实根本就不是数“独”。

涉及计算组合数量（例如算出天空电视台这个假数独的所有

1 905个解的组合）的数学领域，叫作组合数学。它研究事物的排列和组合，例如数字的网格，以及著名的旅行推销员的日程安排。比方说，我是一个出差的推销员，要拜访20家店。我应该按什么顺序去拜访他们，才能让总路程最短？这要求我考虑所有商店之间路径的所有排列，所以这是一个经典（且十分困难）的组合问题。类似的问题在商业和工业领域都会出现，例如在机场安排航班起飞时间或运作高效的邮政分拣系统。

组合数学是数学里最经常处理巨大数字的一个分支。我们在幻方中就看到，对一小组数进行重新排列的方式非常多。尽管拉丁方和幻方一样都形成了正方形的网格，但在网格大小相同的情况下，拉丁方的数量比幻方少。不过，拉丁方的数量仍然十分庞大。例如，9 × 9的拉丁方的数量是一个包含28位数字的数。

数独的数目能到多少呢？如果一个9 × 9的拉丁方能够被算作一个完成的数独网格，9个子方格必须包括每一个数字，那么9 × 9的数独方格总数就被减少到6 670 903 752 021 072 963 960。然而，许多这些网格在翻转或旋转后是同一个正方形（如我在255页的3 × 3幻方图所示）。除去旋转和翻转后一样的正方形，数独的网格数量约为55亿个。

不过，这并不是数独的总数，因为每个完整的网格可以是许多数独的解，所以数独的数量要比这个数大得多。例如，报纸上的数独有一个唯一解。然而，一旦你填上了其中一个空格，你就用一组新的给定数字创建了一个新的网格，换句话说，就是有相同唯一解的一个新的数独，而且，你每填上一个空格，就多了一个新的数独。所以，如果一个数独有30个给定的数字，那么我们就可以用相同的唯一解创造另外50个数独，直到完成网格。（也就是说，每多出一个数字就有一个新的数独，直到81格中有80个给定数字。）找到数独的总数并没有那么有趣，因为我们会发现大多数数独的方格中只剩下很少的空格，这不符合解谜的精神。相反，数学家对你能在网格中留下多少数字更有兴致。数独的第一个组合学问题是，在方格中填上最少多少个数字，能让数独只有一种解？

在报纸上发表的数独通常包括约25个给定数字。到目前为止，还没有人发现给定数字少于17个且有唯一解的数独题面。事实上，给定17个数的数独激发了某种对组合数学的崇拜。西澳大利亚大学的戈登·罗伊尔（Gordon Royle）有一个包含17个数字的数独数据库，每天他会从世界各地的谜题制作者那里收到三四个新的包含17个数字的数独。到目前为止，他已经收集了近5万个。但尽管他是世界上“17个数字的数独”的专家，但他说，他也不知道自己离找到所有可能的谜题还有多远。“不久前我觉得我们已经接近尾声，但后来一位匿名投稿人又寄来了近5 000个新数独。”他说，“我们从未真正弄清楚‘匿名17’是如何做到这一点的，但他显然用了一个聪明的算法。”

在罗伊尔看来，还没有人找到一个包含16条数字线索的数独，是因为，“要么我们不够聪明，要么我们的电脑不够强大”。“匿名17”之所以没有透露他的方法，可能是因为他使用了别人的大型计算机，而他本不应该把计算机用于这个用途。组合数学问题通常依赖计算机去处理困难的工作。罗伊尔说：“只有16个已填数字的谜题带来的可能性，对我们而言太大了，如果没有一些新的理论观点，我们甚至无法探索其中的一小部分。”但他有一种直觉，认为不会找到只包含16个数字的数独，他补充道：“我们现在有那么多17个数字的谜题，如果存在有16个数字的谜题，而我们竟然没有发现，那真的有些奇怪。”

锻治真起的名片上有“数独教父”的字样，而韦恩·古尔德自称是“数独继父”。我在西伦敦的一家快餐店里见到了古尔德。他穿着一件新西兰橄榄球上衣，带有一种典型的大洋洲人的随和风格。古尔德的门牙之间有一条缝，再加上厚厚的眼镜、一头短银发和年轻人一般的热情，让我联想起一位年轻的大学讲师，而不是退休的法官。数独改变了古尔德的生活。退休后的他比以前更忙了，他为81个国家的700多家报纸免费提供数独，靠出售他的程序和书赚钱，他说他的生意只占全球数独市场约2%的份额。尽管如此，数独还是为他赢得了7位数的财富。他是个名人。当我问他的妻子对他出人意料的成功有何看法时，他顿了一下。“我们去年离婚了。”他结巴地说，“我们结束了32年的婚姻，也许正是因为有了那么多钱。也许这给了她从未有过的自由。”在沉默中，我听到了这条令人心碎的信息：他或许掀起了一股全球性的热潮，但他同样为这次冒险付出了昂贵的个人代价。

我一直认为数独成功的原因之一是它富有异国情调的名字，尽管是美国人霍华德·加恩斯在印第安纳州提出了这个想法，但它的名字与东方智慧的浪漫产生了共鸣。事实上，谜题从东方传到西方有着历史悠久的传统。最早的国际拼图热潮始于19世纪初，当时从中国回来的欧洲和美洲的水手带来了几组几何图形，它们通常有7块，由木头或象牙制成——两个大三角形、两个小三角形、一个中等大小的三角形、一个平行四边形和一个正方形。把这些形状放在一起，可以拼成一个更大的正方形。这些图形组合还附带有一些小册子，上面有几十个几何形状、人像和其他物体的轮廓。你需要用这7块图形来构造出每个图形。

这个拼图起源于中国人在宴会上摆放不同形状的桌子的传统。一本来自12世纪的中国图书展示了76种宴会布置的方式，其中许多布置都是为了看起来像一些物体，比如一面飘扬的旗帜、山脉和鲜花。在19世纪初，一位绰号为“碧梧居士”的中国作家，将这种仪式性的编排改编成指尖大小的几何块，并收录在《七巧合璧图》这本书中。

图6–12　各个年代的七巧板图

这组图形曾被叫作“唐图”（Chinese Puzzle），后来改名叫“七巧板”（tangram）。第一本在中国以外出版的有关七巧板的书来自

1817年的伦敦。这本书立刻掀起了一阵风潮。在1817—1818年间，数十本七巧板的图书在法国、德国、意大利、荷兰和斯堪的纳维亚地区出版。当时的漫画家描绘了因忙于排列这些图形而不愿与妻子一起睡觉的男人、不去做饭的厨师和拒绝看病的医生，充分展现了这股热潮。这种狂热在法国更为明显，也许是因为其中一本书声称，这种拼图是拿破仑在被流放于南大西洋圣赫勒拿岛期间最喜欢的娱乐。从亚洲回来的船曾停在那里，使这位皇帝成为最早的玩家。

我喜欢七巧板。通过这些图形的排列，男人、女人和动物都神奇地复活了。只要稍微重新调整一块，人物的个性就完全变了。这些人棱角分明，且常常有怪异的轮廓，非常具有暗示性。法国人把这种拟人化发挥到了极致，甚至据此画出了图像。

不亲手试试，很难相信这种拼图有多吸引人。事实上，虽然看起来很容易，但解开七巧板的问题却格外困难。这些形状很有欺骗性，因为两个相似的轮廓可能有完全不同的组成结构。七巧板可以作为一个警告，提醒你不要自鸣得意，物体的本质可能并不总是你第一眼看到的那样。看看下面的七巧板图，看起来好像从第一个图形中去掉一个小三角，就变成了第二个图形，但事实上，这两个图形都使用了所有的拼块，而它们的排列方式完全不同。

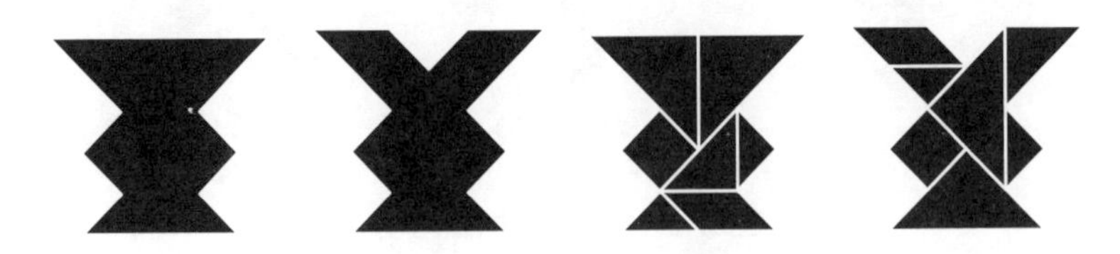

图6–13　形状相似，拼法完全不同的两个七巧板图

19世纪中叶，七巧板进入学校，不过它们也仍然是成年人的一

种消遣。德国里希特公司将七巧板重新命名为*Kopfzerbrecher*，即“大脑终结者”，这个产品取得了成功，因此公司又推出了十几款类似的重排拼图，不同形状被分割成不同的碎片。在第一次世界大战期间，里希特拼图成了战壕中的士兵非常喜爱的消遣。由于士兵们对这些拼图的需求很大，公司又推出了18款拼图。其中一款叫作*Schützengraben Geduldspiel*（战壕耐心游戏），里面有齐柏林飞艇、左轮手枪和手榴弹等军事相关的形状。其中一些人物是由士兵设计的，他们从前线发来了这些想法。

在第一次世界大战之前，里希特公司的拼图在德国境外销售火爆。英国在战争期间禁止从德国进口货物，于是沃特福德的洛特积木有限公司趁机入局，自行生产复制品，直到20世纪40年代。

由于一代又一代人不断创造新的形象，七巧板在近200年来从未真正过时，你仍然可以在玩具店和书店买到这种拼图。已出版的拼图现在已经有5 900多种。

图6–14　第二次世界大战中洛特积木的拼图广告

尽管七巧板与这类拼图有关联，但它并不是世界上第一种重新排列的拼图。在古希腊就出现了类似的拼图，被称为“斯托马基恩”（stomachion），它把一个正方形分成14块。（“Stomachi”的意思是“胃”，这个名字被认为来自拼图引起的肚子痛，但肚子痛不是因为吃下了这些拼图。）阿基米德写了一篇关于斯托马基恩的论文，但只有一小部分留存了下来。基于这个片段，有人认为这篇论文是在计算把斯托马基恩的部件拼成一个完美的正方形有多少种不同方法。直到最近，这一古老的问题才得以解决。2003年，计算机科学家比尔·卡特勒（Bill Cutler）发现有536种方法（不包括在旋转或翻转后相同的解）。

图6–15　斯托马基恩，也被称为“阿基米德的盒子”

自阿基米德时代以来，许多数学家都对休闲谜题有着浓厚的兴趣。“人最机灵的时刻就是发明游戏的时候。”戈特弗里德·莱布尼茨如是说。他对孔明棋（peg solitaire）的喜爱与对二进制数字的痴迷如出一辙：一个洞要么被占住，要么没有；它要么是1，要么是0。然而，最会玩的数学家要属莱昂哈德·欧拉了，他为了破解一个18世纪的脑筋急转弯，开创了一个全新的数学领域。

在柯尼斯堡（前普鲁士首都、现在的俄罗斯城市加里宁格勒），曾经有7座桥横跨普雷格尔河。当地人想知道，是否有可能不重复地走过全部7座桥。

为了证明这类路径是不可能的，欧拉画了一幅图，图中的每块陆地都用一个点（也称节点）表示，每座桥用一条线（也称连接）表示。他提出了一个定理，试图得出每个节点占有的连接数是多少时有可能生成一个通路（指不重复地走遍每条连接）。而在七桥问题中，是不可能生成通路的。

欧拉实现了概念上的飞跃，他认识到解决这个问题的关键不是关于桥梁的确切位置的信息，而是它们是如何连接的。伦敦地铁地图借用了这个想法：它在地理上并不精确，但准确地展现了地铁线路是如何连接在一起的。欧拉的定理开创了图论这一领域，预示着拓扑学的发展。拓扑学是一门内容丰富的数学领域，它研究物体在被压缩、扭曲或拉伸时不发生变化的性质。

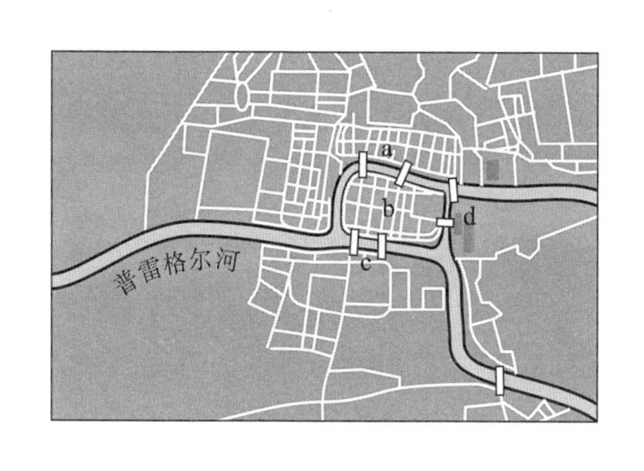

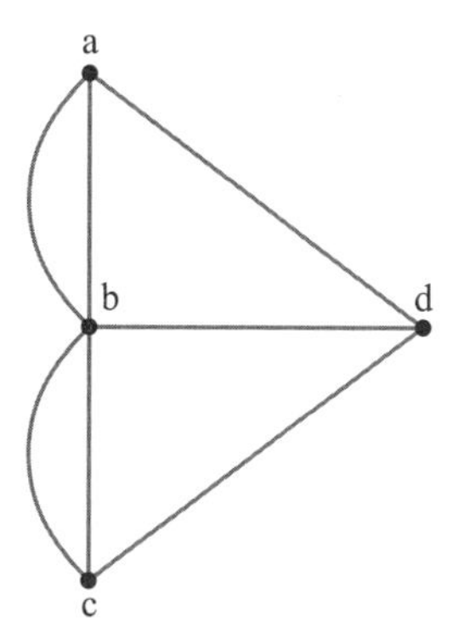

图6–16　18世纪的柯尼斯堡：左图为地图，右图为图示

与第二次国际性的解谜热潮所产生的兴奋相比，1817年人们对七巧板的迷恋已经算不上什么了。从1879年12月波士顿的一家玩具

店推出“十五数字推盘游戏”（Fifteen puzzle）起，制造商就赶不上大众的需求了。“无论是长了皱纹的老人，还是无邪的孩童，无不被这种风潮感染。”《波士顿邮报》这样评价道。

十五数字推盘游戏包含15个正方形木块，它们被放在一个正方形盒子里，留出一个空格，组成了一个4×4的正方形。这些木块被从1到15编号，随机放进盒子里。利用空出的空间，方块可以在整个4×4的正方形中滑动，玩家的目标是最终使它们按数字顺序排列。十五数字推盘游戏非常有趣，让人上瘾，这股风潮很快从马萨诸塞州蔓延到纽约，然后传播到整个美国。“它像西罗科风[1]一般激烈，从东到西席卷了国家，所到之处人们的大脑无不沦陷，甚至精神错乱。”《芝加哥论坛报》评论道。据《纽约时报》报道，从未有哪种风潮“以（如此）惊人的速度在这个国家或其他任何国家蔓延”。

这个游戏很快开始销往海外，据说，伦敦的一家商店不卖其他东西了，只卖这个游戏。不到6个月的时间，它就传到了世界的另一边。“不少人已经被逼疯了。”新西兰《奥塔戈见证报》（*Otago Witness*）在1880年5月1日的一封信中说。

图6–17　十五数字推盘游戏原本叫“宝石迷宫”

---

① 从北非吹向南欧的一种风沙性热风。——编者注

十五数字推盘游戏是纽约州北部的一位邮政局局长诺伊斯·查普曼（Noyes Chapman）创造的，他在20年前就曾试图制作一个4×4的幻方的实体模型。他制作了刻有16个数字的小木方块，并将它们紧密地排列在一个正方形的盒子里。当他意识到，去掉一块会给相邻木块提供可滑动的空间时，他发现尝试重新排列数字会变成一个十分有趣的游戏。查普曼为家人和朋友制作了几个版本，但从来没有利用他的发明挣钱。直到波士顿一位精明的木匠决定将拼图商业化后，这种拼图才开始流行起来。

十五数字推盘游戏对试图破解它的人来说尤其折磨人，因为它有时可以被解开，有时则不能。一旦这些方块被随机放入，似乎只有两种结果：要么可以按数字顺序重新排列，要么前三行可以按顺序排列，但最后一行只能变成“13–15–14”。这股热潮之所以流行，在一定程度上是因为，人们想弄清楚是否有可能从13–15–14变到13–14–15。1890年1月，在首批拼图上市几周后，纽约罗切斯特的一位牙医在当地报纸上登了一则广告，称向任何能证明做得到或做不到的人提供100美元奖金和一副假牙的奖励。他认为这是不可能的，但他在数学上需要一些帮助。

在十五数字推盘游戏上受到的挫折，从世界各地的客厅蔓延到学术殿堂。而在专业人士介入之后，谜题就从令人抓狂的无法解决，变成了令人满意的无解。1890年4月，当时杰出的数学家赫尔曼·舒伯特（Hermann Schubert）首先在德国一家报纸上证明了“13–15–14是无解的位置”。此后不久，刚创办没多久的《美国数学杂志》也发表了一份证明，证实十五数字推盘游戏中有一半的起始位置将产生13–14–15的最终解，而另一半将最终得到13–15–14。十五数字推盘游戏至今仍然是唯一一个并不总是有解却引发了国际潮流的拼图，怪不得它要把人逼疯了。

就像七巧板一样，十五数字推盘游戏并没有完全消失。它是滑块拼图的前身，而这种拼图目前在玩具店、圣诞拉炮彩包和企业营销礼包中仍然能找到。1974年，一个匈牙利人在思考改进拼图的方法时，突然想到可以在三维空间中重新设计它。这个名叫艾尔诺·鲁比克（Ernö Rubik）的人设计出了后来史上最成功的智力玩具——魔方。

在2002年出版的《谜题本能》（*The Puzzle Instinct*）一书中，符号学家马塞尔·达内西（Marcel Danesi）说，解决谜题的直觉能力是人类的本能。他解释说，当我们面对一道谜题时，我们的本能会驱使我们寻找解决方案，直到我们满意为止。从希腊神话中出谜语的斯芬克斯，到各种侦探悬疑故事，谜题是跨越时代和文化的共同特征。达内西认为，谜题是存在主义疗法的一种形式，它向我们展示了具有挑战性的问题可以有精确的解。英国最伟大的出题人亨利·厄内斯特·杜德尼认为解谜是人类的基本天性。“事实上，我们生活中的大部分时间都花在了解谜上，令人费解的问题不就是谜题吗？从童年时代开始，我们就一直不断在提出或者试图回答这些问题。”

谜题以一种非常简洁的方式，表达了数学中令人惊叹的元素。解开它们通常需要横向思考，或者依赖反直觉的事实。从解谜中获得的成就感是一种会上瘾的快乐，而解谜失败的挫败感几乎令人无法忍受。出版商很快意识到，趣味数学题有市场。1612年，克劳德·加斯帕尔·巴谢（Claude Gaspard Bachet）在法国出版了《与数字有关的有趣好玩的问题（对所有会算术且充满好奇的人都非常有用）》，书中包含了幻方、纸牌游戏、非十进制问题和“想一个数字”的游戏等。巴谢是一位严谨的学者，他翻译了丢番图的《算术》，但他的这本数学科普书比他的学术著作更有影响力。后来所有谜题书的出现都离不开它，几个世纪以来，这本书从未过时，它最近一次再版是在1959年。数学，甚至是休闲数学都有一个显著的特点，那就是它不会过时。

19世纪中叶，美国报纸开始刊登国际象棋问题。这些问题最早的出题人之一是萨姆·劳埃德（Sam Loyd），他也是早期最成熟的谜题设计者之一。劳埃德来自纽约，在他14岁的时候，他出的第一道谜题就被刊登在了当地报纸上。17岁时，他已经成为美国最成功、最著名的国际象棋问题的出题人。

他设计的问题从国际象棋发展到了数学谜题。19世纪末，他成了世界上第一位专业的出题人和经理人。他在美国媒体上发表了多篇文章，曾一度声称他的专栏每天会收到10万封来信。不过，我们应该对这个数字有所保留。劳埃德形成了一种对事实闹着玩儿的态度，这也是一位专业的出谜人的典型特点。首先，他声称自己发明了十五数字推盘游戏，一个多世纪以来，人们都认为这是真的，直到2006年，历史学家杰里·斯洛克姆（Jerry Slocum）和迪克·索内维尔德（Dic Sonneveld）发现了诺伊斯·查普曼。劳埃德用《七巧板的第8本书，第一部分》重燃了人们对七巧板的兴趣，它号称是一本关于谜题的4 000年历史的书。但这本书就是一个闹剧，尽管它最初还得到了学术界的认真对待。

如果说，劳埃德那种资本家的胆识和自我标榜的天赋反映出了世纪之交纽约的犀利明快，那么杜德尼则体现了英国更为保守的生活方式。

杜德尼来自萨塞克斯郡的一户牧羊人家庭，他从13岁起开始在伦敦的政务部门做职员。后来他厌倦了这份工作，开始向各种出版物投稿短篇故事和谜题。最终，他全职投身新闻业。他的妻子爱丽丝写了一本关于萨塞克斯农村生活的畅销浪漫小说，她获得的版税收入使他们夫妻过上了奢侈的生活。杜德尼一家在乡村和伦敦两边生活，和亚瑟·柯南·道尔爵士一道成为高雅文学界的一分子。道尔爵士创作了夏洛克·福尔摩斯这个人物，而福尔摩斯或许是所有文学作品中最具代表性的解谜者了。

据说，杜德尼和萨姆·劳埃德的首次接触是在1894年。当时，劳埃德提出了一个国际象棋问题，他坚信没有人能发现他的解法，这个解法包含53步。但比劳埃德小17岁的杜德尼用50步就解出了问题。两人随后开始合作，但当杜德尼发现劳埃德抄袭他的作品时，他们就闹翻了。杜德尼非常鄙视劳埃德，并把他和魔鬼画上了等号。

虽然劳埃德和杜德尼都是自学成才，但杜德尼更有数学天赋。他的许多谜题触及了深层的问题，而且常常是在学术界注意到这些问题之前。1962年，数学家管梅谷研究了一个问题，说的是邮递员应该在街道网格上选择哪条路线，才能既走遍每条街道，又路程最短。而在大约50年之前，杜德尼在一道关于煤矿监察员穿过地下竖井的谜题中，就设计出了同样的问题，并求出了解。

杜德尼同样对数论做出了意想不到的贡献。他提出了开方（Root Extraction）这类谜题。下列数的立方根等于它们各个数位上的数字之和：

$$1 = 1 \times 1 \times 1 \qquad 1 = 1$$
$$512 = 8 \times 8 \times 8 \qquad 8 = 5 + 1 + 2$$
$$4\,913 = 17 \times 17 \times 17 \qquad 17 = 4 + 9 + 1 + 3$$
$$5\,832 = 18 \times 18 \times 18 \qquad 18 = 5 + 8 + 3 + 2$$
$$17\,576 = 26 \times 26 \times 26 \qquad 26 = 1 + 7 + 5 + 7 + 6$$
$$19\,683 = 27 \times 27 \times 27 \qquad 27 = 1 + 9 + 6 + 8 + 3$$

这种数现在被称为杜德尼数，符合这个特点的数只有6个。杜德尼的另一个特长是几何分割，也就是把一种形状切割成小块，再重新组合成另一种形状，就像七巧板背后的原理一样。杜德尼找到了一种方法，把一个正方形切成6块，然后拼成一个五边形。他的方法成了一种流行的经典方法，因为此前多年来人们一直认为，将一个正方形变成一个五边形，最少需要切割成7块。

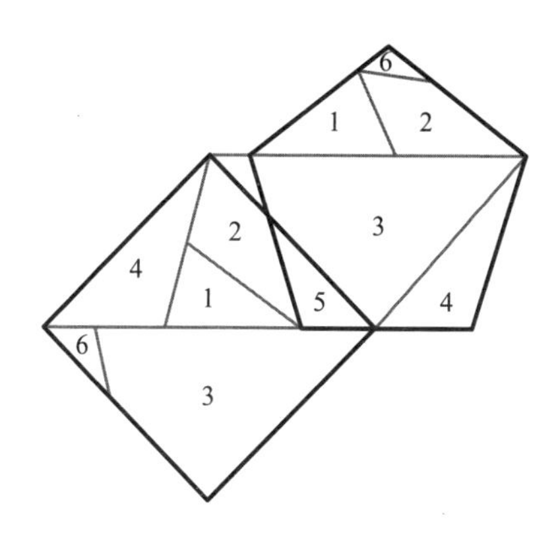

图6–18 将一个正方形变成一个五边形

杜德尼还发现了一种新方法，可以把一个三角形切成4块，拼成一个正方形。他发现，如果把他的解法中切成的4块图形接在一起，可以形成一条链，这样一来，它们往一侧折叠可以得到三角形，而往另一侧折叠则会变成正方形，他称之为男装店主谜题，因为这些图形的形状看起来像男装店里剩下的布料。这道谜题引入了“铰接分割”的概念，杜德尼用红木和黄铜铰链做了一个模型，并在1905年伦敦皇家学会的会议上展示了它，引起了人们的极大兴趣。男装店主谜题是杜德尼最主要的贡献，一个多世纪以来，它一直吸引着数学家，为他们带来了乐趣。

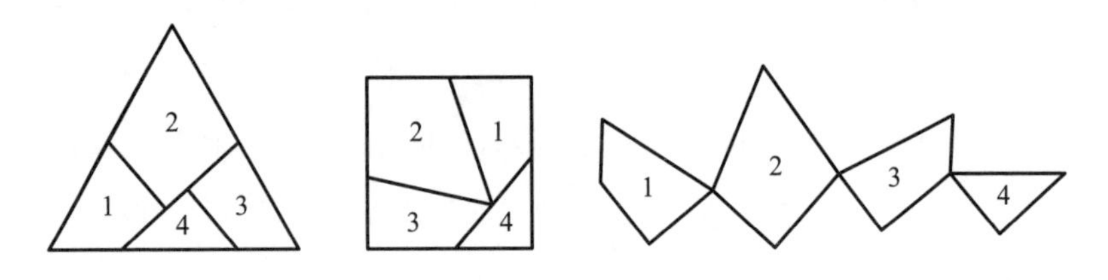

图6–19　男装店主的谜题

加拿大少年埃里克·德迈纳对男装店主的谜题十分着迷。德迈纳是位神童，20岁时就成了麻省理工学院的助理教授，他对这个问题的普遍性十分感兴趣。他想知道，有没有可能对任一直边形状进行分割，串成一条链，都可以折叠成一个面积相等的不同多边形。德迈纳花了10年时间研究这个问题，2008年3月，在他27岁时，他在亚特兰大一家酒店的宴会厅上向一群谜题爱好者公布了他的解法。

德迈纳又高又瘦，留着蓬松的胡子，扎着卷卷的深棕色马尾。他身后的大屏幕上投影出了一张男装店主谜题的图片。他说，他最近决定和他的博士生一起攻关这个问题。“我不相信这个命题是真的。”他说。然而，与他的预期相反的是，他和学生发现，通过类似于男装店主谜题这样的铰接分割，确实可以将任何多边形转换为面积相等的其他多边形。宴会厅里响起掌声，这在计算几何学会议中很少见。但在谜题的领域里，这是一个令人兴奋的突破，一个标志性的问题被一代人中最聪明的大脑解决了。

这场在亚特兰大举行的会议被称为加德纳聚会，在场的观众是最能欣赏德迈纳的演讲的那群人。对数学家、魔术师和谜题爱好者来说，加德纳聚会是世界上最重要的大型聚会。这场聚会两年举办一次，是为了致敬一位在20世纪后半叶革新休闲数学的人。马丁·加德纳（Martin Gardner）今年93岁[①]，在1957年至1981年间，他在《科学美国人》杂志上每月撰写一期数学专栏。这一时期见证了许多伟大的科学进步，比如太空旅行、信息技术和遗传学，然而，真正满足读者想象力的是加德纳生动且易懂的文章。他的专栏覆盖了各个主题，从棋盘游戏到魔术，从数字命理学到早期电脑游戏，还会涉足语言学和设计等看似不相关的领域。“我认为（加德纳）对数学有一种幽默的尊重，这种态度在如今的数学界经常被遗忘。”德迈纳在演讲结束后对我说，“人们往往过于严肃了。我的目标是让我做的每件事都变得有趣。”

德迈纳的父亲是一位玻璃匠和雕塑家，德迈纳小时候通过父亲知道了加德纳的专栏。德迈纳父子经常一起发表数学论文，这也体现了加德纳的跨学科的精神。德迈纳是计算折纸的先锋，这是一个数学和艺术交汇的领域，他的一些折纸模型甚至在纽约现代艺术博

① 马丁·加德纳已于2010年去世，享年95岁。——译者注

物馆展出。德迈纳认为，数学和艺术是相似的活动，它们都体现了一种“关于简洁和美的美学”。

在亚特兰大，德迈纳没有向观众解释他证明男装店主谜题的细节，但他明确表示，分割一个多边形，让它重新排列并铰接在一起，形成另一个多边形的过程并不一定是美的，而且通常在实际中可能是完全不可行的。德迈纳试图应用他在铰接分割上的理论成果，设计出一种可以变形的机器人，就像漫画书和系列电影《变形金刚》中的英雄那样，机器人可以变形成不同类型的机器。

图6–20　第8届加德纳聚会的标志

第8届加德纳聚会（G4G）的标志由斯科特·金（Scott Kim）设计，被称为双向图或对称字。

把它上下倒转过来，完全不影响阅读。金原本是一位计算机科学家，后来成为一名谜题设计师，在20世纪70年代，他发明了这种对称的书法风格。双向图不一定指旋转180度后完全相同的图形，呈对称的图形或另含深义的书法作品都叫作双向图。

作家艾萨克·阿西莫夫将金和荷兰艺术家埃舍尔相提并论，他称金为“字母艺术中的埃舍尔”。埃舍尔用透视和对称来创造自相矛盾的图形，他最著名的作品是一组看似起起落落的楼梯，互相连接，最后又回到起点。埃舍尔和金的另一个相似之处在于，他们的作品都在马丁·加德纳的介绍下，受到了大众的欢迎。

印刷工、艺术家约翰·兰登（John Langdon）也自行构想出了双向图。数学家特别喜欢这种字体，因为它以一种诙谐的方式表现了他们对模式和对称性的追寻。作家丹·布朗通过他的父亲理查德·布朗（Richard Brown）认识了双向图，他父亲是一位数学老师。丹·布朗委托兰登为他的畅销书《天使与魔鬼》设计了“天使与魔鬼”一词的双向图，为了表达感谢，丹·布朗将故事的主角命名为罗伯特·兰登（Robert Langdon）。在《达·芬奇密码》和《失落的秘符》中，兰登也以英雄的形象再次登场。双向图也找到了一个新的位置，它成为一种身体艺术。以形成对称为主要目的的准哥特式花式字体，再加上名字从前往后和从后往前读、颠倒或以正常顺序读出来都完全一样的神秘能量，这完全符合文身的美学标准。

G4G会让你相信数学可以预防痴呆症发作。聚会上的很多听众都超过70岁了，有些已经80多岁，甚至90多岁了。半个多世纪以来，加德纳与成千上万的读者通信，包括许多著名的数学家，他也和其中一些人成了亲密的朋友。时年88岁的雷蒙德·斯穆里安是世界上最杰出的逻辑悖论专家。他的开场白是：“在我开始演讲之前，我想说一件事。”斯穆里安身材苗条，衣着不讲究，但魅力十足，一头飘逸的白发，胡须蓬乱。他经常弹奏酒店的钢琴给客人助兴，也会对毫无戒心的路人表演魔术，一天晚餐时，他还表演了一出单口喜剧。

图6–21　马克·帕尔默设计的这个文身，上下颠倒后，“天使”就变成了“魔鬼”

时年76岁的所罗门·戈隆布（Solomon Golomb）[①]虽然没有斯穆里安那么活跃，但也能聊一些悖论之外的事情。戈隆布说话温和、慈祥，他在空间通信、数学和电气工程方面都做出了重大贡献。在马丁·加德纳的帮助下，戈隆布也为全球流行文化做出了贡献。在学术生涯的早期，戈隆布提出了多格骨牌的概念，多格骨牌由两个以上的方块组成。三格骨牌由3个方块组成，四格骨牌由4个方块组成，以此类推。在加德纳专栏早期的一篇文章里，他介绍了如何将多格骨牌结合在一起，文章在全球范围内引起了人们的极大兴趣，戈隆布的著作《多格骨牌》（*Polyominoes*）还被翻译成了俄语，成为一本畅销书。一位爱好者制作了一个游戏，游戏中会有四格骨牌落下。那个游戏后来被称为俄罗斯方块，它成了世界上流行时间最长、最受欢迎的电脑游戏之一。当然，戈隆布本人玩俄罗斯方块的时间不会超过半小时。

① 所罗门·戈隆布已于2016年去世，享年83岁。——译者注

另一位与会者是伊万·莫斯科维奇（Ivan Moscovich），他几乎和老年的文森特·普莱斯[1]一模一样。他穿着一身无可挑剔的深色西装，眼睛炯炯有神，留着两撇小胡子，满头银发向后梳得整整齐齐。对莫斯科维奇来说，谜题的魅力在于解开它们需要创造性的思维。他的出生地在现今的塞尔维亚，在第二次世界大战期间，他曾被关押在奥斯威辛集中营和贝尔根–贝尔森集中营。他认为自己之所以能活下来，是因为他天生就具有创造力，他不断创造环境，最终拯救了自己。战后，他成了一位狂热的谜题发明家。他喜欢不断地跳出思维定式去思考，绕开一些不可避免的事情。他说，自己侥幸逃脱集中营后，就有了不断提出新想法的动力。

在过去的半个世纪里，莫斯科维奇已经授权并制作了大约150道谜题，他还编撰了一本谜题书，被誉为自劳埃德和杜德尼以来最伟大的谜题集。时年82岁[2]的莫斯科维奇有了他的最新发明——一个叫作“你和爱因斯坦”的滑块游戏。这个游戏是在一个正方形的网格中滑动滑块，拼出爱因斯坦的图片。它的巧妙之处在于，每个滑块中都有一面倾斜的镜子，能将图像反射到同侧，也就是说，你所看到的方块实际上是相邻方块上图像的反射。莫斯科维奇告诉我，他很高兴“你和爱因斯坦”能在全球取得成功。

和行业里的每个人一样，莫斯科维奇的梦想也是引领新的智力玩具热潮。迄今为止只出现了4次与数学有关的国际智力玩具热潮，即七巧板、十五数字推盘游戏、魔方和数独。到目前为止，魔方是利润最高的。自从1974年艾尔诺·鲁比克提出这个想法以来，全球

① 文森特·普莱斯（1911—1993），美国著名电影明星。——译者注

② 莫斯科维奇出生于1926年。——译者注

已经有3亿多个魔方被卖出。除了在商业上大获成功以外，色彩艳丽的立方体也成了流行文化中的常青树。它是智力玩具中无可匹敌的存在。不出所料，在2008年的G4G上，魔方出现了，一场关于四维魔方的演讲赢得了热烈的掌声。

最初的魔方由26个小立方体组成，排成3×3×3的阵列。每个水平和竖直的“切片”都可以独立旋转。立方体的图案被打乱后，就要转动切片，使大立方体的每一面上只有一种颜色的小正方形。立方体一共包含6种颜色，每面一种。莫斯科维奇告诉我，艾尔诺·鲁比克的设计在两种意义上都很出色。不仅采用立方体的想法很天才，他把这些方块拼在一起的方法也非常聪明。如果你拆卸一个魔方，你就会发现它并不由单独的机械装置固定，每个小立方体都是一个中心球体的一部分，这个球体把它们紧密连接在一起。

立方体本身就富有魅力。它是一种柏拉图多面体，这种形状至少从古希腊时代起就具有标志性的神秘地位。它的英文名（cube）也很好，易于记住，有一种美妙的音韵和谐。魔方的名字（Rubik’s Cube）也带着一种东方的异域情调，但不是来自亚洲，而是来自冷战时期的东欧。它听起来很像苏联早期的航天技术成果“斯普特尼克”号人造卫星。

魔方成功的另一个因素是，虽然解开魔方并不容易，但这一挑战并没有难到让人望而却步。来自汉普郡的建筑商格雷厄姆·帕克（Graham Parker）在坚持了26年后，终于实现了自己的梦想。“我就待在家里解魔方，甚至错过了一些重要的事情，我晚上会睡不着觉，思考怎么解魔方。"他说。在花了27 400个小时后，"当我把最后一个方块归位，魔方的每个面都只有一种颜色的时候，我哭了。我无法描述出来这是一种多么大的解脱"。而花了一段时间解出了魔方的人总是想更快地再解出来。缩短魔方纪录甚至成了一项竞技性的运动。

然而，从2000年左右开始，速拧魔方才真正起步。这要部分归功于一项比计时解决机械谜题更古怪的运动。竞技叠杯的目标是将塑料杯尽可能快地堆叠成固定的模式。这种竞技项目富有吸引力，也令人惊叹，最优秀的选手总能动作飞快，仿佛在用塑料粉刷空气一般。这项运动产生于20世纪80年代的加利福尼亚州，是为了提高儿童的手眼协调能力、锻炼身体而被发明出来的。据说，目前全世界有两万所学校将其纳入体育课程中。竞技叠杯使用一种专门的垫子，垫子上有一个与秒表相连的触摸传感器。这种垫子也为速拧魔方爱好者首次提供了一种标准化的计时方法，这种方法现在已经被用在了所有比赛里。

世界各地大约每周都会举办一次正式的速拧魔方锦标赛。为了确保在这些比赛中，魔方的起始状态足够困难，比赛规则规定魔方必须根据计算机程序生成的随机移动序列被打乱。目前的7.08秒纪录是由时年19岁的荷兰学生埃里克·阿克斯代克（Erik Akkersdijk）于2008年创造的。[①]阿克斯代克还保持着2×2×2的魔方纪录（0.96秒）、4×4×4的魔方纪录（40.05秒）和5×5×5的魔方纪录（1分

① 截至本书中文版出版时（2022年），速拧三阶魔方的世界纪录为3.47秒，由中国选手杜宇生创造。正文提到的各项纪录，均是本书英文版出版时的纪录。——编者注

16.21秒）。他还可以用脚拧魔方，他的这项纪录是51.36秒，位列世界第四。不过，阿克斯代克在单手拧魔方（世界第33位）和蒙眼拧魔方（世界第43位）这两个方面还有待提升。蒙眼拧魔方的规则是，当魔方被展示给参赛者时，计时器开始计时。参赛者在仔细研究魔方后，戴上眼罩，开始拧魔方。当参赛者认为已经解出时，就告诉裁判停止计时。这项纪录目前是48.05秒，由芬兰的维莱·塞佩宁（Ville Seppänen）在2008年创造。其他速拧魔方的项目还包括在各种场景下拧魔方，比如在过山车上、在水下、用筷子、骑在独轮车上，以及在自由落体时。

在数学上最有趣的魔方项目是用尽可能少的步骤解开它。参赛者会拿到一个被打乱的魔方，他有60分钟的时间来研究魔方的位置，然后描述出他能想到的步数最少的解法。2009年，比利时的吉米·科尔（Jimmy Coll）创造了世界纪录，他提出的方法包含22个步骤。然而，这是一个非常聪明的人在思考60分钟后，解出一个杂乱无章的魔方所需的步数。如果他有60个小时，他能以更少的步骤解出相同的魔方吗？关于魔方，最让数学家感兴趣的问题是：在任何情况下都能确保解开一个魔方所需的最少步骤n是多少？为了表示尊敬，这里的n被昵称为“上帝的数字”。

找到上帝的数字是非常复杂的，因为它涉及的数字实在太大了。魔方的所在位置大约有43×10^{18}种（也就是说43后面跟着18个零）分布方式。如果把每一种不同的魔方位置叠在一起，这个魔方之塔能在地球和太阳之间往返800多万次。因此，逐一分析每一种位置要花很长时间。取而代之的是，数学家研究了这些位置的子群。托马斯·罗基奇（Tomas Rokicki）研究这一问题已有约20年之久，他分析了一个包含195亿种相关位置的集合，并找到了用20步或更少的步骤来解出它们的方法。他现在已经研究了大约100万个类似的集合，每个集合包含195亿种位置，他再次发现，20步足以解出魔方。2008年，他证明了其他每一种魔方位置距离他找到的集合中的一种位置都只有两步之遥，也就是说，上帝的数字的上限是22。

罗基奇确信上帝的数字是20。“到现在，我已经解出了约9%的情况，而且没有一种情况需要21步。如果有任何位置需要21步或更多的步骤，那也是非常罕见的。”罗基奇面对的与其说是理论上的挑战，不如说是组织上的挑战。运行一组魔方位置会占用大量的计算机存储时间。“以我目前的技术，我需要大约1 000台现代计算机，用大约一年的时间来证明这个数字是20。”他这么说道。

魔方数学一直以来都是罗基奇的一个爱好。当我问他是否想过研究数独等其他智力游戏的数学原理时，他开玩笑地说：“别用其他耀眼的问题来分散我的注意力，魔方数学已经够有挑战性的了！”

艾尔诺·鲁比克现住在匈牙利，他很少接受采访。但我还是在亚特兰大见到了他之前的一位学生达尼尔·埃尔代伊（Dániel Erdély）。我们在酒店的一个房间里见了面，那里是他专门研究“数学对象”的地方。桌上摆着折纸模型、几何形状和精致的拼图。埃尔代伊看着他自己的作品，一个浅蓝色的物体，大约有板球那么大，上面布满了错综复杂的漩涡图案。埃尔代伊对待它们的感情就像养狗的主人对待一窝小狗一样。他拿起一个，指着这颗手掌大小的行星状物体表面的水晶状花纹说：“螺旋体（Spidron）。”

埃尔代伊和鲁比克一样，都不是数学家。鲁比克是一名建筑师，埃尔代伊是一位平面设计师，曾在布达佩斯应用艺术学院学习平面设计，鲁比克是这里的教授。1979年，埃尔代伊选了鲁比克教授的课程。在这些课程的作业中，他设计了一个新的形状，由一系列变形、收缩的等边和等腰三角形组成。他称这种形状为“螺旋体”，因为它像螺旋一样弯曲。他大学毕业时，已经迷上了螺旋体。他不停地摆弄着它们，注意到它们可以像瓷砖一样，以不同方式组合在一起形成美丽的形状，在二维和三维中都可以。大约5年前，一位匈牙利朋友编写了一个程序，用计算机生成螺旋体。它们的镶嵌特性随后吸引了数学家、工程师和雕塑家的注意，而埃尔代伊也开始带着这个形状环游全球。他相信这个形状可以应用在如太阳能电池板等产品的设计中。在G4G上，他遇到了一个来自火箭发射公司的人。他告诉我，螺旋体可能就要进入太空了。

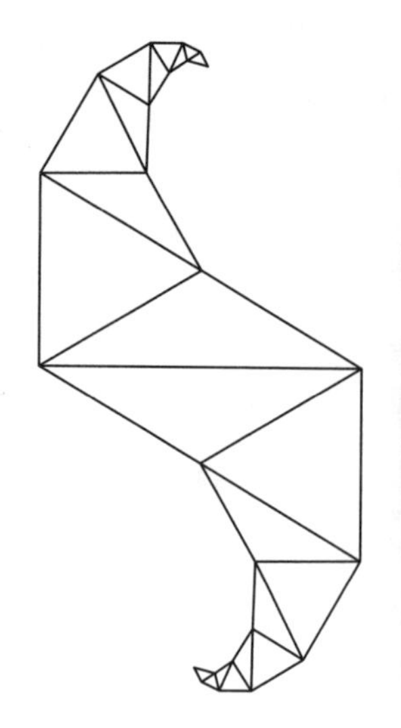

图6–22　螺旋体和螺旋体球

一天下午，会议代表们来到了位于亚特兰大郊区的汤姆·罗杰斯（Tom Rodgers）的家里。罗杰斯是一位中年商人，他在1993年组织了第一次G4G。罗杰斯从小就崇拜加德纳，他最初的想法是举办一场活动，让以害羞著称的加德纳有机会和与他通信的诸多读者见面。他决定从加德纳感兴趣的三个领域中邀请客人，分别是数学、魔术和谜题。那次聚会非常成功，于是在1996年，他组织了第二次聚会。加德纳参加了前两次聚会，但之后他因为身体虚弱，无法出席。罗杰斯住在一间日式风格的小屋里，房屋周围被一片由竹子、松树和果树组成的森林环绕着，我去拜访时，正是果树开花的季节。在花园里，几位客人组成小组，用木头和金属建造几何雕塑。其他人则试图解决一个谜题寻宝游戏，寻宝的线索被贴在房子的外墙上。

突然，普林斯顿大学数学教授约翰·霍顿·康威[①]的叫声引起了大家的注意。康威胡子凌乱，满头银发，穿着一件印有方程的T恤衫。他是过去50年里最杰出的数学家之一。他要求每个人给他10个松果，以便于他数出它们的螺旋。球果分类是他的一个新近爱好，几年来他数了约5 000个球果上的螺旋。

在房子里，我见到了科林·赖特（Colin Wright），一个住在威勒尔阳光港的澳大利亚人。他有一头学生气的姜黄色头发，戴着眼镜，看上去就是你想象中的数学家的样子。赖特是位杂耍艺人，他说："在我学会骑独轮车后，这似乎是一件显而易见的事情。"他还帮助开发了一种杂耍的数学符号，听起来或许没什么大不了的，但它却

① 约翰·霍顿·康威已于2020年4月去世，享年82岁。——译者注

给国际杂耍界带来了活力。事实证明，有了一门语言，玩杂耍的人就能够发现几千年来一直没能发现的把戏。“一旦你有了一门语言来描述问题，它就会有助于你的思考过程。”赖特边说边拿出了一些小球，演示了一种新发明的三球杂耍，“数学不是求和、计算和公式。它是把事情拆开，去理解事情如何运作的一种方式。”

我问他，对于这些数学界最优秀的人来说，把时间花在杂耍、数松果甚至解谜等无关紧要的消遣上，是不是一种自我放纵、毫无意义的行为，或者说是浪费时间。“你要让数学家做他们想做的事。”他回答道。他引用了剑桥大学教授G. H. 哈代的例子，哈代在1940年曾（自豪地）宣称数论没有实际应用。事实上，数论现在是许多互联网安全计划的基础。根据赖特的说法，在发现一些看起来毫无用处的定理的应用这个方面，数学家“的成功简直到了不合理的地步”，而且往往是在定理首次被发现的多年后，才有人找到了它们的应用。

G4G最吸引人的特色之一是，所有客人都被要求带一件礼物，也就是“你想送给马丁的东西”。事实上，你被要求带上300份，因为每位客人最后都会得到一个礼品袋，里面装满了别人的礼物。我参会的那一年，这个礼品袋里有智力玩具、魔术用品、书、CD（激光唱片）、小物件和一片能让可乐说话的塑料。有一袋是给马丁·加德纳的，我拿给了他。

加德纳住在俄克拉何马州的诺曼。我到那里的时候，暴风雨正席卷全州。在州际公路上几次走错路后，我终于找到了他的住处。这里是一家疗养院，位于一家得克萨斯快餐连锁店旁。他的房门离入口仅几步之遥，只要穿过一片公共区域便可走到，有几位老人坐在公共区域里聊天。加德纳的门边有一个收件箱，他不用电子邮件，他寄的信比疗养院其他人加起来的还要多。

加德纳开门邀请我进去。屋里墙上有一张用多米诺骨牌做成的他的肖像、一张爱因斯坦的大幅照片和一张埃舍尔的原作。加德纳的穿着很随意，上身是一件绿色衬衫，下身是一条宽松的长裤。他的外貌很温和，头上几缕白发，戴着巨大的玳瑁眼镜，一双眼睛炯炯有神。他身上散发出一种超凡脱俗的感觉。他身材苗条，站得笔直，可能是因为他每天都站在办公桌前工作。

拜访加德纳感觉完全就像《绿野仙踪》里的桥段，我在中西部的飓风中寻找一位年长的法师。事实证明，《绿野仙踪》主角多萝西的经历是个特别形象的比喻。在我见到加德纳之前，我并不知道加德纳是研究《绿野仙踪》作者L. 弗兰克·鲍姆（L. Frank Baum）的顶级专家。加德纳告诉我，10年前，他甚至写了一个续篇，讲述多萝西和朋友们去曼哈顿的故事。这篇文章受到了严肃报纸的报道，但它并不是很受欢迎。“这个续篇主要是为《绿野仙踪》的粉丝们写的。”他说。

我给了他一份G4G的礼品袋，问他对自己成为一个会议的主题感受如何。“我很荣幸，也很惊讶。”他回答，“我对会议的发展非常惊讶。”很快，他就清楚地意识到，对于在一群数学家中谈论自己的辉煌，他并不是很自在。“我不是数学家。”他说，“我本质上只是个记者。一旦难度超过微积分程度，我就完全搞不懂了。但这就是我的专栏成功的秘诀。我花了很长时间才弄明白自己所写的内容，所以我知道如何写作才能让大多数读者都能读得懂。”当我得知加德纳不是一位严格意义上的数学家时，我最初感到有点儿失望，就好像魔术师被揭秘了一样。

加德纳最喜欢的话题就是魔术，他说这是他最主要的爱好。他订阅魔术杂志，在关节炎没有太严重的时候，也会练习魔术。他提出让我看看他发明的魔术，他说这是他发明的唯一一种快手纸牌魔术，叫作“眨眼就变”，也就是一张牌的颜色会在“眨眼之间”就变了。他拿出了一盒牌，把一张黑色牌夹在牌堆和手掌之间。瞬时间，黑牌变成了红牌。加德纳因为“数学”魔术对数学产生了兴趣，他年轻时的社交圈里大多是魔术师，而不是数学家。他说他喜欢魔术，因为魔术让人对世界产生了一种惊奇的感觉。“你看到一位女士浮在那里，觉得很惊奇，这告诉你，她在地心引力作用下掉到地上也是一种奇迹……其实，引力和女士的悬浮同样神秘。”我问他，数学是否也给了他同样的奇幻感受。他回答：“当然。”

加德纳的数学著作可能是最出名的，但那只代表了他的一部分成果。他的第一本书叫作《时尚和谬论》(*Fads and Fallacies*)，这是第一本揭露伪科学的科普书。他写过关于哲学的书，出版过一部关于宗教的严肃小说。他最畅销的一本书是《带注释的爱丽丝》(*The Annotated Alice*)，这是一本经典书，为《爱丽丝梦游仙境》和《爱丽丝镜中奇遇记》添加了注脚。即使在93岁高龄，他也没有放缓写作的脚步。他将出版一本关于G. K. 切斯特顿（G. K. Chesterton）的散文的书，他还有多个写作计划，包括编写一本关于猜字游戏的大部头。

由于加德纳的努力，休闲数学仍然保持活跃。这是一个令人兴奋的丰富的领域，一直在为所有年龄、各个国家的人带来乐趣，它同样激励着人们认真研究严肃的问题。刚得知加德纳不是一位数学家时，我有点儿沮丧，但当我离开疗养院时，我突然意识到，成为休闲数学代表的这个人，只是一个狂热的业余爱好者，这恰恰非常符合休闲数学的精神。

第 7 章

喜欢收集数列的人

在亚特兰大，我遇到了一个有特殊爱好的人。尼尔·斯隆（Neil Sloane）喜欢收集数据。他收集的不是单独的数字，那太愚蠢了，他收集的是有一定顺序的一系列数字，也就是数列。例如，自然数是一个数列，这个数列可以定义为，数列中的第n项是n：

1，2，3，4，5，6，7，…

1963年，斯隆在康奈尔大学读研究生时就开始收藏数列，他一开始把收集的数列写在卡片上。对于喜欢有序列表的人来说，把有序列表也整理成有序列表是非常有意义的事情。1973年，他已经收集了2 400个数列，出版了一本名为《整数列手册》的书。20世纪90年代中期，他的藏品已经达到5 500个。在互联网出现后，这些藏品终于找到了它们的理想媒介。斯隆的这份清单迅速发展成为《在线整数列百科全书》，这本百科全书目前有16万多个条目，并且还在以每年约一万条的速度扩充。

斯隆给人的第一印象是一个典型的宅男。他很瘦，有些秃顶，戴着一副又厚又方的眼镜。然而，他十分精壮有力，保持着一种平衡，这是他的另一个兴趣——攀岩带来的好处。斯隆喜欢挑战上升的地质构造，就像他喜欢攀升的数值一样。在斯隆看来，研究数列和攀岩的相似之处在于，两者都需要精妙的解谜技巧。我认为还有另一个类似之处：寻找数列中的数字就像登山，每当你到达第n项时，你就自然而然地想要找到第$n+1$项。想要找到下一项的想法，就像试图攀登越来越高的山峰一样。当然，登山者会受到地理的限制，而数列往往会一直延续下去。

斯隆就像一个纪录收藏家，用多彩的珍品堆满了他最喜爱的藏书架，他的《百科全书》里既有普通的数列，也有诡异的数列。比如，他的收藏包括下面的数列，也就是“零序”。（《百科全书》中的每个数列都有一个参考编号，以字母A为前缀。零序是斯隆收藏的第4个数列，因此被编号为A4。）

（A4）0，0，0，0，0，…

作为最简单的无限数列，它是藏品中最没有活力的，尽管它确实具有某种虚无主义的魅力。

对斯隆来说，除了在新泽西州AT&T（美国电话电报公司）实验室做数学家的本职工作外，维护《百科全书》也是一项全职工作。但他不再需要花时间到处寻找新数列了。随着《百科全书》的成功，他不断收到投稿。它们有些来自专业的数学家，还有更多来自对数字着迷的外行人。数列被收录只有一个标准，它必须是“定义明确且有趣”的。定义明确意味着数列中的每一项都可以用代数或语言来描述。而有趣与否则取决于斯隆的判断，当他不确定时，他会倾向于接受。然而，定义明确且有趣并不意味着在数学上有什么意义。历史、传说和怪癖都在公平竞争。

百科全书中也收录了一些古代数列：

（A100000）3，6，4，8，10，5，5，7

这个数列是从伊尚戈骨上的标记转换而来的，这一古老的手工制品在今刚果民主共和国被发现，距今已2.2万年。这根猴骨最初被认为是一根计数棒，但后来有人认为它的规律是，3，3的两倍，4，4的两倍，10，10的一半。这种规律表明当时的人们掌握了较为复杂的算术推理。百科全书中还有一个可恶的数列：

（A51003）666，1 666，2 666，3 666，4 666，5 666，6 660，6 661，…

这个数列也被称为“野兽数列”，因为它们在十进制下包含了字符串666[①]。

下面来看一个简单的“托儿所数列”：

（A38674）2，2，4，4，2，6，6，2，8，8，16

① 《圣经》中认为666是代表野兽的数字。——编者注

这些数字来自拉丁美洲的儿歌《灯笼》(*La Farolera*):“二加二等于四,四加二等于六,六加二等于八,再加八等于十六。”

但或许最经典的数列是素数数列:

(A40)2,3,5,7,11,13,17,19,23,29,31,37,…

素数指大于1且只能被自身和1整除的自然数。它们很容易描述,但该数列带有一些非常神奇,又有些神秘的性质。首先,欧几里得已经证明,素数有无穷多个。心里想任何一个数,你总能找到一个比这个数更大的素数。其次,1以上的自然数都可以写成素数的唯一乘积。换句话说,每个数都等于一组唯一的素数的乘积。例如,221是13×17。下一个数字222是$2 \times 3 \times 37$。之后的223是素数,所以可写成223×1,224是$2 \times 2 \times 2 \times 2 \times 2 \times 7$。我们可以一直这样进行下去,每个数字都可以用唯一一种可能的方式被分解成素数的乘积。例如,10亿就是$2 \times 2 \times 2 \times 2 \times 2 \times 2 \times 2 \times 2 \times 2 \times 5 \times 5 \times 5 \times 5 \times 5 \times 5 \times 5 \times 5 \times 5$。数字的这一特点被称为算术基本定理,这也是为什么素数被看作自然数不可分割的组成部分。

素数的和也是基本组成部分。每一个大于2的偶数都是两个素数之和:

$4 = 2 + 2$

$6 = 3 + 3$

$8 = 5 + 3$

$10 = 5 + 5$

$12 = 5 + 7$

…

$222 = 199 + 23$

$224 = 211 + 13$

…

这个命题，也就是每个偶数都是两个素数之和，被称为哥德巴赫猜想。它以普鲁士数学家克里斯蒂安·哥德巴赫的名字来命名，他和莱昂哈德·欧拉就这个猜想通了信，欧拉“非常肯定”这个猜想是对的。在近300年的寻找和尝试中，没有人发现过不能写成两个素数之和的偶数，但是到目前为止，还没有人能够证明这个猜想是对的。它是数学中最古老，也是最著名的未解问题之一。2000年，数学侦探小说《彼得罗斯大叔和哥德巴赫猜想》的出版商自信地认为，这个证明仍然超出了目前数学知识的极限，他们悬赏100万美元，谁能解决这个问题就可以获得这笔奖金。但目前还没有人能够给出证明。

哥德巴赫猜想并不是关于素数的唯一悬而未决的问题。素数研究的另一个焦点是素数是如何沿着数列不可预测地分布的，素数的数列似乎没有明显的模式。事实上，寻找素数分布的规律是数论中最富探索性的领域之一，它引出了许多深刻的结果和假设。

尽管素数的地位无可替代，但它们并不是唯一特殊的数列。所有数列在某种程度上都有助于更好地理解数字的行为。斯隆的《在线整数列百科全书》也被认为汇编了数字的规律，它是一本数学DNA（脱氧核糖核酸）的《末日审判书》，一本关于世界基本数字顺序的查询目录。这本百科全书最初可能源于尼尔·斯隆个人的爱好，但这个项目已经成为一项极其重要的科学资源。

斯隆认为《百科全书》好比是数学中的FBI（美国联邦调查局）指纹数据库。“当你去犯罪现场提取指纹时，你会比对已有的指纹，确定嫌疑人的身份。”他说，“《百科全书》的作用也是一样。数学家在工作中会遇到自然出现的数字，然后他们可以在数据库中查找。如果找到了，这对他们来说就是件好事。”数据库的用处并不局限于纯数学。工程师、化学家、物理学家和天文学家也可以在《百科全书》中查找并发现数列，建立意想不到的联系，从而在他们各自的领域获得数学见解。如果一个人工作的领域会出现一些不可预测的数列，而他们希望理解这些数列，这个数据库就是一座金矿。

通过《百科全书》，斯隆看到了许多新的数学思想，他也会花时间提出自己的想法。1973年，他提出了数的“持续性”概念。这是一系列变换所需的步骤数，变换方式是将前一个数的所有位数相乘得到第二个数，然后将该数的所有位数相乘得到第三个数，以此类推，直到得到一个个位数。例如：

$$88 \rightarrow 8 \times 8 = 64 \rightarrow 6 \times 4 = 24 \rightarrow 2 \times 4 = 8$$

因此，根据斯隆的定义，88的持续性是3，因为它达到个位数需要3步。似乎数字越大，它的持续性就越大。例如，679的持续性是5：

$$679 \rightarrow 378 \rightarrow 168 \rightarrow 48 \rightarrow 32 \rightarrow 6$$

同样，如果一步步算出来，会发现277 777 788 888 899的持续性是11。那么问题来了：斯隆从来没有发现一个持续性大于11的数字，10^{233}（也就是1后面跟了233个零）以内的所有数都是如此。换言之，你选择任何一个233位的数，如果按照持续性规则，将其拆分成数字的乘积，你都将在11步或更少的步骤后得到个位数。

这完全违背直觉。如果你有一个200位左右的数，由很多很大的数字组成，比如包含很多8和9，那么这些数字的乘积已经很大了，要减少到个位数似乎需要远超11个步骤。然而，大数在自身的压力下“崩溃”了。这是因为如果数字中出现零，那么所有数字的乘积就是零。如果开始的数字中没有零，则在第11步时总是会出现零，除非该数字在那时已降为个位数。在持续性中，斯隆找到了一个非常有效的强大“杀手”。

斯隆并没有止步于此，他编辑了一个数列，其中第n项是持续性为n的最小数（我们只考虑两位及以上的数）。第一项是10，因为：

10 → 0，10就是用一步变为个位数的最小两位数。

第二项是25，因为：

25 → 10 → 0，25就是用两步变为个位数的最小数。

第三项是39，因为：

39 → 27 → 14 → 4，39就是用三步变为个位数的最小数。

整个数列是：

（A3001）10，25，39，77，679，6 788，68 889，2 677 889，26 888 999，3 778 888 999，277 777 788 888 899

我发现这列数字格外有趣。它们有明显的顺序，但也掺杂着一些不对称的东西。持续性就像一台香肠机，它只生产11种形状非常奇特的香肠。

斯隆的好朋友、普林斯顿大学教授约翰·霍顿·康威也喜欢通过提出标新立异的数学概念来自娱自乐。2007年，康威发明了“指数火车”（powertrain）的概念。对于任意写作$abcd\cdots$的数，其指数火车是$a^b c^d\cdots$。如果数字的位数是奇数，则最后一位数就没有指数，因此$abcde$的指数火车是$a^b c^d e$。以3 462为例，它的指数火车是$3^4 \times 6^2 = 81 \times 36 = 2\ 916$。对得到的数再次应用指数火车的概念，直到只剩下一位数：

$$3\ 462 \rightarrow 2\ 916 \rightarrow 2^9 1^6 = 512 \times 1 = 512 \rightarrow 5^1 \times 2 = 10 \rightarrow 1^0 = 1$$

康威想知道是否有任何“牢不可破”的数，也就是无法用指数火车减少到个位数的数。他只找到一个：

$$2\ 592 \rightarrow 2^5 \times 9^2 = 32 \times 81 = 2\ 592$$

尼尔·斯隆没有袖手旁观，他奋起直追，发现了第二个：①

24 547 284 284 866 560 000 000 000

斯隆现在充满信心，他认为没有其他牢不可破的数字了。

仔细想想，康威的指数火车是一种“致命”的机制，它湮灭了宇宙中除了2 592和24 547 284 284 866 560 000 000 000之外的所有

① 这遵循了惯例$0^0 = 1$，因为如果$0^0 = 0$，这个数会立刻崩塌。

数。这两个剩下的数似乎是在无尽的数字中毫无关联但固定的两个点。“这个结果很惊人。在指数火车的计算中，大数消失得相当快，和它们的持续性会‘崩塌’的原因一样，也就是说只要出现了零，整个数就变成了零。”斯隆说。我问斯隆，这两个数在指数火车中的稳健性在现实世界中有没有什么应用。他认为没有。“这只是为了好玩。这没什么问题，你玩得开心就行。”

斯隆确实玩得很开心。他在研究了这么多数列之后，发展出了个人的数字审美。他最喜欢的一个数列是哥伦比亚数学家伯纳多·雷卡曼·桑托斯（Bernardo Recaman Santos）设计的雷卡曼数列：

（A5132）0，1，3，6，2，7，13，20，12，21，11，22，10，23，9，24，8，25，43，62，42，63，41，18，42，17，43，16，44，15，45，…

你可以试着找出这些数字的规律。仔细观察它们，你会发现它们会神经质地跳来跳去。一切好像都被搞乱了：一个在上面，一个在下面，一个又在那边。

不过，事实上，这些数字是用一个简单的规则生成的——“非减即加”。想要得到第n项，可以取上一项，然后加上或减去n。规则是必须使用减法，但如果结果是负数或数列中已有的数字，则改用加法。以下是前8项的计算过程。

从0开始，

第1项是第0项加1，于是得到1，

我们必须用加法，因为0减1会得到–1，负数不能出现。

第2项是第1项加2，于是得到3，
同样，我们必须用加法，因为1减2得–1，负数不能出现。

第3项是第2项加3，于是得到6，
我们必须用加法，因为3减3等于0，而0已经在数列中出现过。

第4项是第3项减4，于是得到2，
我们必须用减法，因为6减4是正数，且不在数列中。

第5项是第4项加5，于是得到7，
我们必须用加法，因为2减5等于–3，负数不能出现。

第6项是第5项加6，于是得到13，
我们必须用加法，因为7减6等于1，而1已经在数列中了。

第7项是第6项加7，于是得到20，
我们必须用加法，因为13减7等于6，而6已经在数列中了。

第8项是第7项减8，于是得到12，
我们必须用减法，因为20减8是正数，且不在数列中。

以此类推。

这个相当繁复的过程以整数为基础，计算出了看似杂乱无章的答案。但是，要看到出现的规律，一种方法是将数列绘图，如图7–1所示。横轴表明项的位置，表示第n项，纵轴是项的值。雷卡曼数列的前1 000项的图可能与你所看到的任何其他图表都不同。它就像花园洒水器洒出的水，也像一个孩子试图把点连起来形成的图像。（图中的粗线是点密集的区域，因为比例尺太大了。）“看到你能给混沌带来多少秩序，这十分有趣。”斯隆说，“雷卡曼数列正处于混沌和美丽的数学的交界处，这也是它如此迷人的原因。”

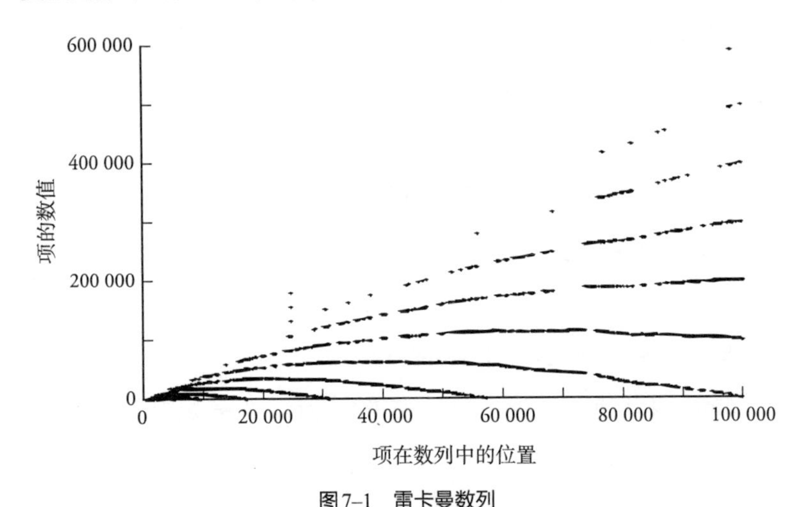

图7–1　雷卡曼数列

在雷卡曼数列中，秩序与无序之间的冲突也可以通过音乐来欣赏。《百科全书》的一项功能是它可以让数列变成音符，让你听到任何数列。想象一下，钢琴键盘有88个键，组成了将近8个八度的音高范围。数字1代表钢琴最低的音符，数字2代表其第二低的音符，以此类推，88代表键盘上最高的音符。当音符用完后，你又从最低的地方开始，所以89又回到了第一个键。自然数1，2，3，4，5，…听起来像是无休止的循环中一个不断上升的音阶。然而，雷卡曼数列演奏出的音乐令人不寒而栗，它听起来就像恐怖电影的原声带。它很不和谐，但听起来又不是随机的。你可以听到明显的模式，就好像在这刺耳的声音背后，有一只手在暗中控制着。

数学家对雷卡曼数列的兴趣在于，该数列是否涵盖了每一个数。在数列的前10^{25}项中，缺少的最小的数是852 655。斯隆猜测，每个数最终都会出现，包括852 655，但目前没有得到证明。正因如此，斯隆觉得雷卡曼数列让人欲罢不能。

斯隆喜欢的另一个数列是海斯韦特的数列①。与许多增长速度惊人的数列不同，海斯韦特数列的增长速度缓慢得令人难以置信。这是一个完美的比喻，可以展示永不放弃的精神：

（A90822）1，1，2，1，1，2，2，2，3，1，1，2，1，1，2，2，2，3，2，1，1，2，…

数列中第一次出现3是在第9项，第一次出现4是在第221项。而要等待5的第一次出现，几乎会让你等到“地老天荒”，它大约在第$10^{100\,000\,000\,000\,000\,000\,000\,000}$项。

这是一个非常大的数字。相比之下，宇宙包含的基本粒子也就只有10^{80}个。6也会最终出现，但它距离实在太远了，它的位置用一种幂的幂的幂的幂来表示更方便：

$$2^{2^{3^{4^5}}}$$

① 该数列的定义详见附录，第487页。

其他数字最终也会出现，但必须强调的是，它们一点儿都不着急。“陆地在消亡，海洋也在消亡。”斯隆充满诗意地说，“但人们可以在数列的抽象美中寻求庇护，比如迪翁·海斯韦特（Dion Gijswijt）的A90822数列。”

除了关注素数之外，古希腊人更着迷于他们所谓的完全数。以数字6为例，能整除它的数，也就是它的因数，分别为1、2和3。如果你把1、2和3相加，那么你又会得到6。完全数指因数之和等于它本身的数，比如6。（严格来说，6也是6的一个因数，但在讨论完全性时，只考虑小于数字本身的因数才有意义。）在6之后，下一个完全数是28，因为能整除它的数是1、2、4、7和14，它们的和是28。不仅是古希腊人，犹太人和基督教徒也给数字的完全性赋予了宇宙学的意义。9世纪的本笃会神学家赫拉班（Rabanus Maurus）写道：“不是因为上帝用6天创造了世界，6才是完美的，而是因为6是完美的，上帝才用6天完善了世界。”

把数字的因数加起来这种做法创造了数学中最异想天开的概念。如果第一个数的因数之和等于第二个数，且第二个数的因数之和也等于第一个数，则我们称两个数是亲和数。例如，220的因数包括1、2、4、5、10、11、20、22、44、55和110，它们加起来等于284。而284的因数是1、2、4、71和142，它们加起来是220。完美！毕达哥拉斯学派认为，220和284是友谊的象征。在中世纪，人们用这些数字制作护身符，作为爱情的象征。一个阿拉伯人说，他想要试试如果他吃下标有284的东西，而让伴侣吃下标有220的东西，会不会产生促进性欲的效果。直到1636年，皮埃尔·德·费马才发现了第二组亲和数，那就是17 296和18 416。有计算机技术的帮助，现在已知的亲和数超过了1 100万对。已知最大的一对数包含24 000多位，根本无法被写在一小块果仁蜜饼上了。

1918年，法国数学家保罗·普莱（Paul Poulet）创造了“社交”这个词，用来形容一类新的数字友谊关系。下面列出的5个数就是社交数，因为如果你把第一个数的因数加起来，就会得到第二个数。如果把第二个数的因数加起来，就得到第三个数。如果把第三个数的因数加起来，会得到第四个数。第四个数的因数之和是第五个数。而第五个数的因数又会让你回到开始的地方，因为它们加起来就是第一个数：

12 496

14 288

15 472

14 536

14 264

普莱特发现了两组社交数，一组就是上面的五个数，还有一组是14 316开头的28个数。下一组社交数直到1969年才由亨利·科恩（Henri Cohen）发现。他发现了9组社交数，每组只有4个数，其中最小的一组是1 264 460、1 547 860、1 727 636和1 305 184。目前，已知的社交数有175组，大多都由4个数组成。没有3个数的社交数（富有诗意的是，我们都知道三人成群，但4人更适合交际）。最长的一组仍然是普莱发现的28个数字，这很神奇，因为28也是一个完全数。

同样也是古希腊人发现了完全数和素数之间一种意想不到的联系，从而引出了对数字的进一步冒险。思考一个从1开始不断翻倍的数列：

（A79）1，2，4，8，16，…

在《几何原本》中，欧几里得指出，每当这些翻倍数之和是素数时，你就可以用这个和乘以出现的最大的数，来创造一个完全数。说起来有些拗口，所以让我们把这些数字相加来看看：

$1+2=3$。3是素数，我们用3乘以最大的数，也就是2，就有$3\times2=6$，6是一个完全数。

$1+2+4=7$。7是素数，用7乘以4，会得到另一个完全数28。

$1+2+4+8=15$。15不是素数，这一步没有产生完全数。

$1+2+4+8+16=31$。31是素数，$31\times16=496$，它是个完全数。

$1+2+4+8+16+32=63$。63不是素数。

$1+2+4+8+16+32+64=127$。它是素数，$127\times64=8\,128$，它是个完全数。

$1+2+4+8+16+32+64+128=255$。它不是素数。

当然，欧几里得是通过几何方法来证明的。他不是把数字写出来，而是用线段证明。如果用更便捷的现代代数记数法，可以把翻倍的数列之和$1+2+4+\cdots$表示成2的幂之和，也就是$2^0+2^1+2^2+\cdots$（按照惯例，任何数字的0次方都是1，任何数字的1次方都是它本身）。很明显，任何翻倍数的和都等于后一项减去1。例如：

$$1 + 2 = 3 = 4 - 1$$

或

$$2^0 + 2^1 = 2^2 - 1;$$

$$1 + 2 + 4 = 7 = 8 - 1;$$

或

$$2^0 + 2^1 + 2^2 = 2^3 - 1$$

以上公式可以被归纳为：$2^0 + 2^1 + 2^2 + \cdots\cdots + 2^{n-1} = 2^n - 1$，换句话说，在翻倍数列中，从1开始到第$n$项之和等于$2^n - 1$。

因此，用欧几里得的原话“每当倍数之和是素数时，和乘以最大倍数的乘积总是个完全数”，再加上现代代数计数法，我们可以得出更简洁的说法：

当$2^n - 1$是素数时，$(2^n - 1) \times 2^{n-1}$就是完全数。

对视完全数如珍宝的文明来说，欧几里得的证明是个好消息。如果$2^n - 1$是素数时，就可以生成完全数，那么要找到新的完全数，只需要找到可以写成$2^n - 1$的素数就可以了。寻找完全数的过程被简化为寻找某种类型的素数。

数学家之所以对可以写成$2^n - 1$的素数产生兴趣，可能是来自它们与完全数的联系，但是到了17世纪，素数本身就成了吸引人的对象。就像一些数学家痴迷于寻找π小数点后越来越多的数位一样，另一些人则痴迷于寻找越来越大的素数。这两种活动很相似，但在方向上相反：寻找π的数位是为了缩小目标，而寻找素数则是为了接近天空。这些任务既开启了浪漫的追寻之旅，也有助于沿途发现具有潜在应用价值的数字。

用2^n-1这个公式寻找素数的方法成为一个富有生机的新课题。不是每一个n都能生成素数，但对于小的数字来说，这个方法的成功率相当高。如上所述，当$n=2$，3，5和7时，2^n-1都是素数。

最专注于通过2^n-1产生素数的数学家是法国修士马兰·梅森（Marin Mersenne）。1644年，他高调宣称，他知道257以内的所有能让2^n-1是素数的n。他认为这个数列是：

（A109461）2，3，5，7，13，17，19，31，67，127，257

梅森是一位出色的数学家，但他的这个数列主要是基于猜测。$2^{257}-1$这个数有78位，它实在太大了，人们无法判断它是不是素数。梅森也知道他的这个数列只是瞎猜。他在谈到这个数列时说："目前尚无法确定它们是不是素数。"

事实证明，总能找到证明，这是数学史上经常发生的事。1876年，在梅森写下他的数列的两个半世纪之后，法国数学家爱德华·卢卡斯（Edouard Lucas）发现了一种能够确认2^n-1是不是素数的方法，他发现67不在其中，而且梅森漏掉了61、89和107。

然而，令人惊讶的是，梅森猜测的127是对的。卢卡斯证明了$2^{127}-1$，也就是170 141 183 460 469 231 731 687 303 715 884 105 727

是一个素数。这是进入计算机时代之前已知的最大的素数。然而，卢卡斯无法确定$2^{257}-1$是不是素数。这个数字实在太大了，他无法用铅笔和纸来证明。

尽管梅森犯了一些错，但梅森的数列足以让他名留青史。现在，我们把可以写成2^n-1的素数称为梅森素数。

直到1952年，$2^{257}-1$是不是素数才被证明，它同样利用了卢卡斯方法，但需要额外的帮助。那年，一群科学家聚集在洛杉矶的数值分析研究所，看着一卷24英尺（约7.3米）长的磁带被插入SWAC（西部标准自动计算机）中。单单是把磁带放进去就花了几分钟。然后操作员输入要测试的数字——257。很快就有了结果，电脑显示了答案：$2^{257}-1$不是素数。

当天晚上，在确认$2^{257}-1$不是素数后，新的数被输入机器中。SWAC认为前42个不是素数。晚上10点，一个新的结果出来了。他们找到了一个梅森数！$2^{521}-1$是一个素数。这个数字是75年来发现的最大的梅森素数，也就是说，对应的$2^{520}(2^{521}-1)$是一个完全数，它是近两个世纪以来被发现的第13个完全数。但是$2^{521}-1$的纪录只保持了两个小时。午夜将近，SWAC确认$2^{607}-1$也是一个素数。在接下来的几个月里，SWAC尽其所能又找到了三个素数。在1957年到1996年间，又有17个梅森素数被发现。

自1952年以来，已知的最大素数一直是梅森素数［只在1989年到1992年这三年，最大素数是$(391\ 581 \times 2^{216\ 193})-1$，这是另一种素数的类型］。我们知道素数有无穷多个，在所有存在的素数中，梅森素数占据了已被发现的最大素数的大部分，因为它们给了“素数猎手”一个目标。寻找大素数的最佳方法是寻找梅森素数，也就是将n的数字越变越大，计算机用卢卡斯–莱默检验法来确认数字2^n-1是不是素数，这种检验法由之前提到的爱德华·卢卡斯方法改进而来。

梅森素数也有一种美感。例如，在二进制记数法中，2^n都被写为1后面跟着n个0。例如，$2^2=4$，用二进制则写为100，而$2^5=32$，在二进制中则是100000。由于所有梅森素数都比2^n小了1，因此所有梅森素数写成二进制时都是只包含1的数字串。

现代最有影响力的素数猎手是受到信封上的邮戳的启发才有所发现的。20世纪60年代，当乔治·沃尔特曼（George Woltman）很小时，他的父亲给他看了一个带有$2^{11\,213}-1$的邮戳，那是当时最新计算出来的素数。“我很惊讶，人们竟然能证明这么大的一个数是素数。”他回忆道。

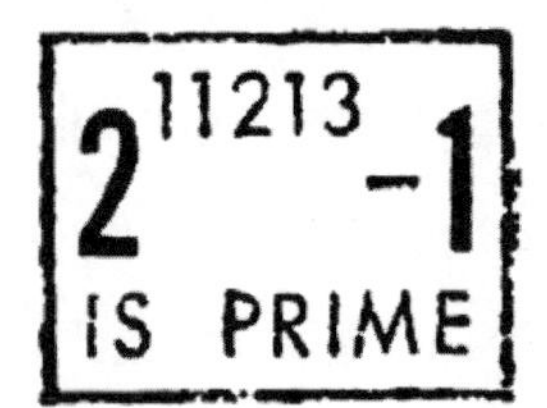

图7–2　关于梅森素数的邮戳

沃尔特曼后来编写了一些软件，为寻找素数做出了巨大贡献。过去，所有涉及大量数字运算的项目都是在“超级计算机”上进行的，但使用超级计算机的机会很有限。因此，自20世纪90年代以来，许多巨大的任务都像切香肠一样被分割开来，分配给数千台通过互联网相互连接的小型计算机。1996年，沃尔特曼编写了一个软件，用户可以免费下载，安装后，它会分配给你一小部分未验证的数轴，你的电脑可以在其中寻找素数。只有当计算机处于空闲状态时，软件才占用处理器。当你熟睡时，你的计算机正忙着探索科学前沿的数字。这个名叫互联网梅森素数大搜索（GIMPS）的项目目前连接了约75 000台计算机。这些计算机有些位于学术机构中，有些是在企业里，有些属于个人。GIMPS是最早的分布式计算项目之一，也是最成功的项目之一。（这类项目中最大的是Seti@home，它正在破译宇宙噪声，寻找外星生命的迹象。据称它有300万用户，但到目前为止，还没有做出任何发现。）就在GIMPS上线几个月后，一位29岁的法国程序员发现了第35个梅森素数：$2^{1\,398\,269}-1$。此后，GIMPS又发现了11个梅森素数，平均每年约1个。我们生活在一个大素数的黄金时代。

目前最大的素数纪录由第45个梅森素数保持①，它是$2^{43\,112\,609}-1$，这是一个有近1 300万位的数字，它是在2008年由加利福尼亚大学洛杉矶分校里的一台连接到GIMPS的计算机发现的。第46和47个梅森素数实际上比第45个要小。这是因为多台计算机在同一时间以不同的速度在数轴的不同部分工作，所以可能数轴上较大部分中的素数先于较小部分中的素数被发现。

GIMPS发扬了为科学进步而进行大规模自愿合作的精神，这使它成了自由网络的代表。沃尔特曼无意中把寻找素数变成了一种类似于政治目标的追求。自1999年起，数字权利运动组织——电子前沿基金会（EFF）为每次素数达到一个新数量级提供奖金，这成为该项目的一个重要标志。第45个梅森指数是第一个达到1 000万位的

① 这是本书英文版出版时的纪录。截至2022年2月，已知的最大素数是$2^{82\,589\,933}-1$，于2018年12月被发现。——编者注

数字，它的奖金是10万美元。EFF为第一个1亿位数的素数提供15万美元奖金，为第一个10亿位数的素数提供25万美元奖金。如果把1952年以来被发现的已知最大素数和发现时间用对数刻度绘制在一张图表上，会发现它们几乎落在一条直线上。这条线不仅表明计算机处理能力如何随时间的推移而显著增长，它还让我们得以估计何时会发现第一个10亿位的素数。我猜是2025年。如果这个数字的每一位数占据一毫米，那么把它写下来的长度会比从巴黎到洛杉矶的距离还要长一些。

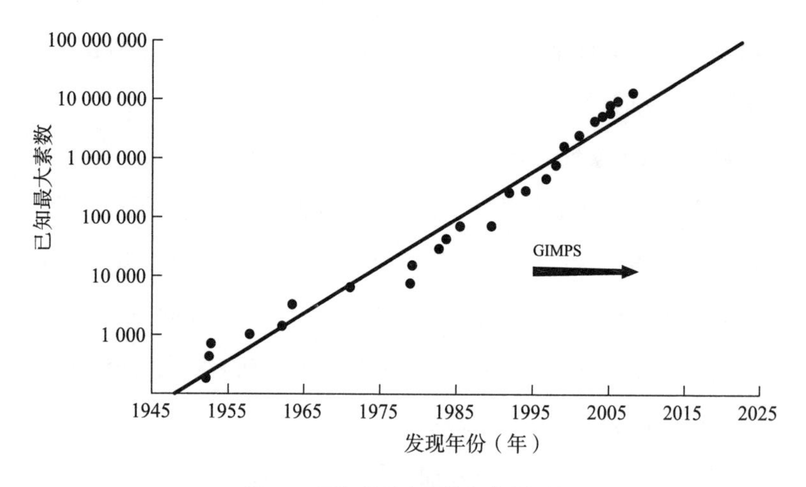

图7–3　已知的最大素数和发现年份

因为素数有无穷多个（我们目前还不知道是否存在无穷多个梅森素数），所以寻找越来越大的素数是个永无止境的任务。无论我们得到哪个素数，无论它多大，总有一个更大的素数在嘲笑我们的野心不够大。

无穷大可能是基础数学中最深刻、最具挑战性的概念。人的头脑很难理解一件事情会一直持续下去是什么样子。例如，如果我们开始数数，1，2，3，4，5……然后永远不停止，那会怎么样？我记得小时候我曾问过这个看似简单的问题，却没有得到直接的答案。家长和学校老师默认的回答是，我们会到达“无穷大”，但这个答案其实只是复述了一遍问题。无穷大被简单地定义为，当我们开始数数并且永不停止时会得到的数。

我们从小就被灌输，可以把无穷大当作一个数，它是个奇怪的数，但仍然是一个数。我们用一个符号表示无穷大，也就是一个无限的循环∞（它被称为“双纽线”），我们学会了它特有的算术规则。任何一个有限数与无穷大相加，得到的还是无穷大。从无穷大中减去任何一个有限数，得到的也是无穷大。把无穷大乘以或除以一个有限数，只要这个数字不是0，结果也还是无穷大。我们被告知，无穷大是一个数字，但这掩盖了2 000多年来我们一直未能理解的它的神秘特性。

第一个展示有关无穷大的问题的人是生活在前5世纪的古希腊哲学家埃利亚的芝诺（Zeno of Elea）。他提出了一个著名的悖论，描述了战士阿喀琉斯和乌龟之间的一场假想中的竞赛。阿喀琉斯比乌龟跑得快，所以乌龟得到了一个抢先起跑的机会。这位著名的战士从A点出发，而乌龟在更靠前的B点。比赛开始后，阿喀琉斯向前冲，很快到了B点，但当他到B点时，乌龟已经前进到了C点。然后阿喀琉斯继续向C点前进。但当他到达C点时，乌龟已经移动到了D点。当然，阿喀琉斯一定会到达D点，但当他到达D点时，乌龟已经到达了E点。芝诺认为，这个追赶游戏一定会永远进行下去，因此，身手矫健的阿喀琉斯永远追不上慢吞吞的四脚对手。他比乌龟快得多，但他并不能在比赛中打败乌龟。

就像这个例子一样，芝诺的所有悖论都是通过将连续运动分解成离散事件，而得出明显荒谬的结论。在阿喀琉斯赶上乌龟之前，他必须完成无限次不连续的冲刺。这个悖论源于这样一个假设，也就是在有限的时间内不可能完成无限次冲刺。

不过，古希腊人对数学的理解深度并不足以理解无穷的概念，因此无法辨别出这种假设是一种谬论。我们可以在有限的时间内完成无限次冲刺。关键的要求是，冲刺距离越来越短，花费的时间越来越少，每次新增的距离和时间都在趋近于零。虽然这是一个必要条件，但还不充分，冲刺距离还需要以足够快的速率缩小。

这就是阿喀琉斯和乌龟在比赛中发生的情况。例如，假设阿喀琉斯的速度是乌龟的两倍，则B点比A点超前了1米。当阿喀琉斯到达B点时，乌龟移动了1/2米，到了C点。而当阿喀琉斯到达C点时，乌龟又移动了1/4米到了D点，以此类推。阿喀琉斯在追上乌龟之前奔跑的总距离（米）是：

$$1 + 1/2 + 1/4 + 1/8 + 1/16 + \cdots$$

如果阿喀琉斯跑每一段路都需要花一秒钟时间，那他跑完整段距离需要无限长时间。但事情不是这样的。假设他的速度是恒定的，他会花一秒跑一米，花半秒跑完半米，花1/4秒跑完1/4米，以此类推。所以，阿喀琉斯追上乌龟所花的时间（以秒为单位）可以用同

图7–4　阿喀琉斯和乌龟

样的加法式子描述出来：

1 + 1/2 + 1/4 + 1/8 + 1/16 + ⋯

当时间和距离都由这个不断减半的数列所描述时，它们会同时收敛到一个固定的有限值上。在上述情况下，答案是2秒和2米。所以，阿喀琉斯终究能够超越乌龟。

然而，并不是所有芝诺的悖论都能用无穷级数的数学来解决。在“二分法悖论”中，跑步者要从A点到达B点。然而，想要到达B点，跑步者需要通过A和B之间的中点，我们称之为C点。但是要到达C点，他首先需要到达A和C之间的中点。因此，跑步者没法通过“第一个点”，因为在他到达那个点之前，总要通过另外一个点，比如一个中点。芝诺认为，如果跑步者没有“第一个点”可通过，那他就永远没法离开A点。

据说，为了反驳这个悖论，犬儒派的哲学家第欧根尼默默地站起来，从A点走到了B点，从而证明了这种运动是可能的。但芝诺的二分法悖论无法如此轻易地被驳斥。在2 500年间，学术界苦思冥想，但没有人能完全解开这个谜题。导致混乱的一部分原因是，一条连续的直线并不能由一系列的无穷多个点，或无穷多个区间完美地表示出来。同样，不间断的时间流逝也不能由无穷多个离散的时刻完美地表示出来。连续性和离散性的概念无法被完全调和。

十进制里有一个绝佳的例子可以说明芝诺式的悖论。小于1的最大数是多少？它不是0.9，因为0.99比0.9更大，且仍然小于1。但也不是0.99，因为0.999更大，且同样小于1。唯一可能的是循环小数0.999 9…，其中“…”意味着9会永远持续下去。然而，这正是悖论产生的地方。答案不能是0.999 9…，因为0.999 9…等于1！

或者这样想。如果0.999 9…不等于1，那么在数轴上它们之间必然有空格。所以在这个间隙中还会挤进一个大于0.999 9…但小于1

的数字。那这个数字可能是多少？它不可能比0.999 9…更接近1。所以，0.999 9…和1必须相等。虽然这很反直觉，但0.999 9… = 1。

那么，小于1的最大数是多少？这个悖论唯一令人满意的结论是，不存在小于1的最大数。（同样，不存在小于2或小于3的最大数，也不存在小于任何数的最大数。）

阿喀琉斯与乌龟赛跑的悖论可以通过将他冲刺的时间写成一个包含无穷个项的和来解决，这个和也被称为无穷级数。把一个数列的所有项都加起来的结果，被称为一个级数。级数既包括有限级数，也包括无穷级数。例如，如果将包含前5个自然数的数列相加，就会得到有限级数：

$$1 + 2 + 3 + 4 + 5 = 15$$

显然，我们可以心算出这个和，但当一个级数有更多项时，我们就需要找到一条捷径来计算了。一个著名的例子是德国数学家卡尔·弗里德里希·高斯在他幼年时提出的计算方法。据说，一位老师让高斯计算出前100个自然数的级数之和：

$$1 + 2 + 3 + \cdots + 98 + 99 + 100$$

出乎老师意料的是，高斯几乎立刻回答道："5 050。"这位神童想出了如下公式。如果你用巧妙的方式将数字配对，用第一个数和最后一个数配对，再用第二个数和倒数第二个数配对，依此类推，就可以将级数改写成：

$$(1+100)+(2+99)+(3+98)+\cdots+(50+51)$$

也就是，

$$101+101+101+101+\cdots+101$$

一共有50项，每项都是101，所以它们的和是$50\times101=5\,050$。我们可以把这个结论拓展到任意数字n，前n个自然数之和是（$n+1$）乘以$n/2$，也就是$n(n+1)/2$。在上述例子中，n是100，所以和就是$100(100+1)/2=5\,050$。

把有限级数中的项相加，总是会得到一个有限数，这是显而易见的。然而，当你把无穷级数的项相加时，有两种可能的情况。这个和的极限要么是有限的，要么是无穷的。如果极限是有限的，这个级数被称为收敛的。如果不是，这个级数则是发散的。

例如，我们看到级数

$$1+1/2+1/4+1/8+1/16+\cdots$$

是收敛的，它收敛到2。我们在前文中也看到，有许多无穷级数收敛到π。

另一方面，级数

$$1+2+3+4+5+\cdots$$

是发散的，它不断趋于无穷大。

古希腊人可能对无穷大心存戒备，但到了17世纪，数学家逐渐接受了它。牛顿因为有了对无穷级数的理解，才发明出了微积分，它成了数学中最重要的发展之一。

在我学习数学时，我最喜欢的一类习题就是判断一个无穷级数是收敛的还是发散的。我一直觉得不可思议的是，收敛和发散之间天差地别，有限数和无穷大之间的差距是无穷大的，然而决定级数走向哪里的元素往往显得如此不起眼。

下面我们来看调和级数：

$$1 + 1/2 + 1/3 + 1/4 + 1/5 + \cdots$$

上述每项的分子都是1，分母是自然数。调和级数看起来应该是收敛的。级数中的每一项越来越小，所以你可能会认为所有项的和会有一个固定数值的限制。但奇怪的是，调和级数是发散的，它像个不断减速但停不下来的蜗牛。这个级数在100项之后，总和才超过5。在15 092 688 622 113 788 323 693 563 264 538 101 449 859 497项之后，它的和才超过100。然而，这只倔强的蜗牛将继续追求自由，越过任何你给出的极限。这个级数最终将达到100万，然后是10亿，然后越来越接近无穷。（证据见附录，第488页。）

我们在搭“叠叠乐”积木时，就会用到调和级数。假设你有两块积木，想把一块叠放在另一块上面，让上面的积木尽可能地悬挑出来，但不会倾倒。正确的方法是将顶部的积木放在下方积木一半的地方，如图7–5 A所示。这样，顶部积木的重心就会落在底部积木的边缘。

如果我们有三块积木，它们要摆成什么样，才能让整体的悬挑尽可能大，而不会倾倒？解决方案是将上面一块放在中间一块的中间，将中间一块放在底部一块的四分之一处，如图7–5 B所示。

你可以继续摆上越来越多的积木，总的规律是，为了保证整体悬挑最大，第一块必须放在第二块的中间，第二块必须放在第三块的四分之一处，第三块必须在第四块的六分之一处，第四块必须在第五块的八分之一处，以此类推。这样，我们就得到了一个倾斜的积木塔，看起来像图C。

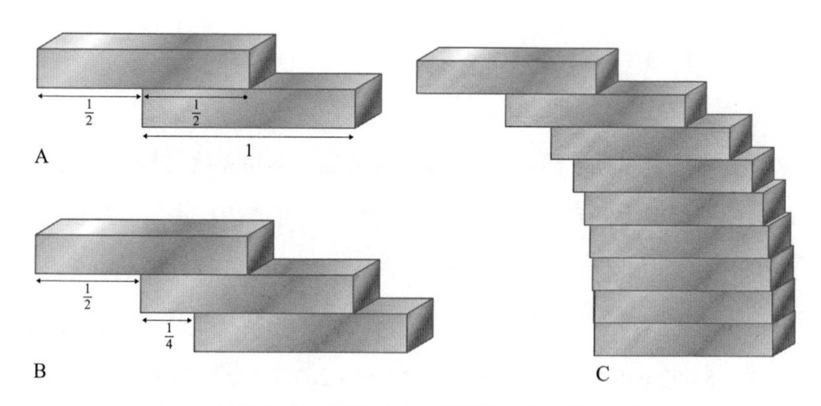

图7–5　如何搭“叠叠乐”积木，得到最大的悬挑而不会倾倒

这个积木塔的整体悬挑就是单个悬挑的和，也就是以下级数：

$$1/2 + 1/4 + 1/6 + 1/8 + \cdots$$

可以被重新整理成：

$$1/2\,(1 + 1/2 + 1/3 + 1/4 + \cdots)$$

如果我们继续下去，让数列包含无穷个项，就会得到调和级数的一半。

既然我们知道调和级数会增加到无穷大，我们也就知道，调和级数的一半也能增加到无穷大，因为无穷大除以2也是无穷大。换到搭“叠叠乐”积木的语境里就是说，理论上我们可以搭出任意长度且不需要支撑的悬挑。只要包含足够多的项，调和级数除以2最终会超过我们想要达到的任何数，换句话说，只要我们有足够多的积木，斜塔的悬挑将最终会超过我们想要的任何长度。然而，尽管理论上是可能的，但是在实际操作的层面，建造一座有巨大悬挑的斜塔仍然令人望而却步。为了达到50块积木长的悬挑，我们需要搭起一个包含15×10^{42}块积木的高塔，这已经超过了到可观测宇宙边缘的距离。

调和级数带来的乐趣无穷，所以让我们继续这欢乐的时光。考虑调和级数，除去其中所有有9的项，得到的也是一个无穷级数。换言之，我们除去以下这些项：

$$1/9,\ 1/19,\ 1/29,\ 1/39,\ 1/49,\ 1/59,\ 1/69,\ 1/79,\ 1/89,\ 1/90,\ 1/91,\ 1/92,\ \cdots$$

减少后的级数就变成了：

$$1 + 1/2 + 1/3 + 1/4 + \cdots + 1/8 + 1/10 + \cdots + 1/18 + 1/20 + \cdots$$

前面说过，调和级数的和是无穷大的，所以有人可能会认为，没有9的调和级数加起来也是一个相当大的数字。这就错了，它加起来不到23。

通过删除掉9，我们“驯服”了无穷：我们屠杀了“永恒之兽”，剩下它干瘪的尸体，只有大约23。

这个结果看起来很惊人，但仔细研究一下，就完全能理解了。去掉包含9的项，只会去掉调和级数前10项中的一项，但去掉了前100项中的19项，以及前1 000项中的271项。当数字很大时，比如说有100位时，绝大多数的数字都会包含9。结果就是，去掉带有9的这些项可以为调和级数“瘦身”，几乎消除大多数项。

然而，定制调和级数比这更有趣。除去所有的9是个随意的决定，但如果我从调和级数中除去所有包含8的项，剩下的项同样会收敛到一个有限数。如果除去带有7的项，或者带有任何一个数字的项，结果也是一样。事实上，我们甚至不需要限制在个位数上。去掉所有包含任意数的项，缩减后的调和级数都会收敛。这适用于9、42、666或314159等，道理也都是一样的。

我举个666的例子。在1到1 000之间，666只出现了一次。在1到10 000之间，它出现了20次，而在1到100 000之间，它出现了300次。换言之，666的出现概率在前1 000个数中是0.1%，在前10 000个数字中是0.2%，在前100 000个数字是0.3%。随着数越来越大，666也会变得越来越常见。最终，几乎所有数都会包含666。所以，调和级数中几乎所有项最终都会包含666。把它们从调和级数中除掉，级数就会收敛。

2008年，托马斯·施梅尔策（Thomas Schmelzer）和罗伯特·贝利（Robert Baillie）计算出，没有任何一项包含314159的调和级数的和是230万多一点儿。这是个很大的数字，但离无穷大还远着呢。

这个结果得出的一条推论是，对于每一项都包含314159的调和级数，它的和一定是无穷大。换句话说，这个级数是：

1/314 159 + 1/1 314 159 + 1/2 314 159 + 1/3 314 159 + 1/4 314 159 + ⋯

它的和是无穷大。即使它开始于一个很小的数字，而且越往后的每一项会变得越来越小，但所有项的总和最终将超过你想的任何数字。原因同样是，一旦数字变得很大，几乎每个数字都会包含314159。到后面，几乎所有的单位分数都包含314159。

让我们来看最后一个无穷级数，它会让我们回到素数的神秘世界。素数调和级数是分母为素数的单位分数组成的级数：

1/2 + 1/3 + 1/5 + 1/7 + 1/11 + 1/13 + 1/17 + ⋯

随着数字越来越大，素数变得越来越少，所以人们可能会认为这个级数不会达到无穷大。然而，难以置信的是，它可以达到无穷大。这个结果很反直觉，也很令人惊叹，它让我们认识到了素数的强大和重要性。它们不仅可以被看作是自然数的基本组分，也可以被视为无穷大的组成部分。

第 8 章

黄金分割与审美

我和埃迪·莱文（Eddy Levin）坐在他家的客厅里，他递给我一张白纸，让我用大写字母写下我的名字。莱文已经75岁了，他有一张学究气的面孔，脸上长着灰色的胡茬，前额有些长。他曾经是一名牙医，住在伦敦北部的东芬奇利，他住的那条街是繁荣而保守的英国郊区的缩影。那里都是两次世界大战之间盖起的砖房，私家车道上停着昂贵的汽车，旁边是新修剪的树篱和浅绿色的草坪。我拿着纸写下了：ALEX BELLOS（亚历克斯·贝洛斯）。

莱文拿起一个看起来像小爪子的不锈钢仪器，上面有三个尖齿。他用一只手稳稳地把它举到纸上，开始分析我的笔迹。他全神贯注地把仪器和我名字里的字母E对齐，就像一位专心准备割礼的拉比。

“非常好。”他说。

莱文的爪子仪器是他自己发明的。这三个尖齿的位置被精心排列，当爪张开时，尖齿会保持在一条直线上，并且彼此之间保持相同的比例。仪器中间的尖齿和上面的尖齿之间的距离始终是中间尖齿和下面尖齿之间距离的1.618倍。因为这个数字被称为黄金分割比，所以他称这个工具为“黄金分割仪”。（1.618也被叫作黄金比例、神圣比例或φ。）莱文把仪器放在字母E上，一个尖齿在E顶部的横线上，中间尖齿在E中间的横线上，而底部尖齿在底部那条横线上。我曾以为当我写大写字母E时，我是将中间的横线放在与顶部和底部等距的位置，但莱文的仪器显示，我下意识地将这条横线放在了略高于一半的位置，这样它就将字母的高度分成了两部分，长度比是1比1.618。虽然我只是很随意地写下了自己的名字，但我却以不可思议的精确度维持了黄金比例。

莱文微笑着，继续研究我写的字母S。他重新调整了仪器，使两边的点接触到字母的最顶端和最底端，更让我吃惊的是，中间的点正好与S曲线的弯曲处重合。

“完全准确。”莱文平静地说，“每个人的笔迹都遵循着黄金比例。”

当一条线段被切割成两段时，整条线段与较长一段的长度比例等于较长一段与较短一段的长度之比，这个精确的比例就被称为黄金分割比。换句话说，当A + B与A之比等于A与B之比时，这种比例就是黄金分割比：

一条线以黄金比的比例被成两段，被称为黄金分割，而φ就是较长的线段和较短的线段长度的比值，可以计算出它的值为（$1+\sqrt{5}$）/2。这是一个无理数，前20位的小数展开是：

1.618 033 988 749 894 848 20⋯

古希腊人被φ迷住了。他们在五角星中发现了它，而五角星是毕达哥拉斯学派非常崇敬的符号。欧几里得称φ是“极端和平均的比率”，他想出了一种用圆规和直尺来构造它的方法。至少从文艺复兴时期开始，这个数字就引起了艺术家和数学家的兴趣。1509年卢卡·帕乔利（Luca Pacioli）的《神圣比例》讨论了黄金比例，罗列了该数字在许多几何结构中的表现，列奥纳多·达·芬奇绘制了图示解释。帕乔利总结道，这一比例是上帝传来的信息，它告诉了我们关于事物内在美的秘密知识。

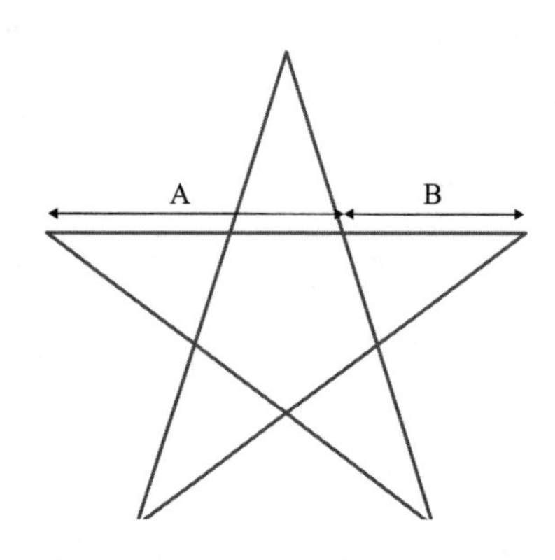

图8–1　五角星从古代起就是一种神秘的符号，它里面包含着黄金比例

数学家们对φ的兴趣来自它与数学中最著名的数列，也就是斐波那契数列的关系。这个数列以0和1开头，之后每项是前两项的和：

0，1，1，2，3，5，8，13，21，34，55，89，144，233，377，…

这些数字是这样得来的：

$0 + 1 = 1$

$1 + 1 = 2$

$1 + 2 = 3$

$2 + 3 = 5$

$3 + 5 = 8$

$5 + 8 = 13$

…

在我介绍φ和斐波那契数列之间的关联之前，让我们来研究一下数列中的数字。自然世界钟爱斐波那契数。如果你到花园里看看，你会发现大多数花的花瓣数都是斐波那契数：

3瓣	百合和鸢尾
5瓣	石竹和毛茛
8瓣	飞燕草
13瓣	金盏花和千里光
21瓣	紫菀
55瓣/89瓣	雏菊

可能并不是每一朵花的花瓣数目都恰好是这么多，但花瓣的平均数都是斐波那契数。例如，三叶草的茎上通常有三片叶子，这就是个斐波那契数。只有很少的三叶草长了四片叶子，所以我们认为四叶草很特别。四叶草很少见，因为4不是斐波那契数。

斐波那契数也出现在松果、菠萝、花椰菜和向日葵表面的螺旋排列中。如图8–2所示，你可以顺时针和逆时针数出螺旋线的数目。两个方向上数出的螺旋数是连续的斐波那契数。菠萝在两个方向上通常有5个和8个螺旋，或8个和13个螺旋。云杉球果一般有8个和13个螺旋。而向日葵可能有21个和34个，或34个和55个螺旋，我们也发现了高达144个和233个螺旋的例子。它们包含的种子越多，螺旋的数量就越大。

斐波那契数列之所以叫“斐波那契”，是因为这些项出现在斐波那契的《计算之书》中一个关于兔子的问题里。然而直到这本书出版600多年后，数论学家爱德华·卢卡斯于1877年研究这本书时，才命名了这个数列，卢卡斯决定以斐波那契的名字命名该数列，以此来向他致敬。

图8–2　一朵向日葵包含34个逆时针的螺旋和21个顺时针的螺旋

《计算之书》中描述了这样一个数列：假设你有一对兔子，一个月后，这对兔子又生了一对。如果每对成年的兔子每月会生一对幼崽，这些幼崽成年需要一个月的时间，那么一年后会有多少只兔子？

数一数每个月兔子的数量，就可以得到答案。第一个月后，只有一对兔子。第二个月后有两对，因为原来的一对生出了一对。第三个月后有三对，因为原来的一对再次繁殖，但第一对子女刚刚成年。在第四个月里，有两对成年兔子繁殖，在三对的基础上又增加两对。斐波那契数列由每个月兔子的总对数构成：

	总对数
第1个月：1对成年	1
第2个月：1对成年，1对幼崽	2
第3个月：2对成年，1对幼崽	3
第4个月：3对成年，2对幼崽	5
第5个月：5对成年，3对幼崽	8
第6个月：8对成年，5对幼崽	13
……	……

斐波那契数列的一个重要特征是它是递归的，这意味着，每一个新项都生成自之前的项的值。这有助于解释为什么斐波那契数在自然系统中如此普遍。许多生命的成长模式都是递归的。

有很多例子能够表现斐波那契数的性质，我最喜欢的例子之一是蜜蜂的繁殖模式。雄蜂只有一个亲代，也就是它的母亲。但雌蜂有两个亲代，它有一个母亲和一个父亲。所以，雄蜂有三个祖父母、五个曾祖父母、八个曾曾祖父母，等等。绘制一张雄蜂的祖先图谱（如图8–3所示），我们会发现它的每一代亲属数量都是斐波那契数。

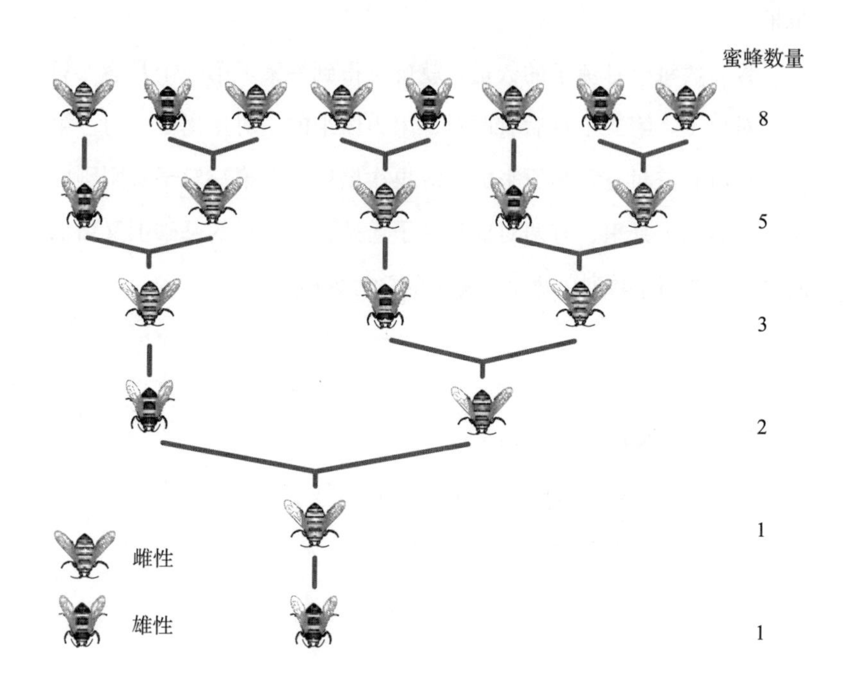

图8–3　一只雄性蜜蜂（图片底部）的家族历史

斐波那契数列除了和水果、生育力旺盛的啮齿动物和飞虫有关外，它还具有许多十分有趣的数学性质。列出前20个数字，可以帮助我们了解它的规律。我们通常用带下标的F来表示，下标表示了这个数字在数列中的位置：

(F_0	0)		
F_1	1	F_{11}	89
F_2	1	F_{12}	144
F_3	2	F_{13}	233
F_4	3	F_{14}	377
F_5	5	F_{15}	610
F_6	8	F_{16}	987
F_7	13	F_{17}	1 597
F_8	21	F_{18}	2 584
F_9	34	F_{19}	4 181
F_{10}	55	F_{20}	6 765

仔细研究，我们就会发现数列会以许多惊人的方式不断重复某些性质。F_3，F_6，F_9，…也就是每隔两项的斐波那契数，它们都能被2整除。F_4，F_8，F_{12}，…也就是每隔3项的斐波那契数，都可以被3整除。每隔4个斐波那契数，都可以被5整除；每隔5个斐波那契数，都可被8整除；每隔6个斐波那契数，都可被13整除。而这些除数也正是数列中的数字。

另一个惊人的例子来自$1/F_{11}$，也就是1/89。这个数字等于以下这些数字之和：

0.0

0.01

0.001

0.000 2

0.000 03

0.000 005

0.000 000 8

0.000 000 13

0.000 000 021

0.000 000 003 4

0.000 000 000 55

0.000 000 000 089

0.000 000 000 014 4

也就是说，斐波那契数列再次出现了。

斐波那契数列还有另一个有趣的数学性质。取任意三个连续的斐波那契数，第一个数乘以第三个数总是和第二个数的平方相差1：

对F_4、F_5、F_6而言，

$F_4 \times F_6 = F_5 \times F_5 - 1$，因为$24 = 25 - 1$

对F_5、F_6、F_7而言，

$F_5 \times F_7 = F_6 \times F_6 + 1$，因为 $65 = 64 + 1$

对F_{18}、F_{19}、F_{20}而言，

$F_{18} \times F_{20} = F_{19} \times F_{19} - 1$，因为 $17\,480\,760 = 17\,480\,761 - 1$

一个有着数百年历史的魔术正是以这个性质为基础。在这个魔术中，我们可以将一个面积为64个单位的正方形切成四块，然后重新组合成一个面积为65个单位的矩形。具体是这样的：画一个包含64个单位的正方形，它的边长是8。在数列中，8之前的两个斐波那契数是5和3。利用5和3的长度切割正方形，如图8–4所示。这几个部分可以重新拼成一个边长为5和13的矩形，矩形的面积是65。

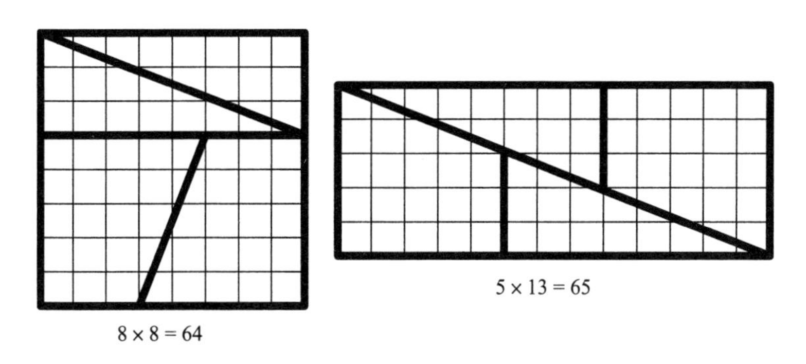

图8–4　怎么多出了一个单位的面积？

这个魔术的原理是，其实这些形状并没有完美契合。虽然肉眼看起来不太明显，但第二个矩形沿对角线中间其实有一条又长又细的缝隙，它的面积正好占据一个单位。

同样，包含169个单位面积的正方形（13 × 13），可以被重新排列为168个单位面积的矩形（8 × 21）。在这种情况下，沿对角线的部分会略有重叠。

在17世纪早期，德国天文学家约翰内斯·开普勒写道："5比8和8比13的值大致相似，而8比13和13比21的值相当。"也就是说，他注意到了连续的斐波那契数的比率是相似的。一个世纪后，苏格兰数学家罗伯特·西姆森（Robert Simson）发现了更不可思议的事情。如果取连续斐波那契数的比值，并将它们排成数列：

$$\frac{F_2}{F_1}, \frac{F_3}{F_2}, \frac{F_4}{F_3}, \frac{F_5}{F_4}, \frac{F_6}{F_5}, \frac{F_7}{F_6}, \frac{F_8}{F_7}, \frac{F_9}{F_8}, \frac{F_{10}}{F_9}, \cdots$$

也就是，

$$\frac{1}{1}, \frac{2}{1}, \frac{3}{2}, \frac{5}{3}, \frac{8}{5}, \frac{13}{8}, \frac{21}{13}, \frac{34}{21}, \frac{55}{34}, \cdots$$

或者精确到三位小数可以写成：

1，2，1.5，1.667，1.6，1.625，1.615，1.619，1.618，…

这些项的值越来越接近φ，也就是黄金比例。

换句话说，连续的斐波那契数的比率近似等于黄金比例，随着数列不断发展，近似值的精度进一步提高。

现在让我们沿这个思路继续下去，考虑一个类斐波那契数列。它从任意两个数开始，然后通过相加得到后续的项，将数列继续下去。假设我们先从4和10开始，下一个项是14，之后是24。这个数列是：

4，10，14，24，38，62，100，162，262，424，…

现在看看连续项的比率：

$$\frac{10}{4}, \frac{14}{10}, \frac{24}{14}, \frac{38}{24}, \frac{62}{38}, \frac{100}{62}, \frac{162}{100}, \frac{262}{162}, \frac{424}{262}, \cdots$$

也就是：

2.5，1.4，1.714，1.583，1.632，1.613，1.620，1.617，1.618，…

斐波那契递归算法是将数列中的两个连续项相加，生成下一个项。这个算法非常强大，无论你从哪两个数开头，连续项的比率总是收敛到φ。我觉得这个数学现象太令人着迷了。

斐波那契数在自然界中随处可见，这意味着φ也普遍存在于世间。这又回到了退休牙医埃迪·莱文的观点。在职业生涯早期，他花了大量时间制作假牙，他觉得那份工作非常令人沮丧，因为无论他如何排列牙齿，他都不能使一个人的微笑看起来很自然。"我投入了心血，却要品尝失败的泪水。"他说，"无论我怎么做，牙齿看起来都很假。"但大约在那时，莱文开始学习有关数学和灵性的课程，在课上他认识了φ。莱文知道了帕乔利的《神圣比例》，并因此受到启发。如果帕乔利声称的揭示美的真谛的φ也藏在假牙的终极秘密中呢？"那是个灵感迸发的时刻。"他说。当时是凌晨2点，他冲到了书房。"我整晚都在测量牙齿。"

莱文仔细研究了照片，发现在最吸引人的一组牙齿中，上面的门牙（中切牙）的宽度与旁边的牙（侧切牙）的宽度比是φ。侧切牙的宽度也是邻牙（犬齿）的φ倍。犬齿的宽度是它旁边的牙（第一前磨牙）的φ倍。莱文没有测量实际牙齿的大小，他测量的是正面拍摄的照片中牙齿的大小。尽管如此，他还是觉得自己有了一项历史性的发现：完美的微笑美来自φ。

“我非常兴奋。”莱文回忆道。他向同事们讲述了他的发现，同事们都认为莱文是个怪人。但他没有放弃自己的想法，1978年，他在《口腔修复学杂志》上发表了一篇文章阐述这些想法。“从那时起，人们开始对这个想法有了兴趣。”他说，“现在几乎所有关于（牙齿）美学的讲座都会提到黄金比例。”莱文在他的工作中要频繁用到φ，于是在20世纪80年代初，他请一位工程师为他设计了一种仪器，可以告诉他两颗牙齿是否符合黄金比例。这就是带有三个尖齿的黄金分割仪，全世界的牙医都会购买这个仪器。

我不知道莱文自己的牙齿是不是符合黄金比例，虽然它们肯定含有不少黄金。莱文告诉我，他的仪器已不仅仅是工作的工具，他也开始测量除牙齿以外的其他物体。在花中，在沿着茎伸展的枝上，在枝干的叶上，他都发现了φ。他带着这个仪器去度假，在建筑中找到了φ。他还在人体其他部位发现了φ，包括手指关节的长度，以及鼻子、牙齿和下巴的相对位置。此外，他注意到，大多数人在写字时会遵循黄金比例，就像他在我的笔迹中发现的那样。

莱文越是努力寻找φ，就越容易找到它。“我发现了太多巧合，我开始好奇，这到底是怎么回事。”他打开笔记本电脑，给我看了一组照片，每张照片上都显示出仪器的三个测量点，展示出准确的比率。我看到了蝴蝶翅膀、孔雀羽毛和动物身上色块的照片，还有健康人的心电图读数、蒙德里安的画，还有一辆汽车。

当一个矩形两组边的比率为φ时，它就被称为“黄金矩形”。这个矩形有一个方便的特性：如果我们把它竖直切开，一部分是正方形，另一部分也是一个黄金矩形，就像母亲生出了女儿一样。

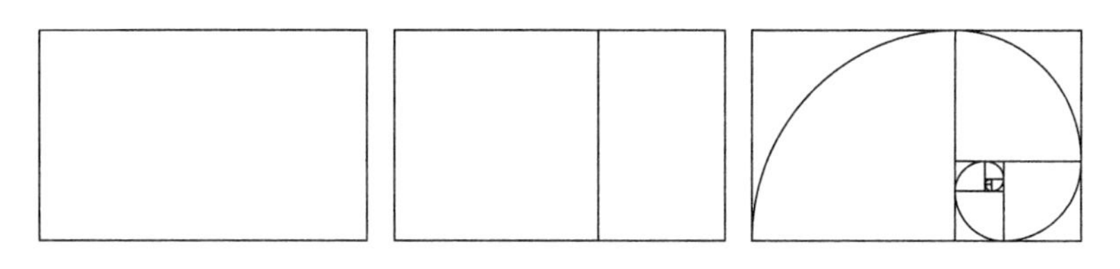

图 8–5　黄金矩形和对数螺线

我们可以继续这个过程，创造孙女、曾孙女，无止境地继续下去。现在，让我们用圆规在最大的正方形里画一个四分之一圆，以右下角顶点为圆心，然后把笔尖从一个角移到另一个相邻的角。在第二大正方形中重复这个过程，以左下角的顶点为圆心，画出另一个四分之一圆，然后继续在更小的正方形里画出圆弧。最终得到的曲线就近似于对数螺线。

一条真正的对数螺线会通过相同正方形的相同顶点，但会平滑地弯曲，而不像图中的曲线那样，在四分之一圆相交的地方曲率会出现微小的不连续。在对数螺线中，从螺线中心（也就是极点）开始的直线，将在每一点以相同的角度切割螺旋曲线，这也是为什么笛卡儿称对数螺线为“等角螺线”。

对数螺线是数学中最迷人的曲线之一。在17世纪，雅各布·伯努利（Jakob Bernoulli）是第一位充分研究对数螺线性质的数学家。他称之为“神奇的螺线”（*spira mirabilis*）。他想在墓碑上刻一条对数螺线，但雕刻师搞错了，刻成了一条阿基米德螺线。

对数螺线的基本性质是，它的形状永远不会随图形发展而改变。伯努利在他的墓碑上用墓志铭表达了这一点——*Eadem mutata resurgo*，也就是“纵然改变，仍然故我”。螺线在到达极点之前旋转了无数次。如果你用显微镜观察一个对数螺线的中心，你会看到

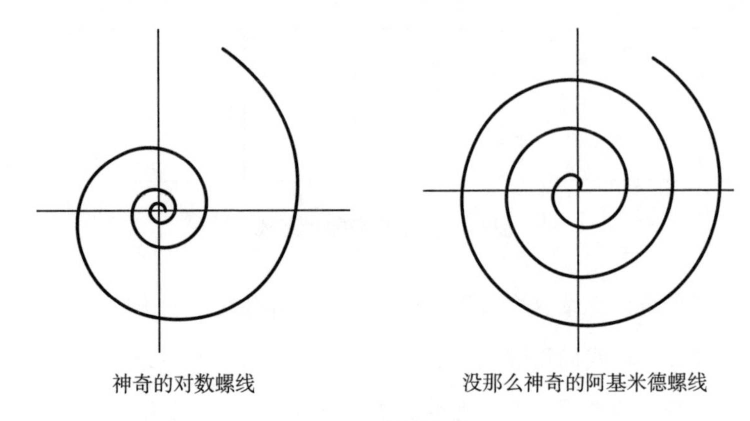

图 8–6　两种螺线

一样的形状；如果上面的对数螺线继续画下去，直到和星系一样大，你从另一个星系观察它，形状也是一样的。事实上，许多星系呈对数螺线的形状。就像分形一样，对数螺线具有自相似性，也就是说，螺线中任何一个较小的部分都和较大的部分形状相同。

自然界中，对数螺线最惊人的例子是鹦鹉螺壳。随着外壳的生长，每个连续的腔室都会越来越大，但形状与之前的腔室相同。唯一能包含大小不同、形状比例相同的腔室的螺线，就是伯努利口中的“神奇的螺线”。

图 8–7　鹦鹉螺壳

笛卡儿发现，从对数螺线极点延伸出的一条直线总是以相同的角度切割曲线，这一特征解释了游隼攻击猎物时为什么会采用对数螺线的形状。

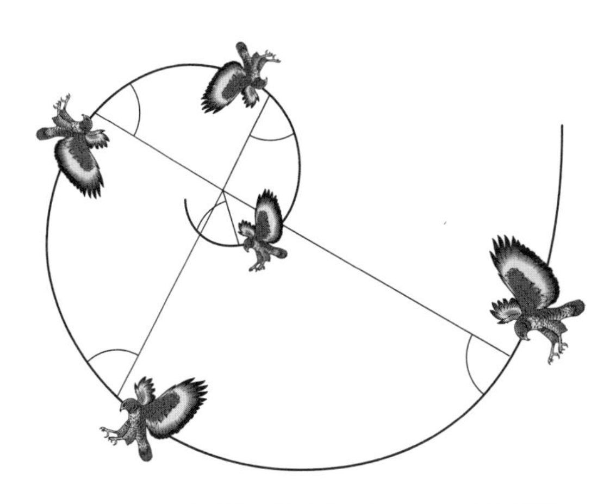

图8–8　游隼以对数螺线的路径盘旋下降，接近猎物

游隼捕猎时并不是沿直线俯冲下去，而是绕着猎物盘旋而下。2000年，杜克大学的万斯·塔克（Vance Tucker）发现了其中的原因。游隼的眼睛长在头部两侧，这意味着如果它们想看到前方，需要将头转动40度。万斯在风洞中对游隼进行了测试，结果表明，当游隼的头部处于这样一个角度时，它所受的风阻比头朝前时要大50%。游隼要想保持头部尽可能在最符合空气动力学的位置，同时又能够不断地以相同的角度观察猎物，它的飞行路径就应是一个对数螺线。

植物也像猛禽一样，会随着φ谱出的音乐而舞蹈。植物在生长时，需要让叶子分布在茎的周围，以便最大限度地利用落在每片叶子上的阳光。这就是为什么植物的叶子不会长在彼此的正上方。如果那样生长的话，底部的叶子根本就得不到阳光。

随着茎不断长高，新的叶片围绕着茎长出，每一片新叶和前一片叶子所成的夹角都是固定的。茎会以一种预设的旋转方式不断发出新叶，如图8–9所示。

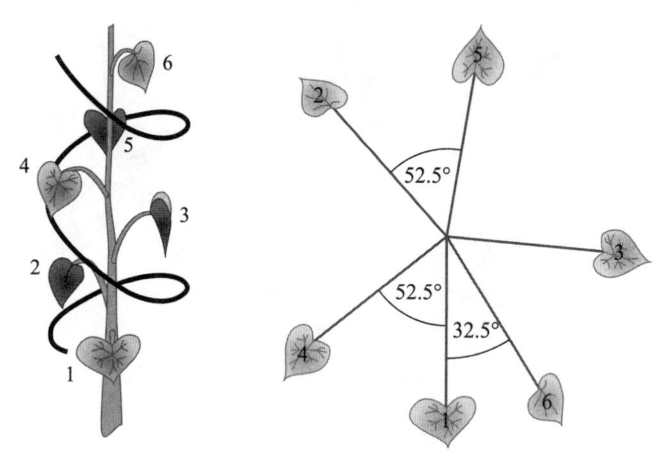

图8–9　叶子如何在茎上螺旋生长

什么样的固定角度能让叶片最大限度地利用日照，使叶片围绕茎铺开，尽量不会重叠呢？肯定不会是180度（也就是半圈），因为如果每转半圈长出一片新叶子的话，第三片叶子会长在第一片叶子的正上方。角度也不能是90度（四分之一圈），因为这样的话，第五片叶子就会在第一片叶子的正上方，而且前三片叶子都在茎的同侧，浪费了另一侧的阳光。最佳的排列角度是137.5度，图8–9表明两片叶子之间一直保持这个角度生长会形成怎样的排布。前三片叶子彼此相距一定距离，接下来的两片叶子，也就是叶子4和5，与最近的叶子也相隔了50多度，这仍然给它们留下了很大空间。第六片叶子与第一片叶子之间的夹角是32.5度。这比之前任何一片叶子都更近，这是必然的，因为叶子越来越多了，但它们之间的距离仍然很大。

137.5度这个角度被称为黄金角度。这是我们把一圈按照黄金分割比分成两份时得到的角度。换言之，我们将360度分成两个角，使大角与小角之比为φ，也就是1.618。这两个角精确到小数点后一位是222.5度和137.5度。较小的角就是黄金角度。

在数学上，黄金角度之所以能产生最佳的叶片排列与无理数的概念有关，无理数是不能用分数表示的数。如果一个角度是无理数，不管你绕着圆转多少次这个角度，永远也回不到开始的地方。用类似奥威尔的话说，有些无理数比其他数字更“无理”。而没有比黄金分割率更“无理”的数字了。（第489页的附录中有一个简短的解释。）

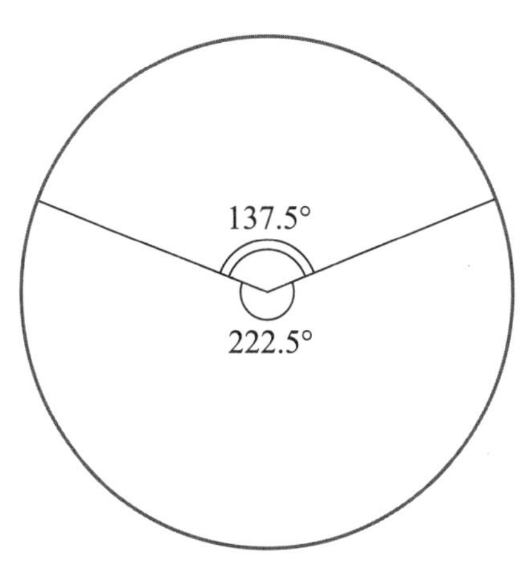

图8–10　黄金角度

由于黄金角度的存在，你通常会在植物茎上发现，当一片新叶子马上要长到前面一片叶子的正上方时，叶子的数目和环绕茎的圈数都是斐波那契数。例如，玫瑰每2圈有5片叶子，紫菀每3圈有8片叶子，扁桃每5圈长了13片叶子。之所以出现斐波那契数，是因为它们为黄金角度提供了最接近的整数比。如果一株植物每3圈就长出8片叶子，那么每3/8圈就会长出一片叶子，或者说平均而言相邻两片叶子呈135度角，这正是黄金角度的理想近似值。

黄金角度拥有的独特特性在种子的排列上体现得最为明显。想象一个头状花序，以固定的旋转角度从中心点出发产生种子。当新的种子出现时，它们会把旧种子推向离中心更远的地方。图8–11的三幅图显示了种子以三种不同的固定角度出现的模式，一个略小于黄金角度，一个等于黄金角度，还有一个略大于黄金角度。

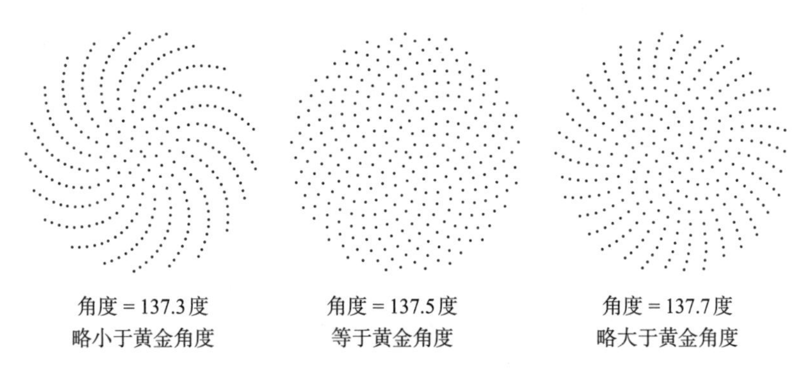

图8–11　与黄金角度有关的三种排列模式

令人惊讶的是，角度的微小变化会导致种子的位置产生巨大的差异。以黄金角度发育的种子，种子会形成一个令人着迷的紧密连接的对数螺旋模式。这是最紧凑的安排。自然之所以选择黄金角度，是因为它的紧密性，种子能更紧密地结合在一起，生物也因此变得更强壮。

19世纪末，德国的阿道夫·蔡辛（Adolf Zeising）强势地提出了一个观点，认为黄金比例是美的化身。他认为黄金比例是一个普遍规律，“作为一种至高无上的精神理想，渗透到所有的结构、形式和比例中，无论是宇宙的还是个体的，无论是有机的还是无机的，无论是声学的还是光学的。然而，它最充分的体现还是在人造的形态中”。蔡辛是第一个认为帕特农神庙正面呈黄金矩形的人。事实上，没有任何证据证明，雕塑家菲狄亚斯以及建筑项目负责人采用了黄金比例。仔细观察也会发现，它并没有完全符合黄金矩形——底座的边缘在外面。然而，在1909年前后，正是菲狄亚斯与帕特农神庙的联系，激发了美国数学家马克·巴尔（Mark Barr）的灵感，将黄金比例命名为phi（φ）。

尽管蔡辛的作品语气古怪，但实验心理学创始人之一古斯塔夫·费希纳（Gustav Fechner）还是很重视他的观点。为了发现黄金矩形比其他任何矩形都要漂亮的证据，费希纳设计了一个测试，给实验对象展示许多不同的矩形，问他们更喜欢哪个。

费希纳的研究结果似乎证明了蔡辛的观点。最接近黄金矩形的形状是首选，超过三分之一的样本人群最喜欢它。尽管费希纳的方法粗糙，但他的矩形测试开启了一个全新的科学领域——艺术实验心理学，以及它下面一个更精细的分支，也就是“矩形美学”。许多心理学家对矩形的吸引力进行了类似的调查，这并不像听起来那么荒谬。如果存在一个“最有魅力”的矩形，这个形状对商品的设计师来说一定是有用的。事实上，信用卡、香烟盒和书的比例往往都接近黄金矩形。但对φ爱好者来说不幸的是，由伦敦大学学院克里斯·麦克马纳斯（Chris McManus）领导的一个团队所做的最新和最详细的研究表明，费希纳是错的。这篇发表于2008年的论文指出，“一个多世纪以来的实验工作表明，人们对矩形的偏好实际上与黄金分割没什么关系”。然而，作者并不认为分析矩形偏好是在浪费时间。恰恰相反，他们认为，虽然没有一种矩形是人们普遍喜欢的，但在矩形审美上存在着重要的个体差异，值得进一步研究。

还有一些科学家同样受到了蔡辛理论的启发。来自纽约的弗兰克·A. 隆克（Frank A. Lonc）测量了65名女性的身高，将她们的身高与肚脐的高度进行了比较，发现这个比例是1.618。对于不符合这一比例的样本，他也有借口来解释：“那些测量值不在这个比例范围内的实验对象被证明她们在童年时髋部受过伤，或经历过其他事故。”法国建筑师勒·柯布西耶为了在建筑和设计中运用合适的比例而创造了“模度人”（Modulor man）。在他的模度人身上，男人的身高与肚脐高度的比是1 829/1 130，也就是1.619；而肚脐到举过头顶的右手之间的距离，与肚脐到头部的距离之比是1 130/698，同样也是1.619。勒·柯布西耶设计模度是为了在建筑和设计中应用这些比例。

加里·梅斯纳（Gary Meisner）53岁，他是田纳西州的一名商业顾问。他自称是“黄金比例男子”（Phi Guy），在自己的网站上出售各种商品，包括带有φ的T恤衫和马克杯。然而，他最畅销的产品是“φ矩阵”（PhiMatrix），这款软件会在电脑屏幕上创建网格，来检查照片的黄金比例。大多数购买者用它来设计餐具、家具和家庭装潢。一些客户甚至将软件用于金融投机，在指数图上叠加网格，使用φ预测未来的趋势。“加勒比有一个人用我的矩阵进行石油贸易，中国有一个人用它进行货币交易。”他说。梅斯纳被黄金分割深深吸引，因为他相信灵性，并说黄金分割有助于他了解宇宙。但即使是他，也认为有些追求黄金分割的“同伴”过于极端了。例如，他并不相信用黄金分割能指导交易。“你在回顾市场时，很容易找到符合φ的关系。”他说，“但问题在于，回顾和预测完全是两码事。”梅斯纳的网站让他成了所有黄金分割爱好者的绝对核心。他告诉我，一个月前，他收到了来自一位无业人士的电子邮件，对方认为获得工作面试机会的唯一途径是按照黄金比例设计他的简历。梅斯纳觉得这个人被欺骗了，十分同情他。他给了他一些有关φ的设计建议，但同时建议对方花更多精力在更传统的求职方法上，比如拓展商业人脉，这样会更有成效。“我今早收到他的一封信。”梅斯纳脱口而出，“他说他获得了面试机会。他认为这都是新设计的简历的功劳！”

回到伦敦后，我向埃迪·莱文讲了这个“黄金简历”的故事，我觉得这个例子也太极端了。然而，莱文认为这并不好笑。事实上，他也认为一份符合黄金比例的简历比普通简历要好。“它看起来会更漂亮，所以看到它的人会更喜欢它。”

莱文研究黄金比例长达30年，他确信，哪里有美，哪里就有φ。“任何看起来优美的艺术品，其主导比例都会是黄金比例。”他说。他知道这个观点不受欢迎，因为它为美丽制定了一个公式，但他保证，他能在任何一件艺术品中找到φ。

面对莱文对φ的痴迷，我的本能反应是怀疑。首先，我认为他的仪器没有足够的精度来准确地测量1.618。在一幅画或一栋建筑中发现“近似于φ”的比例并不奇怪，特别是在你可以自由选择所要测量的部分的情况下。此外，由于连续斐波那契数的比率逼近1.618，因此每当有一个5×3或8×5或13×8等这类网格时，你都会找到黄金矩形。因此，这个比例自然就很常见了。

然而，莱文的例子确实有一些吸引人之处。他给我展示的每一幅图都让我感到一阵惊奇，φ真的无处不在。确实，黄金比例一直吸引着一些怪人，但这并不意味着关于它的所有理论都是不可理喻的。一些非常受尊敬的学者认为，φ创造了美，特别是在音乐创作中。人类被一个最能表达自然生长和再生的比例所吸引，这似乎并不算太牵强。

在一个明媚的夏日，莱文带我来到他的花园里。我们坐在两张草坪椅上，喝着茶。莱文告诉我，“五行打油诗”（limerick）是一种成功的诗歌形式，因为它每一行的音节数（8，8，5，5，8）都是斐波那契数。然后我想起了一件事。我问莱文知不知道iPod（苹果公司推出的音乐播放器）是什么。他说他不知道。我口袋里正好有一

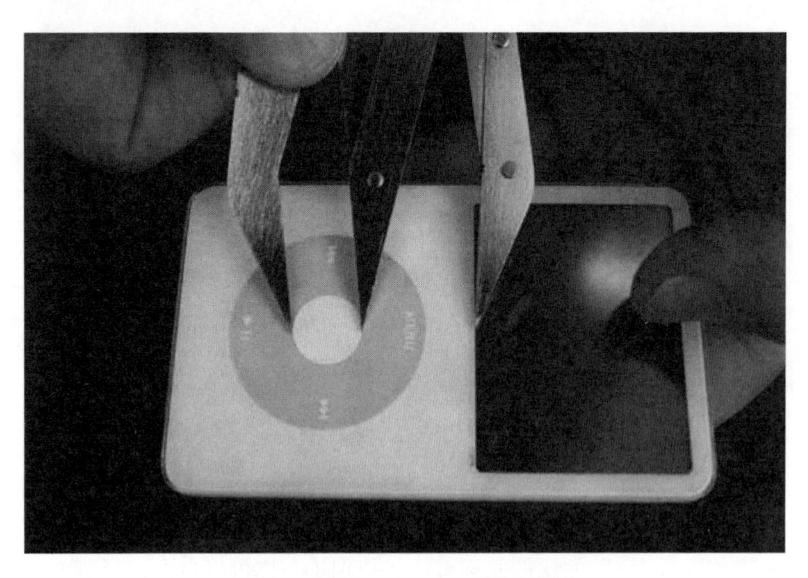

图8–12　用卡尺验证iPod的黄金比例

个，就拿了出来。我说，这是一个美丽的设计，根据他的理论，它应该包含黄金比例。

莱文拿着我这个白色的iPod，把它放在手掌里。他回答道，是的，它很漂亮，应该包含黄金比例。由于不想让我期望太高，他警告我，工厂生产的产品有时不会完全遵循黄金比例。“为了方便生产，形状会略有变化。”他说。

莱文打开他的卡尺，开始测量所有重要点之间的距离。

“哦，没错。”他笑了。

第 9 章

如何打败概率

曾经有一种说法是，去拉斯维加斯结婚，去里诺离婚。而现在，你可以前往这两座城市玩一把角子机。里诺的佩珀米尔赌场有1 900台角子机，但它还不是城中最大的赌场。穿过赌场的大厅，轮盘赌桌和21点的赌桌在一排排闪烁、旋转、嘟嘟作响的角子机的衬托下，显得黯然失色。科技的进步让这些“独臂土匪”失去了摇杆，也没有了机械的内核。玩家现在可以通过按下发光的按钮或点击触摸屏来下注。偶尔能听到硬币哗啦啦的声音，但这来自预录的样本，因为硬币已经被电子信用卡取代。

角子机是赌场产业的前沿，是博彩的前线，也是底线。这些机器在美国每年能挣250亿美元（除去它们兑付的所有奖金后），大约是美国每年电影总票房的2.5倍。在全球赌场文化中心内华达州，角子机的收入如今占博彩收入的近70%，而且这个数字每年还在上升。

概率是对可能性的研究。当我们掷硬币或玩角子机时，我们不知道硬币会如何落下，也不知道旋转的滚筒会停在哪里。概率为我们提供了一种语言，来描述硬币正面朝上，或者我们中头彩的可能性。通过数学方法，不可预测性变得非常可预测。概率似乎是我们日常生活中理所当然的一部分，比如在查看天气预报时，我们默认预报结果会以一个概率出现。但在人类思想史上，意识到数学可以告诉我们未来的这个想法是近几百年才出现的，且影响深远。

我来里诺是为了见一位数学家，世界上超过一半的角子机的赔率是由他设定的。他的工作有悠久的历史渊源，概率论最早是16世纪由赌徒吉罗拉莫·卡尔达诺提出的，我们在讨论三次方程时曾提到过这位意大利朋友。这种会导致自我厌恶的嗜好给数学带来了突破，这是很罕见的。“我过分沉迷于棋盘和赌桌，我知道我必须受到最严厉的谴责。”他写道。他的坏习惯让他写出了一部短小的专著，名叫《论赌博游戏》，这是第一部科学分析概率的作品。然而，这本书太超前了，直到他死后一个世纪才出版。

卡尔达诺的观点是，如果一个随机事件有几个具有相同可能性的结果，那么任何一个结果发生的概率等于该结果数目与所有可能结果数目之比。也就是说，如果某件事占了6个可能结果中的一个，它发生的概率就是六分之一。所以，当你掷色子时，得到6的概率是1/6。掷出偶数的机会是3/6，也就是1/2。概率可以被定义为某种事情发生的可能性，用分数表示。不可能发生的概率为0，而确定会发生的概率为1，其余的均介于两者之间。

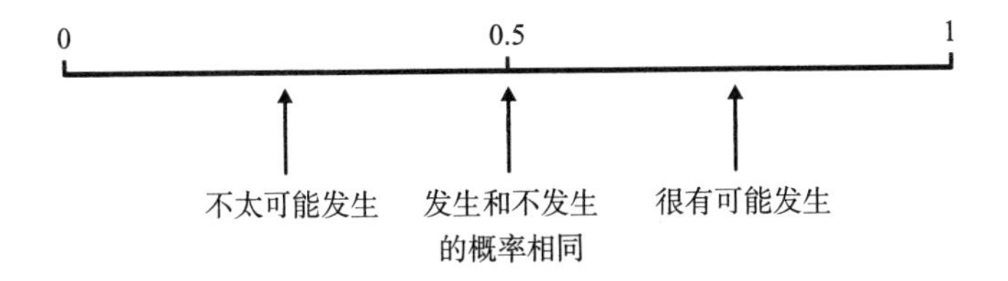

这看起来很直观，但事实并非如此。古希腊人、古罗马人和古印度人都是狂热的赌徒，然而，似乎没有人试图理解随机性是如何被数学定律支配的。例如，在罗马，掷硬币是解决争端的一种方式。如果掷到了恺撒大帝的头像这一面，那就意味着同意这个决定。随机性并没有被认为是随意的，而是一种神圣意志的表达。纵观历史，人类在寻找解释随机事件的方法上具有非凡的想象力。例如，"书本占卜术"（rhapsodomancy）就是通过在文学作品中随机选择一段文字来给出指导。同样，根据《圣经》，拣选短麦秆是一种公平的选择方式，但得出的结果被解释为上帝的意志："签放在怀里，定事由耶和华。"（《箴言》16:33）

迷信给概率的科学研究带来了极大的阻碍，但在掷了几千年色子之后，神秘主义被一种更强烈的人类欲望所克服，那就是对经济利益的渴望。吉罗拉莫·卡尔达诺是第一个把命运握在手里的人。事实上可以这么说：概率的发明是近几个世纪迷信和宗教衰落的根源。如果不可预测的事件遵从数学规律，就不需要神明来解释它们了。世界的世俗化通常被认为是查尔斯·达尔文和弗里德里希·尼采等思想家的功劳，但很可能其实是吉罗拉莫·卡尔达诺开了先河。

运气游戏最常使用色子。古代经常使用距骨，也就是绵羊或山羊的脚踝骨，它有四个平坦的面。印度人喜欢棒状和三角巧克力形状的色子，他们用小点标记不同的面，很有可能色子早于所有正式的数字符号系统出现，并沿用了下来。最公平的色子每一面都相同，如果进一步要求每面都必须是一个正多边形，则只有5种形状符合，也就是5种柏拉图多面体。所有柏拉图多面体都被用作色子。乌尔

（Ur）可能是世界上已知的最古老的游戏，这个至少可以追溯到前3世纪的游戏用到了正四面体，然而，这却是5种选择中最糟糕的一个，因为四面体只有4个面，且几乎无法滚动。古埃及人使用正八面体（有8个面），而正十二面体（12个面）和正二十面体（20个面）如今则存在于占卜师的手提包里。

目前最流行的色子形状是立方体。它最容易制造，数字的跨度既不大也不小，滚动起来很流畅，但又没那么容易滚动，会明确地落在某个数字上。带有点的立方体色子在不同文化中都是运气和机遇的象征，无论是在中国的麻将室里，还是在英国汽车的后视镜上[①]，都能看到一样的色子。

之前说过，掷一个色子，掷出6的概率是1/6。再掷一个色子，出现6的概率还是1/6。那么掷一对色子，得到一对6的概率是多

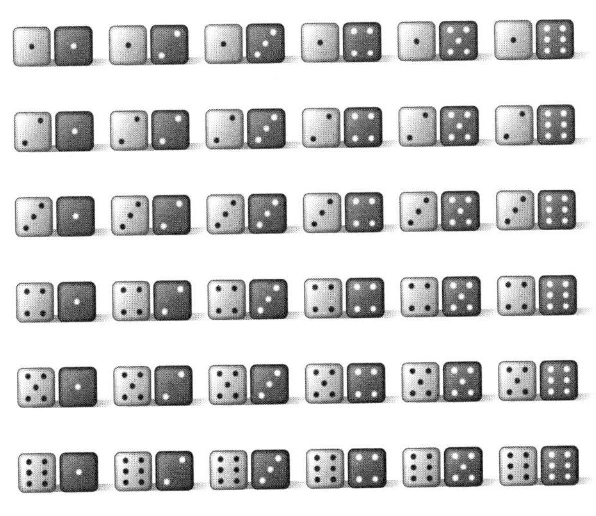

图9–1　掷一对色子，可能得到的所有结果

① 西方汽车后视镜上有时会挂一对色子装饰，是种幸运的象征。——译者注

少？概率论最基本的规则是，两个独立事件发生的概率等于第一个事件发生的概率乘以第二个事件发生的概率。当你掷一对色子时，第一个色子得到的结果与第二个色子的结果无关，反之亦然。所以，掷出两个6的概率是$1/6 \times 1/6$，等于1/36。你可以通过计算两个色子的所有可能组合，直观地看到这一点：一共有36个具有相同可能性的结果，其中只有一个结果是一对6。

相反，在36个可能的结果中，有35个不是一对6。所以，没有掷出一对6的概率是35/36。你也可以不列举出35个例子，而是从完整的集合中减去掷出一对6的情况。在这个例子中就是，$1 - 1/36 = 35/36$。因此，某件事没有发生的概率是1减去这件事情发生的概率。

色子赌桌相当于早期的角子机，赌徒们把赌注押在掷色子的结果上。一种经典的赌博游戏是掷出4个色子，押注至少有一个6出现的可能性。对于任何愿意在这件事上押钱的人来说，这可以让你获得一些额外的收入，而且我们也有足够的数学知识来理解为什么会这样：

> 第一步：用4个色子掷出至少一个6的概率等于1减去4个色子中没有一个色子出现6的概率。
>
> 第二步：一个色子没有掷出6的概率是5/6，因此如果有4个色子，都没有掷出6的概率就是$5/6 \times 5/6 \times 5/6 \times 5/6 = 625/1\ 296$，也就是0.482。
>
> 第三步：所以，掷出至少一个6的概率是$1 - 0.482 = 0.518$。

概率为0.518意味着，如果你连续1 000次每次掷4个色子，得到至少一个6的情况大约会发生518次，而没有6的情况大约有482次。如果你押注至少会出现一个6，平均而言你赢的次数会比输的次数要多，所以你最终能从中获利。

17世纪作家舍瓦利耶·德梅雷（Chevalier de Méré）坐在赌桌前的频率，和他身处巴黎最时髦的沙龙里的频率一样。德梅雷对掷色子的数学原理和赢钱都很感兴趣。虽然他提出了一些关于赌博的问题，但是他凭自己的能力无法回答。因此，1654年，他找到了著名数学家布莱兹·帕斯卡。帕斯卡对概率的调查成为一个引发了对随机性的研究的随机事件。

布莱兹·帕斯卡在遇到德梅雷的问题时才31岁，但他在学术界的名声已经流传了近20年。帕斯卡幼年时就表现出了惊人的天赋，13岁时，他的父亲让他参加了素数爱好者马兰·梅森修士组织的科学沙龙，梅森的沙龙聚集了许多著名数学家，包括勒内·笛卡儿和皮埃尔·德·费马。帕斯卡在十几岁时就证明了几何学中的重要定理，并发明了一种早期的机械计算器，也叫“加法器”（Pascaline）。

德梅雷问帕斯卡的第一个问题与“两个6”有关。我们在前面看到，当你掷两个色子的时候，有1/36的机会能得到两个6。掷色子的次数越多，获得两个6的机会就越大。德梅雷想知道他需要把一对色子掷多少次，才更有可能出现两个6。

德梅雷的第二个问题更复杂。假设让和雅克正在玩一个色子游戏，游戏包括几个回合，每个回合两人都掷出色子，看谁得到的数字最大，率先赢得三个回合的人获胜。在三个回合之后，游戏因意外需要终止。最直接的赢家是掷出了三次最大的数字的人。每个人的赌注是32法郎，所以赌注总额是64法郎。但如果让掷了两次最大的数，而雅克掷了一次，应该如何分配赌注？

帕斯卡思索着答案，他觉得有必要找一位天才的同行来讨论这些问题，于是他写信给梅森沙龙的老朋友皮埃尔·德·费马。费马住在远离巴黎的图卢兹，这座城市的名字似乎很适合一位分析赌博问题的研究者居住[①]。费马比帕斯卡年长22岁，他在当地刑事法院当法官，把数学作为一种智力娱乐。然而，他的业余思考使他成为17世纪上半叶最受尊敬的数学家之一。

帕斯卡和费马关于概率（他们称之为“偶然性”）的短暂通信成为科学史上的一座里程碑。他们解决了那些享乐主义者的问题，也为现代概率论奠定了基础。

现在来回答德梅雷的问题：你需要把一对色子掷几次，才更有可能出现两个6？当你一次掷两个色子时，出现两个6的概率是1/36，约等于0.028。把两个色子掷两次，至少有一次出现两个6的概率是1减去两次掷色子都没出现两个6的概率，也就是1 –（35/36 × 35/36）。结果是71/1 296，约等于0.055。（注意，两次掷色子至少出现一次两个6的概率并不是1/36 × 1/36。这是两次掷色子都得到两个6的概率。我们关心的概率是至少一次掷出两个6的概率，其中包括第一次掷出两个6、第二次掷出两个6，和两次都掷出两个6的结果。赌徒只需要一次掷出两个6就赢了，而不需要两次都掷出两个6。）两个色子掷三次，至少一次得到两个6的概率是1减去一次都没有出现两个6的概率，这次是1 –（35/36 × 35/36 × 35/36）=

① 图卢兹市名原文Toulouse与英语的to lose（输掉）发音类似。——译者注

3 781/ 46 656，也就是0.081。我们可以看到，掷色子的次数越多，掷出一对6的概率越高：一次是0.028，二次是0.055，三次是0.081。因此，最初的问题可以重新表述为“这个数在多少次之后会超过0.5？”，因为概率超过一半意味着事件发生的可能性比不发生更大。帕斯卡正确计算出答案是25次。如果德梅雷赌的是掷24次会出现一对6，那他可能会赔钱，但超过25次投掷后，概率就会变得对他有利，他可能会赢。

德梅雷的第二个问题是有关分钱的问题，它通常被称为“点数问题”，在费马和帕斯卡解决它之前就被提出过，但从来没有谁正确地解答过。让我们用掷硬币的例子来阐述这个问题。如果硬币落在正面，让赢得这一回合；如果硬币落在反面，则是雅克赢。第一个赢得三个回合的人可获得64英镑。当让赢了两次，雅克赢了一次后，比赛进行不下去了。如果是这样的话，最公平的分钱方法是什么？一种答案是，让应该拿走赌注，因为他领先了，但这样并没有考虑到雅克仍然有获胜的机会。另一种答案是，让拿到的赌注应该是雅克的两倍，但这也不公平，因为2比1的分数只反映了过去的事件，它并不能说明未来会发生什么。让并没有比雅克更擅长猜硬币。每次投掷时，硬币正面或反面落地的概率比都为50∶50。最公平、最佳的分析是考虑未来可能发生的事情。如果再掷两次硬币，可能的结果是：

正，正

正，反

反，正

反，反

在这两次掷硬币后，比赛的胜负就分出了。前三种情况是让赢了，第四种情况是雅克赢了。最公平的分配方法是分给让3/4，给雅克1/4，也就是让得到48法郎，雅克得到16法郎。现在看来，这似乎相当直观，但在17世纪，用数学方法处理尚未发生的随机事件，是一个重大的概念突破。从物理到金融，从医学到市场研究，这个概念是我们用科学理解现代世界的基础。

在帕斯卡第一次写信给费马讨论赌徒的问题几个月后，他有了一次深刻的宗教经历，他把自己出神的状态记录在一张纸上，然后放在一个缝在夹克里的特殊口袋里，余生一直把它带在身上。起因可能是他经历了一次接近死亡的事故，拉马车的马在桥上越过了栏杆，马车悬在桥边差点儿掉下去，也可能是他对革命前法国的赌桌上的堕落的一种道德反应。无论如何，这让他恢复了对詹森主义的信仰，这是一种严格的天主教信仰。他放弃了数学，转而投身神学和哲学。

尽管如此，帕斯卡还是会用数学的方法思考。他对哲学最著名的贡献是参与关于一个人是否应该相信上帝的争论，那是他与费马早年讨论分析偶然性的新方法的一种延续。

简单来说，期望值就是你从一场赌博中能期待得到的值。例如，德梅雷押注10英镑，赌在掷四个色子时得到至少一个6，他能期待赢得多少呢？假设如果有6，他就会赢10英镑，而如果没有6，他就输掉了所有赌注。我们知道赢得这场赌博的机会是0.518。所以，他赢10英镑的可能性是一半多一点儿，而输10英镑的可能性不到一半。期望值的计算方法是将每种结果的概率乘以每种结果的值，然后再将它们相加。在这种情况下，德梅雷可能会赢：

（赢得10英镑的概率）×10英镑+（输掉10英镑的概率）×（–10英镑）

也就是，

$0.518\times10+0.482\times(-10)=5.18-4.82=0.36$ 英镑 = 36便士

（在这个等式里，赢钱用正数表示，输钱用负数表示。）当然，德梅雷不会在任何一次赌局中真的赢得36便士，他要么是赢10英镑，要么是输10英镑。36便士这个数值是理论上的，但平均而言，如果他一直赌下去，那他赢得的钱会接近每次36便士。

帕斯卡是最早应用期望值这一概念的思想家之一。不过，他脑子里的想法要比赌桌上赢钱高尚得多。他想知道打赌上帝是否存在是不是值得。

帕斯卡写道，想象一下打赌上帝是否存在。根据他的说法，下注的期望值可以通过以下公式计算：

（上帝存在的概率）×（如果他存在，你会赢得什么）+（上帝不存在的概率）×（如果他不存在，你会赢得什么）

因此，假设上帝存在的概率是50∶50，也就是说，上帝存在的概率是1/2。如果你相信上帝，你会期望得到什么呢？公式就变成了：

（1/2×永恒的幸福）+（1/2×没有任何东西）= 永恒的幸福

换言之，押上帝存在是一个很好的选择，因为回报非常高。计算过程没问题，因为“无”的一半是“无”，而无穷大的一半也是无穷大。同样，如果上帝存在的概率只有百分之一，那么公式就是：

（1/100 × 永恒的幸福）+（99/100 × 没有任何东西）= 永恒的幸福

在这种情况下，相信上帝存在的回报同样惊人，因为百分之一的无穷大仍然是无穷大。因此，无论上帝存在的概率有多小，只要不是零，你相信上帝，就将带来无穷的回报。我们选择了一条复杂的路，得出了一个非常明显的结论。基督徒毫无疑问会选择相信上帝的存在。

帕斯卡更关心的是，如果一个人不相信上帝会怎么样。在这种情况下，打赌上帝是否存在是一次有利的赌博吗？如果我们假设上帝不存在的概率是50：50，等式现在就是：

（1/2 × 永恒的诅咒）+（1/2 × 什么都没有）= 永恒的诅咒

预期的结果就变成了永恒的地狱，这看起来像是一场可怕的赌博。也就是说，如果上帝存在的概率只有百分之一，那么对于不相信上帝的人来说，这个等式同样毫无希望。如果上帝有任何存在的可能，不相信上帝的人在赌博中的期望值就会是无穷无尽的厄运。

上述论证被称为“帕斯卡的赌注”。它可以总结如下：哪怕上帝存在的可能性极小，相信上帝也是绝对值得的。因为如果上帝不存在，不信上帝的人也没有什么可失去的，但如果上帝真的存在，不信上帝的人则会失去一切。这是个非常容易的决定：你最好还是作为一个基督徒生活下去。

不过，帕斯卡的论点当然经不起仔细推敲。首先，他只考虑了基督教中的上帝。那么其他宗教的神，甚至是虚构宗教的神呢？想象一下，如果在来世，一只生干酪做成的猫将决定我们是上天堂还是下地狱。虽然这不太可能，但还是有一定可能性的。而根据帕斯卡的论证，相信这只生干酪做成的猫确实存在也是值得的，但这当然很荒谬。

帕斯卡的赌注的其他一些问题对概率的理论也具有一定的指导意义。我们说一个色子有六分之一的概率出现6的前提是，我们知道色子上有一个6。因此，“上帝存在的可能性是多少分之一”这样的说法要在数学上有意义，就必须有一个上帝确实存在的世界。换句话说，论证的前提是，上帝一定存在于某处。一个不相信上帝的人不会接受这个前提，而且它表明帕斯卡的思想是一种自证。

尽管帕斯卡的动机很虔诚，但他留下的遗产却没那么神圣，而是世俗得多。期望值是利润丰厚的博彩业的核心。一些历史学家还把轮盘赌中的轮盘的发明归功于帕斯卡。无论这是不是真的，轮盘赌肯定起源于法国，18世纪末，轮盘在巴黎受到了极大的欢迎。规则是这样的：一个球绕着外缘旋转，随后失去动量，落向内侧一个同样旋转的轮子。内轮有38个格子，用红色和黑色交替标记着数字1到36，还有绿色的特殊点0和00。球到达内轮并反弹，然后停在某一个格子里。玩家可以押注很多种结果。最简单的就是对球落入的格子下注。如果你猜对了，庄家会以35比1的赔率返还给你。也就是，10英镑的赌注可以赢得350英镑（并且归还10英镑的赌注）。

轮盘赌是一种非常有效的赚钱机器，因为每一次轮盘赌玩家的期望值都是负的。换句话说，每次赌博你都预期会输钱。有时你会赢，有时你会输，但长期来看，你最终得到的钱会比开始时的少。所以，重要的问题是，你期望损失多少？当你赌一个数字时，胜率是1/38，因为有38种潜在的结果。因此，每用10英镑赌一个号码，玩家就可以赢得：

（落在一个数上的概率）×（你会赢得什么）+（不落在这个数上的概率）×（你会赢得什么）

或者说，

$1/38 \times 350 + 37/38 \times (-10) = -0.526$ 英镑 $= -52.6$ 便士

也就是说，每下注10英镑，你就会输掉52.6便士。轮盘赌还有其他赌法，比如赌两个或两个以上数字，或者赌落入的部分、颜色或列，所有赌法最后的期望值都是–52.6便士，除了“5个数字”，也就是赌落入0、00、1、2或3，这种玩法的胜率更小，预期损失可达78.9便士。

尽管轮盘赌的胜算很低，但它一直是一种深受喜爱的娱乐活动。对于许多人来说，52.6便士是可接受的代价，这有可能让他们获得350英镑的奖金。到了19世纪，赌场数量激增，赌场为了提高自己的竞争力，制造了没有00的轮盘，使得押中一个数字的概率提高到1/37，并将预期的损失降低到每下注10英镑损失27便士。这种变化意味着输钱的速度减至一半。欧洲赌场的轮盘往往只有0，而美国更喜欢原来的风格，也就是0和00都有。

所有赌场游戏每次下注的预期收益都是负的。换句话说，在这些游戏中，赌徒应该预期自己会赔钱。如果不这样设计，赌场就会破产。然而，曾经也有赌场犯过错误。伊利诺伊州的一家河船赌场曾经推出了一项促销活动，他们改变了21点的规则，而没有意识到这种变化将期望值从负变成了正。这样，平均而言，赌徒们并不会输钱，而是每赌10美元就能赢20美分。据说赌场在一天内损失了20万美元。

赌场里最划算的赌法在双色子赌桌上。这个游戏来自一种英国色子游戏在法国的变体。玩家掷两个色子，结果取决于掷出的数字和它们的和。在双色子游戏中，你赢钱的结果占了495种可能结果中的244种，即49.292 9%，每10英镑赌注的预期损失只有14.1便士。

双色子游戏还有一点同样值得一提，那就是在游戏中还能下一个奇怪的附加赌注，即你可以赌庄家赢。也就是说，你可以赌掷色子的玩家输。当下主要赌注的人输的时候时，附加赌注的下注者就赢了，反之当主要下注者赢时，附加下注者就会输。由于主要下注者平均每10英镑就会输掉14.1便士，因此附加下注者平均每10英镑下注就会赢14.1便士。但还有一个额外的规则让附加赌注的结果没有那么有利。如果主要玩家在第一次掷色子时掷出了两个6（这意味着主要玩家输了），附加下注者也不会赢，而是只能拿回他的钱。这个变化似乎微不足道：掷出两个6的概率只有1/36。然而，减少1/36

的胜率，就会将每10英镑的期望收益值降低27.8便士，这就把期望值变成了负值。附加赌注的下注者每下注10英镑，会赢得14.1便士减去27.8便士，也就是–13.7便士，或者说损失13.7便士，而不会像庄家一样每10英镑能赢14.1便士。附加赌注确实是一种更好的交易，但也只好一点点，每下注10英镑大约少输0.4便士。

另一种看待预期损失的方法是从偿付率的角度来考虑。如果你在双色子游戏上赌10英镑，你可以预期得到约9.86英镑的偿付。换句话说，双色子游戏的偿付率为98.6%。欧洲轮盘赌的偿付率是97.3%，而美国轮盘赌为94.7%。虽然这对赌徒来说可能是一笔不好的交易，但比角子机要好。

1893年，《旧金山纪事报》刊登出一则消息，称这座城市里有1 500个"投五美分硬币的角子机，它们的利润巨大……如雨后春笋般疯狂增长，短短几个月时间遍布各处"。这种机器一开始有很多种类型，但直到20世纪末，德国移民查尔斯·费（Charles Fey）提出了三个旋转轴的想法，现代角子机才诞生。他的独立钟[①]机器的旋转轴上有一个马蹄铁、一颗星、一颗心、一颗钻石、一个黑桃和一个费城破碎的独立钟的图像。不同的符号组合代表不同的奖金数额，头奖是三个钟的组合。角子机增加了其他游戏所没有的悬念，旋转轴一个接一个地停下来。其他公司纷纷效仿，这些机器很快在旧金山以外的地方传播开来，到20世纪30年代，带有三个转轴的角子机成为美国社会结构的一部分。一款早期的机器通过支付水果味口香糖

① 美国费城独立厅中的大钟，美国宣布独立时此钟曾被敲响。——编者注

来绕过游戏法的监管，这就引入了经典的甜瓜和樱桃图案，这也是为什么角子机在英国被称为“水果机”。

独立钟角子机的平均偿付率在75%，但如今的角子机比之前更加慷慨。“凭经验来说，如果是以美元为面值的（机器），大多时候会（把偿付率）定在95%。”国际游戏科技公司（IGT）的游戏设计总监安东尼·贝洛赫尔（Anthony Baerlocher）说。全球约有100万台角子机使用美元下注，而这家角子机公司生产了其中的大约六成。

图9–2　第一台独立钟角子机只有一台收银机的大小，但它在19世纪末被制造出来后，迅速取得了成功

“如果是一台用五美分镍币下注的机器，（偿付率）大概是90%，用25美分硬币下注的机器大约是92%，如果是一美分硬币，可能会降到88%。”计算机技术让机器能接收不同面值的赌注，所以即使是同样的机器，根据赌注的大小也可能产生不同的收益率。我问他是否有一个截止比例，低于这个百分比，玩家就不会玩这台机器，因为他们输的钱太多了。“我个人认为，一旦偿付率跌到85%左右，就很难设计出一款好玩的游戏了。玩家必须得非常幸运才能赢钱，这样就没有足够的钱回馈给玩家来让他们保持兴奋。我们可以在87.5%或88%的水平上做得很好，而如果达到95%到97%的偿付率，玩家就会非常兴奋。”

我和贝洛赫尔在位于里诺商业园的IGT总部见了面，那里距离佩珀米尔赌场约20分钟的车程。他带我参观了生产线，那里每年会生产出数万台角子机，我们还参观了一个堆满数百台角子机的储藏室。贝洛赫尔胡子剃得干干净净，着装举止像私立学校的毕业生，一头乌黑的短发，下巴上有个酒窝。他的家乡卡森市距离这里约半小时的车程，他在印第安纳州圣母大学获得数学学位后加入了IGT。对于一个从小就喜欢发明游戏，并在大学里发现了自己在概率方面的天赋的人来说，这份工作非常适合。

我之前写到，赌博的核心概念是期望值，但它只是一方面。另一方面则是数学家口中的大数定律。如果你只在轮盘赌或角子机上赌几次，你可能会赢钱。然而，你玩轮盘赌的次数越多，就越有可能输钱。只有从长远角度看，偿付率才是正确的。

大数定律说的是，如果掷三次硬币，可能根本不会出现正面，但是掷30亿次，你可以相当肯定，出现正面的次数几乎占50%。在第二次世界大战期间，数学家约翰·克里奇（John Kerrich）在丹麦访问时被德国人逮捕并拘留。他决定利用这段时间测试大数定律，于是他在牢房里掷了10 000次硬币。结果是5 067次正面，占总数的50.67%。1900年前后，统计学家卡尔·皮尔逊（Karl Pearson）掷了24 000次。可以想象随着次数增多，正面比例会更接近50%，事实也确实如此。他掷出了12 012次正面，占50.05%。

上面提到的结果似乎证实了我们认为正确的事情：掷硬币时，得到正面和反面的可能性相同。然而，一个由斯坦福大学统计学家佩尔西·迪亚科尼斯（Persi Diaconis）领导的团队近期调查了正面出现的可能性是否真的和反面相同。团队制造了一台掷硬币的机器，并对空中旋转的硬币进行慢动作摄影。经过数页纸的分析，包括估计约每6 000次投掷中有1次硬币会立起来，迪亚科尼斯的分析似乎指向一种令人着迷和惊讶的结果。事实上，硬币落在它抛出时的那一面的概率大约是51%。因此，如果一枚硬币正面朝上掷出，它正面落地的概率会比反面稍高。不过，迪亚科尼斯总结说，他的研究真正证明的是，研究随机现象是多么困难，而“对掷硬币来说，1/2概率的经典假设相当可靠”。

赌场与大数密切相关。贝洛赫尔解释道：“（赌场）不只拥有一台机器，而是希望拥有数千台，因为他们知道，一旦机器够多，即使一台机器是我们所说的‘倒置’，也就是亏损的，一大群机器的总数也很有可能得到正的收益”。IGT的角子机的设计标准是在1 000万次游戏后，在0.5%的误差范围内达到偿付率。我在里诺的时候住在佩珀米尔赌场，每台机器每天大约会运行2 000次。赌场有近2 000

台机器，因此每天可以赌约400万场。两天半的时间内，佩珀米尔赌场几乎可以确定能达到偿付率，误差在0.5%以内。如果平均下注金额是一美元，且百分比设定成95%，每60小时就有500 000美元的利润，误差在50 000美元左右。因此，赌场越来越青睐角子机也就不足为奇了。

轮盘赌和双色子的规则自从几百年前被发明以来就没有变过。相比之下，贝洛赫尔在工作之中的一部分乐趣在于，他可以为IGT引入市场的每台新角子机设计出新的概率集。首先，他可以决定在转轴上使用什么符号。传统的符号是樱桃和木条，但现在它们也可能是卡通人物、文艺复兴时期的画家或者动物。然后，他会计算出这些符号在转轴上出现的频率、哪些组合会给玩家付钱以及每个组合机器会付多少钱。

贝洛赫尔给我介绍了一个简单的游戏（见下页表），游戏A有三个转轴，每个转轴上有82个位置，不同位置上画着樱桃、条（BAR）、红色的7、一个头奖，也有的是空白。如果你看了这张表，你会发现第一个转轴有9/82（也就是10.976%）的概率出现樱桃，当这种情况发生时，1美元赌注可以赢得4美元。一个获胜的组合的概率乘以赢得的钱被称为预期贡献。“樱桃–任何图案–任何图案”这种组合的预期贡献是4 × 10.967% = 43.902%。也就是说，每投入一美元，“樱桃–任何图案–任何图案”的组合将支付43.902美分。在设计游戏时，贝洛赫尔需要确保所有组合的预期贡献总和等于整个机器的预期偿付百分比。

游戏A：低波动性

符号个数	转轴1	转轴2	转轴3
空白	23	27	25
樱桃（CH）	9	0	0
一条（1B）	19	27	25
二条（2B）	12	15	16
三条（3B）	12	7	10
红色7（R7）	5	4	4
头奖（JP）	2	2	1
总计	82	82	82

游戏B：高波动性

符号个数	转轴1	转轴2	转轴3
空白	20	22	23
樱桃（CH）	6	0	0
一条（1B）	18	25	19
二条（2B）	13	15	14
三条（3B）	12	9	13
红色7（R7）	9	7	10
头奖（JP）	4	4	3
总计	82	82	82

游戏A　奖金记分牌

组合	每下注1美元获得的奖金（美元）	概率（%）	贡献（%）
樱桃–任意–任意	4	10.976	43.902
一条–一条–一条	10	2.326	23.260
二条–二条–二条	25	0.522	13.058
三条–三条–三条	50	0.152	7.617
红7–红7–红7	100	0.015	1.451
头奖–头奖–头奖	1 000	0.001	0.725
总中奖频率		13.992%	
玩家回报率		90.015%	

游戏B　奖金记分牌

组合	每下注1美元获得的奖金（美元）	概率（%）	贡献（%）
樱桃–任意–任意	4	7.317	29.268
一条–一条–一条	10	1.551	15.507
二条–二条–二条	25	0.495	12.378
三条–三条–三条	50	0.255	12.932
红7–红7–红7	100	0.114	11.426
头奖–头奖–头奖	1 000	0.009	8.706
总中奖频率		9.740%	
玩家回报率		90.017%	

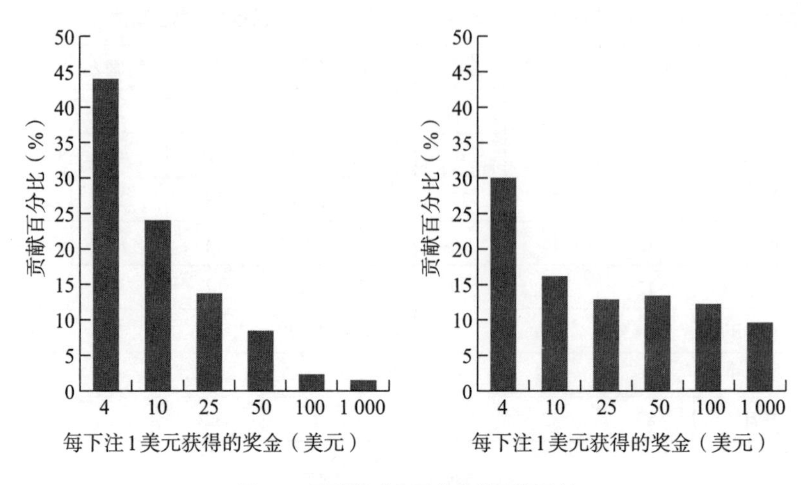

图9–3　两种游戏不同奖金的预期贡献

角子机设计的灵活性在于，你可以改变符号、获胜的组合和奖金，从而大幅改变游戏的特点。游戏A是一个“樱桃运送机”，这种机器会经常付出奖金，但金额都很小。几乎一半的奖金都以4美元为单位。相比之下，在游戏B中，只有三分之一的奖金是4美元，剩下更多的钱都是数额更大的奖金。游戏A是所谓的低波动性游戏，而游戏B是高波动性游戏，这意味着你赢得奖金的组合次数更少，但赢得更大一笔奖金的机会更大。波动性越高，角子机经营者的短期风险就越大。

一些赌徒喜欢低波动性的角子机，而另一些则喜欢高波动性的游戏。游戏设计师的主要职责是，确保游戏能为玩家带来足够的奖金，足以让玩家继续玩下去，因为平均来说，玩得越多，输得越多。高波动性会产生更大的刺激，尤其是在赌场里，机器中头奖时会有令人激动的声光效果来吸引注意。然而，设计一个好的游戏，不仅在于复杂的图案、丰富的声音和有娱乐性的视频情节，还要保证潜在的概率恰到好处。我问贝洛赫尔，通过改变波动性，是否有可能设计出一个低偿付率的机器，让它比偿付率更高的机器更吸引玩家。“我和同事花了一年多时间想弄清楚，写下了一些公式，想出了一种方法来隐藏真实的偿付率。”他说，“我们听一些赌场说，他们运营着一些偿付率较低的机器，而玩家不会注意到这件事。这是一项巨大的挑战。”

我问，这是不是有点儿不道德。

“这是必要的。”他回答道，“我们希望玩家仍可以享受游戏，但我们需要确保客户能赚到钱。”

贝洛赫尔的奖金列表不仅有助于理解角子机的内部构造，也能解释保险业的运作。保险很像玩角子机，两者都是建立在概率论基础上的系统，且几乎所有人输的钱都会被用来支付少数人的奖金（保险金）。而对于控制收益率的人来说，这两者都有利可图。

买保险和赌博没什么区别。例如，你赌你的房子有可能被偷窃。如果你的房子被盗，你会得到一笔赔款，这是对被盗物品的补偿。如果你的房子没有被盗，你什么也得不到。保险公司精算师做的事情和IGT的安东尼·贝洛赫尔一模一样。他知道总体而言他想给客户赔付多少钱。他知道每种赔付事件（入室盗窃、火灾、重病等）的概率，因此他计算出每个事件的赔付金额，让预期贡献的总和等于赔付总额。尽管编写保险表比设计角子机游戏要复杂得多，但原理是一样的。由于保险公司支付的赔付金低于他们收到的保险费，他们的赔付比例低于100%。购买保险是一种负预期的赌博，因此，它并不是一种好的赌博游戏。

可是，如果这是一笔糟糕的交易，人们为什么还要购买保险呢？买保险和在赌场里赌博的区别在于，在赌场里，你是用你能承受得起的钱赌博（希望如此）。然而，买保险是在通过赌博来保护一些你无法承担的损失。虽然你不可避免地会损失少量的钱（也就是保险费），但这可以防止你损失一大笔钱（例如，你房子里东西的价值）。保险提供了一个很好的价格，换取你的安心。

但是，为非灾难性的损失投保则毫无意义。一个例子是为手机的丢失投保。手机相对便宜（大约100英镑），但手机保险很贵（比如每月7英镑）。一般来说，你不买保险反而更好，丢了手机，再买一部新的就是了。你这样是在“自我保险”，把保险公司的利润率留给了自己。

最近角子机市场增长的一个原因是引进了“渐进式”机器，这与开明的社会政策没有多大关系，主要与一夜暴富的梦想有关。渐进式角子机的头奖比其他机器要高，因为它们都被连接在一个网络中，每台机器会贡献出一个百分比的钱用来发头奖，这个百分比的值会逐渐变大。在佩珀米尔赌场里，我看着一排排连接在一起的机器，这些机器提供了数万美元的奖金。

渐进式机器具有很高的波动性，这意味着在短期内赌场可能会损失一大笔钱。“如果我们推出一个渐进式头奖的游戏，大约每20位（赌场老板）中就会有一位给我们写信，认为我们的游戏搞错了。因为游戏在第一周里就出了两三次大奖，亏损达10 000美元。”贝洛赫尔说。那些试图从概率中获利的人，仍然无法在最基础的层面上理解概率，贝洛赫尔认为这件事很讽刺。“我们会做一项分析，看看它发生的概率，假设是200比1。分析结果表明只有0.5%的概率会发生，那它一定会发生在某人身上。我们告诉他们，克服困难，这很正常。”

IGT最受欢迎的渐进式角子机是“百万美元”（Megabucks），它将内华达州数百台机器连接了起来。10年前，当公司推出游戏时，最低头奖奖金是100万美元。起初，赌场不想承担这么多的奖金，所以IGT承包了一定比例的机器来为整个网络提供担保，并自行支付头奖。尽管IGT支付了数亿美元的奖金，但它从未在“百万美元”上遭受损失。大数定律绝对是可靠的：数字越大，现实情况越符合它的预测。

“百万美元”现在的头奖为1 000万美元打底。如果当头奖达到约2 000万美元的时候还没有人中奖的话，赌场里的“百万美元”角子机前会排起长队，IGT就会收到分发更多机器的请求。“人们认为它已经过了通常的中奖时间点，所以很快就会有人中奖。”贝洛赫尔解释道。

然而，这种推理是错误的。在角子机上的每次游戏都是随机事件。无论头奖金额是10美元、20美元还是1亿美元，你获胜的可能性都一样，但你会本能地感觉，在长时间扣住钱之后，这些机器会更有可能付出奖金。认为头奖“该发出来了”的想法被称为赌徒谬误。

赌徒谬误是人类的一种非常强烈的欲望。角子机以其特有的“毒性”利用了它，成为所有赌场游戏中可能最容易让人上瘾的一个。如果你接连玩了很多局游戏，在经历了长期的失败之后，你会自然而然地想：“我下次一定会赢。”赌徒通常说机器“热”或“冷”，意思是它给出的奖金很多或很少。再次重申，这完全是一派胡言，因为概率一直是一样的。不过，我们可以理解，为什么人们会给这些人形大小，由塑料和金属拼凑起来，通常被称为“独臂强盗”的机器赋予个性。玩角子机是一种紧张而亲密的体验，你可以靠得很近，用指尖轻敲机器，而整个世界的其余部分都被隔绝在外。

我们的大脑不善于理解随机性，所以概率是数学中最充满悖论和惊喜的分支。我们会本能地赋予情境一些模式，即使我们知道其实不存在任何模式。人们总是对认为在连败之后更有可能得到奖金的角子机玩家不屑一顾，然而，赌徒谬误的心理也存在于非赌徒身上。

考虑下面这个聚会游戏。选两个人，让其中一个人掷硬币30次，并记下正面和反面的顺序。另一个人想象掷30次硬币，然后写下他想象到的正面和反面结果的顺序。两位玩家将自行决定谁扮演哪个角色，然后展示他们的两份结果，但你对两位玩家的选择不知情。我要求我的母亲和继父这样做，并得到了以下信息（H表示正面，T表示反面）：

结果1

HTTHTHTTTHHTHHTHHHHTHTTHTHTTHH

结果2

TTHHTTTTTHHTTTHTTHTHHHHTHHTHTH

这个游戏的重点在于，很容易发现哪个结果来自真实的掷硬币，哪个来自想象中的。在上面的例子中，我很清楚第二个结果是真实的，确实是这样。首先，我看了连续正面或反面的最多次数。第二个结果最多有5次连续反面，而第一个结果最多只有4次正面。掷30

次出现连续5次正面或反面的概率几乎是三分之二，所以它比掷30次而没有连续5次正面或反面的概率要大得多。第二个结果可能是真实掷硬币结果。而且，我知道大多数人都不会想象掷30次中有连续5次正/反面，因为这看起来太刻意了，而不像是随机的。但为了确定第二个结果是真的掷硬币，我研究了两个结果在正面和反面之间的变化频率。由于每次抛硬币时，正面和反面的概率是相等的，所以平均而言，大约一半的时间里，每个结果后面都跟着不同的结果，而另一半的时间里后一个结果与前一个相同。第二个结果交替了15次，第一个结果则交替了19次，这就表明第一个结果可能是人为干预的。在想象掷硬币时，相比于真实的随机序列的结果，我们的大脑更倾向于频繁地改变结果，在出现两个正面后，我们的本能是补偿，也就是想象出现反面的结果，即使出现正面的可能性是相同的。在这里，赌徒谬误就出现了。真正的随机性其实不会在乎以前发生过什么。

人类的大脑很难伪造随机性，甚至可以说完全不可能。而我们在面对随机时，也经常将其解释为非随机。例如，iPod音乐播放器上的随机播放功能是按随机顺序播放歌曲。但当苹果刚推出这项功能时，用户却反映说它偏爱某些乐队，因为同一乐队的曲目常常一个接一个地播放。听众正是陷入了赌徒谬误的陷阱。如果iPod随机播放真的是随机的，那么每首新歌的选择都与之前的选择无关。正如投币实验所显示的，反直觉的连续播放其实是常态。如果歌曲是随机选择的，那么很有可能同一位艺术家的歌曲会聚集在一起播放。苹果前首席执行官史蒂夫·乔布斯在回应用户的抗议时说："我们正在减少（随机播放的）随机性，让它感觉更加随机。"他说这句话是认真的。

为什么人类如此容易掉入赌徒谬误的陷阱？一切都是为了控制。我们喜欢控制自己的环境，如果事件是随机发生的，我们会觉得我们无法控制它们。相反，如果我们能控制事件的发生，它们就不是随机的。这就是为什么我们喜欢在没有模式的时候寻找模式，因为我们试图挽回一种控制感。人类需要控制是一种根深蒂固的生存本能。20世纪70年代，一个有趣（也可以说是残酷）的实验检验了控制感对养老院中的老年病人的重要性。有些病人可以选择房间如何布置，也可以选择一种植物来照料。其他人只是被告知他们的房间将是什么样子，工作人员替他们选择了一种植物让他们照顾。18个月后，结果十分惊人：能控制自己房间的病人的死亡率是15%，而没有控制权的病人的死亡率是30%。控制的感觉可以让我们活下去。

随机性并不是均匀分布的。它会产生空白区域和重叠区域。

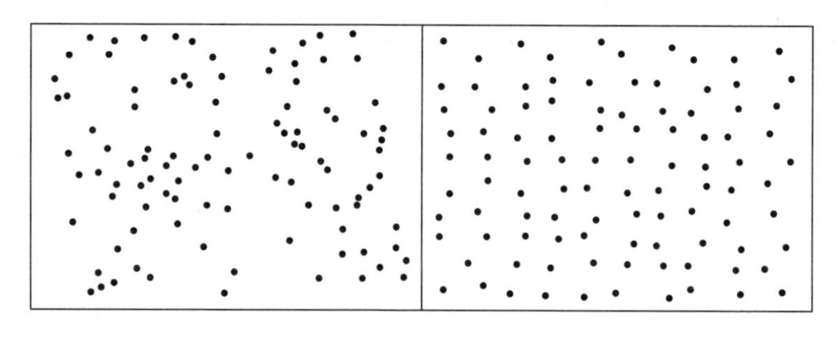

图9–4　左图为随机分布的点，右图为非随机分布的点

随机性可以解释为什么一些小村庄的出生缺陷率高于正常水平，为什么某些道路更多发事故，以及为什么在某些比赛中篮球运动员似乎每次罚球都能得分。它也可以解释为什么在2006年之前的10届足球世界杯决赛中，有7届比赛双方至少有两名球员生日相同：

2006年：帕特里克·维埃拉、齐内丁·齐达内（法国）——6月23日

2002年：无

1998年：埃马纽埃尔·佩蒂特（法国）、罗纳尔多（巴西）——9月22日

1994年：弗朗哥·巴雷西（意大利）、克劳迪奥·塔法雷尔（巴西）——5月8日

1990年：无

1986年：塞尔吉奥·巴蒂斯塔（阿根廷）、安德烈亚斯·布雷默（联邦德国）——11月9日

1982年：无

1978年：雷内·范德克尔克霍夫和威利·范德克尔克霍夫（荷兰）——9月16日

约翰尼·雷普、扬·容布勒德（荷兰）——11月25日

1974年：约翰尼·雷普、扬·容布勒德（荷兰）——11月25日

1970年：皮亚扎（巴西）、皮耶路易吉·切拉（意大利）——2月25日

虽然乍一看这似乎是一系列惊人的巧合，但从数学上来说，这份名单并不奇怪，因为每当你随机选择23人（比如两支足球队的队员和一名裁判），其中有两人生日在同一天的概率比没有任何两个人生日相同的概率更高。这种现象被称为“生日悖论”。这个结果虽然违背了常识，因为23似乎是一个很小的数字，但并不自相矛盾。

证明生日悖论的方法类似于本章开始时介绍的掷出某些组合的

色子的过程。事实上，我们可以将生日悖论重新表述成，对于一个有365面的色子，在掷23次之后，出现两次落在同一面的可能性比不出现的可能性更高。

第一步：在一组人中，有至少两个人生日相同的概率是1减去没有人生日相同的概率。

第二步：在一个二人小组中，没有人生日相同的概率是365/365 × 364/365。因为第一个人可以在任何一天出生（365个选择中的365个），第二个人可以在除了第一个人生日之外的任何一天出生（365个选择中的364个）。为了方便起见，我们忽略闰年中多出来的一天。

第三步：在一个三人小组中，没有人生日相同的概率是365/365 × 364/365 × 363/365。而四个人的情况就变成了365/365 × 364/365 × 363/365 × 362/265，以此类推。这些乘积的结果会越来越小。当包含23人时，它最终减小到0.5以下（确切数字是0.493）。

第四步：如果一组中没有人生日相同的概率小于0.5，那么至少有两个人生日相同的概率就会大于0.5。因此，在一个23人的小组中，很可能有两个人在同一天出生。

足球比赛提供了一个完美的样本组来检验事实是否符合理论，因为球场上总会有23人。但是，世界杯决赛的情况好像有点儿太符合生日悖论了。在23人中，有两个人生日相同的概率是0.507，也就是说略高于50%。而10届里出现了7届（即使不包括范德克尔克霍夫双胞胎），也已经达到了70%的命中率。

其中一部分原因是大数定律。几场决赛的样本量并不大，如果去分析每一届世界杯的每一场比赛，我非常有信心，结果将更接近50.7%。但是这里还有另一个变量。足球运动员的生日在一年中是平均分布的吗？或许并不是。研究表明，足球运动员更有可能在一年中的某段时间里出生，在学年截止点之后不久出生的更多，因为他们将是所在学年中年龄最大的，可能更擅长体育。如果出生日期的分布存在偏差，我们可以预期出现相同生日的概率会更高。而偏差经常出现。例如，如今相当一部分婴儿是通过剖宫产或引导手段出生的，这往往发生在工作日（因为妇产科医护人员不喜欢在周末工作），结果就是，分娩在全年时间中不呈随机分布模式。如果你选取在同一个12个月的周期里出生的23人（比如一间小学教室里的学生），有两个学生生日相同的概率将大大超过50.7%。

如果你没法立即找到一个23人的小组来进行检验，那就想想你的直系亲属。在4个人中，有两个人在同一个月过生日的概率为70%。而只需要7个人，就有可能出现其中两人的生日在同一周里；在一个14人的小组中，有两人生日相同的可能性正好是一半。随着群体规模越来越大，概率上升得越快。在35人里，至少两人生日相同的概率是85%；而在60人中，这个概率超过了99%。

关于生日，还有另一个问题：需要有多少人才能使有人和你的生日在同一天的概率超过50%？它的答案和生日悖论一样反直觉。这个问题与生日悖论不同，因为我们指定了一个日期。在生日悖论中，我们不在乎谁和谁的生日在同一天，只要有两个人生日相同就可以。而我们的新问题则可以重新表述成，给定一个确定的日期，我们需要掷多少次这个365面的色子，它才会落在这个日期上？答案是253次！换句话说，你需要召集253人，其中至少一个人和你的生日在同一天的概率才大于一半。这似乎是个非常大的数字，它远远超过了1和365之间的半数。然而，随机性还是会把人们的生日聚集在一起，之所以需要这么多人，是因为他们的生日并没有以有序的方式分布在各个日期上。在这253个人中，可能会有很多人生日相同，但不是和你相同，你需要考虑到这些。

生日悖论的一个教训是，巧合比你想象的更常见。德国彩票和英国国家彩票差不多，每个数字组合的中奖概率是1 400万分之一。然而在1995年和1986年，有两次大奖的组合是一样的：15–25–27–30–42–48。这是个惊人的巧合吗？其实不算，这种事情经常会发生。在两次中奖组合出现之间的时间，彩票会开奖3 016次。要计算有两次大奖是同一个组合所需的开奖次数，相当于计算3 016个人的生日相同的机会，其中每个人的生日有1 400万种可能性。这个概率是0.28。也就是说，在这段时间里，有两个中奖组合完全相同的可能性超过25%。因此，“巧合”并不是一种非常奇怪的巧合。

更令人困扰的是，对巧合的误解导致了几次法庭上的判决错误。在1964年加州一个著名的案件中，抢劫案的目击者报告说看到一个扎着马尾辫的金发女人、一个留着胡子的黑人和一辆黄色的私家车。一对符合描述的夫妇被捕并被起诉。检察官通过将每个细节发生的概率（一辆黄色的汽车是1/10，一个金发女性是1/3，等等）相乘，计算出这对夫妇存在的概率是1 200万分之一。换句话说，每1 200万人中，平均只有一对夫妇准确地符合描述。他认为，被捕的夫妇有罪的可能性非常大。于是，这对夫妇被定罪了。

但是，检察官的计算是错误的。他计算出的是随机挑选一对夫妇，刚好符合证人证词的概率。真正的问题应该是，如果有一对夫妇符合描述，被捕的夫妇有罪的可能性有多大？这种可能性只有约40%。也就是说，被捕的夫妇符合描述很可能只是一个巧合。1968

年，加利福尼亚州最高法院撤销了这一判决。

让我们回到赌博的世界。在另一个彩票的案例中，新泽西州的一位女性在1985年到1986年间的4个月里，中了该州的两次彩票。在普遍的报道里，这种情况发生的概率是17万亿分之一。然而，尽管在两期彩票中各购买一张并同时中奖的概率确实是17万亿分之一，但这并不意味着有人在某个地方中两次彩票的概率也是如此之小。事实上，后一种情况是很有可能的。普渡大学的斯蒂芬·塞缪尔斯（Stephen Samuels）和乔治·麦凯布（George McCabe）计算出，在7年的时间里，有人两次中奖美国彩票的概率要高于50%。即使是在4个月的时间里，在一些国家，有人两次中奖的概率也超过了1/30。佩尔西·迪亚科尼斯和弗雷德里克·莫斯泰勒称之为极大数定律："有足够大的样本，任何反常的事情都会很容易发生。"

从数学的角度看，彩票是迄今为止最糟糕的一类合法赌博。即使是最吝啬的角子机也有约85%的偿付率。相比之下，英国国家彩票的偿付率仅有约50%。彩票不会给组织者带来任何风险，因为奖金只是收入的再分配。或者对英国国家彩票来说，奖金是一半的收入的再分配。

但是，在极少数情况下，彩票可能是最好的选择。由于滚存[①]大奖的存在，有时奖金已经增长到大于购买每种可能的数字组合的成本。在这些情况下，你买了所有结果，就可以保证其中包含获胜的组合。这里的风险只是，可能还有其他人也买到了中奖的组合，那

① 滚存指某一期彩票奖金由于无人领取，被存入下期奖池的情况。——编者注

你就要与他们分享头奖了。但是，“购买每种组合”依赖于有没有这么做的能力，这在理论和操作方面有很大难度。

英国彩票是49选6，也就是说，每张彩票的投注者必须从49个数字中选择6个。一共大约有1 400万种可能的组合。如何才能列出这些组合，使每种组合只出现一次，并且避免重复？20世纪60年代初，罗马尼亚经济学家斯特凡·曼德尔（Stefan Mandel）曾针对规模更小的罗马尼亚彩票问出同样的问题。答案并不简单。然而，曼德尔花了几年时间终于破解了这个难题，并在1964年中了奖。（事实上，他并没有购买每一种组合，因为那样花的钱太多了。他使用了一种被称为“简缩”的方法，保证6个数字中至少有5个是正确的。通常，5个数字正确就意味着赢得了二等奖，但他很幸运，第一次就获得了头奖。）曼德尔用来计算该购买哪些组合的算法写满了8 000张大纸。不久之后，他移民到以色列，然后又去了澳大利亚。

在墨尔本的时候，曼德尔成立了一个国际博彩联合组织，从成员那里筹集足够的资金，购买所有彩票组合。他调查了世界各地的彩票，寻找那些滚存奖金达到购买所有组合的成本的三倍以上的彩票。1992年，他发现了弗吉尼亚州的彩票，这种彩票包含700万种组合，每张彩票1美元，而奖金已经达到了近2 800万美元。于是，曼德尔开始行动了。他在澳大利亚打印了票券，通过电脑填写，涵盖了700万种组合，然后将票券邮寄到美国。他不但获得了头奖，还有13.5万个二等奖。

弗吉尼亚州彩票是曼德尔赢得的最大一笔头奖，他在离开罗马尼亚后中了13次奖。美国国家税务局、联邦调查局和中央情报局都对博彩组织在弗吉尼亚州的中奖进行了调查，但找不到任何不当行为。购买每种组合并不违法，尽管它听起来像个骗局。曼德尔已经从彩票事业退休了，住在南太平洋的一个热带岛屿上。

1888年，约翰·维恩（John Venn）发明了一种尤为有效的方法，将随机性可视化。维恩也许是有史以来最低调的数学家，但他的名字家喻户晓。作为剑桥大学的教授和英国圣公会教士，他在晚年花了大量时间为剑桥大学1900年前的13.6万名校友编撰了个人信息。尽管他没有扩展学科的边界，但他确实发展出了一种有效的方式，用交叉的圆来解释逻辑论证。尽管莱布尼茨和欧拉在前几个世纪都做过非常类似的事情，但这些图表还是以维恩的名字命名。更鲜为人知的是，维恩想出了一个同样吸引人的方式来解释随机性。

想象在空白页的中间有一个点。从这个点开始，有8个可能的方向可以去，包括北、东北、东、东南、南、西南、西和西北。将数字0到7分配给每个方向。从0到7随机选择一个数字，然后沿着相应的方向画一条线。不断重复这个过程，就创造出了一条路径。维恩选择了一个最不可预测的数列，也就是π的小数展开（从1415开始，不包括8和9）。他写道，结果得到了“一个非常恰当的随机图形”。

维恩的图画被认为是有史以来第一幅“随机游走”的图示（见图9–5）。随机游走常被称为“醉汉走路”，因为这幅图有一种更有趣的想象方式，那就是把最初的点想象成一根路灯柱，而画出的路径是一位醉汉在摇摇晃晃地走路。其中一个最明显的问题是，醉汉在倒下之前能从原点走出多远？平均来说，他走的时间越长，就会走得越远。事实证明，他行走的距离与行走时间的平方根成比例。所以平均而言，如果他在一个小时内在距离灯柱一个街区的地方倒下，那么他走两个街区需要4个小时，而走三个街区则需要9个小时。

醉汉任意行走时，有时会绕圈子，有时会自行原路返回。醉汉最终走回灯柱的可能性有多大？令人惊讶的是，答案是100%。他可能会在最偏僻的地方浪迹多年，但可以肯定的是，只要有足够的时间，醉汉最终会回到原点。

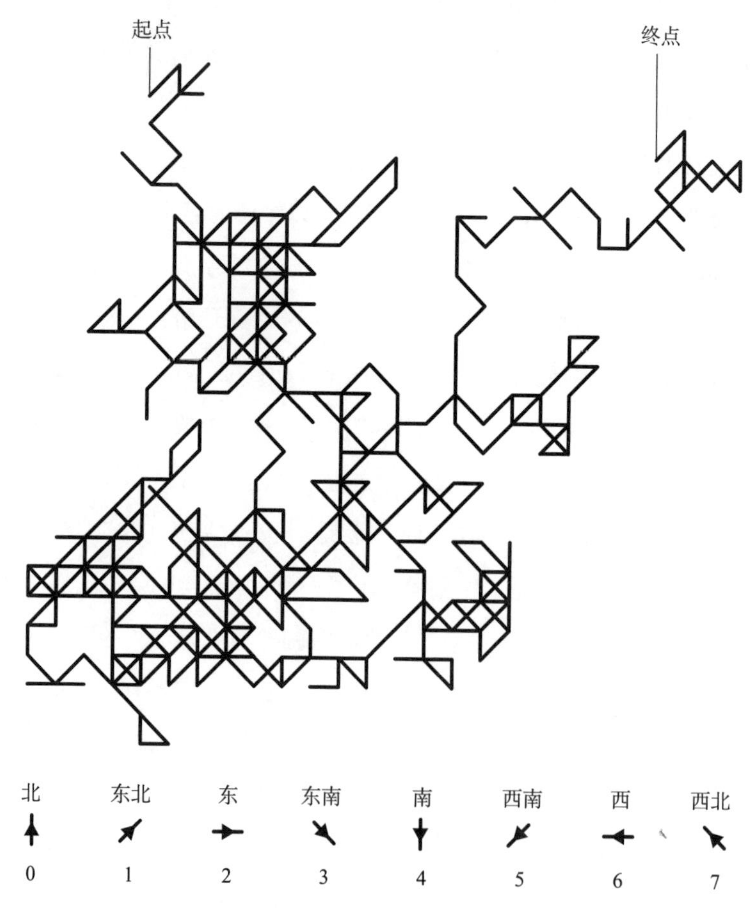

图9-5　有史以来第一个随机游走的例子出现在约翰·维恩的《机会的逻辑》第三版（1888）中。行走方向的规则遵循π的小数点后出现的数位（0~7）

想象一个醉汉在三维空间里行走，就像一只迷路的蜜蜂在嗡嗡地飞。蜜蜂从空中的一个点开始，随机往任意方向沿直线飞行一段固定的距离。蜜蜂停下来，小憩一会儿，然后随机地往另一个方向飞行相同距离，以此类推。蜜蜂最终飞回它开始的地方的可能性有多大？答案只有0.34，约三分之一。在二维平面上，一个醉汉一定能走回灯柱，这看起来很奇怪，但看起来更奇怪的是，一只蜜蜂很有可能永远飞回不了家。

在卢克·莱恩哈特（Luke Rhinehart）的畅销小说《骰子人生》（*The Dice Man*）中，主人公用掷色子来决定人生。想象有一个人用掷硬币来做决定。比方说，如果他掷出正面，就会向上移动一步；如果他掷出反面，则向下移动一步。掷硬币的人的路径就像一个醉汉在一维空间中行走，他只能沿着同一条线上下移动。按照第376页第二行的30次掷硬币结果画出行走的轨迹，将得到图9–6。

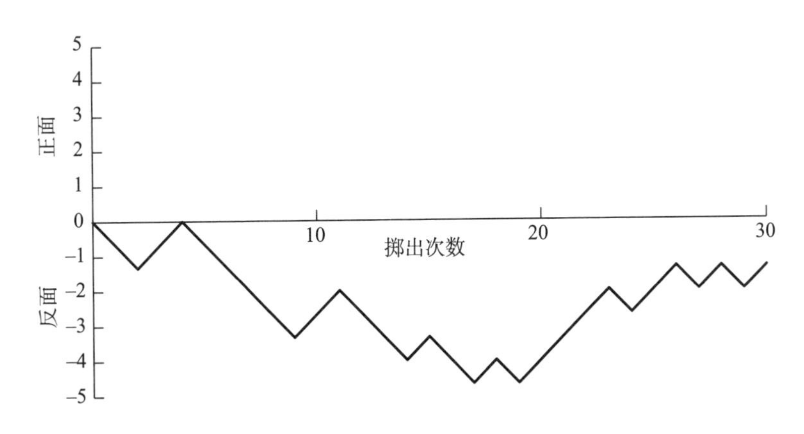

图9–6　用掷硬币结果决定的行走轨迹

这条路径是一条呈锯齿状的线，有高峰有低谷。如果掷硬币的次数越来越多，这根线延伸得越来越长，就会出现一种趋势。这条线会上下浮动，并且幅度越来越大。掷硬币的人在两个方向上都离起始点越来越远。图9–7是我根据6个掷硬币的人的结果画出的路径，每人掷出100次。

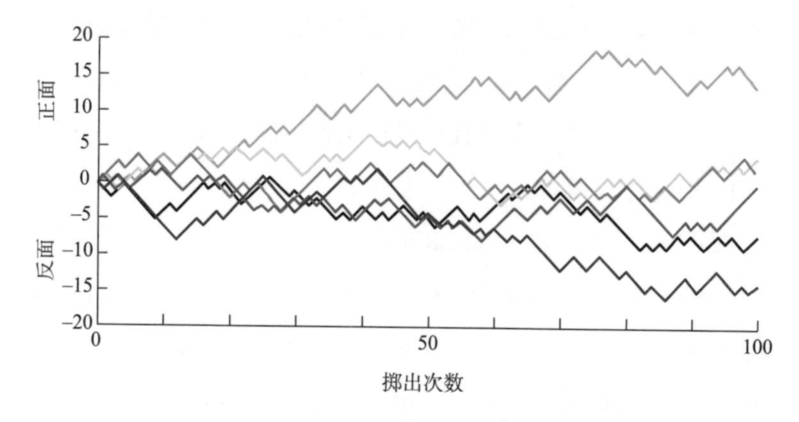

图9–7　根据100次掷硬币结果画出的路径

如果我们假设在某个方向上，跟起点有一定距离的位置有一个障碍物，掷硬币的人撞上这个障碍物的概率最终会是100%。当我们分析赌博模式时，这种碰撞的必然性很有指导意义。

假设掷硬币的人的随机游走描述的不是一段现实的旅程，而是代表银行账户里的钱，让掷硬币变成一场赌博，正面表示赢100英镑，反面则表示输100英镑，他的银行账户里的钱将上下波动，幅度越来越大。我们假设，阻止掷硬币的人继续玩下去的唯一障碍是他账户里的钱只剩0英镑。那我们就知道这一定会出现。换句话说，他一定会破产。这种现象被人们形象地称为赌徒破产原则，也就是说，最终的结局必然是贫穷。

当然，没有哪个赌场的游戏比掷硬币更慷慨（偿付率是100%）。如果输的概率大于赢的概率，随机游走的地图就会向下移动，而不是沿着水平轴延伸。换句话说，破产的速度更快。

随机游走解释了为什么赌博对富人有利。富人不仅需要更长的时间才会破产，而且还有更多的机会，让随机游走偶尔向上延伸。然而，无论是富人还是穷人，获胜的秘诀都在于及时停止。

随机游走的数学不可避免地包含一些令人头痛的悖论。在图9–7中，掷硬币的人根据掷出结果上下走动，你可能觉得他会随机游走并有规律地横穿水平轴。硬币掷出正面和反面的概率是50∶50，所以我们可能会预期他在起点的两边待的时间相同。但是事实恰恰相反。如果硬币被无限次地掷出，最有可能的结果是他并不会换边。换边一次的概率次之，然后是两次、三次，等等。

对于有限的掷出次数，仍然会出现一些非常奇怪的结果。威廉·费勒（William Feller）计算出，如果在一年内每秒掷一次硬币，那么掷硬币的人出现在图表一侧的时间超过364天10小时的概率是1/20。“很少有人相信，一枚完美的硬币会连续数百万次都不发生（边）的变化，而这正是一枚完美硬币的规律。”他在《概率论及其应用导论》中写道，“如果现代教育学家或心理学家想要描述个人掷硬币游戏的长期案例的历史，他会将大多数硬币归类为行为失调。”

尽管随机性带有的奇妙的反直觉现象让纯数学家感到兴奋，但这些特性也会诱惑那些无耻的人。缺乏对基本概率的了解，意味着你很容易被欺骗。例如，如果你被一家声称能预测婴儿性别的公司诱惑，你就陷入了一个古老的骗局。假设我成立了一家叫作“婴儿预测者”的公司，它宣布自己有一条预测婴儿性别的科学公式。“婴儿预测者”向母亲收取一定的预测费。由于人们对它的公式充满信心，加上公司的CEO（首席执行官），也就是我，非常慷慨，公司承诺如果预测结果错了，它也会全额退款。购买这个预测听起来是个不错的选择，因为要么“婴儿预测者”是正确的，要么它是错误的，而如果它预测错了，你还可以拿回你的钱。然而不幸的是，“婴儿预测者”的秘密公式实际上就是掷硬币。正面代表男孩，反面代表女孩。概率告诉我，在一半的情况下我是正确的，因为男女比例是50：50。当然，有一半的情况下我会把钱还给你，但那又怎样？毕竟还有另一半的情况下我可以挣到钱。

这个骗局之所以会成立，是因为母亲并不知道内情。她把自己看作只有一个人的样本，而不是一个更大整体的一部分。但婴儿预测公司仍然生意兴隆。婴儿每分钟都会出生，这种“抢劫”也是。

还有一个更加煞费苦心的骗局针对的是贪婪的男人而不是孕妇。一家名叫“股票预测者”的公司搭建了一个花哨的网站，它向32 000名投资者发送了电子邮件，公布提供一项新的服务，即使用一个非常复杂的计算机模型预测某股票指数的涨跌。在一半的邮件中，它预测下周会上涨；而在另一半中，它则预测会下跌。不管该指数结果如何，都有16 000名投资者收到包含正确预测的邮件。所以，“股票预测者”会向这16 000个地址再发送一封邮件，给出下一周的预测。同样，其中8 000人收到的预测会是正确的。如果“股票预测者”再这样继续3周下去，最终将有1 000人收到的电子邮件有连续5周的预测结果都是正确的。然后，“股票预测者”告诉他们，如果要得到进一步的预测，必须支付一定费用。他们没有理由不付费，因为到目前为止预测相当准确了。

股票预测的骗局可以用来预测赛马、足球比赛，甚至天气。如果把所有结果都包括在内，至少会有一个人收到对所有比赛或晴天的正确预测。那个人可能会想，“哇，这样的组合是正确的的概率只有百万分之一”，但如果有100万封邮件被发了出去，包含所有可能性，那么就一定会有某个人收到一封邮件写着正确的结果。

欺骗他人很不道德，而且通常是非法的。然而，试图在赌场上作弊往往被认为是一项正义的事业。对数学家而言，向概率挑战就像向公牛亮出一块红布一样，而成功的人也创造了光荣的传统。

第一种攻击方法是认识到世界并不完美。约瑟夫·贾格尔（Joseph Jagger）是兰开夏郡的一名棉纺厂机械师，他对维多利亚时代的工程技术了如指掌。他意识到，轮盘赌的轮子可能不会总是理想地旋转。他的直觉是，如果轮盘没有完全对齐，它更有可能会指向某一部分数字。1873年，43岁的贾格尔来到蒙特卡洛检验他的理论。贾格尔雇了6名助手，让他们分别到一家赌场的6张桌子前，记下一周内出现的所有数字。在分析这些数字时，他发现有一个轮盘确实有偏差——有9个数字比其他数字出现得更多。这些偏差非常小，以至于它们的优势只有在考虑数百场赌局时才会显现出来。

贾格尔开始下注，并在一天内赢得了7万美元。但是，赌场老板注意到他只在那一张桌子上赌博。为了抵抗贾格尔的攻势，赌场把轮盘换了位置。于是贾格尔开始输钱，然后他意识到赌场做了手脚。他重新找到了有偏差的赌桌，并且认出了这张桌子，因为它有明显的划痕。他再次开始赢钱，然后赌场再次做出反应，在每天交易结束后，他们都会调整轮盘的数字，这样偏差会出现在新的数字上，此时贾格尔才放弃。那时贾格尔已经赢了32.5万美元，放在今天来说，他相当于一名千万富翁了。他回到家，离开工厂，开始投资房地产。1949年到1950年，阿尔·希布斯（Al Hibbs）和罗伊·沃尔福德（Roy Walford）两位理科毕业生在内华达州复制了贾格尔的方法。他们一开始借了200美元，通过赌博变成了4.2万美元，用这些钱买了一艘40英尺长的游艇，在加勒比海航行了18个月，然后才回到学校。现在的赌场会经常更换轮盘。

第二种操控概率的方法是质疑随机性是否真的存在。在一组信息下的随机事件，在一组更大的信息下很可能变成非随机的，这是把一道数学题变成了一道物理题。掷硬币是随机的，因为我们不知道它会落在哪一面，但掷硬币遵守牛顿运动定律。如果我们准确地知道硬币翻转的速度和角度、空气的密度和其他相关的物理数据，我们就能够准确地计算出硬币将落在哪一面。20世纪50年代中期，一位名叫埃德·索普（Ed Thorp）的年轻数学家开始思考，若想预测轮盘赌中球的落点，需要哪些信息。

索普得到了麻省理工学院同事克劳德·香农的帮助。香农绝对是一位最佳拍档。香农是位多产的发明家，他的车库里堆满了电子和机械设备。他也是世界上最杰出的数学家之一，还是信息论之父，这一理论是一项重要的学术突破，促进了计算机的发展。他们买了一个轮盘，在香农的地下室进行了实验。他们发现，如果他们知道球绕着静止的外缘旋转时的速度，以及内轮（沿着与球相反的方向旋转）的速度，他们就可以很好地估计出球会落在轮盘的哪一段上。由于赌场允许玩家在球落下后下注，索普和香农要做的就是找到测量速度的方法，并在荷官结束下注前的几秒钟内对这些信息进行处理。

博彩又一次推动了科学的进步。为了准确地预测轮盘赌的结果，数学家制造出了世界上第一台可穿戴计算机。这台机器可以装在口袋里，它的一根电线连接到鞋子，鞋里有一个开关，另一根电线通向豌豆大小的耳机。穿戴者要在4个时刻触碰开关，分别在轮盘上的一个点经过一个参考点时，轮盘转了一整圈时，球经过同一个点时，以及球也旋转一圈时。这些信息可以用来估计轮盘和球的速度。

索普和香农把轮盘分成8段，每段有5个数字（有些数字是重叠的，因为总共有38个小格）。口袋大小的电脑会通过耳机播放总共包含8个音符的八度音阶，停下的音符表示了球会落在哪一段。计算机无法完全精确地计算出球将落在哪一段，但它并不需要这样做。索普和香农期望的只是这种预测的结果比随便猜测要好。在听到音符后，你可以将筹码放在该段的全部5个数上（虽然在轮盘上这些数字相邻，但在赌桌上它们并不相邻）。这种方法非常准确，他们估计，对于押注单个数字的赌局，每下注10美元，就能赢4.4美元。

当索普和香农前往拉斯维加斯进行试验的时候，这个装置起到了作用，但还有些不稳定。他们需要看起来丝毫不引人注意，但耳机很容易弹出，而电线又非常脆弱，总是断断续续。但这个系统还是起作用了，他们把一点儿钱变成了很多钱。虽然只能说在理论上打败了轮盘赌，但索普已经满足了，因为他在另一个赌博游戏上取得了更显著的成功。

21点是一种纸牌游戏，目的是让一手牌的总和尽可能接近上限21。荷官也会为自己发一手牌，要想赢，你的点数必须比他高，但不能超过21。

像所有经典的赌场游戏一样，21点对赌场来说有些许优势。如果你玩21点，从长远来看你是会赔钱的。1956年，一份没那么著名的统计学期刊发表了一篇文章，说设计了一种策略，使赌场的优势仅有0.62%。读完这篇文章后，索普学会了这种策略，并在去拉斯维加斯度假旅行时进行了测试。他发现，他输钱的速度比其他玩家要慢得多。他决定开始深入研究21点游戏，这个决定将改变他的一生。

埃德·索普现年75岁[①]，但我觉得他看起来似乎和半个世纪前没什么不同。他体形苗条，脖子很长，外表简朴，留着男大学生一样整齐的发型，戴着一副朴实的眼镜，姿态平静，身段笔直。从拉斯维加斯回来后，索普重读了期刊上的文章。“没几分钟，我马上就明白了，通过记录所玩的牌，几乎一定能够击败庄家。”他回忆道。21点和轮盘赌不同，因为一旦一张牌被发出，概率就会改变。每次你转一圈轮盘，得到7的概率都是1/38。但在21点中，发出的第一张牌是A的概率是1/13。如果第一张牌是A，那么第二张牌是A的概率就不再是1/13，而是3/51，因为现在那一摞牌有51张，而只剩下了3张A。索普认为，一定可以设计一个系统，使概率对玩家有利。然后，问题就变成了如何找到这个系统。

一副牌有52张，有$52 \times 51 \times 50 \times 49 \times \cdots\cdots \times 3 \times 2 \times 1$种排序方式。这大约是$8 \times 10^{67}$，也就是8后面跟着67个0。这个数字如此之大，以至于在整个世界历史上，即使所有人从宇宙大爆炸起就开始打牌，任何两次随机洗牌都不太可能出现相同的顺序。索普认为，对于

① 埃德·索普生于1932年。——译者注

任何记忆排列的系统来说，由于可能的排列太多，人脑不可能记住。相反，他决定看看赌场优势是如何随着已经发了哪些牌而变化的。利用一台非常早期的电脑，他发现通过记录每副牌中的5，也就是红桃、黑桃、方片和梅花5，玩家可以判断牌组是否有利。在索普的系统下，21点变成了一种能够获胜的游戏，根据一副牌中剩余的牌，21点的预期回报可以高达5%。这都是因为索普发明了“算牌”方法。

他把自己的理论写了下来，提交给美国数学学会（AMS）。“刚看到摘要时，所有人都认为这很荒谬。”他回忆道，“科学界的真理是，你无法击败任何一个主要的赌博游戏，这一点在几个世纪以来得到了各项研究和分析的有力支持。”证明你能够在赌场游戏中战胜概率，就像说能化圆为方一样，一定是天方夜谭。幸运的是，AMS论文提交委员会的一位成员是索普的老同学，摘要被接收了。

1961年1月，索普在华盛顿举行的美国数学学会冬季会议上发表了他的论文。这成了一则全国性的新闻，上了索普所在当地报纸《波士顿环球报》的头版。索普收到了数百封信，接到了数百通电话，许多人提出愿意为这场赌博热潮提供资金，来分一份利。一家来自纽约的财团出价10万美元。索普拨打了来自纽约的这个号码，过了一个月，一辆凯迪拉克停在了他的公寓外。一位体形稍小的老年人走了出来，还有两位穿着貂皮大衣的金发美女陪伴左右。

这位就是曼尼·基梅尔（Manny Kimmel），一位在数学上很精明的纽约黑帮老大，也是一位积习难改的铤而走险的赌徒。基梅尔自学了不少概率知识，了解生日悖论，他最喜欢打赌的一件事就是一组人中是否有两个人的生日在同一天。基梅尔说自己拥有纽约市64处停车场，这是真的。他还说身边的两位美女是他的侄女，这可能不是真的。我问索普，他可曾怀疑基梅尔和犯罪团伙有关系。“那时我对博彩界不甚了解。事实上，除了理论之外，我对赌博一无所知，我也没有调查过他们那一行。他自称是一位富商，而这点不言自明。”在接下来的一周里，基梅尔邀请索普去他曼哈顿的奢华公寓里玩21点。几次“课程”后，基梅尔确信那种算牌方法有效。他们二人飞到了里诺打算试一试。他们一开始有一万美元，到旅行结束时，他们的钱已经达到了2.1万美元。

当你在赌场赌博时，两个因素会决定你能赢多少钱或者输多少钱。游戏策略是关于如何赢得一局游戏的，而下注策略则是关于赌注管理的，包括下注多少钱以及何时下注。比如，把所有钱都押在一次赌注上值得吗？或者，把你的钱分成尽可能小的赌注值得吗？不同的策略会对你的预期收入产生巨大的影响。

最著名的下注策略被称为“鞅”（martingale），也叫加倍法，它在18世纪的法国赌徒中颇受欢迎。这种方法的原则是，如果输了，就加倍下注。假设你在赌掷硬币。掷出正面你会赢一美元，反面则输一美元。如果第一次掷出的是反面，你就输了一美元。下一次下注，你一定要赌两美元。如果你在第二次猜对了，就将赢得两美元，这会弥补第一次下注中输掉的一美元，并让你获得一美元的利润。假设你在前5次掷硬币中都输了：

输掉1美元，所以下次下注2美元

输了2美元，所以下次下注4美元

输掉4美元，所以下次下注8美元

输了8美元，所以下次下注16美元

输了16美元

你会损失1 + 2 + 4 + 8 + 16 = 31美元，所以第6次你必须得下注32美元。如果你赢了，这就可以弥补你的损失，并获得利润。尽管冒着风险下注这么多钱，但你只赢得了一美元，也就是你最初的赌注。

加倍下注的概念显然具有吸引力。在一个获胜率差不多是50：50的游戏中，比如在轮盘赌上赌红色，它的概率是47%，你很有可能在一部分赌局中获胜，因此很有可能保持领先。但是，加倍下注策略不是万全的。首先，你只能以很小的幅度获胜。其次，我们知道，如果连续抛30次硬币，连续出现5次正面或5次反面的情况发生的可能性超过50%。如果你一开始下注40美元，然后连输了5局，你会发现自己不得不下注1 280美元。不过在佩珀米尔赌场，你做不到，因为那里的最大赌注只有1 000美元。赌场设置最大赌注的一个原因就是为了阻止类似的加倍下注策略。在加倍下注的情况下，连续下注错误会导致赌注增长，这通常会加速破产，而不是确保避免破产。这种策略最著名的玩家是18世纪威尼斯的花花公子贾科莫·卡萨诺瓦（Giacomo Casanova），他在吃了苦头后才发现了这一点。“我将加倍下注策略贯彻到底。”他曾说，“但运气不好时，我会迅速输得精光。”

不过，如果你在佩珀米尔的轮盘赌桌上使用加倍下注策略，以10美元的起始赌注下注红色，想要不赢10美元也是非常不容易。只有你连续输6次时，这个系统才会崩溃，而这种情况发生的概率只有1/47。但是，一旦你赢了，最好立刻把赢来的钱兑现然后离开。如果继续赌下去，运气很可能会变得更差。

让我们考虑另一种下注策略。假设你在一家赌场里得到两万美元，并被告知必须在轮盘赌的赌桌上下注红色。让你的钱翻倍的最佳策略是什么？是大胆地将所有钱一次都押上，还是谨慎地下注尽可能小的金额，比如每次下注1美元？尽管一开始看起来很鲁莽，但如果你一次把所有钱都押上，你成功的概率要大得多。从数学的角度来说，大胆下注是最理想的。稍加思考，你会发现这是有道理的，因为大数定律表明，从长远来看，你终将失败。因此，将时间缩得越短越好。

事实上，这正是阿什利·雷维尔（Ashley Revell）在2004年做的。他来自肯特郡，当时32岁。他卖掉了所有资产，包括他的衣服，在拉斯维加斯的一家赌场里将135 300美元全都下注了红色。如果他输了，他至少会成为一个三线电视明星，因为这场赌博发生在一次电视真人秀拍摄中。但球落在了红色7上，他带着270 600美元回了家。

在21点中，埃德·索普还想到了另一个问题。他的算牌系统意味着，他可以在比赛中的某些时刻判断自己是否比庄家更有优势。索普思考着，当局面对你有利时，最好的下注策略是什么。

假设有一场赌博，赢的概率是55%，输的概率是45%。为了简化问题，假设赢得的金额和赌注相同。我们玩了500次，优势是10%，从长期来看，每赌100美元，我们平均会赢10美元。为了使我们的总利润最大化，我们显然要使下注的总和最大化。如何做到这一点并不明显，因为将财富最大化需要将输掉所有钱的风险降到最低。以下是4种下注策略：

策略1：用所有钱下注。就像阿什利·雷维尔一样，把你所有的钱都押在第一注上。如果你赢了，你的钱就翻倍。如果输了，你就破产了。如果你赢了，下一次下注的时候就再次赌上所有钱。要避免输掉所有钱的唯一方法是，赢下500局。如果每场比赛获胜的概率是0.55，那么这种情况发生的概率大约是 $1/10^{130}$，10^{130} 就是1后面跟130个0。换句话说，到第500场时，你差不多肯定会破产。显然，这不是一个很好的长期策略。

策略2：固定赌注。每次下注一定数量的赌注。如果你赢了，你的财富会以一个固定的值增长。如果你输了，你的财富就会以相同的量缩水。因为你赢的比输的多，你的财富总体上会增加，但只会以相同的固定量跳跃式增长。如图9–8中所示，你的钱增长得并不是很快。

策略3：加倍下注。这比固定赌注的增长速度更快，因为加倍补偿可以弥补之前的损失，但它同时也带来了更高的风险。即使只输了几次赌局，你也可能会破产。同样，这不是一种好的长期策略。

策略4：按比例下注。这种策略是把资金的一部分拿来下注，这个比例与你拥有的优势有关。有几种不同的按比例下注的方式，能让财富增长最快的策略被称为凯利策略。凯利策略认为，你下注的资金比例取决于优势/赔率。在我们这种情况下，优势是10%，赔率为同额赌注（或者说是1∶1），也就是说，优势/赔率等于10%。因此，你应该每次下注资金的10%。如果你赢了，资金总量就会提高10%，第二次的赌注也将比第一次多10%。如果输了，资金就会缩水10%，所以第二次的赌注将比第一次低10%。

这是一种非常安全的策略，因为如果你连续地输，赌注的绝对值就会减少，这意味着损失是有限的。它的潜在回报也是巨大的，就像复利一样，玩家的财富会在连胜中呈指数增长。它是一种两全其美的方案，既有低风险，也有高回报。看看它是如何表现的：开始时你的资金增长缓慢，但最终，在大约下注400次后，你的赌金将远远超过其他策略的情况。

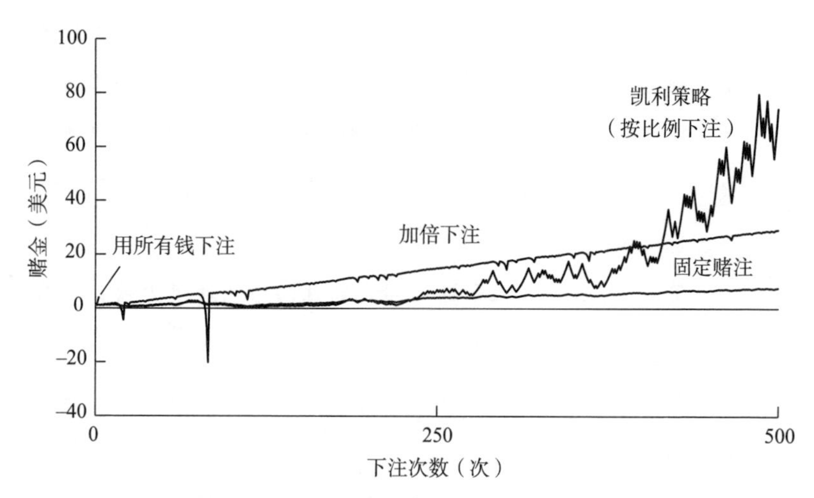

图9–8　500次赌局的模拟结果，每次的胜率是55%，开始时的赌金是一美元。固定赌注、加倍下注和凯利策略第一次下注时的赌注是10美分。用所有钱下注的策略在每一局中都会用所有金额下注

小约翰·凯利（John Kelly Jr）是得克萨斯州的一位数学家，他在1956年的一篇论文中概述了一个著名的下注策略公式。埃德·索普在21点的赌桌上把这一理论付诸实践，结果十分惊人。“用一位将军的话说，它又快又好。”只要有微小的优势和明智的资金管理，你就可以获得巨大的回报。我问索普，在21点中赚钱，哪种方法更重

要，是算牌还是使用凯利策略。“我认为，几十年的研究达成的共识是，下注策略可能在你将获得的收益中占据三分之二或四分之三，而游戏策略可能占三分之一到四分之一。所以下注策略要重要得多。”他回答。凯利策略后来帮助索普在金融市场上获利800多亿美元。

埃德·索普在1962年出版的《击败庄家》一书中介绍了他发明的算牌系统。他在1966年出版的第二版中改进了方法，这种方法还计入了牌面等于10的牌（J、Q、K和10）。尽管牌面是10的牌对赔率的影响比牌面等于5的牌要小，但它们的数量更多，因此更容易识别出优势。《击败庄家》的销量超过100万册，它一直激励着广大的赌徒。

为了应对算牌的威胁，赌场尝试了各种策略。最常见的是使用好几副牌，因为牌越多，算牌就越困难，好处也就越少。“教授阻挡者”是一种可以一次洗许多副牌的发牌盒，它的名字是为了纪念索普。赌场不得不将使用电脑预测轮盘赌定为一种犯规行为。

索普最后一次玩21点是在1974年。“我们一家人去了斯波坎的世界博览会，回来的路上我们在哈拉斯（赌场）停了下来，我让孩子们给我几个小时，因为我想赚回这趟旅行的钱。最后我做到了。”

《击败庄家》不仅是一本赌博经典，也在经济和金融界引起了反响。受索普的书的启发，一代数学家开始建立金融市场的模型，并将下注策略应用到这些模型中。其中两位数学家是费希尔·布莱克（Fischer Black）和迈伦·斯科尔斯（Myron Scholes），他们提出了布莱克–斯科尔斯公式，给出了给金融衍生品定价的方法，这是华尔街最著名（也是最臭名昭著）的公式。索普开启了一个定量分析师为王的时代，“定量分析师”（在英语中简称为quant）指帮助银行寻找精明的投资方式的数学家。“《击败庄家》算是第一本出版的定量图书，它直接引发了一场可以说是革命的运动。”索普说，他可以说是有史以来第一位定量分析师。他的续作《击败市场》帮助了证券市场转型。20世纪70年代初，他和一位商业伙伴共同创立了第一只“市场中性”的衍生产品对冲基金，也就是说，这只基金避免了所有市场风险。从那时起，索普开发出了越来越多经过成熟计算的金融产品，这让他变得非常富有（对于一位数学教授来说是这样）。他曾管理一只著名的对冲基金，但现在他负责管理家族基金，只投资自己的钱。

2008年9月，我见到了索普。我们坐在他位于纽波特海滩一座大厦里的办公室，从这里可以俯瞰太平洋。那是一个典型的加利福尼亚州才有的好天气，湛蓝的天空万里无云。索普很有学者风范，虽没有认真仔细和深思熟虑的样子，但也非常敏锐而幽默。就在一周前，雷曼兄弟银行刚刚申请破产。我问索普，他是否感到一丝愧疚，因为他帮助建立的一些机制导致了数十年来最大的金融危机。“问题不在于衍生产品，而在于对衍生产品缺乏监管。”他回答道，这个回答或许有些预见性。

这让我好奇，既然现在全球金融背后的数学已经如此复杂，政府有没有找他咨询过意见。“我印象里是没有，没有！”他笑着说，“如果他们来的话，我这里有很多东西可以教他们！但这其中很多事情具有浓厚的政治色彩，团体的性质也很强。”他说，如果你想让别人听到你的声音，你必须住在东海岸，和银行家以及政客打高尔夫球，一起共进午餐。“但我在加利福尼亚州，这里风景很好……我只是在玩数学游戏。我不会和这些人打交道，只是偶尔会碰见。”但索普很喜欢自己作为局外人的身份。他甚至没把自己当成金融界人士，尽管他已经在金融界工作40年了。“我认为我是一个将知识应用于分析金融市场的科学家。”事实上，挑战传统智慧是他一生的主题，他一次又一次地做到了这点。他认为，聪明的数学家总能击败赔率。

我同样感兴趣的是，对概率有如此深入的理解，是否能帮助他避免踏入这一领域内的许多反直觉陷阱。比如，他曾陷入赌徒谬误吗？“我觉得我很擅长说不，但我也花了一些时间才学会这一点。当我最初开始学习股票时，我付出了很大的代价。一开始，我会做出不太理性的决定。”

我问他是否玩过彩票。

“你的意思是下错赌注吗？”

我说，我猜他没有。

“我没办法。你知道你偶尔不得不这么做。假设你的全部净资产就是你的房子，从预期价值的角度来看，为你的房子投保是一个不好的选择，但从长期生存的角度来看，这很可能是谨慎的做法。”

我问：“所以你为你的房子投过保吗？”

他停了一会儿说：“是的。”

他停顿了一下是因为他正在计算自己到底有多富有。“如果你足够富有，就不必为小的物品投保。”他解释道，“如果你是一位亿万富翁，拥有一套价值百万的房子，你是否为它投保并不重要，至少从凯利标准的角度来说是这样的。你不需要付钱来保护自己免受这种相对较小的损失，你最好把钱拿去投资更好的东西。”

“我到底有没有给房子投保？投了，我想我是投了的。”

我读到过一篇文章，其中提到索普计划在死后冷冻他的尸体。我告诉他这听起来像是一场赌博，而且是非常典型的加利福尼亚人的赌博。

“不过，我一位喜欢科幻的朋友说：‘这是唯一的选择。’”

第 10 章

面包店的诡计

我最近买了一个电子厨房秤。它有一个玻璃台和一个易于读数的蓝色背光显示屏。我买它并不是为了烘焙精致的甜点，我也没想把我的公寓变成当地贩毒团伙的藏匿之所。我只是对称重感兴趣。我刚拆开包装，就去了本地的格雷格斯烘焙店买了一根法式长棍面包。面包重391克。第二天，我又去格雷格斯买了一根法式长棍。这根面包略重一点儿，有398克。格雷格斯在英国有1 000多家连锁店，它专门售卖茶、香肠卷和涂有糖粉的小面包。但我只盯着法式长棍。第三天，我买回来的法式长棍重399克。现在，我已经厌倦了每天吃一整根长棍面包，但我还继续着日常称重的流程。第4根长棍重403克，也许我应该把它挂在墙上，就像钓到的大鱼。当然，我觉得面包的重量不会一直上升，我是对的。第5根面包是一条小鲦鱼，它只有384克。

在16和17世纪，西欧人对收集数据格外感兴趣。不少测量工具都是在这一时期发明的，比如温度计、气压计和测距仪（一种沿道路滚动测量距离的轮子），使用它们是一件令人兴奋的新鲜事。阿拉伯数字为测量结果提供了有效的符号，而阿拉伯数字最终在受过教育的阶层中被普遍使用，对测量的狂热也起到了推动的作用。收集数字是现代性的高峰，它并非一时的流行。对测量数字的狂热标志着现代科学的开端。我们有了定量描述世界的能力，这完全改变了我们与周围环境的关系。数字为科学探究提供了一种语言，给了我们一种新的信心，让我们可以更深入地了解事物的真实情况。

我发现每天早上买面包和称面包的过程非常令人愉快。我迫不及待地从格雷格斯回来，急切地想知道我的法式长棍有多重。这种期待的激动感觉和你查看足球比分或者金融市场时一样，当你发现你支持的球队或者你的股票表现出色时，那是绝对非常令人兴奋的事。我对法式长棍同样如此。

我之所以每天去烘焙店，是想绘制一张图来表示法式长棍的重量是如何分布的。在吃了10根法式长棍后，我发现最低的重量是380克，而最高的是410克，其中403克的重量重复出现了。重量的范围相当大。虽然这些法式长棍都来自同一家店，价格也相同，但最重的比最轻的重了8%。

我继续做这一实验，在厨房里堆了一堆没吃的面包。大约一个月后，我和这家店的经理艾哈迈德成了朋友，他来自索马里。他感谢我每天购买法式长棍，作为礼物，他送了我一块巧克力面包。

研究这些重量在图表上如何分布简直太有趣了。虽然我无法预测任何一根长棍面包有多重，但把这些重量放在一起，一定会出现某种模式。在吃了100个长棍面包后，我停止了实验。截至当时，379克到422克之间的所有数字都至少出现了一次，只有4个数字例外：

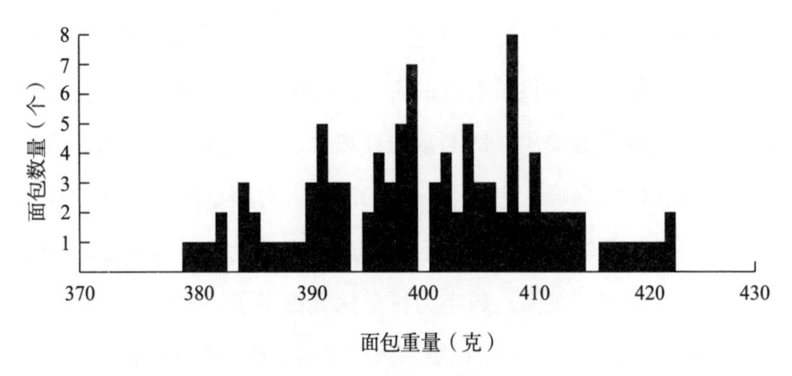

图10–1　法式长棍重量的分布

我开启“面包计划”是出于数学上的原因，但我注意到它在心理学方面也产生了有趣的副作用。在称量每一根面包之前，我会先琢磨它的颜色、长度、围长和质地，它们每天相差很大。我开始觉得自己是一位法式长棍鉴赏家，并且会像面包师冠军那样对自己说：“今天这个面包很重”或者“今天这绝对是一个普通的面包”。我猜对的频率只有一半。但我糟糕的预测记录并没有让我的信念减弱，我还是坚信自己是一名法式长棍评估专家。我推断，这和体育界或金融界的权威人士展现出的那种自欺欺人是一样的，他们同样无法预测随机事件，但他们的职业生涯却依赖于此。

我对格雷格斯的法式长棍最激烈的情绪反应大概出现在重量非常重或者非常轻的时候。当偶尔出现最高或最低重量时，我都会激动不已。当面包的重量很特别时，这一天也显得格外特别，似乎面包的特殊性会转移到我生活的其他方面。理性地说，我知道一定会有一些法式长棍过大，也有些过小。不过，极端重量的出现仍会让我兴奋不已。我的情绪如此容易受到一根面包的影响，这真是令人深思。我认为自己一点儿都不迷信，但我不可避免地也会想从随机模式中找到某种意义。这提醒了我们，我们非常容易受到毫无根据的想法的影响。

尽管数字为启蒙运动中的科学家提供了确定性的保证，但它们通常也并不是那么确定。有时，同一件东西被测量两次会得到两个不一样的结果。对于想为自然现象找到明确而直接解释的科学家来说，这带来了一种尴尬的不便。举个例子，伽利略注意到，用他的望远镜计算恒星距离时，他的结果很容易出现差异。这种差异并不是计算错误造成的，而是因为测量本身不精确。数字并不像人们希望的那般精确。

这正是我测量长棍面包时遇到的情况。造成重量差异的因素可能有很多，比如面粉的用量和黏稠度、面包在烤箱里的时间、面包从格雷格斯的中央面包店到我所在的当地商店的路程、空气湿度，等等。同样，影响伽利略的望远镜测量结果的变量也有很多，包括大气条件、仪器的温度和一些个人化的细节，比如伽利略在记录读数时有多疲惫。

尽管如此，伽利略还是能够看出，他得到的结果差异遵循着一定的规律。尽管存在差异，但每次测量的数据都会聚集在一个中心值附近，距离这个中心值越近的测量结果越常见。他还注意到，数据也呈对称分布，测量值小于中心值与大于中心值的可能性几乎相同。

类似，我的法式长棍数据也表明，面包的重量为约400克的比较多，上下浮动各20克。虽然我的100个法式长棍没有一个正好是400克，但重400克左右的长棍比380克或者420克左右的要多得多，而且这种分布似乎也很对称。

第一个认识到测量误差的这种模式的是德国数学家卡尔·弗里德里希·高斯。这种模式由图10–2中的曲线描述，它被称为钟形曲线。

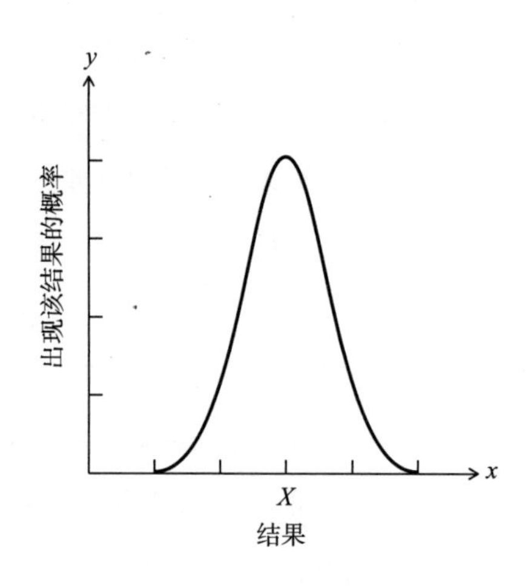

图10–2　钟形曲线

我需要解释一下高斯的曲线是什么意思。横轴描述了一组结果，比如法式长棍的重量或者恒星的距离。纵轴是这些结果出现的概率。用这些参数绘制成的曲线被称为分布曲线。它向我们展示了结果的范围以及每种结果的可能性。

有许多不同类型的分布，但最基本的类型就是由图10–2中的曲线描述的。钟形曲线所表示的分布叫作正态分布，也叫高斯分布。最初，它被称为误差曲线，但由于曲线独特的形状，钟形曲线这个术语变得更加常见。钟形曲线有一个平均值，就是我在图中标记的X，叫作均值。均值是最有可能出现的结果。你离均值越远，结果就越不可能出现。

当你对同一件东西测量两次时，由于测量过程受到随机误差的影响，你很有可能得不到相同的结果。然而，测量的次数越多，结果的分布就越像钟形曲线。结果会围绕一个均值对称地聚集。当然，测量结果的图表不会形成连续的曲线，它是一个由有限数量形成的参差不齐的折线（就像我的法式长棍的测量结果那样）。钟形曲线是一种理论上的理想结果，描述了随机误差产生的模式。我们得到的数据越多，参差不齐的折线就越贴近曲线。

19世纪末，法国数学家亨利·庞加莱就知道受到随机测量误差影响的结果分布近似于钟形曲线。事实上，庞加莱进行了和我的法式长棍一样的实验，但原因不同。他怀疑当地的面包房宰客，卖给了他不足重量的面包，所以他决定用数学赢得正义。在一年时间里，他每天都称量买回来的1千克面包。庞加莱知道，如果只有几次重量低于1千克，那算不上宰客的证据，因为面包的重量在规定的1千克上下浮动是正常的。他猜想，面包重量的曲线会类似于正态分布，因为制作面包时的误差，比如面粉用量和烘焙时间都是随机的。

一年后，他查看了收集到的所有数据。果然，重量的分布近似于钟形曲线。但是，曲线的峰值是950克。也就是说，平均重量是0.95千克，而不是宣传的1千克。庞加莱的怀疑得到了证实。这位著名的科学家被骗了，平均每根面包被偷工减料了50克。根据流传的故事，庞加莱向巴黎当局告发此事，当局给予面包师严厉的警告。

在他争取消费者权益的举动取得小小的胜利后，庞加莱并没有就此停下脚步。他继续每天测量买到的面包，第二年后，他发现图表的形状不完全是一条钟形曲线，而是向右偏斜。因为他知道如果误差是完全随机的，一定会产生钟形曲线，他推断，一些非随机事件影响了他买的那些面包。庞加莱得出结论，面包师并没有停止偷工减料的小气做法，而是把手头上最大的面包给了庞加莱，因此面包重量在分布上出现了偏差。然而对面包师来说不幸的是，他的顾客是法国最聪明的人。庞加莱又一次告发了。

庞加莱惹恼烘焙师的方法十分有先见之明，现在已成为消费者保护理论的基础。当商店按规定重量销售产品时，从法律上来说，产品不必是那个精确的重量，那样也不可能，因为制造的过程不可避免地会使其中一些商品重一点儿，另一些又会轻一点儿。控制贸易标准的官员的工作之一，就是在售卖的商品中随机取样，并绘制商品重量的图表。对于他们测量的任何产品，重量的分布必须落在以宣传的均值为中心的钟形曲线上。

早在庞加莱发现面包的钟形曲线的半个世纪前，另一位数学家在很多地方都发现了钟形曲线。阿道夫·凯特莱（Adolphe Quételet）有充足的理由说自己是世界上最有影响力的比利时人。（事实上，这并不是一个竞争很激烈的领域，但这丝毫不会削弱他的成就。）他原本受到的是几何学和天文学的训练，但他很快就被数据迷住了，更具体地说，是沉迷于在数字中寻找规律，从而改变了自己的职业道路。在他的一个早期项目中，凯特莱研究了法国国家犯罪统计数据，政府从1825年起开始公布这些数据。凯特莱注意到，谋杀案的数量每年都相当稳定。甚至不同类型的凶器的比例都大致相同，无论是用枪、剑、刀、拳头，还是其他工具。放在现在，这些现象并不值得注意，事实上，我们管理公共机构的方式就依赖于对比率的理解，比如犯罪率、考试通过率和事故率，我们认为不同年份的数据之间是有可比性的。然而，凯特莱最早注意到，当把人口当作一个整体来研究时，社会现象总是具有惊人的规律性。在某一年里，我们不可能知道谁会成为杀人犯。然而，在某一年里，我们有可能相当准确地预测出会发生多少起谋杀案。凯特莱对这种模式引发的关于个人责任以及由此引申开的关于惩治伦理的深层次问题感到困扰。如果社会就像一台机器，制造出了一定数量的杀人犯，这难道不是说明，谋杀是社会的过错而非个人的过错吗？

凯特莱的想法改变了“统计学”这个概念，这个词原来的含义与数字没有什么关联，只是被用来描述有关国家的一般情况，比如政治家需要的那类信息。凯特莱把统计学变成了一门更广泛的学科，这门学科不再主要与治国能力相关，而更多地与集体行为有关。如果没有概率论的进步，他也不可能做到这一点，概率论提供了分析数据随机性的技术。1853年，凯特莱在布鲁塞尔举办了第一次统计学国际会议。

凯特莱对集体行为的理解在其他科学领域中也产生了反响。如果通过观察人群的数据，可以发现可靠的模式，那么人们也不难认识到，其他群体，比如原子群体也遵循着可预测的规律。詹姆斯·克拉克·麦克斯韦和路德维希·玻尔兹曼（Ludwig Boltzmann）提出了气体动力学理论，都是得益于凯特莱的统计学思想。气体动力学理论认为，气体的压强取决于其中以不同速度随机运动的分子的碰撞。虽然我们无法得知任何一个分子的速度，但分子的整体行为是可以预测的。一般来讲，社会科学是自然科学进步的结果，但气体动力学理论的起源是一个有趣的例外。在这里，知识朝着另一个方向流动了。

凯特莱在所有研究中最常发现的就是钟形曲线。在研究人群的数据时，钟形曲线无处不在。当时的数据集比现在更难获得，凯特莱以专业收藏家的架势在全世界搜集数据。例如，他找到了一篇发表于1814年的《爱丁堡医学期刊》上的研究，其中包括5 738名苏格兰士兵的胸围数据。凯特莱绘制了一张图表，显示了士兵胸围大小的分布呈现为钟形曲线，均值约40英寸。他从其他数据组中发现男性和女性的身高也呈钟形曲线分布。时至今日，零售业仍依赖于凯特莱的发现。服装店的库存中之所以中号衣服比小号和大号的要多，就是因为人体尺寸的分布大致符合钟形曲线。例如，英国成年人鞋码的最新数据呈现出一种非常相似的形状：

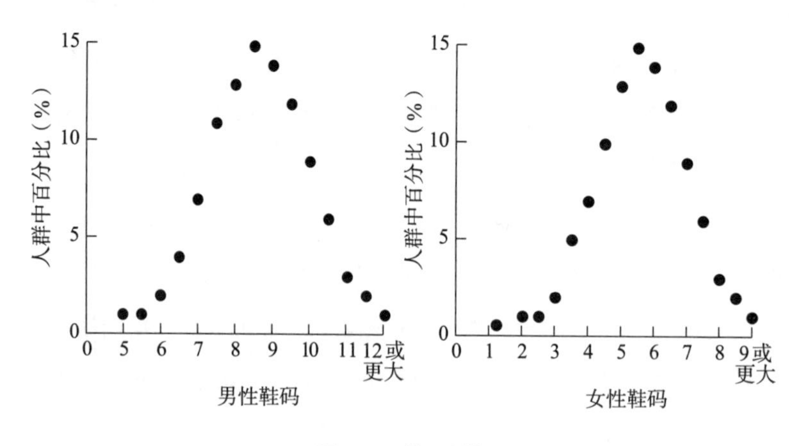

图10–3　英国人鞋码

凯特莱于1874年去世。在他去世的10年后，在英吉利海峡的另一侧，经常可以看到一个60岁的秃顶男人，留着维多利亚式的精致胡须，一边紧盯着英国的街道上的女性，一边在口袋里四处翻找。他就是著名科学家弗朗西斯·高尔顿（Francis Galton）。他正在做实地调查，想测量女性的吸引力。为了小心地记录他对路过的女性的看法，他会在口袋里的一张十字形的纸上扎一针，表明她“有魅力”、“一般”还是“令人厌恶”。完成调查后，他根据女性的容貌绘制了一张全国地图。其中排名最高的城市是伦敦，最低的是亚伯丁。

高尔顿可能是19世纪欧洲唯一一个比凯特莱更痴迷于收集数据的人。在年轻的时候，高尔顿每天在泡茶时会测量茶壶里的温度，同时记录开水的用量和味道。这么做是为了确定如何制作一杯完美的茶（不过他还没有得出结论）。事实上，他终其一生都对下午茶的数学研究很感兴趣。在他晚年时，他把图10–4寄给了《自然》杂志，图中显示了他建议的切下午茶蛋糕的最佳方法，以使蛋糕尽可能地保持新鲜。

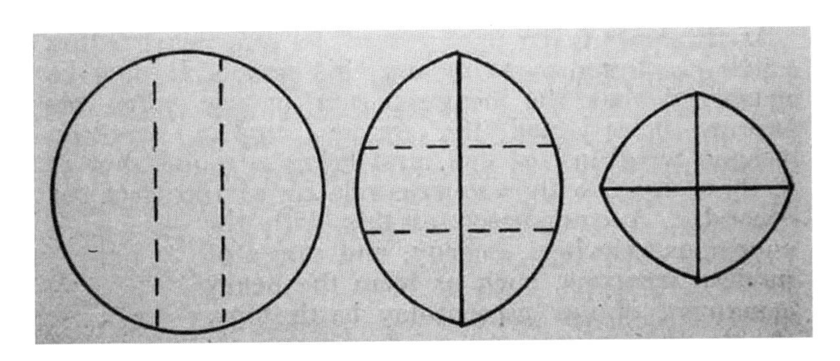

图10–4　在《根据科学原理切圆形蛋糕》中，高尔顿将即将要切的切痕标为虚线，将已经被切过的地方标为实线。这种方法最大限度地降低了蛋糕内部暴露在空气中的面积，避免让蛋糕变干，如果用传统（用他的话说是“非常错误”）的方法切一片蛋糕，就会发生这种情况。在第二步和第三步中，蛋糕要用松紧带固定在一起

既然这本书是关于数字的，那么在这个节骨眼儿上，如果我不提高尔顿的“数字形式”就太不合适了，虽然它们和这一章节的主题并没有太多联系。高尔顿感兴趣的是，相当一部分人（据他估计为5%）会无意识地把数字想象成心理地图。他创造了“数字形式”这一术语来描述这些地图（见图10–5），他写道，这些地图有一个“精确定义且固定不变的位置”，这样一来，人们就必须“在他们的心理视野中参照数字特定的位置”来思考一个数。关于数字形式特别有趣的一点是，数字形式通常表现出非常特殊的模式。它们并非是一条通常认为的直线，而是包含相当特殊的弯曲。

数字形式带有些许维多利亚时代的异想天开的感觉，也许是受压抑的情绪或者过度沉溺鸦片的影响。但在一个世纪后，学术界开始研究这一现象，把它当成一种通感。这是一种神经学现象，当一条认知通路无意中刺激了另一条认知通路的时候，就会发生这种现象。在这种情况下，数字在空间中被赋予了一个位置。其他类型的通感包括认为字母有颜色，或者星期几带有个性。事实上，高尔顿低估了数字形式在人群中的存在比例。现在认为，12%的人在某种程度上都经历过这种现象。

但高尔顿的主要爱好是测量。他建立了一个“人体测量实验室”，这个位于伦敦的开放式中心，可以让公众测量身高、体重、握力、打击速度、视力和其他身体特征。这个实验室收集了超过一万人的详细资料，高尔顿因此声名鹊起，甚至首相威廉·格拉德斯通（William Gladstone）有一天也突然出现在这里，测量了头部。（“他的头虽然低，但形状优美。”高尔顿说。）事实上，高尔顿对测量的爱好已经到了强迫症般的程度，即使他没有什么东西可测量，他也

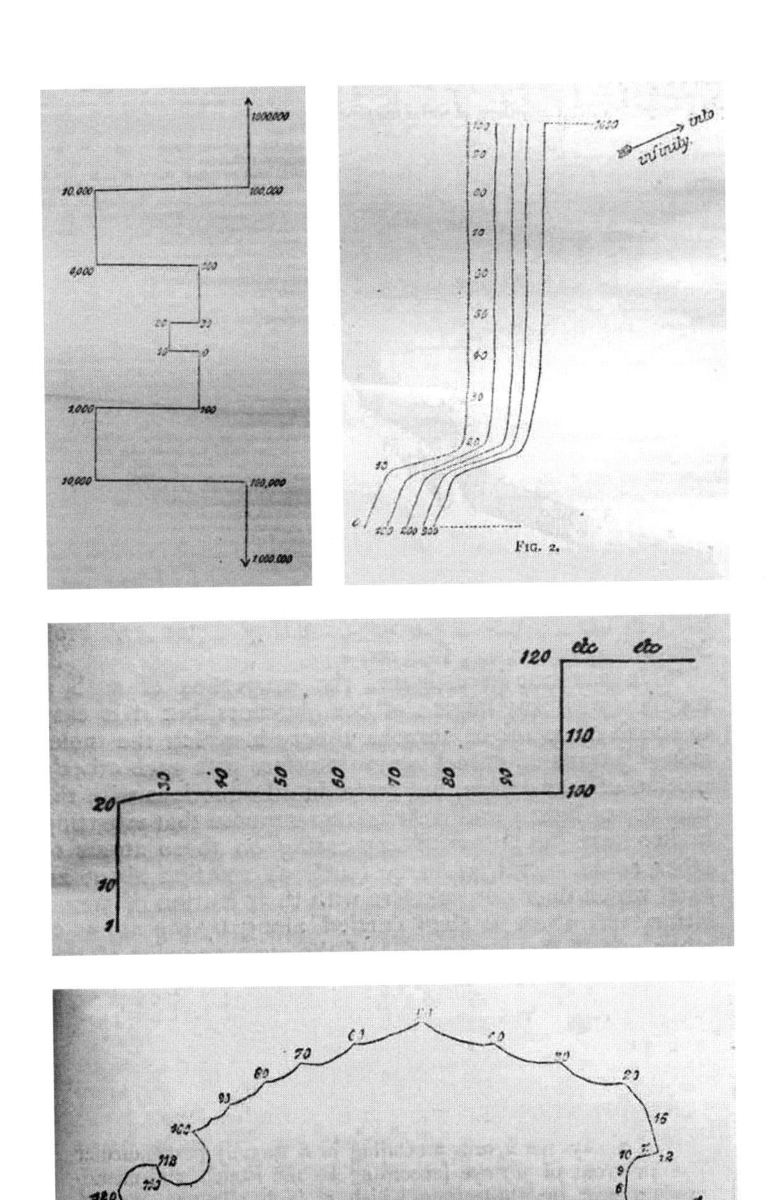

图10–5　高尔顿提出的数字形式的4个例子：古怪的数字空间表达

会找到一些东西来满足自己的欲望。1885年，他在《自然》杂志发表的一篇文章中写道，他在参加一场无聊的会议时，已经开始测量同事们烦躁的频率。他建议，从今以后，科学家应该利用这些无聊的会议，这样“他们就可以获得一种新的技能，用数字来表达（一位）听众表现出的无聊程度”。

高尔顿的研究证实了凯特莱的观点，它表明人群的差异是确定存在的。他同样看到钟形曲线随处可见。事实上，钟形曲线出现的频率之高，让高尔顿首先使用了“正态”（normal，字面意思是“正常”）一词来恰当地描述这种分布。人类头部的周长和大脑的大小都呈现出钟形曲线的分布，但高尔顿对智力等非物理属性尤为感兴趣。当时，IQ（智商）测试还没有被发明出来，所以高尔顿寻找了其他测量智力的方式。他找到的标准是位于桑德赫斯特的皇家陆军军官学校的入学考试成绩，他发现考试成绩也符合钟形曲线，这使他很惊讶。“我所知的最具想象力的东西，莫过于钟形曲线所传达的宇宙秩序的奇妙形式。”他写道，“如果古希腊人知道这种规律，他们一定会把它人格化，奉为神明。它平静地统治着最狂野的混乱，丝毫不出风头。人群越大，看起来越混乱，它的影响就越完美。它是非理性的最高级规律。”

高尔顿发明了一种简单而精妙的机器，可以解释他珍视的曲线背后的数学原理，他称之为“五点形”。这个词的原意是色子上5个点的图案⁙。这个奇妙的装置是一种弹球机，其中每一横行的针相对上面一行都偏离了半个位置。你可以把一个球从上面扔进五点形机器中，球会在针之间弹跳，直到掉到底部的一列柱中。在许多球自然落下后，它们落入柱中形成的形状就像一条钟形曲线。

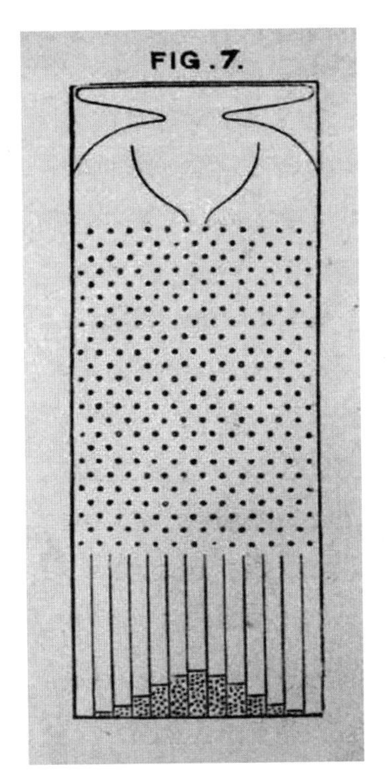

图10–6 “五点形”机器

我们可以用概率理解发生了什么。首先，想象一台只有一根针的五点形机器，假设当一颗球碰到针时，结果是随机的，它向左弹开的概率是50%，向右弹开的概率也是50%。换句话说，它有1/2的概率落入左边（L），也有1/2的概率落入右边（R）。

现在，让我们加一行针。球可能落向左边，然后继续向左，我称之为LL，也可能会出现LR、RL或者RR。因为先向左然后向右移动，相当于留在同样的位置上，L和R会互相抵消（先R后L也是如此），所以现在有1/4的概率球会落在左边的一处，有2/4的概率会落在中间，还有1/4的概率会落向右边。

对第三行针再次重复这个过程，球落下的过程包括LLL、LLR、LRL、LRR、RRR、RRL、RLR和RLL，它们的可能性都相同。也就是说，有1/8的概率球会落在最左侧，有3/8的概率球会落在中间偏左，有3/8的概率球会落在中间偏右，还有1/8的概率球会落在最右侧。

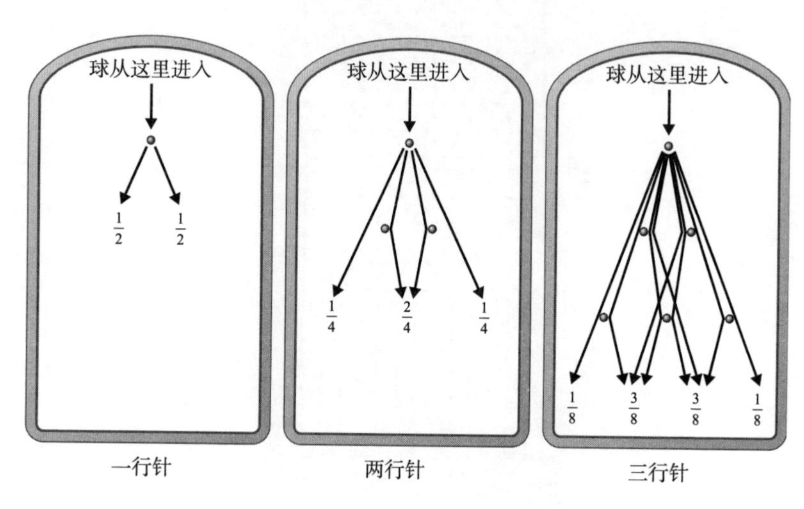

图10–7　有一行、两行、三行针的五点形机器落入球的情况

换句话说，如果在五点形机器中有两行针，我们向机器中投入大量球，根据大数定律，球在底部的排列会遵循约1∶2∶1的比例。

如果有三行，比例大约是1∶3∶3∶1。

如果有四行，比例将是1∶4∶6∶4∶1。

如果我继续计算这些概率，在一个包含10行针的五点形机器中，球在底部的比例将是1∶10∶45∶120∶210∶252∶210∶120∶45∶10∶1。

将这些数字绘制出来，可以得到图10–8中的形状。针的行数越

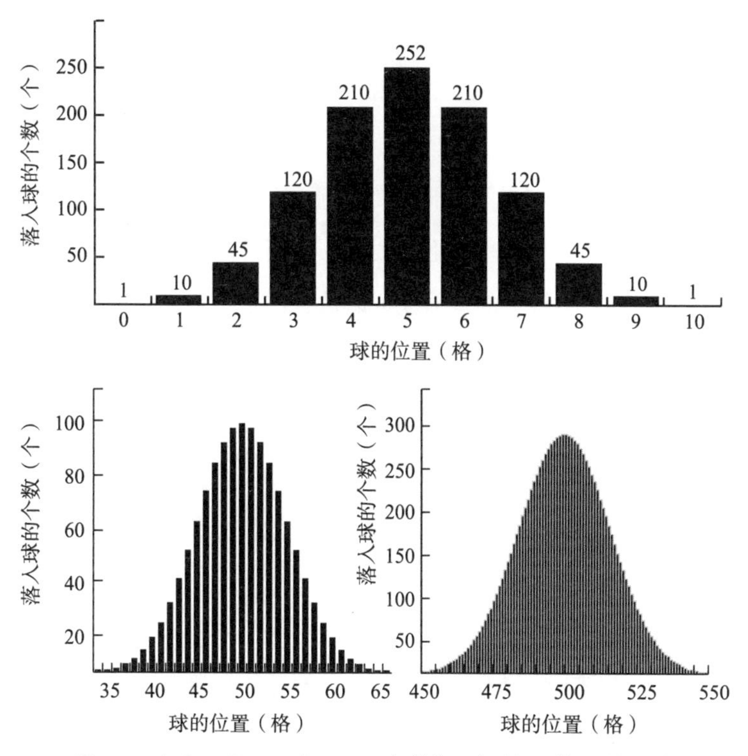

图10–8　包含10行、100行、1 000行针的五点形机器落入球的分布

多，形状看起来就越熟悉。图下方还有100行和1 000行结果的柱状图。（注意，由于左侧和右侧的值太小，无法看见，因此这里仅仅展示了这两张图的中间部分。）

那么这个弹球游戏和现实世界中发生的事情有什么关联呢？假设五点形中的每一行是一个会让测量产生误差的随机变量。它要么让正确的测量值偏高一点点，要么让它偏低一点点。拿伽利略和他的望远镜来说，一行针可以代表仪器的温度，另一行可以表示是否有热空气穿过，再一行可以代表空气中的污染。每一个变量都可能因为某种方式带来误差，就像在五点形中球会向左或向右弹开一样。

在任何测量中，都可能存在数百万个难以察觉的随机误差。但是，它们的组合误差让测量的分布呈现出一条钟形曲线。

凯特莱认为，如果一个群体的特征遵循正态分布，换句话说，就是围绕着一个平均值呈钟形曲线分布，而钟形曲线是由随机误差产生的，那么人类特征的差异就可以被看作是一种相对于某个范例的误差。他把这种范例称为*l'homme moyen*，也就是"平均人"。他说，人群就是由偏离这个原型的各种偏差组成的。在凯特莱的心中，平均值是一件值得追求的事情，因为这是一种让社会得到控制的方式。他写道，偏离平均水平会导致"身体丑陋，以及道德的沦丧"。尽管"平均人"的概念从未得到科学界的认可，但它却渗透到了整个社会中。我们在谈论道德或者品位时，通常会从一个群体可能想到或者感觉到的平均值的角度来看，比如"在普通人眼里"可以接受的东西。

凯特莱推崇平均，但高尔顿却瞧不上这一点。之前提到，高尔顿认为考试成绩是呈正态分布的。大多数人得分在中等水平，很少一些人得分很高，而也有很少一部分人得分很低。

顺带一提，高尔顿本人出身于一个还不赖的家庭。他的嫡表兄是查尔斯·达尔文，两人会定期通信交流他们的科学思想。在达尔文出版《物种起源》阐述了自然选择理论的大约10年后，高尔顿开始建立人类进化的理论。他对智商的遗传能力很感兴趣，想知道怎样提高群体的整体智力。他想把钟形曲线向右移动。高尔顿为此提出了一个新的研究领域，研究所谓的"种族培育"，也就是通过繁殖提高一个群体的智力。他本想把他的新科学称为*viticulture*（生命栽培），这个词来自拉丁语的*vita*，也就是生命的意思，但他最终决定使用*eugenics*（优生学）这个词，希腊语中的*eu*是“优”的意思，而*genos*是出生的意思。（Viticulture一词的常用意义是葡萄栽培，这个词来源于*vitis*，也就是拉丁语中的“葡萄藤”，两个含义大约可以追溯到同一时期。）尽管在19世纪末和20世纪初，许多自由主义的知识分子认为应该将优生学作为一种改善社会的方式，但“繁育”更聪明的人类的愿望很快就被扭曲，名声败坏。在20世纪30年代，优生学成了为创造优越的雅利安种族而采取的残忍纳粹政策的代名词。

回顾过去，很容易看出给人的遗传特征（比如智力或种族纯洁性）排名会导致歧视。由于钟形曲线是在测量人类特征时出现的，因此这条曲线就成了试图证明某些人本质上比其他人更好的同义词。其中最著名的例子是理查德·J. 赫恩斯坦（Richard J. Herrnstein）和查尔斯·默里（Charles Murray）于1994年出版的《钟形曲线》一书，这是近年来最有争议的图书之一。这本书的书名指的是智商分数的分布呈钟形曲线，书中认为，不同种族群体的智商差异是生物学差异的证据。高尔顿写道，钟形曲线“平静”地统治着一切。但是，它的遗产却并非如此。

另一种展示五点形创造的数字的方法是把它们像金字塔一样排列。用这种形式表示的结果被称为帕斯卡三角。

帕斯卡三角的构建方法比计算维多利亚时代的弹珠机器中随机落下的球的分布要简单得多。从第一行的1开始，在它下面放两个1，这样就形成了一个三角形。接着，始终将1放在每一行的开头和结尾处，其他每个位置的值则是上面两个数字的和。

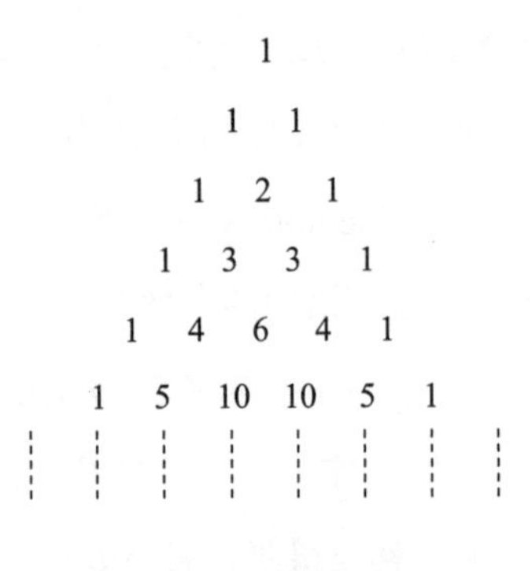

图10–9　帕斯卡三角

虽然这种三角形以布莱兹·帕斯卡的名字命名，但他并不是第一个被它的魅力折服的人。印度、中国和波斯的数学家在他之前的几个世纪就发现了这种模式。不过，与更早的那些爱好者不同的是，帕斯卡写了一本叫作《三角形算术》的书。他被自己发现的丰富的数学模式深深吸引。“它包含这么多性质，这真是一件奇怪的事情。”他写道。他还补充说，在他的书中，他不得不省略掉很多东西，甚至比能涵盖的东西还要多。

我最喜欢的帕斯卡三角形的特点是这样的。把每个数字都放在一个正方形中，并把所有奇数的方块涂成黑色，让所有偶数方块保持白色，结果就得到了图10–10中的马赛克。

你可能已经注意到了，这种模式看起来很熟悉。对，这让人想起了谢尔宾斯基地毯，也就是111页的数学装饰图案，其中一个正方形被分成了9个子正方形，中间的一格被去掉，同样的过程在每个子方格上无限重复下去。如果将谢尔宾斯基地毯转变成三角形，就得到了谢尔宾斯基三角形，其中一个等边三角形被分成4个相同的等边三角形，中间的三角形则被去掉。对剩下的三个三角形进行同样的

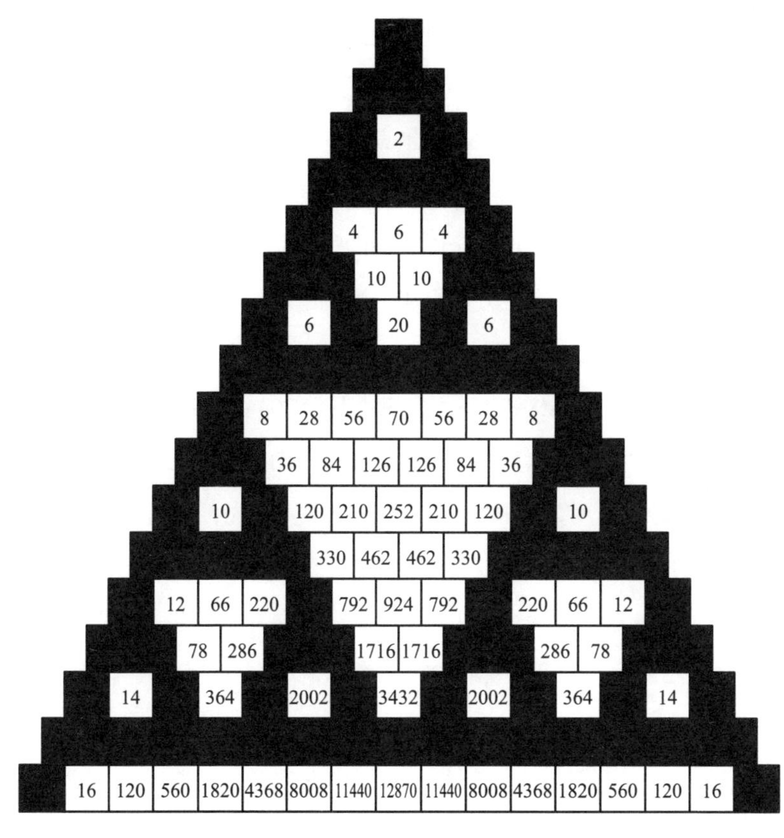

图10–10　帕斯卡三角，其中能被2整除的正方形是白色的

操作，把它们分成4个三角形，再去掉中间的那一个，以此类推。前三次迭代后的结果见图10–11。

图10–11　谢尔宾斯基三角形

如果我们把帕斯卡三角形的涂色方法扩展到无限行，那么图案看起来就会越来越像谢尔宾斯基三角形。事实上，当极限接近无穷大时，帕斯卡三角形就变成了谢尔宾斯基三角形。

在这些黑白相间的瓷砖中，我们找到的老朋友并不只有谢尔宾斯基。想一想图10–10中帕斯卡三角形中心的白色三角形的大小。第一个白色三角形由一个正方形组成，第二个由6个正方形组成，第三个由28个正方形组成，下两个由120个和496个组成。这些数字让你想到了什么吗？ 6、28和496，这三个是第304页提到的完全数。一个看似无关的抽象概念竟然呈现出如此惊人的视觉效果。

让我们继续用数字画出帕斯卡三角形。首先，让所有能被3整除的数对应的正方形保留白色，其他数字变成黑色。然后用可被4整除的数字重复这个过程，再用可被5整除的数字重复这一过程。结果如图10–12所示，得到的所有白色图案都是对称的三角形，且都指向与整体相反的方向。

19世纪，人们还在帕斯卡三角形中发现了另一张熟悉的面孔，那就是斐波那契数列。也许这是无法避免的，因为构造三角形的方法是递归的，我们反复执行相同的规则，将一行的两个数相加，得到下一行的一个数，而两个数的递归求和正符合斐波那契数列的规律。两个连续的斐波那契数之和就是数列中的下一个数。

斐波那契数嵌在三角形中，是每条“平缓”对角线上各数的和。平缓对角线是从任意数字到其左下方再左侧的数字的直线，或者是从任意数字到其右上方再右侧的数字的直线。第一条和第二条平缓对角线上只有数字1。第三条包括1和1，加起来等于2。第4条线上的数字是1和2，加起来是3。第5条平缓对角线上的数字是1 + 3 + 1 = 5。

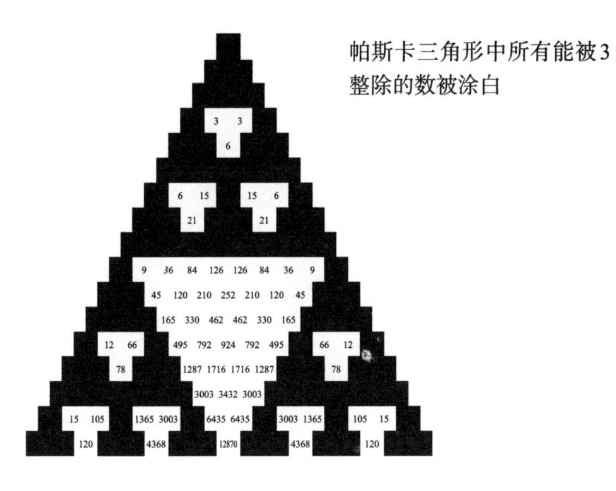

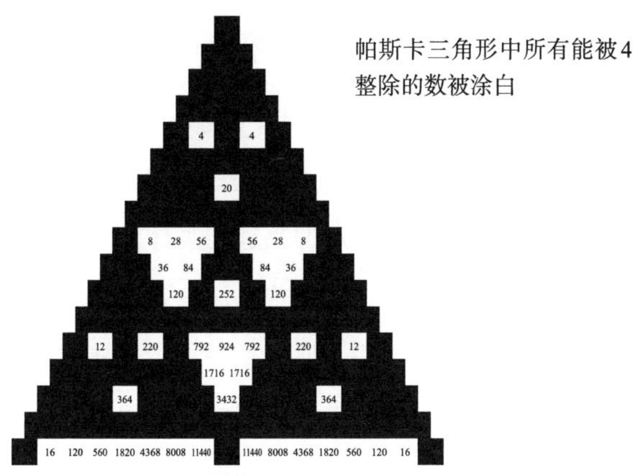

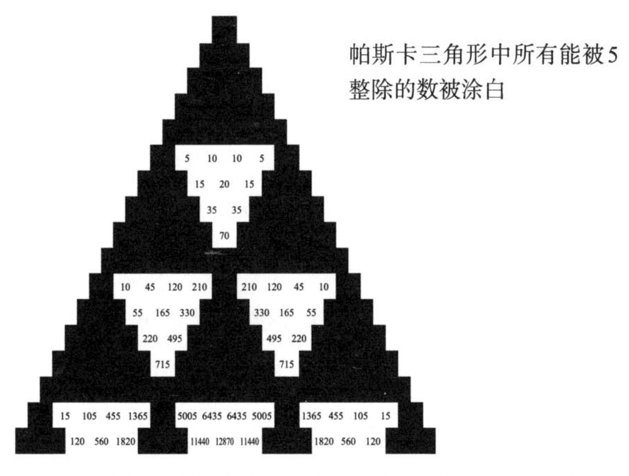

图10–12 将帕斯卡三角形中能被3、4、5整除的数涂白后得到的图形

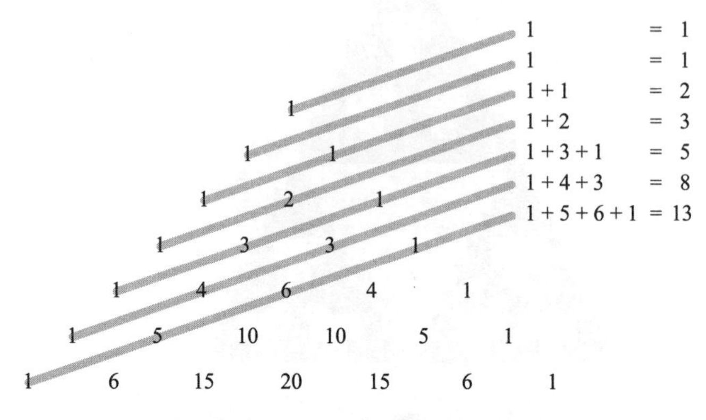

图10–13 帕斯卡三角形中的平缓对角线揭示出了斐波那契数列

第6条是1 + 4 + 3 = 8。到目前为止，我们已经得到了1、1、2、3、5、8，接下来的数字仍是按顺序排列的斐波那契数。

古印度人对帕斯卡三角形的兴趣与物体的组合有关。例如，假设我们有三个水果，分别是一个芒果、一颗荔枝和一根香蕉。选择三样水果只有一种组合方法，那就是芒果、荔枝和香蕉。如果我们只要两种水果，我们可以有三种不同方法，也就是芒果和荔枝、芒果和香蕉，还有荔枝和香蕉。选择一个水果的方法也有三种，就是分别拿一个。如果最后选择零个水果，这只能通过一种方式实现。换句话说，三种不同水果的组合数产生了1、3、3、1这串数字，这是帕斯卡三角形的第三行。

如果我们有4样物体，那么一次不拿、单独拿、一次拿两样、一次拿三样和一次拿四样的组合数分别是1、4、6、4、1，也就是帕斯卡三角形的第4行。我们可以拿越来越多的物体继续这个过程，这样就会看到帕斯卡三角形实际上是个组合数目的参考表。如果我们有n样物品，想知道从中拿m样会有多少种组合，答案就是帕斯卡三角形第n行的第m个位置。（注意：按照惯例，任何一行中最左边的1是该行的第0位。）例如，从7个水果中选择3个水果，有多少种分组方式？答案是35种，因为第7行第3个数字是35。

现在我们来把数学对象组合起来。想想$x+y$，什么是$(x+y)^2$？它就是$(x+y)\times(x+y)$。为了展开它，我们需要将第一个括号中的每一项乘以第二个括号中的每一项。所以，我们会得到$xx+xy+yx+yy$，也就是$x^2+2xy+y^2$。到这里，你发现什么了吗？如果继续算下去，我们可以更清楚地找到规律。各个项的系数就是帕斯卡三角形中每行的数。

$$(x+y)^2=x^2+2xy+y^2$$
$$(x+y)^3=x^3+3x^2y+3xy^2+y^3$$
$$(x+y)^4=x^4+4x^3y+6x^2y^2+4xy^3+y^4$$

数学家亚伯拉罕·棣莫弗（Abraham de Moivre）是18世纪初居住在伦敦的法国胡格诺教派的难民，他第一个发现，随着$(x+y)$自乘的次数增加，这些等式中的系数会近似于一条曲线。他没有称之为钟形曲线或误差曲线，也没有称之为正态分布或者高斯分布，这些都是后来才有的名称。这条曲线在数学文献中的首次出现，是在棣莫弗于1718年出版的一本关于博弈的书中，名叫《机会论》。这是概率论的第一本教科书，也是展现了科学知识如何因赌博而蓬勃发展的另一个例子。

我一直把钟形曲线当作一条曲线，实际上，它是一组曲线。所有曲线看起来都像一个钟，但有些曲线比其他更宽一些（见图10–14）。

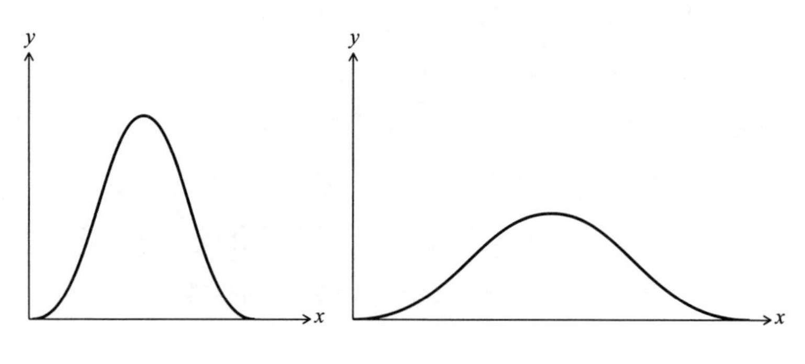

图10–14　不同偏差的钟形曲线

这里解释一下为什么我们会得到不同的宽度。举个例子，如果伽利略用21世纪的望远镜测量行星轨道，误差的幅度将小于他使用16世纪的望远镜的观测结果。现代仪器产生的钟形曲线比古董仪器产生的要更窄。虽然它们仍会呈正态分布，但误差要小得多。

钟形曲线的平均值被称为均值，宽度被称为偏差。知道了均值和偏差，我们就知道了曲线的形状。只用两个参数就能描述正态曲线，这十分方便。不过，过于方便也会带来一些问题。通常统计学家会过分渴望在他们的数据中找到钟形曲线。经济学家比尔·鲁滨逊（Bill Robinson）是毕马威会计师事务所法务会计部门负责人，他承认情况确实如此。“我们喜欢和正态分布打交道，因为正态分布的数学性质已经得到了深入的研究。一旦我们知道这是正态分布，我们就可以开始做出各种有趣的陈述。”

简单来说，鲁滨逊的工作是通过在巨大的数据集中寻找规律，来推断是否有人在做假账。他的策略与庞加莱每天称面包时使用的策略相同，不同的是，鲁滨逊研究的是千兆字节的金融数据，并掌握着更复杂的统计工具。

鲁滨逊说，他的部门会假设任何一组数据的默认分布都是正态分布。“我们喜欢假设正态曲线可以描述手头的数据，因为这样我们就仿佛置身于阳光下，一切一目了然。但事实上，有时候正态曲线并不起作用，有时我们或许应该在黑暗中寻找。我认为，在金融市场中，我们确实在很多情况下错误假设了正态分布，但它可能行不通。”事实上，近年来，学术界和金融界都对历史上依赖正态分布的做法表示强烈抵制。

当一个分布比钟形曲线更分散，离平均值更远，它就被称为扁峰（platykurtic）分布，这个词来自希腊语*platus*（意思是“平坦”），以及*kurtos*（代表“隆起的”）。相反，当一个分布更集中在平均值附近时，它被称为尖峰（leptokurtic）分布，它来自希腊语*leptos*，意思是“瘦”。统计学家威廉·西利·戈塞特（William Sealy Gosset）在都柏林吉尼斯啤酒厂工作。1908年，他在备忘录中绘制了图10–15，为了记住哪个词是哪个：长着鸭子一样嘴巴的鸭嘴兽就叫作扁峰分布，而接吻的袋鼠就叫作尖峰分布。他选择袋鼠是因为它们“以‘跳跃’闻名[①]，不过，按照同样的理由，本可以选择野兔的！”。戈塞特的草图开创了用“尾”来描述分布曲线最左边和最右边部分的先河。

经济学家所说的肥尾或重尾分布，指的就是曲线在极端处的高度比正态分布要高，就好像戈塞特画的动物的尾巴大于平均水平。

① 鸭嘴兽（platypus）和扁峰（platykurtic）拼写相似，而跳跃（lepping）的拼写类似尖峰（leptokurtic）。——译者注

在这些曲线描述的分布中，相比于正态分布，极端事件更有可能发生。例如，如果一只股票的价格变化是重尾的，那就意味着价格大幅下跌或上涨的可能性要比正态分布时大得多。因此，有时假设数据分布呈钟形曲线而非重尾曲线可能是鲁莽的。经济学家纳西姆·尼古拉斯·塔勒布（Nassim Nicholas Taleb）在他的畅销书《黑天鹅》中认为，我们往往低估了分布曲线中尾部的大小和重要性。

图10–15　扁峰和尖峰分布

他认为，钟形曲线是一个有历史缺陷的模型，因为它无法预见非常罕见的极端事件的发生，也无法预测它们的影响，比如像互联网这样的重大科学发现，或者像“9·11”这样的恐怖袭击事件。“（正态分布）的普遍存在并不是世界的属性。”他写道，“它存在于我们的头脑中，源于我们看待数据的方式。”

最希望在数据中看见钟形曲线的或许是教育界。在期末考试中，老师会根据学生的分数落在一条钟形曲线上的情况来决定从A到E的成绩，成绩的分布预计近似于钟形曲线。曲线被分为几个部分，A表示最高的部分，B是下一个部分，以此类推。为了教育系统的顺利运行，保证每年获得A到E的学生的比例相当，是很重要的。如果在某一年里有太多A或者太多E，就会对资源造成压力，使得选某些课程的人数不够或是太多。考试是经过特别设计的，设计者希望结果的分布尽可能地与钟形曲线重合，不管它是否准确反映了真实的智力。（整体上来说可能是这样的，但并非所有情况下都是如此。）

甚至有人认为，一些科学家对钟形曲线的推崇会助长草率的做法。我们从五点形中看到随机误差是呈正态分布的。因此，测量中的随机误差越多，就越有可能从数据中得到一条钟形曲线，即使被测量的现象并不是正态分布的。一组数据呈正态分布，可能仅仅是因为测量数据收集得太混乱。

这让我想到了我的法式长棍。它们的重量真的呈正态分布吗？尾巴是瘦还是胖？首先回顾一下这个过程，我称了100根法式长棍，它们的重量分布见图10–1。这张图显示了一些较好的趋势：它们的均值在400克左右，重量在380克和420克之间大致呈对称分布。如果我像亨利·庞加莱一样不知疲倦地测量，我会将这项实验持续一年，得到365个（忽略面包店关门的日子）重量数据来比较。如果有更多的数据，分布就会更清晰。尽管如此，我不大的样本也足以让我得到了一些规律。我用一种技巧重新绘制图表来压缩我的结果，该比例将法式长棍的重量以8克为单位分组，而非1克。如图10–16所示。

在我画出这张图的那一刻，我松了一口气，因为我的法式长棍实验似乎产生了一条钟形曲线。我得到的事实似乎与理论相符，这是应用科学的胜利！但仔细观察后，我发现曲线图并不像钟形曲线。重量确实聚集在一个均值附近，但曲线显然不是对称的，它的左侧不如右侧那么陡，就好像有一块看不见的磁铁，把曲线向左拉了一

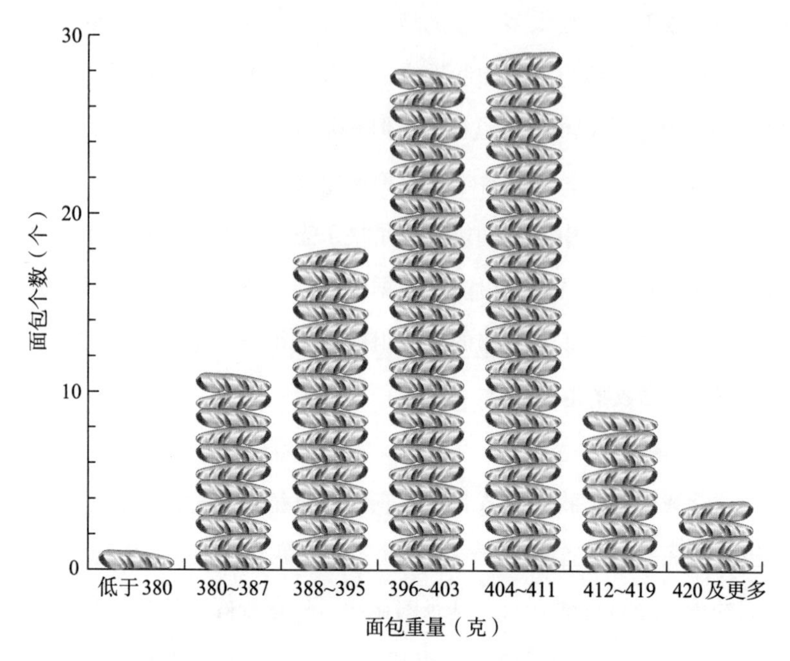

图10–16 以8克为单位分组后得到的面包重量分布

点儿。

因此，我可以得出下面两个结论中的一个：要么格雷格斯的法式长棍的重量不是呈正态分布的，要么它们是正态分布的，但是我的实验过程中出现了一些偏差。我想到了一个可能的偏差。我把没吃过的面包都放在厨房里，因此我决定称一个几天前买的面包。令我惊讶的是，它只有321克，远远低于我测量的最小重量。我突然意识到，同一条法式长棍的重量并不是固定不变的，因为面包变干后会变得更轻。我又买了一根面包，发现一根法式长棍早上8点比中午重了约15克。

现在可以明显看到，我的实验是有缺陷的。我测量时没有考虑到一天中的时间。几乎可以肯定的是，这种变化为重量的分布带来了偏差。大多数时候我是店里的第一位客人，买回面包之后，在早上8点10分左右称重，但有时我起晚了。这个随机变量并不是正态分布的，因为平均值应该在早上8点到9点之间，但不存在早上8点之前的尾部，因为那会儿商店还没开门。另一侧的尾部则一直延伸到午饭时间。

后来，我又想起了其他因素。环境温度是什么样的？我是在初春开始这个实验的。实验在初夏结束，那时天气明显更热。我看了看数字，发现总体上而言，我的长棍面包的重量在项目接近尾声时变轻了。我猜想，夏季的炎热会使面包更快变干。同样，这种差异可能会产生向左拉伸曲线的效果。

我的实验可能表明，法式长棍的重量近似于一个稍微变形的钟形曲线，但我真正认识到的一点是，测量从来就不那么简单。正态分布是一种理论上的理想情况，不能假设所有结果都符合它。我好奇亨利·庞加莱的实验：他在测量面包时，是否消除了巴黎天气或者测量时间带来的偏差？也许他的结果根本没有证明他买到的是950克的面包，而不是1千克的面包，只是证明了从烘焙到测量，一个1千克的面包会减轻50克。

事实上，钟形曲线的历史就好像一个神奇的寓言故事，它展现了纯科学家和应用科学家之间奇怪的关联。庞加莱曾经收到法国物理学家加布里埃尔·李普曼（Gabriel Lippmann）的一封信，李普曼精辟地总结了正态分布受到如此广泛推崇的原因：“每个人都相信（钟形曲线）：实验者相信钟形曲线是因为他们认为钟形曲线可以用数学证明，而数学家相信钟形曲线则是因为他们觉得它是通过观察而建立起来的。”在科学中，就像在其他许多领域一样，我们经常选择相信我们想相信的。

弗朗西斯·高尔顿用了一种只有拥有巨额财富的人才能做到的方法进行科学探索。他刚成年不久，就带领探险队前往非洲的偏远地区，这给他带来了巨大的声望。他熟练掌握科学仪器，曾经有一次，他站在远处，就用他的六分仪测量了一位特别丰满的霍屯督人[①]的身材。这起事件似乎表明他希望和女性保持一定距离。后来，一位部落首领向他介绍了一位浑身都是黄油和代赭石的年轻女子，可以与他做爱，但高尔顿拒绝了，他担心她会弄脏自己的白色亚麻西装。

优生学是高尔顿最臭名昭著的科学遗产，但并不是他最经久不衰的创新。他是第一个使用问卷进行心理学测试的人。他为指纹设计了一个分类系统，被沿用至今，这使得指纹成为警方调查的工具。他想出了一种图解天气的方法，1875年《泰晤士报》刊登了第一张公开发表的天气图。

同年，高尔顿决定招募一些朋友进行一项香豌豆实验。他把种子分给7个人，要求他们播种，并把长出的后代还回来。高尔顿测量了这些后代的种子，并将它们的直径与亲代的直径进行了比较。他注意到了一个乍看似乎与直觉背道而驰的现象，那就是，大种子倾向于产生较小的后代，而小种子倾向于产生较大的后代。10年后，他分析了从人体测量实验室得到的数据，发现了人类身高具有相同

---

① 霍屯督人即科伊科伊人，指非洲南部的一些原住民。霍屯督人这一称呼在今天被认为具有一定贬义。——译者注

的模式。在测量了205对父母和他们的928位成年子女后，他发现特别高的父母的孩子普遍比他们矮，而特别矮的父母的孩子通常比父母要高。

稍微一想，我们就可以理解为什么一定会是这样的。如果高个子的父母总能生出更高的孩子，而矮个子的父母总会生出更矮的孩子，那么我们的世界现在就会变成只由巨人和侏儒组成。但这种情况并没有发生。由于营养和公共健康情况的改善，人类总体上可能会变得更高，但人口中的身高分布仍然受到控制。

高尔顿把这种现象称为“遗传身高向平庸的回归”。这个概念现在更普遍地被称为“向均数回归”。在数学背景下，向均数回归说的是，一个极端事件之后很可能会出现一个不那么极端的事件。例如，如果我测量了一根格雷格斯的法式长棍，结果为380克，这是一个非常低的重量，很可能下一根面包的重量将超过380克。同样，在发现了一根420克的长棍后，很可能下一根面包的重量将低于420克。五点形从视觉上向我们展示了一种回归机制。如果一颗球被放在最上面，然后落在最靠左边的位置，那么下一颗掉下来的球可能会落在更靠近中间的地方，因为大多数球都会落在中间位置。

但人类身高的代际变化遵循着的模式不同于一周中法式长棍重量的变化，或者小球在五点形机器中落下地点的变化。我们凭经验知道，身材超过平均值的父母，往往会生出身材超过平均值的孩子。我们也知道，班上最矮的孩子很可能来自父母身材也相对矮小的家庭。换句话说，孩子的身高与父母的身高之间的关系并不是完全随机的。另一方面，星期二买到的法式长棍的重量与星期一买到的法式长棍的重量之间的关系则是随机的，一个球在五点形中的位置相对于其他任何球来说是随机的（至少在实际情况中如此）。

为了了解父母身高和孩子身高之间的关联强度，高尔顿有了另一个想法。他画了一张图表，其中一个轴是父母的身高，另一个轴是孩子的身高，然后根据点的分布，他画了一条拟合度最高的直线。（每一组父母的身高都以父亲和母亲身高的平均值来表示，他称之为“中间父母”。）这条直线的斜率是2/3。换句话说，中间父母的身高比平均身高每高出1英寸，孩子只会比平均身高高出2/3英寸。中间父母比平均身高每矮1英寸，孩子只会比平均身高矮2/3英寸。高尔顿把这条线的斜率称为相关系数。相关系数决定了两组变量之间的关联程度。高尔顿的信徒卡尔·皮尔逊将相关性这一概念发展得更加完善，皮尔逊于1911年在伦敦大学学院建立了世界上第一个统计系。

回归和相关是科学思想上的巨大突破。对艾萨克·牛顿和他那一代人来说，宇宙服从确定性的因果定律，一切的发生都是有原因的。然而，不是所有科学都能被如此简化。例如，在生物学中，某些结果可能是多种因素以复杂的方式造成的，比如肺癌的发生。相关性为分析关联的数据集之间的模糊关系提供了一种方法。例如，不是所有吸烟的人都会患上肺癌，但是通过观察吸烟和肺癌的发病率，数学家就可以知道，如果你吸烟，患癌症的概率有多少。同样，并不是所有来自大班的孩子都会比来自小班的孩子表现差，但班级规模确实会影响考试成绩。统计分析在医学、社会学、心理学、经济学等多门学科中开辟了一个全新的研究领域。它让我们能够在不知道确切原因的情况下利用信息。高尔顿的原创性见解使统计学成了一个备受推崇的领域：“一些人讨厌统计学这个名字，但我发现它们充满了美和有趣的事情。”高尔顿写道，“只要它们不是被简单粗暴地使用，而是通过更好的方法巧妙地处理，并且被谨慎地解读，它们处理复杂现象的能力将是惊人的。”

2002年诺贝尔经济学奖没有颁发给经济学家。心理学家丹尼尔·卡尼曼（Daniel Kahneman）获得了这个奖项。他的职业生涯［大部分时间是和同事阿莫斯·特韦尔斯基（Amos Tversky）合作］主要研究决策背后的认知因素。卡尼曼说，对向均数回归的理解给他带来了最令人满足的“灵光乍现”。那是在20世纪60年代中期，卡尼曼正在给以色列空军飞行教员讲课。他告诉他们，想让军校学员的学习效果更好，表扬比惩罚更有效。演讲快结束的时候，一位有丰富经验的教员站起来告诉卡尼曼，他认为卡尼曼错了。这位男士说：“有很多次，我表扬了一些飞行学员在特技飞行演习中的表现，但一般来说，在表扬之后，他们的表现会变得更差。另一方面，我在学员表现不好时经常对他们大喊大叫，一般来说，下一次他们就会做得更好。所以，请不要告诉我们，鼓励有效，而惩罚不行，因为情况恰恰相反。”卡尼曼说，那一刻他恍然大悟。飞行教员认为惩罚比奖励更有效，这是缺乏对向均数回归的理解。如果一位学员在一次飞行中表现得非常糟糕，那么无论教官是训诫还是表扬，他下次都很有可能会做得更好。同样，如果他在一次飞行中表现得非常好，那么他很可能下一次会表现得没那么好。“因为我们倾向于在别人做得好的时候进行奖励，而在做得不好的时候进行惩罚，而且因为向均数回归的存在，所以在统计上，我们奖励他人后他们就会表现得不那么好，而惩罚他人后他们就会表现得更好，这是人类社会的普遍情况。”卡尼曼说。

向均数回归并不是一个复杂的概念。它所说的仅仅是，如果一个事件的结果至少部分是由随机因素决定的，那么一个极端事件之后很可能会出现一个不那么极端的事件。然而，尽管回归很简单，但大多数人并不理解它。我想说的是，回归实际上是一个不被熟悉但十分有用的数学概念，你需要用它来理性地理解世界。关于科学和统计学有很多简单的误解，都可以归结为没有将向均数回归考虑在内，其数量令人吃惊。

拿超速照相机来举例。如果同一路段发生了多起事故，这可能是一个单独原因导致的，比如一群恶作剧的青少年在路上绑了一根电线。逮捕这些青少年，事故就不会再次出现。但事故多发也可能由许多随机的因素导致，比如恶劣的天气条件、道路形状、当地足球队获胜了，或者当地居民遛狗的决定，等等。事故多发就相当于极端事件。极端事件发生后，极端事件发生的可能性更小了，随机因素组合在一起，从而导致更少的事故发生。超速照相机通常被安装在发生过一次或多次严重事故的地方，它们的目的是让司机开得更慢，减少撞车的频次。确实，安装超速照相机之后，事故量往往会降低，但这可能与超速照相机没有多大关系。由于向均数回归的原理，无论是否安装照相机，在事故连续发生之后，这一地点的事故本身就可能会减少。（这不是要反对超速照相机，因为它们可能确实有效。更确切地说，这是一个有关超速照相机的争论的争论，在有关超速照相机的争论中常常出现对统计数据的误用。）

我最喜欢的向均数回归的例子是“《体育画报》的诅咒”。这是一种奇怪的现象，运动员在登上这本美国顶级体育杂志的封面后，表现会立即明显退步。这种诅咒在第一期就出现了。1954年8月，棒球运动员埃迪·马修斯（Eddie Mathews）在带领球队密尔沃基勇士队取得九连胜后，登上了杂志封面。然而这一期刚刚发行，球队就输了比赛。一周后，马修斯因伤病不得不缺席了7场比赛。这个诅咒最著名的例子发生在1957年，当时在俄克拉何马足球队连胜47场比赛的情况下，杂志上出现了引人注目的标题——“俄克拉何马为什么战无不胜”。但果不其然，在杂志问世后的那个周六，俄克拉何马队以0比7的比分输给了圣母队。

对《体育画报》的诅咒的一种解释是，登上封面给运动员或球队带来了心理压力。运动员或者球队在公众眼中变得更为突出，他们会被当成击败的目标。在一些情况下，成为受欢迎的人带来的压力可能确实会让人表现更差。然而，大多数时候，“《体育画报》的诅咒”仅仅是一个向均数回归的例子。一个刚登上杂志封面的人，通常都处于最佳状态。他们可能经历了一个出色的赛季，或者刚刚赢得了冠军，或者打破了纪录。运动成绩取决于天赋，但也取决于许多随机因素，比如你的对手是否感冒了，你是否被刺激到了，或者阳光有没有晃到你的眼睛。有史以来最好的结果就很像极端事件，而向均数回归的原理表明，在极端事件之后，发生极端事件的可能性比较小。

当然总有例外。有些运动员的能力要比对手强得多，比赛中的随机因素对他们的表现几乎没有影响。他们可能在运气很不好的情况下还是能赢得比赛。但是，我们往往低估了随机性对竞技体育成功的影响。20世纪80年代，统计学家开始分析篮球运动员的得分模式。他们惊讶地发现，某位特定的球员投篮成功与否完全是随机的。

当然，一些选手比其他选手要好。假设有球员A，他的投篮命中率平均是50%，也就是说，他得分或失手的概率是一样的。研究人员发现，球员A投中和失手的顺序似乎完全是随机的。换句话说，与其说是投篮，他可能更像在扔硬币。

再考虑球员B，他有60%的概率会得分，而有40%的概率会失手。同样，进球的顺序是随机的，就像球员在掷一枚概率为60对40的硬币，而不是在投篮一样。当一位球员连续命中时，专家会称赞他打得很好，而当他连续失手时，他会受到批评。然而，一次命中或失手对他下一次投篮是否成功是没有影响的。每一次投篮都像掷硬币一样随机。如果球员B在很多比赛中的平均命中率都保持着60对40，这确实值得称赞，但是表扬他连续命中5次，这和称赞一位掷硬币的人连续掷出5次正面其实没有什么不同。在这两种情况下，他们都只是手气很好而已。也有可能，甚至是极有可能，球员A的投篮能力整体不如球员B，但在一场比赛中球员A能够更多地连续投篮成功。这并不意味着他是一位更好的球员。是随机性给了球员A好手气，而B的手气没那么好。

最近，西蒙·库珀（Simon Kuper）和斯特凡·希曼斯基（Stefan Szymanski）研究了英格兰足球队自1980年以来的400场比赛。他们在《为什么英格兰会输球》一书中写道："英格兰队的胜负顺序……和一系列随机掷硬币的顺序没有区别。英格兰上一场比赛的结果，或者说英格兰最近几场比赛的任何组合对预测下一场比赛的胜负都没有价值。无论在一场比赛中发生了什么，它似乎与下一场比赛的结果都毫无关系。你唯一可以预测的是，从中长期来看，英格兰队将在所有的比赛中取得约一半的胜利。"

体育表现的高低起伏通常可以用随机性来解释。在一次非常明显的上升之后，你可能会接到《体育画报》的电话。而你几乎可以确定，你接下来的表现一定会下滑。

ROOM ℵ
LIFT
BROKEN
PLEASE
USE
STAIRS

第 11 章

钩针织出的双曲平面

几年前，在康奈尔大学任教的达伊纳·泰米纳（Daina Taimina）斜倚在纽约伊萨卡家中的沙发上，家人问她在研究什么。

“我在用钩针编织双曲平面。”她回答，她提到的这个概念，在近两个世纪中一直让数学家困惑并着迷。

“你见过数学家做钩针吗？”她得到了一个不屑的回答。

然而，这种粗暴的回绝让达伊纳更加坚定了利用手工艺品来促进科学发展的决心。她也是这样做的，她发明了“双曲钩针”，这是一种环绕纱线的方法，可以制造出WI（妇女协会）公司生产的那种复杂而美丽的物品，这也有助于以一种数学家从未想过的方式理解几何学。

我稍后将介绍“双曲”的详细定义，以及达伊纳的钩针模型得到的发现。但在这里，你只需要知道，双曲几何是一种完全反直觉的几何学，它在19世纪早期出现。在双曲几何中，欧几里得在《几何原本》中制定的一套规则被认为是错误的。“非欧几里得”几何学（简称非欧几何）是数学的分水岭，因为它描述的物理空间理论完全违背了我们对世界的经验，它难以想象，但它在数学上并不自相矛盾，因此它与之前的欧几里得体系同样有效。

同样在19世纪，格奥尔格·康托尔（Georg Cantor）后来也取得了具有类似意义的突破，他颠覆了我们对无穷大的直觉理解，证明了无穷大有不同大小。非欧几何和康托尔的集合论是通往两个奇异世界的大门，我将在接下来的篇幅中拜访这两个世界。可以说，它们共同标志着现代数学的开端。

图11–1 双曲钩针编织品

让我们重新回顾一下很早之前提到的内容：《几何原本》是有史以来最有影响力的数学教科书，它阐述了古希腊几何学的基础。它还建立了公理化方法：欧几里得首先明确定义了使用的术语和遵循的规则，然后以此为基础建立起一个定理体系。一个系统的规则（或者叫公理）是可以无须证明就被接受的事实，因此数学家总是试图使它们尽可能简单直白。

欧几里得仅用5条公理就证明了《几何原本》中总共465条定理，这5条公理通常被称为5个公设：

1. 任意两点之间有一条直线。

2. 任意直线上可以产生线段。

3. 给定任意圆心和半径，可以画出一个圆。

4. 所有直角都相等。

5. 如果一条直线与两条给定的直线相交，使同一侧的内角之和小于两个直角之和，则这两条给定的直线必定在内角之和小于两个直角的那一侧相交。

看到第五公设，我们会感觉有些不对劲。这几条公设一开始非常简洁，前四条简单易懂，易于接受。但第五条为什么出现在这里？这条公设冗长而复杂，而且并没有非常直白。它甚至并没有那么根本，《几何原本》中到命题29才第一次用到了它。

尽管数学家欣赏欧几里得的推演方法，但他们厌恶他的第五公设。这不仅违背了数学家的审美，而且他们认为第五公设假设的成分太多，无法成为一则公理。事实上，两千年来，许多伟大的思想家试图改变第五公设的位置，他们想依据其他公设推导出第五公设，让它变成一则定理，而不是继续作为一条公设或公理存在。但没有人取得成功。也许证明欧几里得的才智的最明显证据就是，他发现第五公设必须在不用证明的情况下被接受。

数学家设想用不同术语重新表述这一公设，并取得了很大的成功。例如，17世纪的英国人约翰·沃利斯发现，保留前四条公设不变，用以下表述替代第五公设，《几何原本》的所有内容也都可以被证明。这一表述就是，给定任意三角形，它可以被放大或缩小到任意大小，而边长的比例保持不变，两边之间的夹角也不变。深入思考，我们会认识到第五公设可以被重新表述为关于三角形的陈述，而非关于直线的陈述，但它并没有解决数学家的担忧，因为沃利斯的公设也许比第五公设更直观（尽管也许只是略微更加直观），但它仍然不像前四条公设那样简单明了。数学家们还找到了第五公设的其他说法：如果第五公设被替换为三角形中的内角之和是180度，或者毕达哥拉斯定理，或者所有圆的周长与直径之比都是π，欧几里得的定理也仍然成立。虽然每句话听起来都不一样，但这些陈述在数学上都是可以互换的。然而，最便利地表达了第五公设本质的等价说法涉及平行线的行为。从18世纪开始，研究欧几里得的数学家开始倾向于使用这个版本，也就是所谓的平行公设：

> 给定一条直线和直线外的一点，最多有一条直线通过该点与原来的直线平行。

可以证明，平行公设指的是两种不同类型的面，它取决于“最多有一条直线”这几个字，这是一种数学的说法，表示“要么有一条直线，要么没有直线”。第一种情况如图11–2所示，对于任意一条直线L和点P，只有一条平行于L的直线（标记为L'）通过点P。这种平行公设的情况适用于最明显的一类面，也就是平面，比如你桌子上的一张纸。

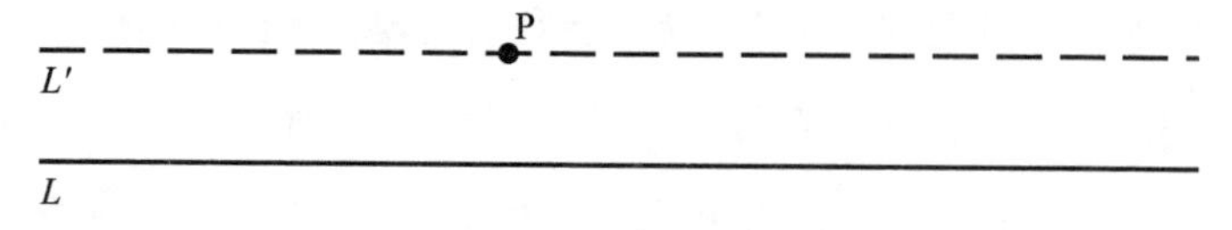

图11–2　平行公设

现在，让我们设想这条公设的第二个版本，那就是，对于任意直线L和线外的一点P，没有通过P的直线平行于L。乍一看，很难想象这可能是一种什么类型的面。它究竟在哪里？就在地球上！例如，假设我们的直线L是赤道，而点P是北极。穿过北极的所有直线都是经线，比如格林尼治子午线，所有经线都和赤道相交。所以，没有一条穿过北极的直线与赤道平行。

平行公设为两种面提供了几何学描述，它们分别是平面和球面。《几何原本》研究的是平面，因此两千年来，平面一直是数学研究的主要焦点。像地球这样的球面对理论学家的吸引力远不如对航海家和天文学家的吸引力。直到19世纪初，数学家才发现了一个更广泛的涵盖了平面和球面的理论，他们遇到了第三种面——双曲面。

一些人试图利用4条公设来证明平行公设，从而表明它根本不是一条公设，而是一则定理，其中最坚定的代表是来自特兰西瓦尼亚的工程学本科生亚诺什·鲍耶（János Bolyai）。他的数学家父亲法尔卡斯（Farkas）从自己失败的尝试中认识到了这个挑战有多么艰巨，并恳求儿子停止："天啊，求你了，放弃吧。像惧怕爱一样惧怕它吧，因为它也可能占用你所有的时间，剥夺你的健康、心灵的安宁和生活中的幸福。"但亚诺什固执地无视父亲的建议，这并不是他唯一的叛逆之举，因为亚诺什认为这条公设可能是错误的。《几何原本》之于数学，就像《圣经》之于基督教一样，那是一本包含着不可挑战的神圣真理的书。虽然第五公设是公理还是定理仍有争议，但没有人鲁莽地认为它实际上可能并不正确。而事实证明，这种做法打开了一个新的世界。

平行公设指出，对于任意给定的直线和直线外的一点，最多有一条平行线穿过该点。亚诺什大胆地提出，对于任何给定的直线和直线外的一点，有不止一条平行线穿过该点。尽管当时他还不清楚如何视觉化地呈现出使这种陈述成立的面，但亚诺什意识到，这一陈述连同前面4条公设所创造的几何学，在数学上仍然具有一致性。这是一个革命性的发现，他认识到这一发现意义重大。1823年，他写信给父亲说，“我凭空创造了一个新的宇宙”。

亚诺什之所以有这样的见解，可能得益于这样一个事实，那就是他不从属于任何一个主要的数学机构，很少被灌输传统的观点。即使取得了这个发现，他也不想成为数学家。毕业后，他加入了奥匈帝国军队，据说他是所有同僚中最出色的剑客和舞者。他也是一位杰出的音乐家，据说他曾经挑战了13位军官，与他们决斗，条件是如果胜利，他要用小提琴为失败者演奏一段曲子。

亚诺什不知道的是，在一个比特兰西瓦尼亚更加远离欧洲学术中心的地方，另一位数学家也独立地取得了类似的进展，但他的工作被数学机构拒稿了。1826年，俄国喀山大学教授尼古拉·伊万诺维奇·罗巴切夫斯基（Nikolai Ivanovich Lobachevsky）向国际知名的圣彼得堡科学院提交了一篇论文，对平行公设的正确性提出了质疑。这篇论文被拒绝了，于是罗巴切夫斯基决定将它交给当地报纸《喀山信使》发表，结果并没有人注意到。

然而，在有关欧几里得第五公设从不可动摇的真理地位上被推翻的故事里，最大的讽刺是，早在几十年前，就有数学界的核心人物做出了与亚诺什·鲍耶和尼古拉·罗巴切夫斯基相同的发现，但是这个人却对同行隐瞒了他的结果。当时最伟大的数学家卡尔·弗里德里希·高斯为什么决定不公布有关平行公设的研究成果，这一点至今仍令人疑惑不解，但人们普遍认为，他不想被卷入教职员工之间有关欧几里得的卓越地位的纷争。

1831年，亚诺什的父亲法尔卡斯在一本书中以附录的形式发表了亚诺什的研究，读到这些结果后，高斯才向别人透露，他也曾考虑过平行公设是错误的。他写了一封信给自己的大学同学法尔卡斯，称亚诺什是“一流的天才”，但他表示自己无法称赞他的突破：“因为称赞这一突破，其实就是自夸。这篇论文的全部内容……与我自己的发现完全一样，其中一部分可以追溯到30到35年前……我本来打算以后把它们都写下来，这样它至少不会跟着我一起消失。现在免了我的麻烦，因此这对我来说真是一个惊喜。我特别高兴的是，在这件事上，是我的老朋友的儿子比我先做到了。”亚诺什得知高斯最先得出了证明的时候，他非常沮丧。几年后，当亚诺什发现罗巴切夫斯基也比他更早证明时，他产生了一种荒谬的想法，认为罗巴切夫斯基是高斯虚构出来的人物，这是为了剥夺他的研究功劳的诡计。

高斯对第五公设研究的最后一个贡献出现在他去世前不久，当时他已经病入膏肓。27岁的伯恩哈德·黎曼（Bernhard Riemann）是高斯最聪明的学生之一，高斯将黎曼的见习演讲题目定为——“关于几何学基础的假设”。黎曼是一位路德教会牧师的儿子，性格极度内向，起初黎曼有点儿崩溃，不知道要说些什么，但是，他对这个问题的解答将彻底改变数学，后来也彻底改变了物理学，因为爱因斯坦需要用黎曼的创新来阐述广义相对论。

黎曼1854年的演讲加深了我们对几何学的理解的转变（由平行公设的倒塌导致），建立起了一个包含欧氏几何和非欧氏几何的全面理论。黎曼理论背后的关键概念是空间的曲率。当一个表面的曲率为零时，它是平的，也叫作欧几里得面，这时《几何原本》中的结果都成立。当一个表面具有正曲率或负曲率时，它是弯曲的，也叫作非欧几里得面，《几何原本》中的结果也不再成立。

黎曼继续解释道，理解曲率的最简单的方法是考虑三角形的特性。在曲率为零的面上，三角形的内角之和等于180度。在具有正曲率的面上，三角形的内角之和大于180度。而在曲率为负的面上，三角形的内角加起来小于180度。

球面的曲率是正的。我们可以通过考虑图11–3中三角形的内角之和发现这一点。图中这个三角形由赤道、格林尼治子午线和西经73度的经线（这条经线穿过纽约）构成。两条经线与赤道相交的两个角都是90度，所以这三个角的总和一定大于180度。什么样的面具有负曲率？换句话说，哪里有内角之和小于180度的三角形？打开一包品客薯片你就能看到了。在薯片的鞍形部分画一个三角形（可能会抹掉法国黄芥末），见图11–4，相比于我们在球面上看到的“鼓出来”的三角形，这个三角形看起来像是“被吸进去”的一样。它的内角之和显然小于180度。

具有负曲率的面被称为双曲面。所以，品客薯片的表面是双曲

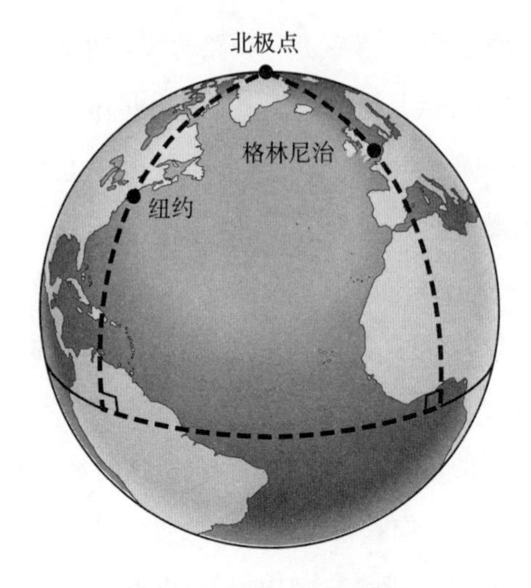

图 11–3　地球上的三角形：内角之和大于 180 度

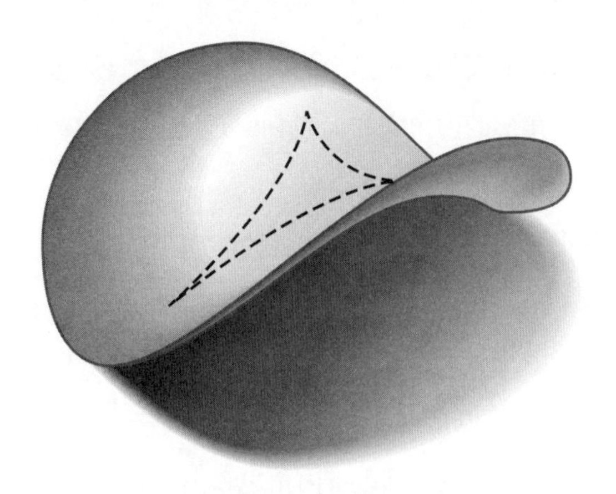

图 11–4　品客薯片上的三角形：内角之和小于 180 度

面。但品客薯片仅仅是理解双曲几何的餐前开胃菜，因为它有边界。给数学家设置一道边界，数学家就会想要超越它。

可以这么想。想象一个曲率为零、没有边的面，这很直观，比如将书的这一页平摊在桌子上，让它向各个方向无限延伸出去。如果我们生活在这样一个面上，沿一条直线向任意方向走，将永远也走不到边缘。与此类似，我们也有一个显而易见的例子展示一个具有正曲率且没有边的曲面，那就是球面。如果我们生活在球面上，就可以一直朝一个方向走下去，永远不会到达边缘。（当然，我们确实生活在一个近似的球体上。如果地球是完全平滑的，没有海洋或山脉阻挡，我们开始这样走，最终会回到出发点，然后继续这样绕圈。）

那么负曲率且没有边缘的面是什么样子的？它不可能像一片薯片，因为如果我们生活在一个地球大小的薯片上，朝一个方向走，最终总是会从上面掉下来。长期以来，数学家一直想知道“无边”的双曲面是什么样的。在这样一个曲面上，我们想走多远就走多远，永远不会走到它的尽头，它也不会失去双曲的特征。我们知道它一定到处都像薯片一样弯曲，那么把很多薯片粘在一起怎么样？很遗憾，这行不通，因为薯片无法整齐地拼在一起，而如果我们用另一种表面填补那些空隙，那么新的区域就不会是双曲面了。也就是说，薯片只能让我们设想出一个部分具有双曲性质的区域。一个永远延伸出去的双曲面非常难以想象，许多最聪明的数学家竭尽全力也没能做到。

球面和双曲面在数学上是截然相反的，这里有一个实际的例子来说明原因。从一个球面上，比如一个篮球上，切下一块，当我们把这一小块放在地上压平时，它要么会被拉伸，要么会裂开，因为没有足够的材料让它以一种平整的方式展开。现在想象一下我们有一片橡胶的“薯片”。当我们试图把它平放在地上时，橡胶薯片会有多余的部分折叠起来。球面是闭合的，而双曲面会扩张。

让我们回到平行公设，它为我们提供了一种非常简洁的方法来给平面、球面和双曲面分类。

对于任何给定的直线和直线外的一点：

在平面上，有且只有一条平行线通过那一点。

在球面上，没有平行线通过那一点。[①]

在双曲面上，有无限多条平行线通过那一点。

我们可以直观地理解平行线在平面或球面上的行为，因为我们可以很容易地想象出一个永远延伸的平面，而且我们都知道什么是球面。理解双曲面上平行线的行为更有挑战性，因为我们还不清楚当双曲面延伸到无穷远时，这种曲面可能是什么样子。双曲空间中的平行线会相距越来越远。它们不会弯曲，因为要使两条线平行，它们必须是直线，但它们会向不同方向延伸，因为双曲面本身会不断弯曲，曲面弯曲得越明显，它在任意两条平行线之间创造出的空间就越大。同样，这个想法完全令人难以置信。尽管黎曼天赋异禀，但他并没有想到一个具有他所描述的特性的曲面，这也并不奇怪。

在19世纪的最后几十年间，想象双曲面的挑战激发了许多数学

---

① 你可能会认为，纬线与赤道平行。这不对，因为除赤道外的纬线并不是直线，而只有直线可以相互平行。直线是两点之间的最短距离，这就解释了为什么尽管纽约和马德里位于相同的纬度上，但往返两地的飞机并不是沿着纬度线飞行，而是沿着一条在二维地图上看起来是弯曲的路径飞行。

家的斗志。亨利·庞加莱的一次尝试引起了M. C. 埃舍尔的注意，埃舍尔著名的木刻版画《圆极限》系列就受到了庞加莱的双曲面“圆盘模型”的启发。在《圆极限IV》中，圆盘上包含一个二维宇宙，越接近圆周，天使和魔鬼的图案就越小。然而，天使和魔鬼并没有意识到它们在变小，因为随着它们缩小，它们的测量工具也在变小。对这些圆盘上的“居民”来说，它们的大小一直不变，而它们的宇宙会一直存在下去。

图11–5 《圆极限IV》

庞加莱的圆盘模型的巧妙之处在于，它完美地展示了平行线在双曲空间中的行为。首先，我们需要弄清楚圆盘中的直线是什么。就像球面上的直线在平面地图上看起来是弯曲的（例如，飞机航线是直线，但在地图上看起来是弯曲的）一样，圆盘世界中的直线看上去也是弯曲的。庞加莱将圆盘中的直线定义为，以直角进入圆盘的圆的一部分。图11–6中的（a）显示了A和B之间的直线，找到穿过A和B并以直角进入圆盘的圆，这条直线就形成了。平行公设的双曲版本是，对于所有直线L和直线外的一点P，有无数条平行于L的直线通过点P。这如图（b）所示，我在图（b）中标出了三条直线，分别是L'、L''和L'''，它们都通过P点，且都与L平行（如果两条直线永不相交，则这两条线是平行的）。L'、L''和L'''是以直角进入圆盘的不同圆的一部分。通过研究圆盘，我们现在可以看到，有无限多条平行于L的直线通过点P，因为我们可以画出无限多个圆，这些圆都以直角进入圆盘，并且都通过P。庞加莱的模型同样有助于我们理解两条平行线的发散：L和L'互相平行，但越靠近圆盘的周边部分，两者之间的距离就越来越远。

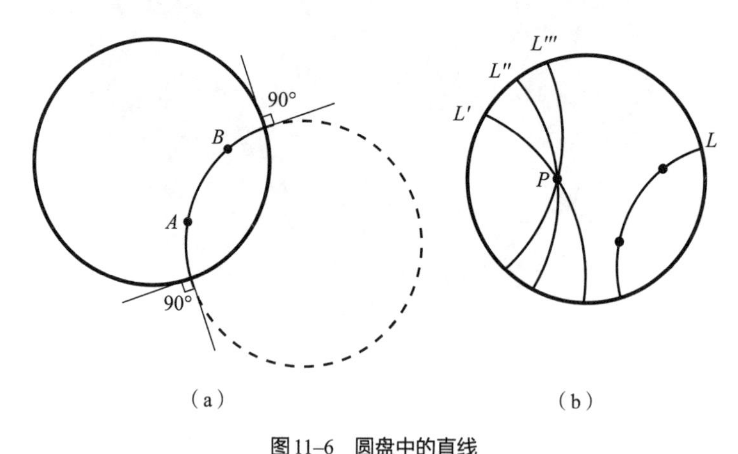

图11–6　圆盘中的直线

庞加莱的圆盘世界极具启发性，但仅仅在一定程度上如此。虽然通过一种相当奇怪的透镜扭曲变形后，它为我们提供了一个双曲空间的概念模型，但它并没有真正揭示出双曲面在我们的世界中究竟是什么样子的。在19世纪的最后几十年中，人们似乎马上就要找到更贴近真实的双曲模型了，但到了1901年，德国数学家大卫·希尔伯特（David Hilbert）彻底浇灭了这个希望。希尔伯特证明，用公式描述双曲面是不可能的。数学界无可奈何地接受了希尔伯特的证明，因为他们认为，如果没有办法用公式来描述这样一个面，那么这样的面一定不存在。人们就这样放弃了提出双曲面模型的想法。

让我们说回达伊纳·泰米纳，我在南岸见到了她。伦敦的南岸是一个河滨步道，这里有剧院、美术馆和电影院。她向我简要介绍了双曲空间的历史，这是她在康奈尔大学兼任副教授期间教授的一门课。她说，希尔伯特证明双曲空间不能由公式表示，带来的结果之一是，计算机无法生成双曲面的图像，因为计算机只能根据公式构建出图像。但是，20世纪70年代，几何学家威廉·瑟斯顿（William Thurston）发现，一种不需要很高技术的方法更有成效。他提出，你不需要公式就能创建双曲模型，只需要纸和剪刀就可以了。瑟斯顿在1981年被授予菲尔兹奖（数学中的最高奖项），他现在是达伊纳在康奈尔大学的同事，他想出了一个模型，用马蹄形的纸片粘在一起就能做成。

达伊纳用瑟斯顿的模型给她的学生展示过，但这个模型太脆弱了，总是散架，她每次都要做一个新的。“我讨厌粘纸，这让我抓狂。”她说。然后她灵机一动：如果能用针织的方式织出一个双曲面的模型呢？

她的想法很简单：先织第一行，然后在后面的每一行中，在前一行的针数的基础上相应增加固定比例的针数。例如，在前一行每两针的基础上增加一针。这样的话，如果你从第一行20针开始，第二行将有30针（加了10针），第三行会有45针（加15针），以此类推。（第四行应该多加22.5针，但既然不能织半针，你就得舍入成整数。）她希望这样能创造出一块越来越宽的织物，就像以双曲面的方式展开一样。但这样的针织很麻烦，因为任何一步错了，她就需要把一整行拆开，所以她把针织换成了钩针。有了钩针，就不用再拆开了，因为一次只会织上去一针。她很快就掌握了诀窍。达伊纳是名手工达人，因为在20世纪60年代，她曾在当时属于苏联的拉脱维亚度过童年。

在第一个钩针模型里，她在前一行每两针的基础上增加一针，但结果却得到了一块有许多紧密褶皱的成品。"它太卷曲了。"她说，"我看不清是怎么回事。"因此在第二次尝试时，她改变了比例，只在前一行每五针的基础上加一针。结果比她预期的要好，这个作品现在可以以恰当的方式自发弯折。她很快上手，沿着直线在这片不断延伸的面上翻飞，很快看到了分离的平行线。"这是我一直想看到的现象。"她笑着说，"我很兴奋。用我的手做出了一些电脑做不出的东西，真让人激动。"

达伊纳给她丈夫看了双曲钩针模型，他也很兴奋。戴维·亨德森（David Henderson）是康奈尔大学的几何学教授。他的专长是拓扑学，达伊纳说自己对拓扑学一无所知。戴维向她解释，拓扑学家早就知道，在双曲面上画一个八边形时，它可以折叠成一条裤子的形状。"我们必须得把那个八边形构建出来！"他告诉她，而他们也确实做到了。"以前没人见过'双曲裤'！"达伊纳大声说道，她打开随身携带的运动包，拿出一个用钩针编织的双曲八边形，把它折起来给我看这个模型。它看起来像一条非常可爱的幼儿羊毛短裤：

图11–7 钩针编织的双曲八边形

达伊纳的针线作品在康奈尔大学数学系里传开了。她告诉我，她把模型给了一个研究双曲面的同事看。“他看着模型，开始把玩。然后他面露喜色。‘这就是极限圆的样子！’他说。”他发现了一类他以前无法想象出的非常复杂的曲线。“他的整个职业生涯都在写关于这些东西的论文。”达伊纳补充道，“但它们一直在他的想象中。”

毫不夸张地说，达伊纳的双曲模型为这个非常困难的数学领域提供了重要的新见解。它们可以帮助人们通过本能来体验双曲面，让学生能够触摸并感受到一个面，而这种面以前只能以抽象的方式理解。这类模型并不完美，一个问题是，织物的厚度使得钩针模型仅仅是大致近似于理论上完全光滑的表面。尽管如此，它们比品客薯片更通用，也更精确。如果一件双曲钩针织物有无数行，理论上来说，我们就有可能生活在这个表面上，永远朝着一个方向走下去，不会走到边缘。

达伊纳的模型的魅力之一在于，对于以如此形式化的方法构想出的东西来说，它们竟然看起来像某些生物。当每行针的数量增加得相对很小时，模型看起来像羽衣甘蓝的叶子。当增加量更大时，模型会自然地折叠成一块一块的，看起来就像珊瑚。事实上，达伊纳来到伦敦就是为了"双曲钩针珊瑚礁"的开幕式，这是一个以她的模型为灵感的展览，希望提高人们保护海洋的意识。由于她的创新，她在不知不觉中引发了一场全球的钩针运动。

在过去的10年间，达伊纳已经做出了100多个双曲模型。她把其中最大的一个带到了伦敦，这个模型是粉红色的，用5.5千米长的纱线制成，重4.5千克，花了她6个月的时间才完成。做这么大的钩针织物是一次严峻的考验。"随着它越变越大，转动它需要花很多力气。"这个模型的一个显著特点是，它的表面积很大，足有3.2平方米，是达伊纳本人的两倍。双曲面会以最小的体积使面积最大化，这就是为什么它们会受到一些植物和海洋生物的青睐。当一个生物需要很大的表面积来吸收营养时（如珊瑚），它就会以一种双曲面的方式生长。

如果达伊纳是位男士，她不太可能想出双曲钩针的主意，也不会发明出这件在数学文化史上引人注目的手工制品。在数学的文化史上，女性一直不被重视。事实上，钩针只是近年来传统女性手艺品启发数学家探索新技术的一个例子。现在，与数学相关的钩针和编织、被子制作、刺绣、纺织，都被归为数学和纤维艺术这个学科中。

双曲空间最初被构想出来时，似乎违背了我们对现实的感觉，但如今，它已经被认为与平面或球面一样“真实”。每个面都有自己的几何特性，我们需要选择最适用的那种，正如亨利·庞加莱说过的那样：“一种几何不会比另一种更真实，它只会更方便。”例如，欧几里得几何最适合带着尺子、圆规和平整的纸的小学生，而球面几何最适合为飞行员在飞行途中导航。

物理学家也很想知道，哪种几何最适用于他们。黎曼关于面的曲率的想法，为爱因斯坦提供了实现他最大突破的工具。牛顿体系的物理学理论假设空间是符合欧几里得几何的，或者说是平直的。但爱因斯坦的广义相对论指出，时空（三维空间加上被视为第四维的时间）的几何不是平的，而是弯曲的。1919年，一支英国科考队前往巴西东北部的小镇索布拉尔，在日食中拍摄了太阳后面的恒星的照片，发现它们与实际位置略有偏差。爱因斯坦的理论解释了这一现象：恒星发出的光在到达地球之前，在太阳周围会产生弯曲。我们只能在三维空间中观察，在三维空间中，光似乎在太阳周围弯曲，但实际上，从时空弯曲的几何上来说，它仍然在沿着一条直线前进。爱因斯坦的理论准确地预测了恒星的位置，这一事实证明他的广义相对论是正确的，这也让他成了全球瞩目的著名科学家。伦敦《泰晤士报》发表了标题为《科学中的革命，宇宙的新理论，牛顿体系的思想被推翻》的文章。

爱因斯坦关注时空，他发现时空是弯曲的。如果不把时间看作一个维度，那么我们的宇宙的曲率是多少呢？为了找到哪种几何在这种巨大的尺度上最适合描述我们的三维空间，我们需要了解直线和形状在超大距离上的行为。科学家希望能从2009年5月发射的"普朗克"卫星收集的数据中发现这一点。普朗克卫星测量的是宇宙背景辐射，也就是所谓的"大爆炸的余辉"，该卫星的分辨率和灵敏度比以往都要高。一些成熟的观点认为，宇宙要么是平的，要么是球形的，但宇宙也有可能呈双曲形状。一个原本被认为是无稽之谈的几何模型，实际上可能反映了事物的真实面貌，这真是有些讽刺。

就在数学家探索非欧几里得空间的反直觉领域时，一个人颠覆了我们对另一个数学概念——无穷大的理解。格奥尔格·康托尔是德国哈雷大学的讲师，在那里，他发展出了一种开拓性的数论，在这个理论中，无穷大可以有大有小。康托尔的想法完全有悖于正统，最初引来了许多同行的奚落。例如，亨利·庞加莱将康托尔的研究称为"一种疾病，一种有朝一日数学会治愈的病态"，而康托尔此前的老师、柏林大学数学教授利奥波德·克罗内克（Leopold Kronecker）则斥责康托尔是"冒充内行的骗子"和"年轻的腐化者"。

1884年，可能是由于这场骂战的缘故，39岁的康托尔精神崩溃，他因心理健康问题住院治疗，而后又出现了很多次这样的情况。戴维·福斯特·华莱士（David Foster Wallace）在有关康托尔的书《跳跃的无穷》(*Everything and More*）中写道："这位患有心理疾病的数学家现在在某些方面似乎和其他时代的游侠骑士、受辱的圣人、受尽折磨的艺术家和疯狂的科学家一样，他可以说是我们的普罗米修斯，前往禁地，带着礼物回来，这些礼物我们都用得上，但只有他一个人付出了代价。"文学和电影会把数学和精神错乱之间的联系浪漫化，这符合好莱坞剧本的叙事要求（典型代表就是《美丽心灵》），但这当然是一种不公平的概括。这种伟大数学家的原型可能来自康托尔。他特别符合这种刻板印象，因为他在努力研究无穷大，一个联系了数学、哲学和宗教的概念。他不仅挑战着数学理论，还提出了一种全新的知识理论，在他心目中，这也是人类对上帝的一种全新理解。难怪他惹恼了好些人。

无穷大是数学中最令人困扰的概念之一。我们在探讨芝诺悖论时提到，设想无穷多个不断减少的距离充满了许多数学和哲学上的陷阱。古希腊人会尽量回避无穷大。欧几里得用否定来表达无穷大的思想。比如，他通过证明不存在最大的素数来证明存在无穷多个素数。古代人不愿把无穷大看作一个独立的概念，这就是为什么芝诺悖论中的无穷级数对他们来说如此麻烦。

17世纪时，数学家已经接受涉及无穷多个步骤的运算了。约翰·沃利斯在1655年引入了无穷的符号∞，来研究无穷小（越来越小，直到无限小的事物），这为艾萨克·牛顿的微积分铺平了道路。人们发现了包含无穷多项的等式，比如$\pi/4 = 1 - 1/3 + 1/5 - 1/7 + \cdots$这表明，无穷不是敌人。但即使如此，仍然需要以谨慎而怀疑的态度对待它。1831年，高斯提出了一个被大多数人接受的看法，他认为无穷“仅仅是一种表述”，说的是一种从未达到的极限，是一种简洁地表达一直继续下去的想法。而康托尔的思想之所以被看作异端邪说，是因为它把无穷本身视为一个实体。

康托尔之前的数学家之所以不想把无穷大和其他数字同等对待，是因为这其中包含了许多难题，其中最著名的一个是伽利略在《两种新科学》中写到的，它被称为伽利略悖论：

1. 有些正整数是平方数，比如1、4、9和16，有些不是平方数，比如2、3、5、6、7等。

2. 所有正整数的总数一定大于平方数的总数，因为所有正整数包括了平方数和非平方数。

3. 但是对于每个正整数而言，我们可以找出和它们的平方之间的一一对应关系，例如：

$$\begin{array}{cccccccc} 1 & 2 & 3 & 4 & 5 & \cdots & n & \cdots \\ \downarrow & \downarrow & \downarrow & \downarrow & \downarrow & & \downarrow & \\ 1 & 4 & 9 & 16 & 25 & \cdots & n^2 & \cdots \end{array}$$

4. 所以，实际上平方数和正整数一样多。这就出现了一个矛盾，因为我们在第二点中说过，正整数比平方数多。

伽利略的结论是，当谈到无穷大时，“大于”、“等于”和“小于”这些数字概念都没有意义。在讨论有限量时，这些术语可能是可以理解的，也是合乎逻辑的，但对于无穷大则不然。因为正整数和平方数的总数都是无穷多的，所以无论是说正整数多于平方数，还是说正整数和平方数的数量相等，都没有意义。

格奥尔格·康托尔设计了一种新的方法来思考无穷大，这使得伽利略悖论变得多余。康托尔认为，与其思考单个数字，不如思考数字的集合，也就是数字的“集”。一个集的基数指集合中数字成员的个数。所以{1，2，3}这个集的基数为3，而{17，29，5，14}的基数为4。康托尔的“集合论”在考虑具有无穷多个成员的集合时，会产生令人十分激动的结果。他引入了一个新的无穷大符号$\aleph_0$

（读作aleph-null），用希伯来语字母表中的第一个字母加下标0表示自然数集的基数，也就是{1，2，3，4，5，…}。每个成员都与自然数一一对应的集，其基数也是$\aleph_0$。对于平方数集{1，4，9，16，25，…}，由于其与自然数也一一对应，所以它的基数也为$\aleph_0$。同样，奇数集{1，3，5，7，9，…}、素数集{2，3，5，7，11，…}和数字中带有666的数集{666，1 666，2 666，3 666，…}的基数都是$\aleph_0$。如果你有一个集，它有无穷多个成员，你一个一个地数，如果最终每个数字都能数到，那么这个集的基数也是$\aleph_0$。因此，$\aleph_0$也被称为"可数无穷"。这之所以令人兴奋，是因为康托尔证明，我们可以把它扩展得更大，而$\aleph_0$只是康托尔的无穷大家族中的婴儿。

下面我将向你介绍一个大于$\aleph_0$的无穷大，据说大卫·希尔伯特在他的演讲中用过这个故事，它讲的是一个有着可数无穷（$\aleph_0$）个房间的旅店。这个著名的设施深受数学家的喜爱，有时被称为希尔伯特酒店。

在希尔伯特酒店里，有无穷多个房间，它们的编号是1，2，3，4，…。一天，一位旅客来到接待处，发现旅店客满了。他问有没有办法给他找个房间。接待员回答说，当然有办法！管理层需要做的就是，按照以下方式将客人重新分配到不同的房间：将1号房间的客人转移到2号房间，将2号房间的客人转移到3号房间，以此类推，也就是把n号房间的人都转移到$n+1$号房间。如果这么做，那么每位客人仍然有一间房间，且1号房间将腾出来接待新来的客人。完美！

第二天，一个更复杂的情况出现了。一辆大巴车到了，车上的所有乘客都需要入住。这辆大巴车有无穷多个座位，编号为1，2，3，…，所有座位上都坐了人。有没有办法为每位乘客都找到一间房？也就是说，即使酒店客满，接待员能否将客人重新安排到不同的房间，从而为大巴车的乘客留下无穷多的空房间？别担心，有解决办法。这一次，管理层需要做的就是把每位客人转移到编码是他原来住的房间的两倍的房间里，也就是2，4，6，8，…号房间。这样所有奇数号的房间都空了，大巴乘客可以入住这些房间。1号座位的乘客得到1号房间，也就是第一个奇数，2号座位的乘客得到3号房间，就是第二个奇数，以此类推。

第三天，有更多大巴车来到了希尔伯特酒店。事实上，有无穷多辆大巴车到达了。大巴车在外面排着队，1号大巴挨着2号，2号挨着3号，等等。每辆大巴车的乘客人数有无穷多，就像前一天到达的那辆车一样。而且，每位乘客都需要房间。有没有办法让每辆大巴车上的每一位乘客都在（已经客满的）希尔伯特酒店得到一间房？

没问题，接待员说。首先，他需要清理出无限多个房间。他用了前一天使用的方法——让每个人都搬到房间号码变成两倍的房间里。这样，所有号码是奇数的房间都空了出来。为了满足无穷多的长途大巴上的乘客，他要找到一种数出所有乘客的办法，因为一旦找到了一种方法，他就可以把第一位乘客分配到1号房间，把第二位乘客分配到3号房间，把第三位乘客分配到5号房间，以此类推。

他是这样做的：每辆巴士都按座位列出了乘客，如图11–8所示。因此，每位乘客都可以用m/n表示，其中m是他们乘坐的巴士的号码，而n是他们的座位号。如果我们从第一辆巴士的第一个座位上的乘客（乘客1/1）起，按照如图11–8所示的“之”字形路线数乘客，第二个人是第一辆巴士的第二个座位上的乘客（1/2），第三个人是第二辆巴士上的第一位乘客（2/1），我们最终就能数出所有乘客。

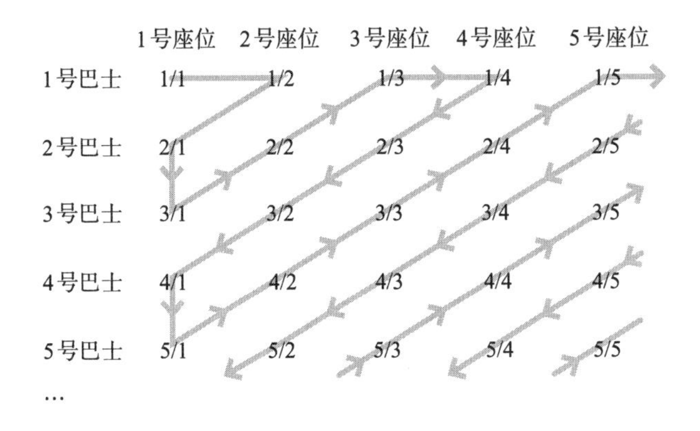

图11–8　给无穷多辆巴士上的乘客编号的方法

现在，让我们将希尔伯特酒店的故事转化为一些数学表达式：

一个人被分配到了一间房，这相当于$1+\aleph_0=\aleph_0$

可数无穷多的人都被分配到了房间，我们得到：$\aleph_0+\aleph_0=\aleph_0$

有可数无穷多的巴士，每辆车上有可数无穷多的乘客，他们都能分配到房间，这就可以表示为$\aleph_0\times\aleph_0=\aleph_0$

这些就是无穷大所具有的性质：无穷大加上无穷大，就得到无穷大；而无穷大乘以无穷大，也得到无穷大。

让我们在这里停一下。我们取得了一个惊人的结果。回头再看看座位和巴士的表格，并把每位表示为m/n的乘客看作分数m/n。无限扩展后，这个表格将涵盖每一个正分数，因为正分数也可以定义成所有自然数m和n构成的m/n。例如，分数5 628/785位于第5 628行和第785列。因此，数出每辆公共汽车上的每一位乘客所用的

“之”字形计数法，也可以用来数出所有正分数。也就是说，所有正分数的集和自然数的集具有相同的基数，那就是$\aleph_0$。从直觉上来说，分数似乎应该比自然数更多，因为任何两个自然数之间都有无数个分数，但康托尔发现，我们的直觉是错误的，正分数和自然数一样多。（事实上，正分数、负分数加起来也和自然数一样多，因为有$\aleph_0$个正分数和$\aleph_0$个负分数，如上所示，$\aleph_0+\aleph_0=\aleph_0$。）

我们可以通过数轴来理解这个结果有多奇怪，这种方法通过将数字看作线上的点来理解数字。下图就是一条从0开始，直到无穷大的数轴。

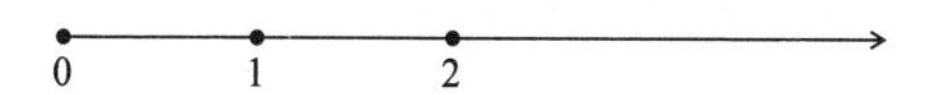

每个正分数都可以看作数轴上的一个点。在上一章中我们说到，0和1之间有无数个分数，1和2之间，或者其他任何两个数之间都一样。现在，想象着用显微镜对准直线，这样你就可以看到代表着分数1/100和2/100的两个点。就像之前所说的，在这两个点之间有无数个代表分数的点。事实上，无论你把显微镜对准哪里，无论你的显微镜能看到两点之间多小的间隔，在这样一个间隔里，总会有无数个代表分数的点。无论你看向何处，都有无限多个点代表分数。因此，得知事实上，在一个毫无遗漏的有序列表中数出分数是可能的，真是令人惊讶。

现在让我们来步入正题，那就是证明存在大于$\aleph_0$的基数。我们回到希尔伯特酒店的问题，在这种情况下，酒店一开始是空的，然后有无数人出现，等待分配房间。但这一次，旅客们并没有乘坐巴士前来，他们实际上是一群“乌合之众”，每人都穿着一件短袖衫，上面写着从0到1之间的一个小数。没有两个人衣服上的小数是相同的，它们涵盖了0到1之间的每一个小数。（当然，小数展开有无限长，因此需要无限宽的短袖衫才能将它们写出来，但既然我们已经想象了一家拥有无数房间的酒店，想象一下这些短袖衫也不是太过分的要求。）

一些到达的客人冲向接待处，询问酒店是否有办法为他们提供住宿。接待员需要找到一种方法，列出0到1之间的每一个小数，因为一旦他列出来了，他就可以给所有人分配房间。这似乎是一个公平的挑战，毕竟，他能够找到一种列出无数辆巴士上的无数乘客的方法。然而，这个任务却十分艰难。我们不可能像之前一样，在一个有序列表中将0到1之间的每一个小数列出来。为了证明这一点，我会证明，对于0到1之间的每一个包含无数个数的列表，总会找到一个0到1之间的数不在列表中。

过程是这样的。让我们想象一下，第一个到达的人穿着短袖衫，小数展开是0.642 965 7…，第二个人是0.019 601 2…，接待员为他们分别分配了1号和2号房间。假设接待员继续给其他到来的人分配房间，从而创建了一个无穷的列表（记住，每个小数都将一直展开下去），列表前几项是：

1号房间	0.642 965 7…
2号房间	0.019 601 2…
3号房间	0.998 156 2…
4号房间	0.764 217 8…

5号房间　　0.609 785 6…

6号房间　　0.527 361 1…

7号房间　　0.300 298 1…

…号房间　　0.……

……　　……

正如前面所说，我们的目标是找到一个0到1之间不在这个列表里的小数。我们用下面的方法来完成。首先构造一个数，它的第一位小数取1号房间中小数的第一位，它的第二位小数取2号房间中小数的第二位，第三位小数则取3号房间中小数的第三位，以此类推。换句话说，我们选择的是带下划线的数字：

$0.\underline{6}42\ 965\ 7\cdots$

$0.0\underline{1}9\ 601\ 2\cdots$

$0.99\underline{8}\ 156\ 2\cdots$

$0.764\ \underline{2}17\ 8\cdots$

$0.609\ 7\underline{8}5\ 6\cdots$

$0.527\ 36\underline{1}\ 1\cdots$

$0.300\ 298\ \underline{1}\cdots$

那么这个数就是：

0.618 281 1…

我们就快完成任务了。我们现在要做最后一件事，就是让我们的数不在接待员列表上。我们来改变这个数中的每一位数字，比如在每位数字上加1，这样一来，6就变成了7，1变成2，8变成9，等等，这个数就变成了0.729 392 2…。

现在我们得到了最终的结果，这个小数展开后就是我们正在寻找的例外。它不在接待员的列表上，因为我们构建它的方式就让它不会与已有的任何数重合。这个数不在1号房间里，因为它的第一位小数与1号房间中数字的第一位不同。它也不在2号房间里，因为它的第二位小数和2号房间的数字的第二位不一样。我们可以继续下去，这个号码不会在任何一间n号房间内，因为它的第n位小数不同于n号房间的小数展开后的第n位数字。因此，我们得到的小数0.729 392 2…不可能等于任何被分配了房间的小数，因为它总是与分配到这一间房间的数的小数展开至少在一位小数上存在差异。列表中很可能有一个数，它的前7位小数是0.729 392 2，但如果这个数在列表中，那么它在后面的小数展开中将与我们得到的数相差至少一位小数。也就是说，即使接待员一直不停分配房间，他也找不到一间房来迎接这样一位客人，他的短袖衫上写着我们从0.729 392 2开始构建的数。

我构建的列表以随意选择的0.642 965 7…和0.019 601 2…两个数为首，同样，我也可以选择一个以其他任意数字开头的列表。对于每一个有可能的列表，总是可以用“对角线”方法构建出一个不在列表中的数。希尔伯特酒店可能有无数间房间，但它却无法容纳由0到1之间的小数定义的无穷多的人。总会有人会被拒之门外，这家旅馆并不够大。

康托尔对这个大于自然数的无穷大的无穷大的发现是19世纪最伟大的数学突破之一。这个结果令人震惊，而它的部分作用在于，这个结果确实很容易解释：一些无穷大是可数的，它们的大小是$\aleph_0$，而有些无穷大是不可数的，因此更大。这些不可数的无穷大又有许多不同的大小。

最容易理解的不可数的无穷大被称为c，它就是到达希尔伯特酒店的人数，这些人穿着短袖衫，上面包含了0到1之间的所有小数。同样，通过观察c在数轴上的含义来理解c也很有启发性。每一个人的短袖衫上的小数都在0和1之间，它们也可以被理解为0和1之间的一个点。使用c来表示是因为它代表一条数轴上的点的“连续统”（continuum）。

这里我们会看到另一个奇怪的结果。我们知道在0和1之间有c个点，但是我们知道在数轴上总共有$\aleph_0$个分数。我们已经证明了c大于$\aleph_0$，所以在数轴上0到1之间的点，一定比整条数轴上代表分数的点要多。

康托尔又一次把我们带到了一个非常反直觉的世界。分数虽然在数量上是无限的，但它们只占数轴上非常小的一部分。它们在数轴上的分布比组成数轴的其他类型的数要稀疏得多，而其他那些数就是无法用分数表示的数，也就是我们的老朋友无理数。结果表明，无理数在数轴上的分布非常密集，在数轴上任何有限的区间内的无理数比数轴上的所有分数都要多。

我们在上面介绍过，c表示数轴上0到1之间的点的个数。那么在0到2之间，或者0到100之间有多少个点呢？还是c个点。事实上，在数轴上任何两点之间，无论它们离得有多远或者多近，都有c

个点。更令人惊讶的是，整个数轴上的点的总数也是c，这可以通过以下过程来证明，方法是证明位于0和1之间的点和位于整个数轴上的点之间存在一一对应的关系。通过将数轴上的所有点与0到1之间的点配对，就可以完成证明。首先，在0和1的上方画一个半圆，见图11–9。这个半圆就像一位媒人，它帮助0和1之间的点与数轴上的点形成了配对关系。取数轴上的任意一点，将之标记为a，从a到圆心画一条直线。这条线与半圆相交于一点，这个交点与0到1之间的距离唯一：从这个点向下竖直画一条线与数轴相交，在数轴上的交点记为a'。我们可以用这种方法找到与每个标记为a的点对应的唯一的点a'。当我们选择的点a逐渐走向正无穷时，0和1之间的对应点则逐渐靠近1，当选择的点逐渐走向负无穷时，相应的点则向0靠拢。如果数轴上的每个点都可以与0到1之间的唯一一个点配对，且反过来也一样，那么数轴上的点的个数一定等于0到1之间点的个数。

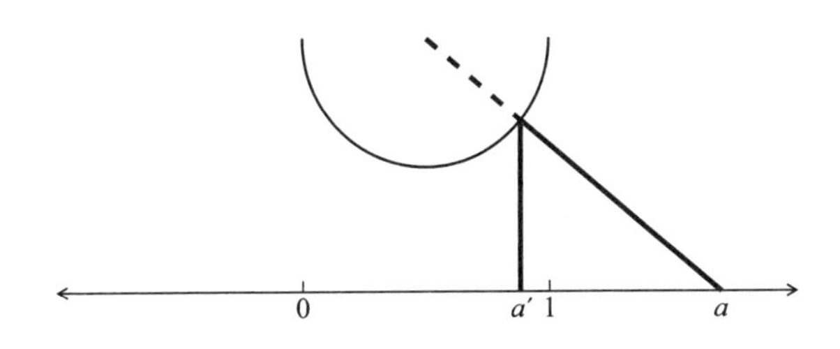

图11–9　通过半圆将0和1之间的点与整个数轴上的点一一配对

$\aleph_0$和c之间的差，就是数轴上代表所有数（包括分数和无理数）的点的数目，与代表所有分数的点的数目之间的差。但$\aleph_0$与c之间的差距太大了，如果我们从数轴上随机选取一个点，我们选到的数是分数的概率为0%。与不可数的无理数相比，分数的数量远远不足。

康托尔的想法一开始很难被接受，但他发明的ℵ已经被证明是正确的。如今，这一结论不仅被普遍纳入数字领域，而且“之”字形和对角线的证明过程被普遍认为是整个数学中最精彩的证明之一。大卫·希尔伯特说：“在康托尔为我们创造的天堂里，没有人能把我们赶出去。”

不幸的是，康托尔为这个天堂牺牲了自己的精神健康。从第一次精神崩溃中恢复过来后，他开始关注其他学科，比如神学和伊丽莎白时代的历史，他坚信科学家弗朗西斯·培根才是莎士比亚的戏剧的真正作者。证明培根的作者身份成了他长期的奋斗目标，也是他越来越古怪的行为的集中体现。1911年，他在圣安德鲁斯学院发表了一次演讲。他本来是被邀请谈论数学的，但他却说起了对莎士比亚的看法，这让主办方十分尴尬。康托尔又出现了几次精神崩溃，他经常住院，于1918年去世。

康托尔是一位虔诚的路德宗教徒，他给牧师写了很多封信，谈到他的研究结果的意义。他相信，他对无穷大的理解表明，人类的头脑能够思考无穷大，从而可以使人更接近上帝。康托尔具有犹太血统，这可能是他选择字母ℵ作为无穷大的符号的原因，他可能知道，在神秘的犹太传统卡巴拉[①]中，ℵ代表着上帝的和谐。康托尔说，他很自豪他选择了ℵ，因为作为希伯来语字母表的第一个字母，它完美地象征着一个新的开始。

ℵ也是我们旅程的一个完美的终点。我在这本书中最开始的几

① 卡巴拉指一种犹太神秘主义。——译者注

章中写到，数学的出现，代表了人类希望理解自己所处的环境的愿望。通过在木头上刻下凹槽，或用手指数数，我们的祖先发明了数字。学会计数对农业和贸易都很有帮助，并将我们带入了“文明”。后来，随着数学的发展，这门学科越来越少地关注真实的事物，而更多地转向抽象的事物。古希腊人引入了点和线等概念，而印度人发明了零，它们都为更彻底的抽象打开了大门，比如负数。虽然这些概念最初违背了直觉，但它们很快就被理解了，我们现在每天都在使用。然而，到了19世纪末，把数学和我们自身经验联系起来的脐带彻底断了。在黎曼和康托尔之后，数学与任何对世界的直觉理解都不再有联系。

在找到c之后，康托尔没有停下脚步，他想证明还有更大的无穷大。如我们所见，c是一条线上所有的点数。它也等于二维面上所有的点数。（这是另一个令人惊讶的结果，你一定要相信我。）让我们把二维面上可绘制出的所有可能的直线、曲线和波浪线的数目称为d。（这些线条、曲线和波浪线既可以是连续的，可以理解成没有把笔从纸上拿开画出来的，也可以是不连续的，也就是笔至少提起过一次，在同一条线之间留有间隙。）利用集合论，我们可以证明d比c大，而且我们可以进一步推测，一定有一个大于d的无穷大，但迄今为止还没有人能够找到一个基数大于d的由自然事物组成的集。

康托尔带领我们超越了想象。这是一个相当美妙的地方，与我在这本书开头提到的亚马孙部落的情况正好相反。蒙杜鲁库人有很多东西，但没有足够的数字来计算。康托尔给我们提供了我们想要的数字，但是我们已经没有足够的东西可以计算了。

词汇表

π：数学常数，它的小数展开为3.141 592 653 589 793 238 46…，它等于圆的周长和直径之比。

φ：数学常数，它的小数展开为1.618…，也被称为黄金比例或神圣比例。

埃及三角形（Egyptian triangle）：三条边的边长比例为3 ∶ 4 ∶ 5的三角形。

柏拉图多面体（platonic solid）：5种多面体形状，它们的所有面都是正多边形。柏拉图多面体只有正四面体、立方体、正八面体、正二十面体和正十二面体这5种。

半径（radius）：连接圆心和圆周的线段。

变量（variable）：取值可以变化的量。

不可数无穷大（uncountable infinity）：成员不能与自然数一一对应的无限集合。

常数（constant）：一个固定值。

超越数（transcendental number）：不能表示为有限方程的解的数。

除数（divisor）：除另一个数而没有余数的自然数，例如，5是20的除数。

大数定律（law of large numbers）：表明概率从长远来看成立的规律，因为随机事件（比如掷硬币）的例子越多，实际结果就越接近预期结果。

等比数列（geometric progression）：每个新的项等于前一项乘以一个固定的数得到的

数列。

颠倒字（inversion）：同对称字。

顶点（vertex）：两条直线相交形成的点或者立体形状的角点。

定理（theorem）：可以通过其他定理或公理证明的陈述。

赌徒的毁灭（gambler's ruin）：如果你赌博的时间足够长，破产是必然的。

赌徒谬误（gambler's fallacy）：认为随机结果并不随机的错误观点。

对称字（ambigram）：用特定的方式书写的一个词（或词组），从而隐藏其他词，对称字通常在上下颠倒后看起来是同一个词（或词组）。

对数（logarithm）：如果$a = 10^b$，则a的对数为b，写作$\log a = b$。

多边形（polygon）：由有限条直线组成的平面闭合形状。

二次方程（quadratic equation）：形式为$ax^2 + bx + c = 0$的方程，其中a、b和c为常数，a不等于零。

斐波那契数（fibonacci number）：斐波那契数列中的一个数，这个数列为1，1，2，3，5，8，13，…。

发散级数（divergent series）：相加之和不为一个有限数的无穷级数。

分布（distribution）：一连串可能的结果和它们发生的可能性。

分母（denominator）：分数线之下的数字。

分子（numerator）：分数线之上的数字。

概率（probability）：事件发生的可能性，用0到1之间的分数表示。

高斯分布（gaussian distribution）：正态分布。

公理（axiom）：一种无须证明的陈述，通常因为它是不证自明的，所以常被当作逻辑系统的基础。

公设（postulate）：假设是正确并作为公理的陈述。

幻方（magic square）：从1开始的连续数字组成的正方形网格，其中所有行、列和对角线的和相等。

基数（base）：数字系统中数字分组的大小，当使用阿拉伯数字时，基数等于系统允许每一位数可以取的不同数字的数目。二进制使用的是0和1，它以2为基数，而十进制则使用0到9，它以10为基数。

基数（cardinality）：集的大小。

级数（series）：一个数列中各项之和。

集（set）：一系列事物。

计算困难（dyscalculia）：影响一个人理解数字的能力的一种病症。

可数无穷（countable infinity）：一个无穷集，各项可与自然数一一对应。

拉丁方（latin square）：一个正方形网格，其中每个元素在每行和每列中只出现一次。

连续统（continuum）：一条连续的线上的点。

梅森素数（mersenne prime）：可以用2^n-1表示的素数。

幂（power）：一种运算，表示一个数乘以它自身的次数。例如，如果4个10相乘，就写为10^4，并把它称为“10的4次幂”。幂并不总是自然数，但当我们说到“x的幂”时，我们假设我们只指x的自然数的幂。

平行（parallel）：指两条永远不会相交的直线。

期望值（expected value）：你能在一次赌博中赢多少或输多少的理论值。

亲和数（amicable number）：如果一个数的因数相加等于另一个数，且反之亦然，那么这两个数就是亲和数。

曲率（curvature）：由三角形或平行线的行为决定的空间性质。

三次方程（cubic equation）：形式为$ax^3+bx^2+cx+d=0$的方程，其中a、b、c和d为常数，a不等于零。

收敛级数（convergent series）：相加等于一个有限数的无穷级数。

数量级（order of magnitude）：最常见的定义是，一个基于数字最左边的数位位值的数字标度。因此，1到9之间所有数字的数量级都是1，10到99之间的数字的数量级是2，100到999之间的数字的数量级是3，以此类推。

数列（sequence）：一列数字。

数轴（number line）：将数字直观地表示为一条连续直线上的点。

双曲面（hyperbolic plane）：具有负曲率的无限大的曲面。

素数（prime number）：只包含自身和1两个除数的自然数。

算法（algorithm）：为解决一个问题而设计的一套规则或指令。

随机游走（random walk）：一种对随机性的直观解释，其中每个随机事件都表示为在随机方向上的运动。

特大数定律（law of very large numbers）：如果样本足够大，那么任何结果都有可能发生，无论它多么不可能。

完全数（perfect number）：（除去它本身之外的）除数之和为自身的数。

唯一解（unique solution）：有且只有一个可能答案的情况。

无理数（irrational number）：不能用分数表示的数。

无穷级数（infinite series）：有无穷项的级数。

相关性（correlation）：衡量两个变量相互依赖程度的指标。

镶嵌（tessellation）：完全填满二维空间而没有重叠的瓷砖排列。

向均数回归（regression to the mean）：在极端事件发生后，没那么极端的事件发生的可能性更大。

小数形式（decimal fraction）：把一个分数写成带有小数点的形式，比如3/2的小数形式是1.5。

斜边（hypotenuse）：直角三角形与直角相对的边。

因数（factor）：一个给定数的除数。

因数分解（factorize）：把一个数分解成它的因数，这些因数通常是素数。

优势（edge）：赢得赌博的概率减去输的概率。

有理数（rational number）：可以用分数表示的数。

整数（integer）：指自然数、负自然数或者零。

正多边形（regular polygon）：边长相等、内角相等的多边形。

正规数（normal number）：小数位上的0、1、2、3、4、5、6、7、8、9出现概率相等的无限小数。

正态分布（normal distribution）：最常见的分布类型，呈钟形曲线。

直径（diameter）：圆的宽度。

指数（exponent）：一个数的幂次，用上标符号表示，比如3^x中的x。

周长（circumference）：圆的一周的长度。

自然数（natural number）：从1开始数的整数。

组合学（combinatorics）：研究组合和排列的领域。

附录一

为了了解安纳里齐的平铺正方形是如何证明毕达哥拉斯定理的，请看图2–7上标记的三角形。我们所要做的就是把斜边的正方形重新排列成另外两条边的正方形。斜边的正方形由5个部分组成：3个部分是浅灰色的，两个部分是深灰色的。我们可以通过考虑这种模式是如何重复的，从而使浅灰色的部分正好拼成以三角形一条直角边为边的正方形，而深灰色部分则组成以另一条直角边为边的正方形。

在莱昂纳多的证明中，首先我们需要证明图附–1（i）和（ii）中的阴影部分面积相等。我们通过围绕点P旋转来证明这一点。这两个部分具有相同的边长和内角，因此一定是相同的。然后我们需要证明，这一部分等于（iii）中的阴影部分。这一定成立，因为它们是由相同的部分组成的。

有了这些信息，我们就能完成证明。第一块阴影部分和它沿虚线的镜像由两个相同的直角三角形和两个以较短边为边的正方形组成。这一块面积一定等于（ii）和（iii）中阴影部分的面积，它由两个相同的直角三角形和以斜边为边的正方形组成。如果我们从这两个例子中都减去两个三角形的面积，斜边的平方一定等于另两条边的平方。

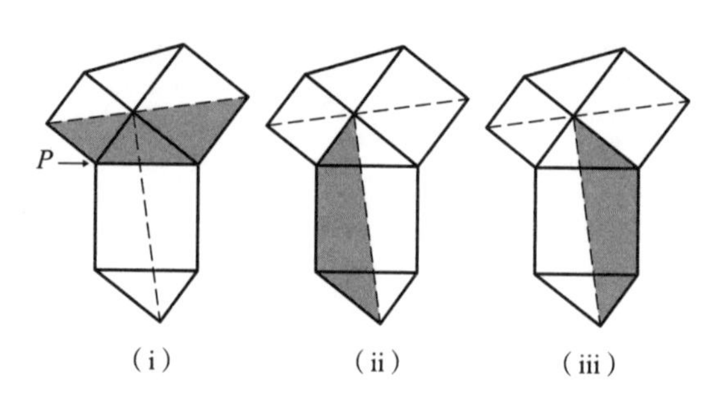

图附–1　莱昂纳多的证明

附录二

在一个单位正方形中，对角线的长度是$\sqrt{2}$。为了证明这个数是无理数，我将利用反证法，先假设$\sqrt{2}$是有理数，然后我将证明它为什么不成立。如果说$\sqrt{2}$是有理数这一结论不成立，那么它一定是无理数。

如果$\sqrt{2}$是有理数，则有自然数a和b，使得$\sqrt{2} = a/b$。我们设这是最简分数的形式，也就是没有办法将a/b重写为m/n，其中m和n是小于a和b的自然数。

如果$\sqrt{2} = a/b$，那么把方程的两边都取平方，就有$2 = a^2/b^2$，我们可以把它重写为$a^2 = 2b^2$。

无论b^2的值是多少，$2b^2$一定是偶数，因为任何自然数乘以2都是偶数。如果$2b^2$是偶数，那么a^2就是偶数。奇数的平方总是奇数，而偶数的平方总是偶数，这意味着，a一定是偶数。

如果a是偶数，那么就会有一个小于a的数c，使得$a = 2c$，因此$a^2 = (2c)^2 = 4c^2$。

用上面等式中的$4c^2$代替a^2，我们会得到$4c^2 = 2b^2$。它可以简化为$b^2 = 2c^2$。同样，这意味着b^2是偶数，因此b是偶数。而如果b是偶数，那么一定有一个小于b的数字d，使得$b = 2d$。

也就是说，a/b可以重写为$2c/2d$，也就是c/d，因为2可以被消去。矛盾出现了：在上面，我们已经规定了a/b是分数的最简形式，这意味着不会有比a和b更小的c和d出现，使得$a/b = c/d$。由于通过假设$\sqrt{2}$可以被写作a/b，我们已经导出了一个不合理的结论，那么$\sqrt{2}$一定无法用这种方式写出来，所以$\sqrt{2}$是无理数。

附录三

在富兰克林的16×16的幻方中，所有行和列加起来是2 056。它不是一个真正的幻方，因为对角线的和并不是2 056，但具有十分多样的特征，克利福德·A. 皮克弗（Clifford A. Pickover）写道："毫不夸张地说，它的奇妙结构足够我们花一辈子的时间来探索。"例如，每个2×2的小正方形（共有225个）相加之和是514，这意味着每个4×4的小正方形加起来是2 056。这个正方形中还包含许多其他对称性和规律。

200	217	232	249	8	25	40	57	72	89	104	121	136	153	168	185
58	39	26	7	250	231	218	199	186	167	154	135	122	103	90	71
198	219	230	251	6	27	38	59	70	91	102	123	134	155	166	187
60	37	28	5	252	229	220	197	188	165	156	133	124	101	92	69
201	216	233	248	9	24	41	56	73	88	105	120	137	152	169	184
55	42	23	10	247	234	215	202	183	170	151	138	119	106	87	74
203	214	235	246	11	22	43	54	75	86	107	118	139	150	171	182
53	44	21	12	245	236	213	204	181	172	149	140	117	108	85	76
205	212	237	244	13	20	45	52	77	84	109	116	141	148	173	180
51	46	19	14	243	238	211	206	179	174	147	142	115	110	83	78
207	210	239	242	15	18	47	50	79	82	111	114	143	146	175	178
49	48	17	16	241	240	209	208	177	176	145	144	113	112	81	80
196	221	228	253	4	29	36	61	68	93	100	125	132	157	164	189
62	35	30	3	254	227	222	195	190	163	158	131	126	99	94	67
194	223	226	255	2	31	34	63	66	95	98	127	130	159	162	191
64	33	32	1	256	225	224	193	192	161	160	129	128	97	96	65

图附–2　富兰克林的幻方

附录四

海斯韦特的数列背后的原理是，在数列前面的所有项中寻找重复的数字块。“块”必须位于数列的前一项的末尾，到前一项为止该数字块重复的次数将成为下一项。

数学上对数列的描述如下。从1开始，设下一项的值是k，将之前的项按顺序相乘并写作xy^k，其中k是可能的最大值。

数列是1，1，2，1，1，2，2，2，3，1，1，2，2，2，3，2，1，…

我认为，理解该数项的规则的最容易的方法是，考虑第一次出现的3，也就是第9个位置。之前的项按顺序相乘是$1\times1\times2\times1\times1\times2\times2\times2$。海斯韦特要求我们将这个和转换为$xy^k$，其中$k$是最大值。在这种情况下，我们得到的是（$1\times1\times2\times1\times1$）$\times2^3$。所以，下一项是3。我们寻找的是之前项的数列末尾的最大重复块，但在这个例子中，这个块是一个数字，那就是2，它重复了三次。

但通常，块中会有几个数字。考虑第16个位置，前面的项是$1\times1\times2\times1\times1\times2\times2\times2\times3\times1\times1\times2\times1\times1\times2$。这可以写为（$1\times1\times2\times1\times1\times2\times2\times3$）$\times$（$1\times1\times2$）^{2}。所以，第16项是2。

现在我们回到开头，第二项是1，因为前一项1没有乘以任何数字。第三项是2，因为前面的项按顺序相乘是$1\times1=1^2$；第五项是1，因为前面的项得到的是（$1\times1\times2$）$\times1$，其中最后的1没有和自身相乘。

附录五

我们想证明调和级数是发散的，也就是说，

$$1 + 1/2 + 1/3 + 1/4 + 1/5 + \cdots$$

它们加起来会达到无穷大。这可以通过证明调和级数大于以下级数来完成，这个级数加起来是无穷大的：

$$1/2 + 1/2 + 1/2 + 1/2 + 1/2 + \cdots$$

让我们从第三项起，分别以两项一组、4项一组、8项一组等来比较调和级数的项。比较过程列在下面。因为1/3比1/4大，1/3 + 1/4一定比 1/4 + 1/4（等于1/2）大。同样，因为1/5、1/6和1/7都比1/8大，这就代表着1/5 + 1/6 + 1/7 + 1/8比4个1/8的和（同样是1/2）大。如果我们继续下去，一直考虑依次翻倍的数量，可以看到，我们能将以下每组的项相加，使它的值大于1/2：

第3项和第4项 $1/3 + 1/4 > 1/4 + 1/4 = 1/2$

第5项到第8项 $1/5 + 1/6 + 1/7 + 1/8 > 4 \times (1/8) = 1/2$

第9项到第16项　$1/9 + \cdots + 1/16 > 8 \times (1/16) = 1/2$

……

因此，调和级数比 1/2 + 1/2 + 1/2 + 1/2 + 1/2 + … 更大，这个式子等于无数1/2相加，也就是无穷大。因此调和级数比无穷大更大，也就是说，它是无穷大的。

附录六

连分式是一种由无限次加法和除法过程构成的一种奇怪的分式类型。

当φ表示为连分式时，如下所示：

$$\varphi = 1 + \cfrac{1}{1 + \cfrac{1}{1 + \cfrac{1}{1 + \cdots}}}$$

为了理解这是如何计算的，让我们把分数一行一行地分出来，看看它是否接近φ：

$$1$$

$$1 + 1 = 2$$

$$1 + \frac{1}{1+1} = 1.5$$

$$1 + \cfrac{1}{1 + \cfrac{1}{1+1}} = 1 + \frac{2}{3} = 1.66\cdots$$

$$1 + \cfrac{1}{1 + \cfrac{1}{1+1}} = 1.6$$

以此类推。

连分式为数学家提供了一种评估一个数的无理数程度的方法。因为φ的表达式只包含1，所以它是存在的“最纯”的连分式，因此被认为是“最无理”的数。

注释及参考文献

在本书的成书过程中，有4本书一直摆在我的案头，它们的贡献无法独立划分到任何一个章节中。马丁·加德纳博学、风趣，且思路清晰，他对数学普及起到的作用仍然无与伦比。托拜厄斯·丹齐格的《数字》（*Number*）是一部有关数学文化演化的经典之作。伊弗拉（Ifrah）和卡乔里（Cajori）两人的书都经过了精心调研，格外精彩。

Cajori, F., *A History of Mathematical Notations*, Dover, 1993 (facsimile of original by Open Court, Illinois, 1928/9)

Dantzig, T., *Number*, Plume, New York, 2007 (originally Macmillan, 1930)

Gardner, M., *Mathematical Games: The Entire Collection of His Scientific American Columns*, Mathematical Association of America, 2005

Ifrah, G., *The Universal History of Numbers*, John Wiley, New York, 2000

第0章

这一章是基于与布莱恩·巴特沃思在伦敦的聊天，还有和斯坦尼斯拉斯·德阿纳及皮埃尔·皮卡在巴黎的谈话而成。在伦敦大学学院，特雷莎·尤库拉诺（Teresa Iuculano）和马里内拉·卡佩莱蒂（Marinella Cappelletti）用一种英国学校普遍使用的计算机程序，对我进行了计算障碍的筛查。我没有计算障碍，这或许没什么好惊讶的。如果你有心资助蒙杜鲁库人的传统教育和环境保护，可以将捐款寄到：The Munduruku Fund, The Arrow Rainforest Foundation, 5 Southridge Place, London SW20 8JQ, United Kingdom。更多详细信息可以访问网站：www.thearrowrainforestfoundation.com。

Butterworth, B., *The Mathematical Brain*, Macmillan, London, 1999

Dehaene, S., *The Number Sense*, Oxford University Press, Oxford, 1997

Matzusawa, T. (ed.), *Primate Origins of Human Cognition and Behavior*, Springer, Tokyo, 2001

Angier, N., ‘Gut Instinct’s Surprising Role in Math’, *New York Times*, 2008

Dehaene, S., Izard, V., Spelke, E., and Pica, P., ‘Log or Linear?’, *Science*, 2008

Inoue, S., and Matsuzawa, T., ‘Working memory of numerals in chimpanzees’, *Current Biology*, 2007

Pica, P., Lerner, C., Izard, V., and Dehaene, S., ‘Exact and Appropriate Arithmetic in an Amazonian Indigene Group’, *Science*, 2004

Siegler, R.S., and Booth, J.L., 'Development of Numerical Estimation in Young Children', *Child Development*, 2004

第1章

如果有人想了解更多关于有趣的十二进制的信息，可以通过以下方式联系美国十二进制协会：contact@Dozenal.org，或5106 Hampton Avenue Suite 205, Saint Louis, Missouri 63109-3115, USA。《小十二趾》是《校舍摇滚》(*Schoolhouse Rock!*) 中的经典作品，这是于20世纪70年代发行的一系列关于数学、科学和语法的音乐动画片，它们都可以在网上找到。如果没有铃木晃司（Kouzi Suzuki）的帮助，我就不可能进入算盘世界，他是日本式算盘的独立推广者，他打扮成福尔摩斯的模样在东京的一个火车站和我见了面。

Andrews, F.E., *New Numbers*, Faber & Faber, London, 1936

Duodecimal Society of America, Inc., *Manual of the Dozen System*, Duodecimal Society of America, New York, 1960

Elbrow, Rear-Admiral G., *The New English System of Money, Weights and Measures and of Arithmetic*, P.S. King & Son, London, 1913

Essig, J., *Douze, notre dix future*, Dunod, Paris, 1955

Glaser, A., *History of Binary and Other Nondecimal Numeration*, Southampton, PA, 1971

Kawall Leal Ferreira, M. (ed.), *Idéias Matemáticas de Povos Culturalmente Distintos*, Global Editora, Sã Paulo, 2000

Suzuki, K., *Lectures on Soroban*, Institute for English Yomiagezan Dowker, A., and Lloyd D., 'Linguistic influences on numeracy', *Education Transactions*, University of Bangor, 2005

Wassmann, J., and Dasen, P.R., 'Yupno Number System and Counting', *Cross-cultural Psychology Journal*, 1994

Hammarströ, H., 'Rarities in Numeral Systems', 2007

第2章

《无字证明》(*Proofs Without Words*）意义非凡，它是我采用毕达哥拉斯定理的不同证明的根据。感谢汤姆·赫尔（Tom Hull）提供了有关折纸的大部分背景资料。关于如何制作名片四面体和立方体的插图正是受到了他的书的启发。日本另一个了不起的宗教性几何实践是算额（sangaku），它并不适合纳入这一章中，但它实在太迷人了，不得不在这里提一下。算额是一种挂在佛教寺庙或神道神社里的木牌，上面画着一个几何问题的证明。在17到19世纪，研究几何问题却无力负担出书成本的日本人制作了成千上万块算额。在木牌上画出解法，并将它们挂在神社里，成为一种宗教供奉的方式，同时还能宣传他们的研究成果。

在本书即将付梓时，我得知杰罗姆·卡特2009年在一场摩托车事故中去世。

Balliett, L.D., *The Philosophy of Numbers*, L.N. Fowler, 1908

Bell, E.T., *Numerology*, Century, 1933

Dudley, U., *Numerology*, Mathematical Association of America, 1997

du Sautoy, M., *Finding Moonshine*, Fourth Estate, London, 2008

Ferguson, K., *The Music of Pythagoras*, Walker, New York, 2008

Hull, T., *Project Origami*, A.K. Peters, Wellesley, MA, 2006

Kahn, C.H., *Pythagoras and the Pythagoreans, a Brief History*, Hackett, Indianapolis, IN, 2001

Loomis, E.S., *The Pythagorean Proposition*, Edwards Bros, Ann Arbor, MI, 1940

Maor, E., *The Pythagorean Theorem*, Princeton University Press, NJ, 2007

Mlodinow, L., *Euclid's Window*, Free Press, New York, 2001

Nelsen, R.B., *Proofs Without Words*, Mathematical Association of America, Washington DC, 1993

Riedwig, C., *Pythagoras, His Life, Teaching and Influence*, Cornell University Press, Ithaca, NY, 2002

Schimmel, A., *The Mystery of Numbers*, Oxford University Press, New York, 1993

Simoons, F.J., *Plants of Life, Plants of Death*, University of Wisconsin Press, Madison, WI, 1998

Sundara Rao, T., *Geometric Exercises in Paper Folding*, Open Court, Chicago, IL, 1901

Bolton, N.J., and MacLeod, D.N.G., 'The Geometry of the Sri Yantra', *Religion*, vol. 7, 1977

Burnyeat, M.F., 'Other Lives', *London Review of Books*, 2007

第3章

尽管《计算之书》于1202年首次出版，但它的首个英文译本直到2002年，也就是它的初版诞生800年后才出现。吠陀数学并不是目前唯一一种速算方式。还有几个“系统”，它们中很多都用到了相同的技巧。最著名的是特拉亨伯格速算系统，它是雅科夫·特拉亨伯格（Jakow Trachtenberg）在纳粹集中营中设计的。自称“数学魔术师”的亚瑟·本杰明是近来出现的一位有趣的速算技艺的传播者。

Fibonacci, L., *Fibonacci's Liber Abaci*, Springer, New York, 2002

Joseph, G.G., *Crest of the Peacock*, Penguin, London, 1992

Knott, K., *Hinduism: A Very Short Introduction*, Oxford University Press, 1998

Seife, C., *Zero*, Souvenir Press, London, 2000

Tirthaji, Jagadguru Swami S. B. K., *Vedic Mathematics*, Motilal Banarsidass, Delhi, 1992

Dani, S.G., 'Myths and reality: On "Vedic mathematics"'

第4章

莱比锡最不像“书呆子”的参赛者是鲁迪格·加姆（Rudiger Gamm），他曾是一名健美运动员，在学校里数学不及格。在一段二头肌练得格外发达的职业生涯后，他现在格外发达的部位变成了大脑。加姆的计算能力让他在德国成了小有名气的人物，他告诉我，记忆力是他最宝贵的财富：“我觉得我的脑子里有（储存了）20万到30万个数字。”

（我发现写这一章格外困难，因为我不得不克制自己发明关于圆周率的糟糕双关语的欲望。数学家天生倾向于过度使用双关。我们看到一个词时，会情不自禁地将它分解并重新排列，这可能也解释了为什么世界上最优秀的拼字游戏玩家都是学数学和计算机科学的，而不是学语言的。）

Arndt, J., and Haenel, C., *Pi Unleashed*, Springer, London, 2002

Beckmann, P., *A History of Pi*, St Martin's Press, New York, 1971

Berggren L., Borwein J., and Borwein P., *Pi: A Source Book*, Springer, London, 2003

Bidder, G., *A short Account of George Bidder, the celebrated Mental Calculator: with a Variety of the most difficult Questions, Proposed to him at the principal Towns in the Kingdom, and his surprising rapid Answers!*, W.C. Pollard, 1821

Colburn, Z., *A memoir of Zerah Colburn, written by himself*, G. & C. Merriam, Springfield, MA, 1833

Rademacher, H., and Torplitz, O., *The Enjoyment of Mathematics*, Princeton University Press, NJ, 1957

Aitken, A.C., 'The Art of Mental Calculation; with Demonstrations', *Society of Engineers Journal and Transactions*, 1954

Preston, R., 'The Mountains of Pi', *New Yorker*, 1992

第5章

Acheson, D., *1089 and all that*, Oxford University Press, Oxford, 2002

Berlinski, D., *Infinite Ascent*, The Modern Library, New York, 2005

Dale, R., *The Sinclair Story*, Duckworth, London, 1985

Derbyshire, J., *Unknown Quantity*, Atlantic Books, London, 2006

Hopp, P.M., *Slide Rules, Their History, Models and Makers*, Astragal Press, New Jersey, 1999

Maor, E., *e: The Story of a Number*, Princeton University Press, NJ, 1994

Rade, L., and Kaufman, B.A., *Adventures with Your Pocket Calculator*, Pelican, London, 1980

Schlossberg, E., and Brockman, J., *The Pocket Calculator Game Book*, William Morrow, New York, 1975

Vine, J., *Fun & Games with Your Electronic Calculator*, Babani Press, London, 1977 (published in the US as *Boggle*, Price, Stern, Sloane Publishers, Los Angeles, CA, 1975)

第6章

2010年5月，就在本书英文版第一版出版后的一个月，马丁·加德纳去世了，时年95岁，他去世前仍一直在工作。两个月后，汤姆·罗基奇等人利用谷歌捐赠的计算机最终证明了上帝之数是20，花了35年的CPU（中央处理器）时间。

我发现杜德尼发表在《海滨杂志》上的文章写得格外精彩，非常值得一读，无论谜题的难度如何。我非常感谢研究亨利·杜德尼的世界级专家安杰拉·纽因（Angela Newing）提供的一些生平细节，同样感谢杰里·斯洛克姆（Jerry Slocum）为我解决了其他关于谜题的谜题。如果有人想要一个对称字的文身，可以访问www.wowtattoos.com查看马克·帕尔默的作品。

Bachet, C.G., *Amusing and Entertaining Problems that can be Had with Numbers (very useful for inquisitive people of all kinds who use arithmetic)*, Paris, 1612

Bodycombe, D.J., *The Riddles of the Sphinx*, Penguin, London, 2007

Danesi, M., *The Puzzle Instinct*, University of Indiana Press, Indianapolis, IN, 2002

Elffers, J., and Schuyt, M., *Tangram*, 1997

Gardner, M., *Mathematics, Magic and Mystery*, Dover, New York, 1956

Hardy, G.H., *A Mathematician's Apology*, Cambridge University Press, Cambridge, 1940

Hooper, W., *Rational Recreations, in which the principles of Numbers and Natural Philosophy are clearly and copiously elucidated by a series of easy, entertaining, interesting experiments, among which are all those commonly performed with the cards*, London, 1774

Loyd, S., *The 8th Book of Tan Part I*, 1903; new edition Dover, New York, 1968

Maor, E., *Trigonometric Delights*, Princeton University Press, NJ, 1998

Netz, R., and Noel, W., *The Archimedes Codex*, Weidenfeld & Nicolson, L ondon, 2007

Pasles, P.C., *Benjamin Franklin's Numbers*, Princeton University Press, NJ, 2008

Pickover, C.A., *The Zen of Magic Squares, Circles and Stars*, Princeton University Press, NJ, 2002

Rouse Ball, W.W., *Mathematical Recreations and Problems*, Macmillan, L ondon, 1892

Slocum, J., *The Tangram Book*, Sterling, New York, 2001

Slocum, J., and Sonneveld, D., *The 15 Puzzle*, Slocum Puzzle

Foundation, California, 2006

Swetz, F.J., *Legacy of the Luoshu*, Open Court, Chicago, IL, 2002

Dudeney, H., 'Perplexities', column in *Strand Magazine*, London, 1910–30

Singmaster, D., 'The unreasonable utility of recreational mathematics', lecture at the First European Congress of Mathematics, Paris, July 1992

第7章

《整数数列在线百科全书》(www.research.att.com/~njas/sequences/)对非专业人士来说，乍一看令人望而却步，但是，一旦你掌握了窍门，就会忍不住浏览下去。我发现克里斯·考德威尔的素数在线百科全书“素数页面”(www.primes.utm.edu)是一个绝佳的资源。

Doxiadis, A., *Uncle Petros and Goldbach's Conjecture*, Faber & Faber, L ondon, 2000

du Sautoy, M., *The Music of the Primes*, Fourth Estate, London, 2003

Reid, C., *From Zero to Infinity*, Thomas Y. Crowell, New York, 1955

Schmelzer, T., and Baillie, R., 'Summing a curious, slowly convergent series', *American Mathematical Monthly*, July 2008

Sloane, N.J.A., 'My Favorite Integer Sequences', 2000

第8章

虽然阴谋论者可能不信，但π、φ和斐波那契这几个名字念起来仿佛有关，只是一个奇怪的巧合，因为它们的词源截然不同。在谈到黄金比例时，将正经研究者和“民科”区分开来并不容易。可以肯定不属于“民科”的是罗恩·诺特(Ron Knott)，他的网站是www.computing.surrey.ac.uk/personal/ext/R.Knott/Fibonacci/，那里有你想知道的关于1.618的所有信息。

Livio, M., *The Golden Ratio*, Review, London, 2002

Posamentier, A.S., and Lehmann, I., *The (Fabulous) Fibonacci Numbers*, Prometheus Books, New York, 2007

McManus, I.C., Cook, R., and Hunt, A., ‘Beyond the Golden Section and normative aesthetics: why do individuals differ so much in their aesthetic preferences for rectangles?’, *Perception*, vol. 36, 2007

第9章

凯利策略并不仅仅是记住优势/概率这个分数，因为赌博的情形通常比我描述的非常简化的情况要复杂得多。我向埃德·索普道歉，他在采访中满怀希望地问我，能否详细地解释凯利策略。对不起，埃德，它对于本书的内容来说实在太复杂了！威廉·庞德斯通（William Poundstone）的那本了不起的书是一盏指路明灯，我很感谢他为图9–8提供了数据。

Aczel, A.D., *Chance*, High Stakes, London, 2005

Bennett, D.J., *Randomness*, Harvard University Press, Cambridge, MA, 1998

Devlin, K., *The Unfinished Game*, Basic Books, New York, 2008

Haigh, J., *Taking Chances*, Oxford University Press, Oxford, 1999

Kaplan, M., and Kaplan, E., *Chances Are*, Penguin, New York, 2006

Mlodinow, L., *The Drunkard's Walk*, Allen Lane, London, 2008

Paulos, J.A., *Innumeracy*, Hill & Wang, New York, 1988

Poundstone, W., *Fortune's Formula*, Hill & Wang, New York, 2005

Rosenthal, J.S., *Struck by Lightning*, Joseph Henry Press, Washington DC, 2001

Thorp, E.O., *Beat the Dealer*, Vintage, New York, 1966

Tijms, H., *Understanding Probability*, Cambridge University Press, 2007

Venn, J., *The Logic of Chance*, Macmillan, London, 1888

第10章

这一章讨论的统计学领域我在中学和大学里从未学过，所以很多内容对我来说都很陌生。一些数学家甚至认为统计学不是真正的数学，因为它充斥着测量等杂乱的内容。我很乐意亲自动手尝试，但我在很长一段时间里都不会再去格雷格斯面包店了。

Blastland, M., and Dilnot, A., *The Tiger That Isn't*, Profile, London, 2007

Brookes, M., *Extreme Measures*, Bloomsbury, London, 2004

Cline Cohen, P., *A Calculating People: The Spread of Numeracy in Early America*, University of Chicago Press, IL, 1982

Cohen, I. B., *The Triumph of Numbers*, W. W. Norton, New York, 2005

Edwards, A.W.F., *Pascal's Arithmetical Triangle*, Johns Hopkins University Press,

Baltimore, MD, 1987

Kuper S., and Szymanski S., *Why England Lose*, HarperCollins, London, 2009

Taleb, N.N., *The Black Swan*, Penguin, London, 2007

第 11 章

虽然宇宙究竟是平的、球面的还是双曲面的仍然是一个悬而未决的问题，但宇宙肯定相当平直，如果它的曲率被证实不是零，也会非常接近零。然而，测量宇宙曲率的一件讽刺的事是，我们永远不可能最终证明宇宙是平的，因为总会有测量误差。相反，我们却有可能从理论上证明宇宙是曲面的，在考虑测量误差后，如果结果得到的曲率不为零，就会发生这种情况。

希尔伯特酒店有时被称为"无穷旅馆"，这个故事有许多不同的版本。穿着T恤衫的客人是我自己改编的版本。

Aczel, A.D., *The Mystery of the Aleph*, Washington Square Press, New York, 2000

Barrow, J.D., *The Infinite Book*, Jonathan Cape, London, 2005

Foster Wallace, D., *Everything and More*, W. W. Norton, New York, 2003

Kaplan, R., and Kaplan, E., *The Art of the Infinite*, Allen Lane, London, 2003

O'Shea, D., *The Poincaré Conjecture*, Walker, New York, 2007

Taimina, D., and Henderson, D.W., 'How to Use History to Clarify Common Confusions in Geometry', *Mathematical Association of America Notes*, 2005

互联网

没有维基百科和沃尔夫勒姆数学世界（www.mathworld.wolfram.com），我就不可能研究任何有关数学的东西，我每天都会寻求它们的帮助。

综合参考资料

我翻阅的书太多了，无法在此一一列出，但这些书都以某些方式直接为本书贡献了材料。基思 · 德夫林（Keith Devlin）、克利福德 · A. 皮克弗和伊恩 · 斯图尔特（Ian Stewart）的所有作品都值得一读。

Bell, E.T., *Men of Mathematics*, Victor Gollancz, London, 1937

Bentley, P.J., *The Book of Numbers*, Cassell Illustrated, London, 2008

Darling, D., *The Universal Book of Mathematics*, Wiley, Hoboken, NJ, 2004

Devlin, K., *All the Math That's Fit to Print*, Mathematical Association of America, Washington DC, 1994

Dudley, U. (ed.), *Is Mathematics Inevitable?*, Mathematical Association of America, Washington DC, 2008

Eastaway, R., and Wyndham, J., *Why Do Buses Come in Threes?*, Robson Books, London, 1998

Eastaway, R., and Wyndham, J., *How Long is a Piece of String?*, Robson Books, London, 2002

Gowers, T., *Mathematics: A Very Short Introduction*, Oxford University Press, Oxford, 2002

Gullberg, J., *Mathematics*, W. W. Norton, New York, 1997

Hodges, A., *One to Nine*, Short Books, London, 2007

Hoffman, P., *The Man Who Loved Only Numbers: The Story of Paul Erdös and the Search for Mathematical Truth*, Fourth Estate, 1998

Hogben, L., *Mathematics for the Million*, Allen & Unwin, London, 1936

Mazur, J., *Euclid in the Rainforest*, Plume, New York, 2005

Newman, J. (ed.), T*he World of Mathematics*, Dover, New York, 1956

Pickover, C.A., *A Passion for Mathematics*, Wiley, Hoboken, NJ, 2005

Singh, S., *Fermat's Last Theorem*, Fourth Estate, London, 1997

致谢

首先，感谢詹克洛与内斯比特代理公司的克莱尔·佩特森，没有她的鼓励，就不会有这本书，还要感谢我在伦敦的编辑理查德·阿特金森和纽约的编辑埃米莉·卢斯。我也非常感谢安迪·赖利创作的精彩插图。

我的旅行能顺利进行离不开新老朋友的支持：在日本，有常冈智惠子、理查德·劳埃德·帕里、菲奥娜·威尔逊、铃木晃司、内林正夫、松泽哲郎、克里斯·马丁和利奥·路易斯。在印度，有高拉夫·特克里瓦尔、达南杰·维迪雅和肯尼思·威廉斯。在德国，有拉尔夫·劳厄。在美国，有科尔姆·马尔卡希、汤姆·罗杰斯、汤姆·赫尔、尼尔·斯隆、杰里·斯洛克姆、戴维·丘德诺夫斯基、格雷戈里·丘德诺夫斯基、汤姆·摩根、迈克尔·德弗利格、杰罗姆·卡特、安东尼·贝洛赫尔和埃德·索普。在英国，还有布赖恩·巴特沃思、彼得·霍普和埃迪·莱文。

感谢罗伯特·方丹、科林·赖特、科尔姆·马尔卡希、托尼·曼、亚历克斯·帕索、皮埃尔·皮卡、斯特凡妮·马什、马修·克肖、约翰·曼盖、摩根·瑞安、安德烈亚斯·尼德、达伊纳·泰米纳、戴维·亨德森、斯特凡·曼德尔、罗伯特·朗、戴维·贝洛斯和伊洛娜·莫里森的意见，他们极大地改进了手稿。还要感谢纳塔莉·亨特、西蒙·韦克斯纳、维罗妮卡·叶绍洛娃、加文·普雷托尔–平尼、贾斯廷·莱顿、让尼娜·莫斯利、拉维·阿普特、雨果·德克利、毛拉·奥布赖恩、彼得·道森、保罗·帕尔默–爱德华兹、伊莱恩·莱格特、丽贝卡·福兰德、基尔斯蒂·戈登、蒂姆·格利斯特、休·莫里森、乔纳森·卡明斯、拉斐尔·扎勒姆、麦克·基思、加雷思·罗伯茨、吉恩·齐克尔、埃里克·德迈纳、韦恩·古尔德、柯克·皮尔森、安杰拉·纽因、比尔·伊丁顿、麦克·勒万、希娜·拉塞尔、哈托什·巴尔、伊万·莫斯科维奇、约翰·霍尔登、克里斯·奥特维尔、玛丽安娜·卡瓦尔·莱亚尔·费雷拉、托德·兰吉维图、威廉·庞德斯通、弗兰克·斯韦茨和阿米尔·阿克塞尔。最后，还有我的侄女扎拉·贝洛斯，她保证，如果我在这本书的某个地方提到她，她就会在数学这门课上拿到A星。